"十二五"职业教育国家规划教材
经全国职业教育教材审定委员会审定
普通高等教育"十一五"国家级规划教材
工 科 高 等 院 校 教 材

AutoCAD 2013（中文版）
工程制图实用教程

主　编　杨老记　梁海利
副主编　高英敏　杨　颖
　　　　马　英　马　璇
参　编　陈荣强　张莉萍
　　　　高运芳　于锁清

机 械 工 业 出 版 社

本书介绍 AutoCAD 新近版本《AutoCAD 2013（中文版）》的二维功能、操作方法及工程图样的绘制方法和技巧。详尽地介绍了该版本在二维绘图方面的常用新增功能和改进功能。

本书严格按 AutoCAD 2013 版软件编写，以充分发挥 AutoCAD 2013 绘图功能、提高绘图效率为目的，因而特别注重 AutoCAD 命令的功能介绍和应用技巧，以及各命令的综合应用。本书着眼于实际应用，与工程制图紧密结合，书中的图例均选自机械或建筑工程图。

本书由长期从事计算机绘图教学的教师编写，按工程技术人员的绘图思路编排章节，结构合理、循序渐进、语言浅显易懂，实例丰富、典型实用。所以，本书既能使读者快速、准确地理解 AutoCAD 2013 软件，又能灵活地运用于绘制工程图。

本书既可作为高等院校机械类、土木建筑工程类、计算机类等专业的教材，也适用于 AutoCAD 的自学读者，还可供从事计算机辅助设计的工程设计人员使用。

本书配套教学资源包，内容包括：部分例题绘图过程的视频文件；大部分习题的文字或视频参考答案，与二维绘图相关的选学和参考内容。

图书在版编目（CIP）数据

AutoCAD 2013（中文版）工程制图实用教程/杨老记，梁海利主编. —北京：机械工业出版社，2013.8（2024.1 重印）
普通高等教育"十一五"国家级规划教材　工科高等院校教材
ISBN 978-7-111-43996-7

Ⅰ.①A…　Ⅱ.①杨…②梁…　Ⅲ.①工程制图-AutoCAD 软件-高等学校-教材　Ⅳ.①TB237

中国版本图书馆 CIP 数据核字（2013）第 214556 号

机械工业出版社（北京市百万庄大街 22 号　邮政编码 100037）
策划编辑：王海峰　责任编辑：王海峰　陈建平
版式设计：常天培　责任校对：刘秀丽　程俊巧
封面设计：张　静　责任印制：单爱军
北京虎彩文化传播有限公司印刷
2024 年 1 月第 1 版·第 11 次印刷
184mm×260mm·23.25 印张·573 千字
标准书号：ISBN 978-7-111-43996-7
定价：55.00 元

电话服务　　　　　　　　网络服务
客服电话：010-88361066　机　工　官　网：www.cmpbook.com
　　　　　010-88379833　机　工　官　博：weibo.com/cmp1952
　　　　　010-68326294　金　书　网：www.golden-book.com
封底无防伪标均为盗版　机工教育服务网：www.cmpedu.com

前　言

《AutoCAD 2013（中文版）工程制图实用教程》是在普通高等教育"十一五"国家级规划教材《AutoCAD 2008（中文版）工程制图实用教程》（杨老记、梁海利主编）的基础上，依照 AutoCAD 2013（中文版）软件重新编写的。本书有以下特点：

忠实于软件。本书内容严格依据 AutoCAD 2013（中文版）软件编写，所有实例均已通过该版本软件的操作验证。

新功能详尽。AutoCAD 2013（中文版）软件与旧版本相比，功能有了较大的扩展，操作方式有了一些变化。深刻理解这些新功能，对用户的设计思想会产生积极的影响。掌握新的操作方式，有利于改进绘图方法。因此，所有涉及二维绘图的新功能及操作方式，本书都予以详细阐述。

密切结合工程制图实际。本书以高效绘制工程图为主线，实现 AutoCAD 功能与工程制图的有机结合，在介绍 AutoCAD 功能的同时，特别注重通过实例介绍其在实际绘图中如何应用。凡与工程制图相关的内容均作详尽叙述，以使读者深刻理解，牢固掌握。书中的图例全部选自机械或土木建筑工程图。

注重发挥 AutoCAD 功能，讲究技巧。本书继承了前一版本的特点，注重在工程制图中如何充分发挥 AutoCAD 2013 的功能，提高绘图效率。注重介绍 AutoCAD 命令的应用技巧，以及各命令的综合应用。尤其对二维绘图中常用的绘图命令、绘图工具命令和修改命令，都尽述其应用场合和使用技巧，并配以实例说明，以期读者快速掌握。

章节编排合理。全书内容由浅入深、逐步提高。各章的编排顺序符合制图过程：掌握基本操作，绘制简单图形，绘制工程图，工程图注释、标注，机械装配图绘制，图形输出。每一章是一个组合模块，相关或同类内容相对集中，便于学习和查阅。同时，为了明确每一章的任务和练习重点，增加了一些工程图实例及其绘制过程，以便读者模仿练习，提高操作水平。

适合不同层次的读者。作为教材，本书循序渐进，非常适合初学者。同时，为了满足具有一定基础的读者对 AutoCAD 2013 软件的新功能、改进功能的学习需求，在绘图时，本书详细阐述了比较常用的新增功能和改进功能。

本书配套有教学资源包，内容包括"例题视频"、"习题参考答案与视频"及"选学与参考"。"例题视频"是书中的大部分完整例题的视频文件，每一个文件记录一个例题的作图过程，可作为读者学习过程的作图范例。"习题参考答案与视频"包含本书习题的参考答案：文字题目用于巩固 AutoCAD 功能的理解和强化基本操作；基本绘图题目的参考答案以视频的形式，给读者提供了实际绘图时的基本思路和操作方法。"选学与参考"是为了减轻读者经济负担而将部分初学者不常使用的功能从纸质教材中转移出来以减少纸质教材厚度，读者可根据实际需要适当取舍。本书及教学资源内容几乎涵盖了 AutoCAD 2013 二维绘图的所有功能，再加上绘图实例视频演示，可谓一套不可多得的 AutoCAD 2013 二维绘图实用宝典。

本书结构内容完整，针对部分加"＊"号的内容，初学者可暂时放置，待熟悉掌握其余内容后再进行学习。

考虑到二维绘图是多数读者最常用的部分，本书不包括三维绘图部分。三维绘图部分可参看由机械工业出版社出版的本书编者编写的另一本教材——《AutoCAD 2011 三维建模入门与实例解析》。

了解 AutoCAD 并不难，精通它则很不易。要想应用 AutoCAD 高速度、高质量地绘图，必须非常熟悉 AutoCAD 的操作，应做大量的绘图练习。因此，希望读者细心研读，练习每一章的习题（精心编选的典型题目）或有代表性的工程图。应特别注意细心体会，总结经验，琢磨技巧。通过足够的实践，AutoCAD 一定会成为您得心应手的 CAD 工具。

在多年的教学实践中，我们积累了一些经验，在这里毫无保留地奉献给读者，但难免会有不当之处，真诚地希望读者批评指正。

本书的编写分工是：杨老记、梁海利编写第 1、9、10 章，高英敏、杨颖编写第 2、6 章，马英、马璇编写第 4、5 章，陈荣强、张莉萍编写第 3、8 章，高运芳、于锁清编写第 7、11 章；随书光盘中，例题视频、习题参考答案视频主要由梁海利制作，"选学与参考"内容主要由杨老记编写。本书由杨老记、梁海利、高英敏、杨颖、马英、马璇统稿，由杨老记、梁海利定稿。

编　者

目　录

第1章　AutoCAD 2013 基础知识

本章主要介绍使用 AutoCAD 2013 的一些基础知识，为以后快速有效地绘图打下基础。

由于应用 AutoCAD 2013 绘图时，大部分操作是使用鼠标进行的，因此在本书中，关于鼠标的操作："单击"是指按一次鼠标键，多数情况是指按一次鼠标左键；"双击"是指连续按两次鼠标左键；"右击"是指按一次鼠标右键，"拖动"是指按住鼠标左键并移动鼠标。

1.1　AutoCAD 2013 的安装与启动

1. AutoCAD 2013 的安装

安装使用 AutoCAD 2013，需确保计算机满足最低系统配置需求，如果不满足，在安装或运行 AutoCAD 2013 时可能会出现问题。若读者需要了解 AutoCAD 2013 的硬件和软件需求，请参看随书光盘"选学与参考"文件夹中的"AutoCAD 2013 的硬件和软件需求"。

AutoCAD 2013 在安装过程中会自动检测 Windows 操作系统是 32 位还是 64 位版本。不能在 32 位系统上安装 64 位版本，反之亦然。

2. AutoCAD 2013 的启动

AutoCAD 2013 的常用启动方法有以下两种：

1）用鼠标直接双击桌面快捷方式。AutoCAD 2013 安装成功后会在桌面上生成一个快捷方式，双击它即可启动。

2）单击"开始"菜单，从"程序"项里选择"Autodesk"程序组中的"AutoCAD 2013"。AutoCAD 2013 安装成功后会在"开始"菜单的程序项里添加"Autodesk"菜单项（图 1-1）。将光标在其子菜单上移动并选择，单击"AutoCAD 2013"即可。

图 1-1　AutoCAD 2013 程序组

第一次启动 AutoCAD 2013 时，如果用户的计算机上已经装有旧版的 AutoCAD，将首先显示"移植自定义设置"对话框，如果用户想把旧版本的设置和文件移植到 AutoCAD 2013 中来，需选中"要移植的设置和文件"栏中的若干项复选框后，单击"确定"按钮。否则，单击"取消"按钮，AutoCAD 2013 将不会移植旧版本的设置和文件，接下来开始启动 Auto-CAD 2013。

默认情况下，启动 AutoCAD 2013 后首先显示"欢迎"窗口，如图 1-2 所示。可分别选择"工作"、"了解"或"扩展"栏目下的内容，开始工作（新建图形、打开已有图形或选择样例文件）、学习 AutoCAD 2013 的新功能或了解 AutoCAD 的扩展功能。可单击该窗口右上角的"最小化"或"关闭"按钮，最小化或关闭该窗口，进入 AutoCAD 2013 工作界面。如果取消窗口左下角的"启动时显示"复选框，以后再启动 AutoCAD 2013 时将不再显示该窗口，而是直接进入 AutoCAD 2013 工作界面。

图 1-2　"欢迎"窗口

1.2　中文版 AutoCAD 2013 的工作界面

AutoCAD 2013 中文版的工作界面随工作空间的不同而有所区别，对于二维绘图，如果用户还没有自定义其他的工作空间，主要是应用如图 1-3 所示的草图与注释工作空间和如图 1-4 所示的 AutoCAD 2013 经典工作空间。可通过单击"工作空间"下拉列表，从中选择用户所需的工作空间。下面分别介绍 AutoCAD 2013 工作界面的各个部分。

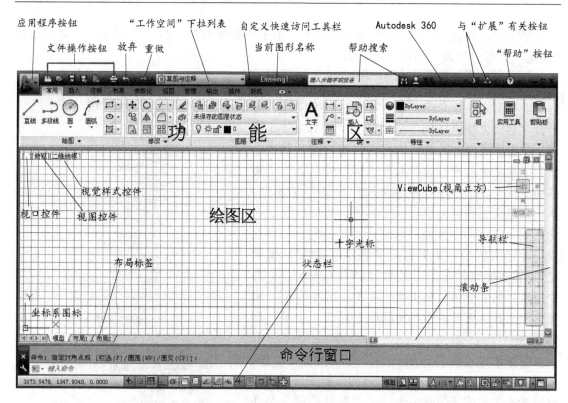

图1-3　AutoCAD 2013 中文版的工作界面（草图与注释）

图1-4　AutoCAD 2013 经典工作界面

1.2.1　标题栏

标题栏就是界面的最上面一行。

是应用程序按钮，在标题栏最左侧。单击该图标按钮，打开下拉菜单，从中选择"新建"、"保存"或"打印"图形等。

是快速访问工具栏，其上各图标按钮

的功能后面会陆续介绍。单击其最右侧按钮，可打开"自定义快速访问工具栏"菜单，如图1-5所示。单击横线以上的菜单项可在快速访问工具栏中显示或隐藏相应的按钮。如果选择横线以下的"更多命令…"，将打开"自定义用户界面"编辑器，从而自定义用户界面或界面元素等，如可从其"命令列表"中将命令拖动到快速访问工具栏、工具栏或工具选项板中。如果选择"显示（隐藏）菜单栏"，将在标题栏的下方显示（隐藏）AutoCAD命令菜单。如果选择"在功能区下（上）方显示"，快速访问工具栏将显示在功能区的下方（"上方"即标题栏中）。

图1-5   "自定义快速访问工具栏"菜单

在快速访问工具栏中右击，将打开右键菜单，如图1-6所示。选择"从快速访问工具栏中删除"是将光标处的按钮删除。选择"添加分隔符"是在相邻按钮之间加一竖线。选择"自定义快速访问工具栏"是打开"自定义用户界面"编辑器，从其"命令列表"中将命令拖动到快速访问工具栏。如果

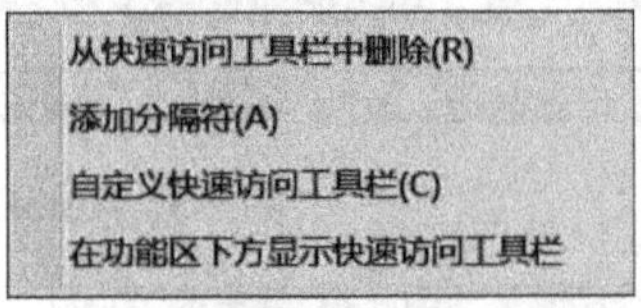

图1-6   快速访问工具栏右键菜单

选择"在功能区下（上）方显示快速访问工具栏"，将在功能区的下方（上方）显示快速访问工具栏。

是AutoCAD的版本信息和当前正在处理的图形文件的名称。在AutoCAD界面没有最大化时，将光标置于该区域上，按住左键拖动，可以在屏幕上移动整个界面。在其上右击，可从打开的菜单中将AutoCAD"还原"、"最大化"、"最小化"或"关闭"等。

是关于AutoCAD帮助及在线服务的文本框和按钮，参见1.5节。

是AutoCAD窗口的"最小化"、"最大化（恢复窗口大小）"和"关闭"按钮。

1.2.2 功能区

在默认状态下，如果用户选择"草图与注释"工作空间、"三维基础"工作空间和"三维建模"工作空间，将在绘图区的上方显示功能区，如图1-3所示。

1. 功能区的组成

功能区由若干按工作任务分类的**选项卡**组成，不同的工作空间，选项卡也有所不同。亮

显的选项卡是当前选项卡，如图 1-7 所示的当前选项卡是"常用"选项卡。单击选项卡名称，可改变当前选项卡。按住鼠标左键左右拖动选项卡，可改变选项卡的位置。

在每一个选项卡下，有若干个按操作功能分类的**面板**。如图 1-7 所示是在"草图与注释"工作空间时的各选项卡及"常用"选项卡的部分面板。根据功能的需求，面板可能包括命令按钮、控件工具（如系统变量按钮、下拉列表、文本框、滑块滑条等）。

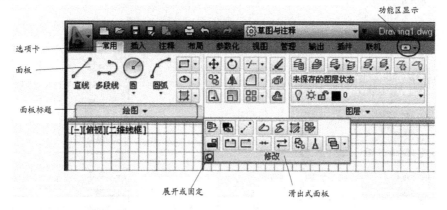

图 1-7　功能区的组成

2. 功能区显示方式按钮

在功能区选项卡的右侧，是功能区显示按钮。

"单击按钮，将打开图 1-8 功能区显示方式菜单，每一个菜单项是一种功能区状态，当前状态前面有勾"✓"。该下拉菜单中的四种功能区状态是：

"最小化为选项卡"：功能区仅显示选项卡标题。

"最小化为面板标题"：功能区显示选项卡和面板标题。

"最小化为面板按钮"：功能区显示选项卡标题和面板按钮。

"循环浏览所有项"：按以下顺序循环浏览所有四种功能区状态"完整的功能区、最小化为面板按钮、最小化为面板标题、最小化为选项卡标题。"

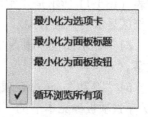

图 1-8　功能区显示方式菜单

如果下拉菜单前三项之一被选中，单击按钮，可在完整的功能区和选中的菜单项之间切换。如果选中"循环浏览所有项"，单击按钮，可在四种功能区状态之间循环切换。

3. 功能区选项卡右键菜单

在功能区的选项卡上或所有选项卡右侧的空白位置上右击，或者在所有面板的右侧的空白位置上右击，打开右键菜单如图 1-9 所示。

1）"显示相关工具选项板组"：如果在"工具选项板组"的子菜单中选择了一个"无"以外的工具选项板组，屏幕上不会立即显示，单击该项，将在屏幕上显示选中的工具选项板组；如果选择"无"，该项不可使用。工具选项板可参见第 11 章。

2）"工具选项板组"子菜单：将光标移动到该项上，将打开 AutoCAD 已经定义的选项板组菜单，从中选择一项，对应的选项板组就是当前选项板组，但屏幕上不会立即显示该选项板组，再重新打开图 1-9 所示的菜单，单击"显示相关工具选项板组"，当前选项板组即显示在屏幕上。

3）"显示选项卡"子菜单：将光标移动到该项上，将显示 AutoCAD 功能区中所有的选项卡名称列表（图 1-10），在菜单项上单击，即可设置在功能区显示（前面有勾"✓"）或关闭该选项卡。

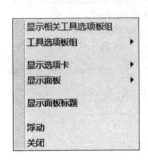

图 1-9　选项卡右键菜单　　　　　　　　　图 1-10　选项卡列表

4）"显示面板"子菜单：将光标移动到该项上，将打开当前选项卡中所有面板的名称列表（图 1-11 所示是"常用"选项卡上的所有面板列表），在菜单项上单击，即可设置在功能区显示（前面有勾"✓"）或关闭该面板。

5）"显示面板标题"：单击该项，显示（或隐藏）面板的标题文字。

6）"浮动"：单击该项，功能区**浮动**，以"**选项板**"形式显示（关于选项板参见本节的"11. 选项板的操作"），各个面板以收缩形式垂直排列，标题条位于选项板的左侧（或右侧），如图 1-12 所示。将光标移动到收缩的面板上（有时还需要单击），可展开面板。

图 1-11　"常用"选项卡的面板列表

将光标移动到功能区选项板的标题条上，可拖动功能区到绘图区的左右两侧，且以固定形式显示，此时标题条位于选项板的上边，如图 1-13 所示。不论是固定还是浮动，光标移动到标题条，向上拖动功能区的上沿至屏幕的上沿，功能区即水平显示。

7）"关闭"：单击该项，功能区将关闭。

其实，打开或关闭功能区的方法还有：在任何一个工作空间，可由命令 RIBBON 打开功能区，可由命令 RIBBONCLOSE 关闭功能区。也可以通过依次单击"工具"下拉菜单"选项板"子菜单的"功能区"菜单项显示或隐藏功能区。如果当前工作空间不显示下拉菜单，可单击快速访问工具栏最右侧按钮▼，从打开的菜单中选择"显示（隐藏）菜单栏"打开（关闭）下拉菜单。

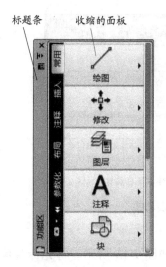

图 1-12　浮动功能区选项板

图 1-13　固定功能区选项板

4. 滑出式面板

每一个选项卡下有若干个面板，在面板的下方是面板标题（图 1-7），如果标题中间有向下的箭头 "▼"（例如 [　　修改 ▼　　]），该面板还有 **"滑出式面板"**（图 1-7），单击面板的标题，可以展开滑出面板，以显示同类功能的其他命令按钮或控件等。默认情况下，当光标离开滑出式面板时，滑出式面板将自动关闭。若要使滑出式面板处于展开状态，单击滑出式面板左下角的图钉 📌，使其成为 📌（图 1-7）。再单击 📌 使其成为 📌，则滑出式面板恢复默认设置。

5. 面板右键菜单

在面板的按钮或其他控件工具上右击，多数情况将打开如图 1-14 所示的菜单，有时也可能只有后两项；在面板的标题上右击，将只有菜单的后两项。如果选择 "添加到快速访问工具栏"，该按钮或控件工具即刻被添加到快速访问工具栏。"显示选项卡" 和 "显示面板" 与选项卡右键菜单（图 1-9）中对应的两项功能完全一样。

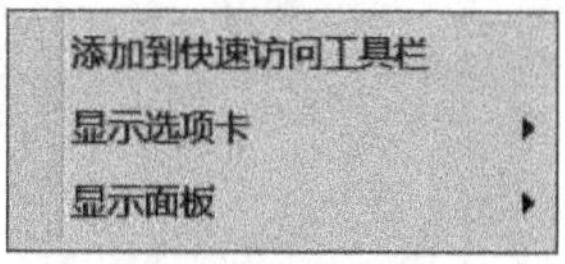

| 添加到快速访问工具栏 |
| 显示选项卡　▶ |
| 显示面板　▶ |

图 1-14　按钮或其他控件
工具的右键菜单

6. 单选按钮

有的面板上的按钮下边或右边有向下的箭头，将光标移动到该按钮上，按钮与箭头即由横线或竖线分开，该按钮称为 **组合单选按钮**，如图 1-15 所示的多行文字按钮等；有的按钮上虽然也有向下的箭头，但将光标移动到该按钮上，箭头与按钮并未用线隔开，如 "视图" 选项卡的 "视觉样式" 面板的 "普通" 按钮 等，这样的按钮称为 **非组合单选按钮**。

对于组合单选按钮，单击按钮是输入命令；单击箭头，可打开下拉按钮菜单。对于非组合单选按钮，单击按钮即打开下拉按钮菜单。下拉按钮菜单可能是若干个命令，也可能是一个命令的多个选项。可从下拉按钮菜单中选择另外一个命令（或命令选项）执行，同时，这个执行的命令（或命令选项）即成为面板上的当前按钮，即单选按钮的显示可随时切换。

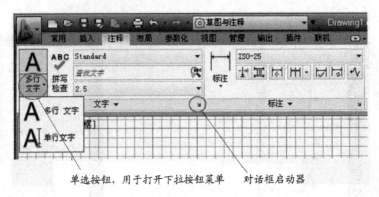

图 1-15　下拉按钮和对话框启动器

7. 对话框启动器

对话框启动器是面板标题右下角的箭头图标↘，如图 1-15 所示。将光标悬停在↘上，会显示相关对话框的提示。单击↘，可打开与该面板相关的对话框。

8. 浮动面板

将光标移动到面板的标题上，按住鼠标左键可将面板从功能区选项卡中拖动到绘图区域中，该面板将成为浮动面板。浮动面板将一直处于打开状态，直到被放回功能区（即使在切换了功能区选项卡的情况下也是如此）。图 1-16 所示是浮动的"注释"选项卡的"标注"面板。当光标停留在浮动面板上时，会显示两侧的标题条，如图 1-16a 所示；当光标离开浮动面板，两侧的标题条收拢不显示，如图 1-16b 所示；滑出面板可以在右侧滑出，如图 1-16c 所示；也可在下面滑出，如图 1-16d 所示。

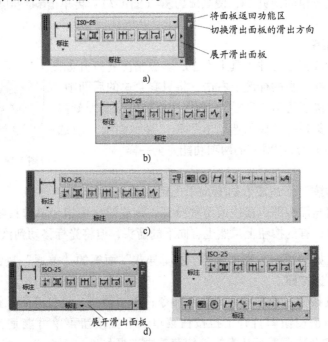

图 1-16　浮动面板

a) 显示标题条　b) 不显示标题条　c) 单击 a) 中"展开滑出面板"

d) 通过单击 "▼" 按钮展开滑出面板

9. 上下文选项卡

在执行某些命令或选择特定类型的对象时，将显示专用功能区上下文选项卡。上下文选项卡中是与命令相关的其他命令或设置等，它的出现使相关编辑或操作更为方便。结束命令后或取消选择对象时，会关闭上下文选项卡。图 1-17 所示就是使用的多行文字命令 MTEXT 或文字编辑命令 MTEDIT 出现的"文字编辑器"上下文选项卡。

图 1-17　"文字编辑器"上下文选项卡

10. 下拉列表、滑块、复选框

在功能区的某些面板上，会有下拉列表、滑条；单击某些按钮，会出现滑条、复选框。如果是下拉列表，可从下拉列表中选择不同的设置或状态。如果是滑条，将鼠标放在滑块上，按住左键拖动，可控制从低到高或从高到低的设置。如果是复选框，单击复选框，打开或关闭相关选项。

11. 选项板的操作

AutoCAD 中有各种选项板，下面以"功能区"选项板为例，介绍选项板的操作。

选项板有**"固定"**和**"浮动"**两种形式，图 1-12 所示是浮动形式的选项板。把光标移动到选项板的标题栏上，可拖动选项板到屏幕的任何位置。如果拖动到绘图区域的两侧，选项板呈现固定状态，如图 1-13 所示，此时标题栏在选项板的上部，当光标移动到其上时，显示为 功能区　－ ✕ 。浮动或固定的选项板也可以通过双击其标题栏来转换。拖动时按住〈Ctrl〉键可以防止选项板板固定化。无论选项板什么形式，单击按钮✕，可关闭选项板。

对于固定的选项板，当光标移到其邻近绘图区的边缘时，光标变成双向箭头⬌，左右拖动可改变选项板大小。对于浮动的选项板，当光标移到选项板的上、下边缘、非标题边缘或选项板的角上，光标变成双向箭头⬌，拖动可改变其形状。

对于浮动的选项板，单击**"自动隐藏"**按钮◀▶，自动隐藏开启，即当光标移动到选项板之外时，仅显示选项板标题栏，且按钮◀▶变成按钮▶。单击▶，自动隐藏关闭，显示完整的选项板，按钮▶变回按钮◀▶。对于固定的选项板，单击按钮▬，自动隐藏开启。

单击浮动选项板的特性按钮▦或在浮动选项板的标题条上右击，打开选项板特性菜单，如图 1-18 所示，其各选项意义如下：

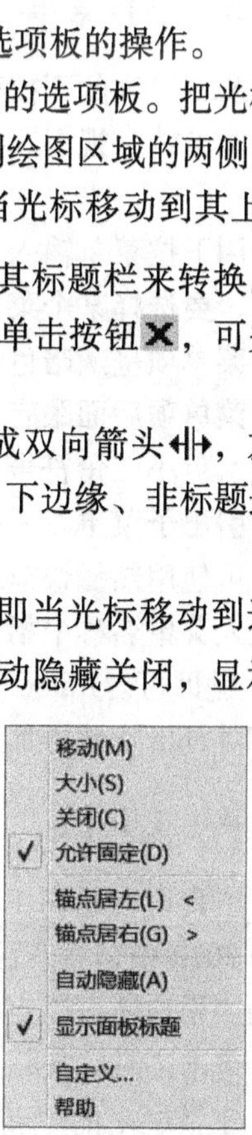

1）"移动"：将光标变成一个四向箭头。

2）"大小"：将光标变成一个四向箭头。拖动选项板的右侧或底部边以更改其大小。

3）"关闭"：关闭选项板。

4）"允许固定"：选中该项，当把选项板拖动到绘图区域的左

图 1-18　选项板特性菜单

侧或右侧时，选项板呈现固定形式。清除此选项，把选项板拖动到任何区域都是浮动形式。拖动时按住〈Ctrl〉键可以防止选项板在移动到绘图区的两边时固定。

　　5）"锚点居左（右）"：在绘图区左（右）侧固定并自动隐藏选项板。当光标移到选项板的标题栏时，它将展开，移开时则会隐藏。展开的锚定选项板的内容将与绘图区域重叠。无法将被锚定的选项板设定为保持打开状态。

　　6）"自动隐藏"：控制选项板的显示，其功能同前述的"自动隐藏"按钮◀▶。

　　以上各选项是所有选项板都具有的，"显示面板标题"、"自定义…"和"帮助"是功能区选项板才有的选项。

　　7）"显示面板标题"：当展开收缩的面板时是否在其下面显示面板的标题文字。

　　8）"自定义…"：打开"自定义用户界面"编辑器，可自定义用户界面或界面元素。

　　9）"帮助"：打开"帮助"窗口，从中寻找 AutoCAD 帮助信息，参见 1.5 节。

　　有些选项板还有一项"透明度"，选择该项时会显示"透明度"对话框，设置选项板所挡住的图形对象的可见程度。在对话框中左右拖动滑块，选项板的透明度改变。如果选中"禁用所有窗口透明（全局）"，将使"选项板"窗口不透明。

　　注意：以上对选项板外观的操作具有代表性。后文所讨论的"图层"选项板、"特性"选项板、"设计中心"和"工具选项板"等的外观操作方法都与此相同。

1.2.3　下拉菜单

　　AutoCAD 的下拉菜单是把命令以菜单形式分类列出来。AutoCAD 2013 的下拉菜单包括文件、编辑、视图、插入、格式、工具、绘图、标注、修改、参数、窗口和帮助共 12 个菜单。

　　用下拉菜单输入 AutoCAD 命令的方法是：单击下拉菜单标题，会在标题下出现菜单项列表，要选择某个菜单项，先将光标移到该菜单项上，它将醒目显示，然后单击它。有时，某些菜单项呈灰暗色，表明在当前条件下这些功能不可使用。

　　菜单项后面跟有"…"符号的，表示选中该菜单项时将会弹出一个对话框。菜单项右边有黑色小三角符号"▶"的，表示该菜单项有一个子菜单。移动光标到该菜单项上稍停就可引出子菜单。一些常用的菜单项前会有图标显示。

　　可使用**热键**快捷地打开下拉菜单。用热键打开下拉菜单的方法是先按住〈Alt〉键，然后键入菜单名称中括号内的字母即可。如打开"文件"下拉菜单，先按住〈Alt〉键，再按〈F〉键即可。AutoCAD 还为一些菜单项定义了**快捷键**，通常是〈Ctrl〉键加上一个字母键或〈Ctrl + Shfit〉键再加上一个字母键，如创建新图的快捷键为〈Ctrl + N〉。

1.2.4　工具栏

　　工具栏（也叫工具条）由一些形象的图形按钮组成，如图 1-4 所示的各工具栏。Auto-CAD 2013 中包含有已定义好的标准、工作空间、对象特性、绘图、修改、标注等 50 多个工具栏。用户还可以定义自己的工具栏。

　　单击工具栏按钮是快捷、简便的命令执行方式。例如要创建一幅新图，只要单击"标准"工具栏中的"新建"图标▢，然后从打开的"选择样板"对话框中选择图形样板文件（画二维图一般选择 acadiso. dwt）即可。

工具栏按钮有提示功能，移动光标到按钮上悬停，在鼠标指针右下角会弹出提示框，提示该按钮所对应的命令；如果停留的时间稍长，还会展开更大的提示框，对命令进行较为详细的说明。

1. 改变工具栏的位置和形状

工具栏可以是**"固定"**的或**"浮动"**的。附着在绘图区域的任意边上的工具栏是固定状态的工具栏，如图1-4所示的"标准"、"绘图"、"修改"等，其形状如图1-19所示。

在工具栏没有被锁定的情况下，可将固定工具栏变为浮动工具栏：对于横向放置的固定工具栏，把鼠标指针移动到其左侧或右侧，对于竖向放置的固定工具栏，把鼠标指针移动到其上部或下部，拖动到离开绘图区域四个边的任何位置并松开左键。图1-20所示的工具栏是浮动状态的工具栏。也可以通过拖动将固定工具栏拖到新的固定位置（即仍在绘图区域的四个边上）。

把光标移动到浮动工具栏两侧，可拖动工具栏到任何位置。浮动工具栏被拖至绘图区域的边上，将变为固定工具栏。拖动浮动工具栏时按住〈Ctrl〉键可以防止其固定。

可调整浮动工具栏的形状。将光标移到工具栏的边缘上，光标变成双向箭头后拖动即可。图1-20所示就是调整形状后的"修改"工具栏。

2. 打开或关闭工具栏的方法

1）将光标移到一个工具栏的任何地方右击，将出现快捷菜单，如图1-21所示（注：中间略去部分菜单项）。单击其中的菜单项，即可显示或关闭相应的工具栏。菜单项前面有"✓"，表示该工具栏已显示。

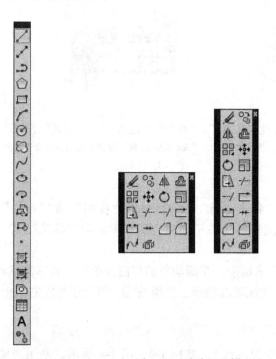

图1-19　固定工具栏　　　图1-20　浮动工具栏　　　图1-21　工具栏快捷菜单

2）单击浮动工具栏右上角的"×"也可关闭该工具栏。

3）有些工具栏按钮的右下角带有▲符号，表示该工具栏下还有子工具栏。在按钮上按住左键不放，便可弹出子工具栏，按住左键沿子工具栏移动可选择所需命令。

1.2.5 绘图窗口

绘图窗口（也叫绘图区）是用户显示、绘制和修改图形的工作区域，是十字光标活动的区域。绘图窗口的"最小化"、"恢复窗口大小（最大化）"和"关闭"按钮随界面的不同有所区别，如图1-22所示。通过单击"最小化"、"恢复窗口大小（最大化）"或"关闭"按钮，可随时最小化绘图窗口、单独显示绘图窗口（最大化窗口）及关闭绘图窗口。

在单独显示绘图窗口时，将光标移到绘图窗口的标题栏上拖动，可以改变绘图窗口的位置；将光标移到绘图窗口的边界或角上，光标变为双向箭头后拖动，可以改变绘图窗口的大小。

默认情况下，绘图区的右上角是ViewCube（视角立方），右边有"导航栏"，绘图区的左上角的三个方括号 [-][俯视][二维线框] 分别是视口控件、视图控件和视觉样式控件，这些与初学二维绘图关系不大，可以把它们关掉。关掉ViewCube（视角立方）和"导航栏"的方法是单击视口控件，从打开的菜单中选择ViewCube（视角立方）和"导航栏"，去掉前面的"✓"；关掉视口控件、视图控件和视觉样式控件的方式是打开"选项"对话框，单击"三维建模"选项卡，在"在视口中显示工具"栏中，去掉"显示视口控件"复选框中的"✓"。

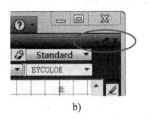

a)　　　　　　　　　　　　　　　　b)

图1-22　绘图窗口的"最小化（还原）"、"最大化（还原）"和"关闭"按钮

a)"草图与注释"界面的绘图窗口操作按钮　b)"AutoCAD经典"界面的绘图窗口操作按钮

1.2.6 布局标签和滚动条

在绘图区的下部左侧是"模型"和"布局"标签。单击"模型"或"布局"标签，可在"模型空间"和"图纸空间"之间转换（关于模型空间和图纸空间参见第12章）。一般绘图是在模型空间里进行。

绘图区下部右侧及绘图区右侧是滚动条。在滚动条的空白处单击，或单击滚动条两侧的按钮▼或▲（也可按住左键不放），或拖动滚动条上的滑块▤，可使图形左右或上下移动。

1.2.7 命令行窗口

命令行窗口（也叫命令行或命令提示区），如图1-3、图1-4所示，是用户输入命令及AutoCAD显示提示符和信息的地方。不执行任何命令时，命令行窗口的最下面一行显示灰色字体"键入命令"。将光标移动到命令行窗口的右侧边界处，会显示滚动条。单击滚动条上的按钮▼或▲，或拖动滑块▤，可查看以前执行过的命令。命令行窗口的高度可调，简单的方法是把光标放到窗口边缘，当出现双向箭头光标═时拖动，可改变窗口的大小。

　　单击命令行窗口的关闭按钮▣，可随时隐藏命令行窗口。单击"工具"下拉菜单的"命令行"菜单或按〈Ctrl +9〉组合键，可隐藏或打开命令行窗口。无论以哪种方式隐藏命令行窗口，都会打开"命令行-关闭窗口"对话框，单击"是"按钮后才隐藏。隐藏命令行，将使绘图区扩大。隐藏命令行时，用户仍然可以输入命令及对命令提示进行回答，当然，用户需对命令及对命令提示非常熟悉；或者打开"动态输入"（参见 1.3.3 节），直线在"工具提示"中进行操作。

　　命令行窗口可以是"固定"或"浮动"形式（图 1-23）。命令行窗口附着在绘图区域的上、下边是固定的，如图 1-3 和图 1-4 中的命令行窗口。将光标移动到命令行窗口的标题条上，按住左键拖动窗口到绘图区，即成为浮动形式。双击命令行窗口的标题条，也可将其变为浮动形式。将光标移动到浮动命令行窗口的边或角上，光标变为双向箭头，按住左键拖动，可改变其大小。

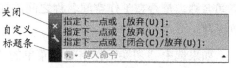

图 1-23　浮动命令行窗口

　　由于 AutoCAD 是多图形文档环境，命令行窗口记录的是在相应图形窗口中的操作。

　　按〈F2〉功能键，可打开或关闭"AutoCAD 文本窗口"，也可查看以前执行过的命令。

　　关于命令行窗口的"自定义"按钮，请参见本章 1.3 节中 1.3.2 的"1. 从键盘键入AutoCAD 命令"。

1.2.8　状态栏

　　状态栏（也叫状态行）位于屏幕的最下方，主要反映当前的工作状态。状态栏包含光标的坐标值显示区，二维或三维绘图工具按钮，模型或图纸空间按钮，注释性相关按钮等。在后面的章节将详细介绍与二维绘图相关的按钮，下面只介绍"切换工作空间"、"应用程序状态栏菜单"、"全屏显示"按钮和状态栏右键菜单。

1. "切换工作空间"按钮⚙

　　按钮⚙的功能与"快速访问工具栏"的"工作空间"下拉列表具有相同的功能，单击该按钮，将打开"切换工作空间"菜单，如图 1-24 所示。横线以上是当前系统保存的工作空间，选项前有"√"符号的是当前正在使用的工作空间。用户可以随时单击其他菜单项切换到另外的工作空间。

　　对于特定的设计任务，用户可能希望优化 AutoCAD 绘图环境，只显示与任务相关的菜单、工具栏和选项板等，隐藏暂时不需要的界面项，并且使工作屏幕区域最大化，以使操作更方便。所谓工作空间，是由分组组织的菜单、工具栏、选项板和功能区控制面板组成的 AutoCAD 界面。

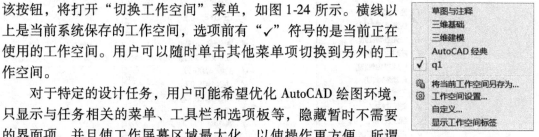

图 1-24　"切换工作空间"菜单

　　"二维草图与注释"、"三维基础"、"三维建模"、"AutoCAD 经典"是 AutoCAD 已经定义的工作空间，其中"二维草图与注释"、"AutoCAD 经典"是针对二维绘图的工作空间，"三维基础"、"三维建模"是针对三维绘图的工作空间。

　　用户可以创建自己的工作空间，简单的创建方法是通过上文介绍的对功能区、工具栏等的操作，得到用户自定义的工作界面后，单击"切换工作空间"菜单的"将当前工作空间另存为…"选项，将打开"保存工作空间"对话框，在文字框中键入新工作空间的名称，再单击"保存"按钮即可。新工作空间的名称将添加到"切换工作空间"菜单的横线以上，如图 1-24 所示的"q1"。

　　单击"切换工作空间"菜单的"自定义…"选项，将打开"自定义用户界面"编辑器，创建或修改工作空间（可参见 AutoCAD 帮助）。

　　单击"切换工作空间"菜单的"工作空间设置…"选项，将打开"工作空间设置"对话框。从中可以选择要指定给"我的工作空间"工具栏按钮的工作空间。上移、下移工作空间名称，是否在工作空间名称之间添加分隔线，以及在对工作空间进行修改后，是否对修改保存。

　　如果选中"切换工作空间"菜单的"显示工作空间标签"选项，则在按钮 的右侧显示当前工作空间的名称。例如，如果当前工作空间是"AutoCAD 经典"，则 变为 。

2. "应用程序状态栏菜单"按钮▾

　　单击状态栏右侧的"应用程序状态栏菜单"按钮▾，弹出如图 1-25a 所示的菜单。单击菜单上的选项，可以控制光标的坐标值、状态栏右侧按钮的显示。前面有"✓"标记的表示处于已显示状态。如果选中"图形状态栏"，则按钮"注释比例"、"注释可见性"、"注释比例更改时自动将比例添加至注释对象"显示在绘图区的下方。单击"状态托盘设置"选项，弹出"状态托盘设置"对话框，在其中可设置服务图标和服务通知的显示。

　　光标停留在"状态切换"上，将打开**绘图工具按钮**显示菜单，如图 1-25b 所示，该菜单控制状态栏绘图工具各按钮 的显示。单击菜单项切换相应按钮的显示与否，前面有"✓"标记的表示该按钮已显示。

a)　　　　　　　　　　　　　b)

图 1-25　应用程序状态栏菜单

a）应用程序状态栏菜单　b）绘图工具按钮显示菜单

3. 全屏显示按钮 🔲

单击全屏显示按钮🔲，将在正常绘图屏幕和全屏幕之间进行切换。全屏显示后的绘图区域扩大很多，可以显示更多的图形范围。全屏显示后保留命令提示区，其他常用的工具栏、面板都自动隐藏，状态栏也自动显示在屏幕最底部。

单击"视图"或"工具"下拉菜单的"全屏显示"，或者按〈Ctrl +0〉（零）键，也能在正常绘图屏幕和全屏幕之间进行切换。

4. 状态栏按钮右键菜单

在状态栏的不同按钮上右击，会打开不同的菜单，一些菜单项在后面章节会详细介绍，一些与二维绘图不相关的菜单项将不再介绍。随着学习的深入，读者也可实验一些菜单项的功能。下面仅介绍绘图工具各按钮的右键菜单中的公共选项。

在绘图工具各按钮 上右击，打开的菜单上都有"显示"、"使用图标"选项，大部分有"设置（S）"和"启用"选项。

光标停留在"显示"上，将打开绘图工具按钮显示菜单，如图1-25b所示。

单击"使用图标"选项，绘图工具各按钮在图标形式和文字形式之间切换。如果"使用图标"的前面没有"✓"，绘图工具各图标按钮成为文字形式按钮 INFER 捕捉 栅格 正交 极轴 对象捕捉 3DOSNAF 对象追踪 DUCS DYN 线宽 TPY QP SC 上午。无论绘图工具按钮是哪一种形式，当光标悬停在一个按钮上时，都会提示该按钮的名称。

单击"设置（S）"选项，将打开相应的对话框，后面各章将详细介绍各对话框。

单击"启用"选项，在打开和关闭对应的绘图工具之间切换，前面有"✓"时表明相应的绘图工具已打开，同时按钮亮显。

注意：后文涉及绘图工具按钮时，均按图标形式表述。

1.3 AutoCAD 命令

AutoCAD是"人-机交互"软件。用AutoCAD绘图时，多数情况是用户输入**命令**，要求计算机做什么，计算机询问用户该怎么做或通过哪种方法做（此时，在命令行或光标旁出现动态**命令提示**，也可能屏幕出现对话框），用户再告诉计算机做的方式方法（通过键盘或鼠标回答命令提示或对话框），整个过程是人与计算机的交互过程。

由此可见，要正确使用AutoCAD，必须输入正确的命令及正确地回答命令的提示或对话框。AutoCAD 2013有几百条命令，种类繁多，功能复杂，命令提示和子命令各不相同，正确地使用命令和理解命令提示及对话框是学习AutoCAD的基础。

1.3.1 AutoCAD 输入设备

AutoCAD的输入设备有键盘、鼠标及数字化仪，通常是键盘和鼠标。

鼠标用于控制AutoCAD的光标和屏幕指针。当鼠标处于绘图区内时，AutoCAD的光标为"十"字线形；当鼠标处于菜单、工具栏或对话框内，则为箭头 。

单击"工具"下拉菜单的"选项"菜单，打开"选项"对话框（参见本章1.6节），在其"显示"选项卡的"十字光标大小"栏，通过拖动滑块或在文字框中键入值，再单击

"确定"按钮，可改变十字光标的大小。

1.3.2　AutoCAD 命令输入方法

1. 从键盘键入 AutoCAD 命令

从键盘键入命令的字符串，然后按回车键或空格键。这种方式需要用户熟记 AutoCAD 命令。但一些常用命令有缩写（又称别名），如画直线命令 LINE 的缩写是 L；画圆命令 CIRCLE 的缩写是 C。对这些有缩写的命令，键入缩写后回车，即开始执行该命令。熟记常用命令的缩写再结合回车键或空格键可加快命令的输入速度。

从键盘键入的命令可以显示在命令提示区，也可以显示在**"动态输入"**的提示文字框（参见本节 1.3.3 的"2.'动态输入'打开时的操作方法"。）

在"动态输入"关闭，或虽然"动态输入"打开，但光标不在绘图区的情况下，从键盘键入的命令显示在命令提示区。默认情况下，从键入命令的第一个字母开始，命令提示区的左侧会出现一个**建议命令列表**，列出以该字母开头的所有命令及系统变量，图 1-26a 所示为从键盘键入字母 L 后打开的建议命令列表，最常用的命令列在上部。如果键入两个字母，则列出以该两个字母开头的所有命令及系统变量。可以用键盘的方向键〈↓〉、〈↑〉在列表上选择命令，亮显后回车，即开始执行选中的命令；也可以用鼠标单击列表并选择。可通过鼠标单击列表右侧的滚动按钮▼、▲或拖动滑块▭滚动列表。

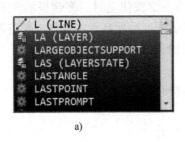
a)

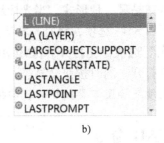
b)

图 1-26　建议命令列表

a）命令提示区命令列表　b）"动态输入"时光标命令列表

当"动态输入"打开，且光标在绘图区时，从键盘键入的命令显示在动态输入的提示文字字框。从键入命令的字母开始，建议命令列表（图 1-26b）会出现在光标附近，其使用方式同图 1-26a。

单击命令提示区的"自定义"按钮🔧，从打开的菜单上选择"自动完成"，自动完成菜单如图 1-27 所示；也可在命令提示区或建议命令列表上右击，从打开的菜单上选择"自动完成"，用于设置建议命令列表。"✓"表示该项已被选中。

自动附加：选中该项，在输入命令时自动完成命令和系统变量。

建议列表：选中该项，在输入命令时显示命令列表。

显示图标：选中该项，在命令列表中显示命令对应的图标。所有系统变量用同一图标✿。

显示系统变量：选中该项，在命令列表中显示系统变量。

延迟时间：单击该项，根据提示设置命令列表展开前的延迟时

图 1-27　自动完成菜单

间（秒）。

　　另外，采用命令 AUTOCOMPLETE 也可控制命令列表的打开、关闭及自动完成菜单各项的启用与否，不再详述。

2. 从下拉菜单输入

通过鼠标左键单击下拉菜单的菜单项后输入 AutoCAD 命令。

3. 单击按钮输入

通过单击工具栏上的按钮或单击功能区面板上的按钮输入 AutoCAD 命令，这是最直观的方法。

4. 从鼠标右键菜单输入

在绘图区右击，会弹出相应的菜单，从菜单中选择相应菜单项执行命令。在命令行窗口右击，打开右键菜单，从"最近使用的命令"子菜单中，单击要使用的命令。

在绘图区不同的位置右击，弹出的菜单内容各不相同，上下文跟踪是右键菜单的最大特点之一，用户可根据需要选择菜单项。若按住〈Shift〉键或〈Ctrl〉键的同时用鼠标右键单击绘图区，将弹出"对象捕捉和点过滤"菜单，其功能和"对象捕捉"工具栏相似，不过它的功能更全（关于对象捕捉请参见第 4 章）。注意，用户可自行定义鼠标右键单击的功能（参见 1.6 节）。

1.3.3　AutoCAD 命令的操作方法

命令输入后，人与计算机的对话过程可在命令行执行，也可在"动态输入"打开时，在光标附近动态执行。两种方法没有本质区别，都是在命令输入后，提示下一步如何操作。一般是提示输入点、输入参数、选择对象或选择其他选项等，当用户回答了本步骤提示，系统将结束命令，或者执行下一步操作。

1. 命令行的操作方法

下面以画直线命令 LINE 为例说明命令行的操作方法。

命令：LINE↙　（输入画直线命令）

指定第一点：(输入第一点)　　（开始回答命令提示）

指定下一点或［放弃（U）］:(输入第二点画出直线的第一段，或者选择放弃（U）放弃第一点)

指定下一点或［放弃（U）］:(输入第三点画出直线的第二段，或者选择放弃（U）放弃第一段)

指定下一点或［闭合（C）/放弃（U）］:(输入第四点画出直线的第三段，或者选择放弃（U）放弃第二段，或者选择闭合（C）使第三段的终点与第一段的起点重合且结束命令，否则继续提示)

指定下一点或［闭合（C）/放弃（U）］:

……

这里"LINE"是命令，"↙"表示回车确认，加阴影的楷体字是命令提示，加括号的斜体字是对提示的回答。命令提示常包含三部分：

1）命令提示的首选项：即"［ ］"前面的内容，是应该首先考虑回答的提示选项。

2）命令提示的其他选项：即"［ ］"里的内容，用分隔符"/"隔开。每个选项由文字和括号里的大写字母组成，大写字母是使用该选项的**关键字符**；要选择该选项有两种方法：

　　方法一：从命令行键入该关键字符后回车。

　　方法二：用鼠标单击该选项。

　　3）命令提示的当前默认值或默认选项：有些命令的提示最后是"〈×××〉"，"〈　〉"内的内容即为该命令的当前默认值或默认选项（有些默认值或默认选项可修改）。若对提示直接回车，则执行默认值或默认选项。

　　对 AutoCAD 命令提示的回答一般是输入点、输入数据、选择选项等。关于输入点、输入数据的方法参见第 2 章 2.2 节。

　　2. "动态输入"打开时的操作方法

　　所谓"动态输入"，是在命令输入后或命令执行过程中，十字光标附近出现称为"**工具提示**"的一个或几个文本框，工具提示显示命令的提示和相关数据等，会随着光标移动而动态更新。图 1-28 所示为直线命令 LINE 的第一个动态提示。

　　启用动态输入后，可直接在工具提示中回答提示（而不是在命令行）。回答方式与在命令行回答类似，可能需要输入点、输入数据、选择选项等。

　　如果执行的是与点有关的命令或命令选项，十字光标的位置（十字的交点坐标）将在工具提示中以两个文本框分别显示 X 值和 Y 值，如图 1-28 所示。如果需要输入点，可参考该点坐标。如果从键盘键入点的坐标或数据，点或数据显示在工具提示的 X 和 Y 文本框中，而不是显示在命令行。

　　若提示有多个选项，在提示的右边会有一个向下的箭头，按键盘的方向键〈↓〉可以展开其余选项，图 1-29 所示为展开后的直线命令提示。对于展开后的命令提示选择其他选项，可移动光标到所需选项后单击；也可按键盘的方向键〈↓〉或〈↑〉，转到所需选项后回车确认。按〈Esc〉键可放弃操作。

图 1-28　直线命令 LINE 的第一个动态提示　　　　图 1-29　展开后的直线命令提示

　　实际绘图时，一些绘图或修改等命令在需要用鼠标确定下一个点时，在起点和十字光标之间会显示一根橡皮筋线，从而使操作更直观、方便。在默认设置下，工具提示将显示橡皮筋的长度及其与水平向右方向的夹角，且随着光标的移动，长度与角度值动态改变。图 1-30 所示为直线命令 LINE 在将输入第二个点时的橡皮筋及工具提示。用户可参考橡皮筋的长度和角度值输入点，也可以从键盘键入长度或角度值。长度是首选待输入值，按〈Tab〉键可以在长度和角度的首选待输入之间切换。

　　在动态输入打开，对于工具提示有两个文本框需要输入的情况，在输入数据之前按〈Tab〉键，可在两个文本框之间切换优先输入顺序。在从键盘键入第一个数据后（不要回车）再按〈Tab〉键，在该值后将显示一个锁图标，锁定该值，光标再移动会受该值的约束，光标橡皮筋只能改变角度或长度之一，或都不能再改变。

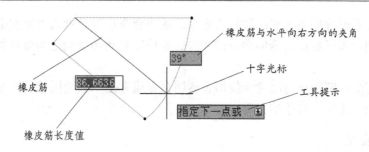

图1-30 直线命令的第二个提示

当动态输入工具提示显示红色边框时，表示键入值错误。可使用向左方向键〈←〉、向右方向键〈→〉、〈Backspace〉键和〈Delete〉键来取消输入，再重新输入。更正完成后，根据下一步的操作，按〈Tab〉键、逗号"，"键或左尖括号"〈"键，便可去除红色边框继续后续操作。

若仅打开和关闭动态输入，可单击状态栏上的按钮 ![] 或按〈F12〉键。一旦动态输入打开，按钮 ![] 将亮显。动态输入在绘图时可随时打开或关闭，即使正在执行其他命令。

以上在是默认情况下，对动态输入的简单介绍，关于动态输入的详细介绍及设置参见随书光盘的"参考与选学"中的"动态输入"。

注意，动态输入的操作不是取代命令行的操作，而是将在命令行的操作转移到光标附近操作，以避免用户只注意绘图区域，而忽视命令提示，导致操作不正确。但随着用户对AutoCAD熟悉程度的提高，总在光标附近出现提示也不便于操作。另外，即使在动态输入打开时，命令行也会详细记录和显示操作过程。所以，用户还是应该更多关注命令行操作。基于上述原因和叙述方便，**在本书后文论及命令操作时，以命令行的执行过程为主。**

3. 中止命令的方式

在 AutoCAD 的操作过程中，可能随时要中断命令，有如下方法：

1）命令执行完毕。

2）从菜单、工具栏或面板应用另一命令，这将自动终止当前正在执行的任何命令。

3）从该命令的右键菜单中选择"确认"或"取消"选项。

4）任何时候要中断命令，按下〈ESC〉键即可，有的命令需要按两次〈ESC〉键。

4. 回车键的等效键

在 AutoCAD 的操作过程中，除了文字输入的情况，空格键与回车键具有同等的功效，这样可以方便操作。

对于一些命令或命令选项，右击也相当于回车；若在命令执行过程中右击会弹出右键菜单，单击菜单的"确认"选项，也相当于回车。当然，这与在"选项"对话框中定义的鼠标右键单击工作方式有关。

执行完一条命令后直接回车，可重复执行该命令。

注意：由于上述的原因，对本书后文中出现的"回车"一词的实际操作，可以按回车键，多数情况也可以按空格键或鼠标右键。

1.3.4 透明命令

透明命令是指某一命令正在执行期间，中间插入执行另一条命令，执行完后仍回到原命令执行状态，且不影响原命令继续执行的命令。透明命令从键盘键入时须在命令前另加一个撇号"'"；当用户用鼠标单击透明命令按钮时，系统可自动切换到透明命令的状态而无须用户输入。

并不是所有命令都能作透明命令使用，透明命令通常是一些绘图辅助命令，如缩放、平移、捕捉、正交、栅格、对象捕捉等。

1.3.5　系统变量

系统变量是控制 AutoCAD 的某些功能、控制某些命令工作方式、存储当前图形信息和显示当前状态的变量。每个系统变量都有一定的类型：整数、实数、点、开关或字符串。

如"BLIPMODE"是开关类型的系统变量，它只能取 ON 或 OFF（即 1 或 0）；它为 ON（即 1）时屏幕上显示点的标记，为 OFF（即 0）时屏幕上不显示点的标记。

如"LUNITS"是整数类型的系统变量，它控制长度单位采用哪一种计数制，只能取 1、2、3、4、5 之一。

如"HPSCALE"是实数类型的系统变量，它控制填充图案的比例，可以取实数。

如"CLAYER"是字符串类型的系统变量，它是设置当前图层，其取值是已经建立的图层名（字符串）。

一些系统变量是只读系统变量，可以显示但不能修改该值。如 DWGNAME 是显示当前的图形文件名。

必要时，可以修改非只读系统变量，以使绘图更方便、更符合用户习惯和需要。

通常情况下，可以通过直接在命令行输入系统变量名检查系统变量的值和修改非只读系统变量的值；很多系统变量也可在 AutoCAD 的各个功能对话框中修改。可以在命令行使用 SETVAR 命令列出所有系统变量及当前值并可修改值；也可以使用 AutoCAD 的帮助系统查看系统变量名称及含义。

1.3.6　本书的约定

为了阅读方便，在后文的叙述中约定如下：

1）以"↙"代表按回车键，多数情况也代表按空格键或右击。

2）楷体字加阴影是 AutoCAD 的命令和提示。

3）加括号的斜体字是用户对命令和提示的回答。

4）为了醒目，命令的输入方式用加粗宋体字。菜单和命令、命令和其选项之间用斜线"/"隔开。在输入 AutoCAD 命令时，同一命令的各种输入方法按如下顺序列出：

命令行命令【工具栏按钮】【下拉菜单】【其他方式】【草图与注释：选项卡/面板/按钮（或下拉按钮菜单）】

除从命令行键入命令的方法外，其余命令输入方式加方括号。如果是在"AutoCAD 经典"工作空间，不加说明；如果是在"草图与注释"工作空间，则加"草图与注释："。例如，画直线命令的几种常用输入方式是：

命令：LINE↙或 L↙【绘图 】【下拉菜单：绘图/直线（L）】【草图与注释："常用"选项卡/"绘图"面板/】

上述输入方式的含义如下：

①命令：**LINE↙或 L↙**：表示从键盘键入画直线命令"LINE"或"L"后回车确认。

②【**绘图** 】：表示用鼠标左键单击绘图工具栏中的"直线"按钮 。

③【**下拉菜单：绘图/直线（L）**】：表示选择"绘图"下拉菜单的"直线（L）"菜单项。

④【**草图与注释："常用"选项卡/"绘图"面板/** 直线 】：表示在"草图与注释"工作空间，从"常用"选项卡的"绘图"面板上单击 直线 按钮。

1.4 文件管理

文件管理包括如何创建新图形文件、保存图形和打开已有的图形等操作。

1.4.1 建新图

当需要创建一个新图形文件时，可以使用"新建"命令。命令的输入方式：

命令：NEW↙或 QNEW↙【标准 】【快速访问 】【下拉菜单：文件/新建】【应用程序按钮下拉菜单 新建】【快捷键：〈Ctrl + N〉】

命令输入后，弹出"选择样板"对话框，如图 1-31 所示，这是一个标准文件选择对话框。对话框左边是**"文件位置"**列表，中间是**"文件列表"**区，列出了当前文件夹或驱动器下的文件夹和文件。

在默认情况下，文件列表区显示的是 AutoCAD 样板图形文件，样板文件的扩展名为".dwt"。画二维图形一般应选择 acadiso. dwt 文件并创建一幅新图。

所谓**"样板图"**，是根据工程项目标准的要求预先进行统一设置的图形。使用样板图可以保证项目组成员所绘图形的一致性，而且还可以提高工作效率。用户可以创建自己的样板文件。任何已创建的图形都可以作为样板，只要在存图时将其存为".dwt"文件（参见1.4.3 文件存盘）。

也可以从一个 AutoCAD 图形文件（".dwg"文件）或 AutoCAD 标准文件（".dws"文件）开始绘图，这只要单击"文件类型"下拉列表，从中选择打开文件的类型，如图 1-31下部所示。可打开的文件类型是：".dwt"、".dwg"和".dws"。选择文件类型后，"文件列表"将显示该类型的文件。

要打开某一文件，只要用鼠标双击它；或者先单击选中它（选中文件的名字会显示在"文件名"文本框中，右边"预览"框中显示文件图形的缩微预览图像），然后单击"打开"按钮。若要打开某一文件夹中的文件，先双击该文件夹，使其内容列出，再选择要打开的文件。

"选择样板"对话框的各项内容解释如下。

1. "位置"列表

"选择样板"对话框的左边是文件的"位置"列表，默认的图标有"Autodesk 360"、"历史记录"、"我的文档"、"收藏夹"等。其功能是提供对预定义文件位置的快速访问。

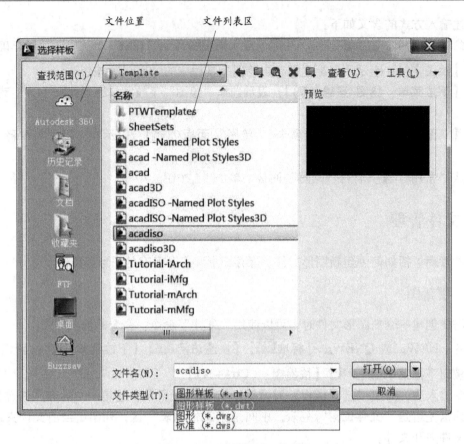

图 1-31　"选择样板"对话框

　　单击某一图标，在对话框的"文件列表"区将显示其内容。

　　用户可对"位置"列表进行操作，例如可将图标拖动至新位置，从而重新排列图标。也可以将一个文件夹从"文件列表"区拖到"位置"列表中，从而增加新的快捷图标。

　　在"位置"列表区上右击，从弹出的快捷菜单中选择"添加"或"添加当前文件夹"选项，也可增加新图标；选择"删除"选项可以删除图标；选择"特性"选项可修改图标的名称及路径，选择"恢复标准文件夹"选项可恢复已删除的默认图标。对"位置"列表的修改将影响所有的标准文件选择对话框。

　　"位置"列表各图标简介如下：

　　Autodesk 360：Autodesk 360 是一组安全的联机服务器，用来存储、检索、组织和共享图形和其他文档。用户创建 Autodesk 360 账户后，可以使用其扩展的功能，如将图形保存到 Autodesk 360 账户，访问用户的 Autodesk 360 账户中的文件，自动联机更新 Autodesk 360 账户中的副本等。

　　历史记录：显示最近从该对话框访问的文件的快捷方式。建议定期从"历史记录"列表中删除不需要的快捷方式。单击"历史记录"，然后从"文件列表"中单击不需要的快捷方式，再单击"删除"按钮 ✖。要按日期将快捷方式排序，选择"查看（V）"下拉列表中的"详细资料"，然后在"文件列表"中单击"修改日期"列标题即可。

我的文档：按当前用户配置显示"个人"或"我的文档"文件夹的内容。该位置的名称（"个人"或"我的文档"）取决于操作系统的版本。

收藏夹：按当前用户配置显示收藏夹的内容。收藏夹由文件或文件夹的快捷方式组成，这些文件或文件夹是使用对话框中的"工具"下拉列表的"添加到收藏夹"选项添加到收藏夹的。

FTP：在标准文件选择对话框中显示可浏览的 FTP 站点。要向此列表中添加 FTP 位置或修改现有的 FTP 位置，在对话框中单击"工具"下拉列表的"添加/修改 FTP 位置"。

桌面：显示桌面的内容。

Buzzsaw：Buzzsaw 是一项安全的联机项目协作服务，使用 Autodesk Buzzsaw 存储、管理和共享文档。可访问 Autodesk Buzzsaw 网站获取详细信息。

2. "查找范围（I）"下拉列表

显示当前文件夹或驱动器。单击下拉列表或其右侧的按钮▼，查看文件夹路径的层次结构并浏览路径树、其他驱动器、网络连接、FTP 位置或者 Web 文件夹（"Web 文件夹"或"我的网络位置"，依用户的操作系统版本而定）。若要改变当前文件夹或驱动器，单击下拉列表或其右侧的按钮，打开下拉列表，单击文件夹或驱动器即可。

3. 各按钮及其下拉菜单

1）"返回 ×××"按钮：返回到上一个"文件列表区"的显示。

2）"上一级"按钮：回到当前路径的上一级。

3）"搜索 Web"按钮：显示"浏览 Web—打开"对话框，使用此对话框可访问 Autodesk 网站。

4）"删除"按钮：删除选定文件或文件夹。

5）"创建新文件夹"按钮：用指定的名称在当前路径中创建一个新文件夹。

6）"查看"下拉菜单 查看(V) ▼：控制"文件列表"区的文件或文件夹的显示方式。"查看"下拉菜单中各菜单项的含义如下：

"列表"：以多列格式显示"文件列表"中的内容。

"详细资料"：以单列格式显示"文件列表"中的内容及其详细信息。

"缩略图"：以缩略图方式显示"文件列表"中的内容。

7）"工具"下拉菜单 工具(L) ▼：提供下列用于选择文件的工具：

"查找"：显示"查找"对话框，在其中可通过名称、位置和修改日期过滤器来查找文件。

"定位"：使用 AutoCAD 搜索路径找到在"文件名"中指定的文件。用户可在"选项"对话框的"文件"选项卡中设置搜索路径。

"添加/修改 FTP 位置"：显示"添加/修改 FTP 位置"对话框，在此对话框中指定 FTP 站点使其可供浏览。要浏览这些站点，请从"位置"列表中选择"FTP"。

"将当前文件夹添加到"位置"列表中"：在"位置"列表中为当前选定的文件夹添加图标，从而可从所有标准文件选择对话框中快速访问此文件夹。要删除该图标，请在该图标上右击，从弹出的菜单中选择"删除"。

"添加到收藏夹"：创建当前"查找范围（I）"或者选定的文件或文件夹的快捷方式。

快捷方式按当前用户系统配置放在"收藏夹"文件夹中，可通过选择"位置"列表中的"收藏夹"来访问它。

4. "文件列表"区

显示位于当前的路径并属于选定文件类型的文件和文件夹。使用对话框中的 查看(V) ▼ 下拉菜单在"列表"、"详细资料"和"缩略图"之间切换显示。

5. "预览"区

显示选定文件的缩微预览图像。如果未选择文件，那么"预览"区域为空。

6. "文件名（N）"文本框

显示在"文件"列表中选中的文件的名称。也可在"文件名"文本框中直接键入文件的路径和文件名后，单击"打开"按钮打开文件。

7. "文件类型（T）"下拉列表

单击该下拉列表，如图 1-31 所示，从中选择打开文件的类型。

8. "打开"按钮和"打开"下拉列表 打开(O) ▼

选定图形文件后，单击"打开"按钮打开图形文件。单击"打开"按钮右边的按钮▼，打开下拉列表，各选项功能如下：

"打开"：等同于"打开"按钮。

"无样板打开—英制"：自动采用样板图"acad. dwt"，单位为英制。

"无样板打开—公制"：自动采用样板图"acadiso. dwt"，单位为公制。

注意：以上内容是在 AutoCAD 默认情况下显示的，一旦建新图就打开"选择样板"对话框。实际上，NEW 或 QNEW 命令建新图的方式由两个系统变量 STARTUP 和 FILEDIA 控制。

当 STARTUP 的值为 1 时，显示"创建新图形"对话框，关于该对话框，读者可以参见 AutoCAD 帮助。当 STARTUP 的值为 0 时，显示"选择样板"对话框。AutoCAD 默认 STARTUP 的值为 0。

如果系统变量 FILEDIA 设置为 1，将显示"选择样板"对话框或"创建新的图形"对话框。如果将 FILEDIA 系统变量设置为 0，则不显示任何对话框，而是在命令行显示命令提示：

输入样板文件名或 [. (表示无)] 〈当前文件〉:（输入文件名称回车、输入句点"."回车，或直接回车）

如果输入文件名称回车，则是以该文件创建一幅新图；若输入句点"."回车，则是以 AutoCAD 默认设置创建一幅新图；若直接按回车键，则是以当前文件创建一幅新图。

系统变量 FILEDIA 还会影响到打开图形文件命令 OPEN。

1.4.2　文件存盘

绘制的新图要存盘，图形修改后要存盘，已绘制的图形文件存为另外名字也要存盘。**AutoCAD** 提供如下两种存盘方式。

1. 将新图形以指定名字存盘或将已命名的图形换名存盘

命令输入方式：

命令：**SAVEAS**✓或 **SAVE**✓【快速访问 】【应用程序按钮下拉菜单 另存为 】【下拉菜单：文件/另存为】【快捷键：〈Ctrl + Shift + S〉】

命令输入后，弹出"图形另存为"对话框。对话框的大部分功能和操作方法与新建文件的"选择样板"对话框中一样，不再详述。保存文件的方法如下：

若以新文件名保存某一文件，在"文件名"文本框中键入新文件名，再单击"保存"按钮即可。

如果以"文件列表"框中已有的名字保存某一文件（即用当前的图形替换原有的图形），先用鼠标单击选中该文件（在"文件名"文字框中就会显示其名字），单击"保存"按钮，会出现警告框，询问用户是否替换原有文件。

若要把文件存到某一文件夹中，先双击该文件夹，将其打开，再进行存盘操作。

AutoCAD 2013 版兼容旧版本的文件，从"文件类型"下拉列表中，可将当前文件存为AutoCAD 旧版本的各类文件（".dwg"、".dxf"、".dwt"和".dws"文件），默认为"Auto-CAD 2013 图形（ * .dwg）"文件。

2. 快速存盘

快速存盘的命令输入方式：

命令：**QSAVE**✓【标准 】【快速访问 】【应用程序按钮下拉菜单 保存 】【下拉菜单：文件/保存】【快捷键：〈Ctrl + S〉】

当一个新图形文件第一次存盘时，弹出"图形另存为"对话框。但如果当前图形文件已命名，不换名继续保存，即不是第一次存盘，则不会弹出"图形另存为"对话框。

3. 自动存盘

AutoCAD 给用户提供定时自动存盘功能，以防出现突然停电等意外，不会因为尚未存盘而使工作付之东流。详细内容请参见 1.6 节。

4. 创建备份文件

在默认情况，每次保存图形文件时，AutoCAD 都生成一个备份文件，即把上次存盘的原".dwg"文件复制一份文件名相同但扩展名为".bak"的文件，然后更新原".dwg"文件。

注意：在实际绘图时，为节省时间，可以用一个已绘图形的环境绘制另一幅新图。具体方法是把前一幅图的内容全部擦除再绘新图，或对前一幅图修改形成新图。应注意的是，新图存盘要用换名存盘方式。如果新图存盘误用快速存盘方式，则两幅图文件名相同，但扩展名不同，前一幅图扩展名为".bak"，新图扩展名为".dwg"。这时将前一幅图改名（文件名改变，扩展名改为".dwg"）即可利用。

练习 1：创建新图及保存图形练习。请读者使用画直线命令 LINE、画圆命令 CIRCLE、画圆弧命令 ARC 分别画图 1-32 所示的三个图，保存文件名分别为 tu-1、tu-2 和 tu-3。

1.4.3　关闭图形文件

关闭当前图形文件的命令输入方式为：

命令：**CLOSE**✓【绘图窗口的关闭按钮】　　【应用程序按钮下拉菜单 关闭 的 当前图形 关闭当前图形 】【下拉菜单：窗口/关闭】

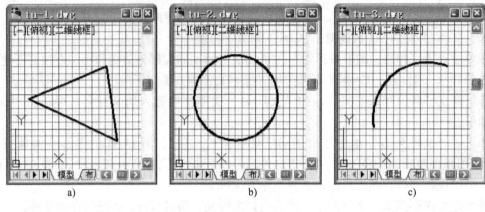

a)   b)   c)

图 1-32　练习 1

通常最常用的方法是单击绘图窗口的关闭按钮。

AutoCAD 可同时处理多个图形文件，如果所有文件都要关闭，但又不想退出 AutoCAD，则可以使用"全部关闭"命令，命令输入方式：

命令：CLOSEALL✓【应用程序按钮下拉菜单 关闭 的 所有图形 关闭当前打开的所有图形。】【下拉菜单：窗口/全部关闭】

在关闭文件时，对于修改后未保存的文件，AutoCAD 将弹出"是否保存改动"的警告框。在该框中，单击"是（Y）"按钮或直接回车，将当前的图形文件存盘后关闭；单击"否（N）"按钮或输入"N"后回车，关闭文件，但不将修改结果存盘；单击"取消"按钮，取消关闭命令，即不关闭当前图形。

1.4.4　打开已有图形文件

已保存的图形文件需要再次打开时，使用"打开"命令。命令的输入方式：

命令：OPEN✓【标准 】【快速访问 】【应用程序按钮下拉菜单 打开】【下拉菜单：文件/打开】【快捷键：〈Ctrl + O〉】

命令输入后，弹出"选择文件"对话框，与图 1-31 所示的"选择样板"对话框相同，大部分操作方式也相同。例如，用户可通过单击"文件位置"列表中的文件夹，或"查找范围（I）"下拉列表选择要打开的文件。下面仅就不同之处予以介绍。

1. 打开多个文件

"选择文件"对话框可一次选择多个文件并将它们同时打开。方法如下：

1）若是选择顺序排列的多个文件，先单击第一个文件，再按住〈Shift〉键单击最后一个文件或按住〈Shift〉键的同时按向上或向下的方向键。

2）在空白处按住鼠标左键拖动选择顺序排列的多个文件。

3）若是选择非顺序排列的文件，按住〈Ctrl〉键，再依次单击需打开的文件。

如果选择了多个文件，在"文件名"文本框中每个选中的文件显示在引号（""）中。选择文件后，单击"打开"按钮，多个文件就会被依次打开。

可以在"文件名"文字框中输入一个或多个文件名打开文件，但各个文件名必须使用引号。还可在"文件名"文本框中键入文件的路径和文件名后，单击"打开"按钮打开文件。

可以使用通配符"＊"、"？"来过滤"文件列表区"中显示的文件。其中"＊"可匹配任意字符串；"？"可匹配任意单个字符，如"？BC"可匹配"ABC"、"1BC"等。

2. 可打开的文件类型

单击"文件类型"下拉列表，在"选择文件"对话框中可打开的文件类型是："．dwg"、"．dws"、"．dxf"、"．dwt"。比"选择样板"对话框中多一种可打开的文件类型"．dxf"（图形交换文件）。

3. 初始视图

如果选中"选择初始视图"复选框，当图形包含多个命名视图，则在打开图形时显示指定的视图。命名视图命令为 VIEW，详情参见 AutoCAD 帮助。

4. "打开"下拉列表

单击"打开"按钮右边的按钮，打开下拉列表，其各项功能如下：

1）**"以只读方式打开"**。以只读模式打开一个文件。在对图形修改后，用户不能用原来的文件名保存，但可将其换名存盘。

2）**"局部打开"**。可显示"局部打开"对话框。如果要处理的图形很大，可以将其分成几部分显示在不同的视图中，这时可以使用"局部打开"选项，选择图形中要处理的视图和图层上的几何图形（仅限于图形对象）。

当图形被局部打开时，所有 AutoCAD 命名对象以及指定的几何图形都被加载到文件中。AutoCAD 的命名对象包括块、标注样式、图层、布局、线型、文字样式、UCS、视图和视口配置。关于"局部打开"对话框的详细解释请参见 AutoCAD 帮助。注意，"局部打开"应先选定图形文件，然后再单击"局部打开"菜单项。

3）**"以只读方式局部打开"**。以只读模式打开指定的图形部分。

AutoCAD 的多文档一体化的环境，使得用户在绘图时可充分参考其他图形，从而提高绘图速度。但若同时打开多个图形文件，每个图形文件都要占用一定的内存空间。因此对于不再需要进行处理的文件，应及时将其关闭以释放内存，提高系统运行速度。

练习 2：多窗口操作练习。同时打开练习 1 中的三个图形 tu-1、tu-2 和 tu-3。

1. 当前图形切换

尽管 AutoCAD 可同时打开多个图形，但只有一个图形是当前图形。按〈Ctrl + F6〉或〈Ctrl + Tab〉组合键在所有已打开的图形间切换。单击"窗口"下拉菜单，从其底部的已打开图形文件列表中可选择当前图形。名称前面有选择符号"√"的是当前图形。

在"草图与注释"工作空间选择当前图形的方法是：单击"视图"选项卡的"用户界面"面板上的按钮，从打开的图形文件列表中选择。

2. 多个图形窗口显示

利用 AutoCAD 的"窗口"下拉菜单，可控制多个图形窗口的显示形式。分别单击"层叠"、"水平平铺"、"垂直平铺"，观察各图形窗口的排列形式。使某个图形成为当前图形的方法是单击该图的任意位置。

如果是处于"草图与注释"工作空间，在"视图"选项卡的"用户界面"面板，分别单击按钮 ⊟ 水平平铺 、⊞ 垂直平铺 和 ▱ 层叠，也可改变图形窗口的排列形式。

1.5 获取帮助

有效地使用 AutoCAD 的帮助系统，可以帮助用户深入了解 AutoCAD 的功能及使用方法。命令输入方式为：

命令：HELP↙【标准 ❓】【下拉菜单：帮助/帮助】【功能键：〈F1〉】【标题栏 键入关键字或短语 🔍 **或 ❓】**

输入命令后打开"AutoCAD 2013 帮助"窗口，分左右两个面板，如图 1-33 所示。如果计算机连接网络，AutoCAD 2013 可在线获得帮助。直接单击右侧面板的蓝色文字获得在线帮助；也可以在左侧面板的"搜索"文本框中键入关键字段，单击"搜索"按钮，下方将列出与关键字段有关的主题内容，双击要寻求帮助的主题，则在右侧面板显示其详细内容。

图 1-33 "帮助"窗口

从帮助窗口右侧面板下方的"下载脱机帮助"栏，单击"AutoCAD 2013 脱机帮助"，或单击 ❓ 右侧的按钮 ▼，打开下拉列表，从中选择"下载脱机帮助"，可以下载 AutoCAD 2013 的脱机帮助。下载后安装，即可随时应用 AutoCAD 2013 帮助。

也可以通过标题栏按钮 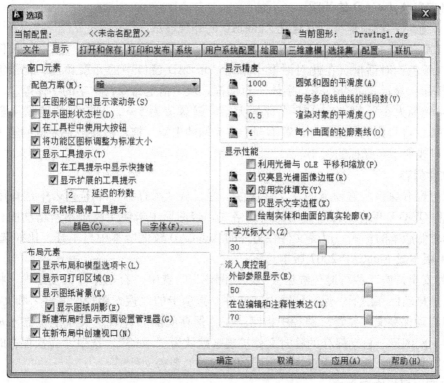（登录）登录到 Autodesk 360 寻求帮助。

1.6 "选项"对话框

在实际应用 AutoCAD 时，用户有时需要设置其特定功能，有时需要定制自己的操作方式等，"选项"对话框是实现上述需要的一个工具。打开"选项"对话框的方式：

命令：OPTIONS✓【下拉菜单：工具/选项】【没有任何命令运行也不选定任何对象，在绘图区域右击，从弹出的快捷菜单中选择"选项"】【在命令提示区右击，从弹出的快捷菜单中选择"选项"】

命令输入后打开"选项"对话框，如图 1-34 所示。在标题栏下面是当前配置的名称和当前图形的名称，再下面是 11 个选项卡，图 1-34 中所示是"选项"对话框的"显示"选项卡。

图 1-34　"选项"对话框的"显示"选项卡

每一个选项卡都有若干选项或设置，如果一个选项随图形一起保存，选项的前边有图形文件图标。随图形一起保存的选项只影响当前图形。而保存在注册表中（旁边不显示图形文件图标）的选项存储在当前配置中，会影响 AutoCAD 任务中的所有图形。

各选项卡的详细内容可参见 AutoCAD 帮助。方法是先选择某个选项卡，单击"选项"对话框右下角的"帮助"按钮，将打开"AutoCAD 2013 帮助"窗口，并显示当前选项卡内容。下面仅就读者常用到的几个设置予以简单说明。

1. 自动保存文件

在"文件"选项卡的"搜索路径、文件名和文件位置"区，列出了 AutoCAD 搜索支持文件、驱动程序、菜单文件和其他文件的文件夹。还列出一些可选的用户定义设置。双击文件夹或单击文件夹前的"＋"号可以展开目录下的文件路径。若要重新指定文件的位置，选中一个文件路径，单击"浏览"按钮，打开"浏览文件夹"对话框或"选择文件"对话框来定位所要求的文件夹或文件。有些目录可添加新的文件路径，这时可单击"添加"按钮。

"自动保存文件位置"是 AutoCAD 按设定的时间间隔自动保存文件的路径。用户可以按上述方法改变这个路径至所需文件夹。如果设置了"自动保存"，一旦因停电等突然关机，不至于使所绘制的图形全部丢失。待重新开机后，再从该文件夹中找出 AutoCAD 自动保存的文件，并将其扩展名改为".dwg"后即可被打开。

AutoCAD 是否自动保存文件由"打开和保存"选项卡中的"自动保存"选项控制。

2. 自定义 AutoCAD 的外观

通过"显示"选项卡可以自定义 AutoCAD 的外观显示。

"窗口元素"栏控制 AutoCAD 绘图环境的显示设置。例如，单击"颜色"按钮，打开"图形窗口颜色"对话框。在此对话框中指定 AutoCAD 窗口中的元素颜色、背景等。单击"字体"按钮，显示"命令行窗口字体"对话框。从中指定命令行文字的字体等。

"十字光标大小"栏控制十字光标的大小。默认值为 5%，有效值的范围从全屏幕的 1% 到 100%。在设定为 100% 时，看不到十字光标的末端。拖动滑块或在左侧的输入框内输入数值可以改变十字光标的大小。

3. 文件保存

在"打开和保存"选项卡的"文件保存"栏，从"另存为"下拉列表中选择用 SAVE、SAVEAS 和 QSAVE 保存文件时使用的默认格式。若图形中未使用高版本新增功能，则建议读者选择较低版本的格式，以免文件在另外的 AutoCAD 较低版本中打不开，比如选择 Auto-CAD 2004 版本或 AutoCAD 2007 版本。

"文件安全措施"栏可避免数据丢失和检测错误。选中"自动保存"复选框，将以指定的时间间隔自动保存图形。保存位置由"文件"选项卡的"搜索路径、文件名和文件位置"区中的"自动保存文件位置"路径中指定。在"保存间隔分钟数"文字框中输入每隔多长时间保存一次图形。自动保存的临时文件扩展名默认为".ac$"。选中"每次保存时均创建备份副本"复选框，将在每次保存图形时创建图形的备份文件。

4. 自定义鼠标右键单击

在"用户系统配置"选项卡的"Windows 标准操作"栏，单击"自定义右键单击"按钮，打开"自定义右键单击"对话框，选中"打开计时右键单击"复选框，可控制右键单击操作：快速右击与按〈Enter〉键的效果一样；慢速右击将显示一个快捷菜单。可以用毫秒来设置慢速右击的持续时间（右击的持续时间指的是按下鼠标右键与松开之间的时间间隔）。

5. 拾取框大小和夹点尺寸

在"选择集"选项卡"拾取框大小"栏，拖动滑块可以改变拾取框的大小。

在"夹点大小"栏，拖动滑块可改变夹点的大小。

在"夹点"栏单击"夹点颜色"按钮，打开"夹点颜色"对话框，可设置夹点的相关颜色。

1.7　退出 AutoCAD 2013

退出 AutoCAD 2013 可用如下方式：

命令：QUIT↙【下拉菜单：文件/退出】【AutoCAD 2013 窗口右上角的关闭按钮 ⊠】

如果退出时，当前图形在修改后没有存盘，将弹出警告框。在该框中，如果用户单击"是（Y）"按钮或直接回车，表示要将当前的图形文件存盘后退出 AutoCAD；如果用户单击"否（N）"按钮或输入"N"后回车，则表示退出 AutoCAD，但不将修改过的图形存盘；如果用户单击"取消"按钮，表示取消退出命令，即不退出 AutoCAD。

如果当前所编辑的图形文件没有命名，那么在单击"是（Y）"按钮后，会弹出"图形另存为"对话框，要求确定图形文件存放的位置和名字。用户做出响应后，将当前的图形按指定的文件名存盘，然后再退出 AutoCAD。

习　题

1. 鼠标的"单击"、"双击"、"右击"、"拖动"如何操作？
2. 打开多个工具栏，并改变它们的位置和形状。
3. 创建多个图形文件，利用 AutoCAD 的"窗口"下拉菜单，分别将其"层叠"、"水平平铺"、"垂直平铺"；并切换当前图形窗口。
4. 怎样隐藏或显示命令行窗口？
5. 怎样在正常绘图屏幕和全屏幕之间切换？
6. 打开"选项"对话框，在其"用户系统配置"选项卡单击"自定义右键单击"按钮，打开"自定义右键单击"对话框，研究如何设置右键单击的功能。
7. 怎样中断命令？
8. 执行完一条命令后，怎样快速重复执行该命令？
9. 什么是透明命令？
10. 如何将一幅图存为样板图？
11. 命令 QSAVE 与 SAVEAS（或 SAVE）有什么区别？

第2章 绘图初步

在应用 AutoCAD 绘图前，应先了解 AutoCAD 的计数制及其精度、角度制及其精度、坐标的显示形式、数值如何输入等。还要掌握 AutoCAD 的一些基本操作，如图形的缩放、平移，简单图线的绘制，已绘图线的选择，错误操作的纠正等。本章即介绍这些基本内容，为后文的工程图绘制打下基础。

2.1 设置图形单位

在用 AutoCAD 绘制一幅新图时，所采用的计数制及其精度、角度制及其精度、角度的度量方向等，一般采用 AutoCAD 的默认设置。如果需要修改，可通过单位命令 UNITS 的对话框来设置。其实，在绘图过程中，用户可随时更改绘图单位。UNITS 命令的输入方式：

命令：UNITS✓或 DDUNITS✓或 UN✓【下拉菜单：格式/单位】

命令输入后弹出如图 2-1 所示的"图形单位"对话框。各部分说明如下：

1. "长度"栏

单击"类型："下拉列表，从中选择一个适当的计数制，如小数或科学等，默认的计数制是"小数"。

对于选定的计数制，单击"精度"下拉列表，从中选择显示精度。若计数制是"小数"，这个精度就是状态栏上坐标值的小数位数，其默认精度达到小数点后 4 位。

"工程"和"建筑"计数制以英尺和英寸显示。在这些计数制中，每一图形单位代表 1 英寸。其他计数制无这样的假定，每个图形单位可以代表任何真实的单位。

2. "角度"栏

单击"类型"下拉列表，从中选择一个适当的角度制。

对于某个已选定的角度制，单击"精度"下拉列表，从中选择角度的显示精度。

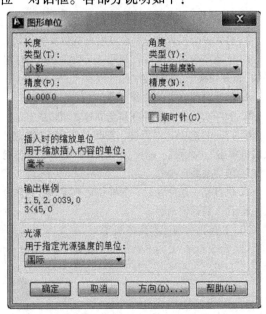

图 2-1 "图形单位"对话框

选中"顺时针"复选框，表明角度测量方向是顺时针方向，不选则为逆时针方向。默认的角度测量方向按逆时针方向。

注意：这里"长度"栏的精度和"角度"栏的精度直接影响状态栏的坐标显示的精度和屏幕"动态输入"（见第 4 章）的显示精度。例如，在"长度"栏选择"小数"，精度为"0"，则状态栏显示的坐标和屏幕"动态输入"显示的精度不再有小数。

3. "插入时的缩放单位"栏

控制插入到当前图形中的块和图形的测量单位。如果块或图形创建时使用的单位与在此指定的单位不同，则在插入这些块或图形时，将对其按比例缩放。插入比例是源块或图形使用的单位与目标图形使用的单位之比。

如果插入块时不按指定单位缩放，请选择"无单位"。此时，源块或目标图形将使用"选项"对话框的"用户系统配置"选项卡中"插入比例"栏的"源内容单位"和"目标图形单位"设置。

4. "输出样例"栏

显示在当前计数制和角度制下的样例。

5. "方向"按钮

单击该按钮，弹出如图 2-2 所示的"方向控制"对话框，从中设置起始角度（0°角）的方向。注意，该起始角度（0°角）的方向影响状态栏的动态极坐标中的角度（关于动态极坐标见 2.3 节）。

AutoCAD 默认 0° 方向是水平向右（即 3 点钟）的方向（图 2-2），逆时针方向为角度增加的正方向。可以选择 5 个单选按钮中的任意一个来改变角度测量的起始位置。

如果用户不想用东、北、西、南作为 0° 方向，则应选中"其他"选项，然后在"角度（A）"文本框中键入角度值来确定 0° 方向；也可以在选中"其他"选项后，单击拾取按钮

，这时对话框暂时消失，根据提示在图形窗口中拾取两个点，两点连线与水平向右方向的夹角确定 0° 方向。

图 2-2 "方向控制"对话框

6. "光源"栏

在下拉列表中选择当前图形中光源强度的单位。在三维图渲染时才有使用意义。

完成"图形单位"对话框中所有设置后，单击"确定"按钮，所做设置即对当前图形起作用。

2.2 AutoCAD 中点的坐标和坐标显示

无论绘何种图形，都是在 AutoCAD 的坐标系中进行，因此，有必要了解 AutoCAD 的坐标和坐标显示方式。

1. AutoCAD 的三种坐标

在 AutoCAD 中绘制二维图主要使用以下三种坐标来确定 XOY 平面内的点的位置：

1）**点的绝对坐标**。其坐标值 X、Y 是相对于当前坐标系的坐标原点 (0, 0)。

2）**点的相对坐标**。以前一点作为参照点，其坐标值分别是相对前一点沿 X 轴的位移量 ΔX 和沿 Y 轴的位移量 ΔY，而不是相对于坐标原点 (0, 0)。

3）**点的相对极坐标**。以前一点作为参照点，其坐标值分别是两点之间的距离和两点连线与水平向右方向（X 轴）的夹角。

2. 状态栏坐标显示方式

在默认情况下，AutoCAD 在状态栏的左端以三个用逗号隔开的数字显示当前十字光标交

点的位置。三个数字分别是直角坐标的 X 轴、Y 轴和 Z 轴坐标值。实际上，坐标的显示有如下三种形式：

1）动态绝对直角坐标。这是默认形式。在这种形式下，随着光标的移动，以直角坐标的形式，坐标值 X、Y、Z 值不断变动。

2）静态绝对直角坐标。在静态直角坐标形式下，坐标值不随光标的移动而变化，只有输入点后坐标值才变化。

3）动态相对极坐标。在动态相对极坐标形式下，若没有命令执行，坐标值仍以绝对直角坐标的形式显示；一旦执行命令，随着光标的移动，坐标值以相对极坐标"距离〈角度"的形式显示并不断变化。这种形式对要求角度时非常有用，如画一条有一定角度的直线。

三种形式之间的切换方法是单击坐标显示区。绘图时，应灵活地运用这三种形式。读者可用画直线命令（参见 2.5 节）演示以上三种形式，命令过程可以不中断。

2.3　数据的输入

一些 AutoCAD 的命令提示要求输入点、数值或角度，实际绘图时数据的输入方法有多种。了解数据输入方法，有益于以后命令的操作。

1. 点的输入

输入点的方法有如下两种：

(1) 用键盘输入点　从键盘键入点的绝对坐标、相对直角坐标或相对极坐标的方法如下：

1）在动态输入关闭时输入。如果点的绝对直角坐标值是 X 和 Y，点的输入方法是顺序键入"X，Y✓"（"✓"是回车）。如果点的相对直角坐标值是 ΔX 和 ΔY，点的输入方法是顺序键入"@ΔX，ΔY✓"。如果点的相对极坐标值是 D（两点距离）和 α（两点连线与 X 轴夹角），点的输入方法是顺序键入"@D<α✓"（"<"是角度符号）。即输入相对坐标要加@。

例如，用 LINE 命令从 A（80，90）到 B 画一条直线，B 点在 A 点右下方，A 与 B 的 X 和 Y 坐标各相差 20。画 AB 的过程是根据提示从键盘键入"80，90✓"，再键入"@20，-20✓"（或键入"100，70✓"）。实际上，B 点的绝对坐标为（100，70），相对 A 点的相对坐标是（20，-20）。

又如，画直线 CD，C 为起点，D 距 C 为 60，CD 与 X 轴夹角为 45°。画 CD 过程是根据提示先确定 C 点，再从键盘键入"@60<45✓"。

注意：实际绘图时，从键盘键入点的坐标不要加引号也不要加括号。

2）在动态输入打开时输入。默认情况下，如果输入点的绝对坐标，要先键入"#"，再顺序键入"X，Y✓"；但如果输入的是命令要求的第一个点，不用加"#"号。输入点的相对直角坐标和相对极坐标无需再键入@。即如果点的相对直角坐标值是 ΔX 和 ΔY，顺序键入"ΔX，ΔY✓"。如果点的相对极坐标值是 D 和 α，顺序键入"D<α✓"；也可以键入"D（按〈Tab〉键）α✓"。

(2) 用鼠标输入点　这是最常用的方法。当命令的提示要求输入点时，在绘图区移动鼠标，把十字光标移到所需的位置，按下鼠标的左键（单击）即可。

2. 数值的输入

有些命令的提示要求用数值回答，这些数值有高度、宽度、长度、行数或列数、行间距及列间距等。回答的方式有如下两种：

1）直接键入。 从键盘直接键入数值。

2）光标指定两点。 AutoCAD 把从光标指定的两点之间的距离作为输入的数值。尽管这种方法不是对所有的命令提示都适用，但对于适用的情况则比较直观。

3. 角度的输入

有的命令提示要求输入角度。采用的角度制与精度由单位命令 UNITS 的"图形单位"对话框设置。角度的输入方式有以下三种：

1）**直接键入。** 从键盘键入角度值。

2）**光标指定两点。** AutoCAD 把两点连线与 X 轴正向的角度作为输入的角度（注意：两点的顺序是重要的，起点到终点的方向是连线的方向）。

3）**光标指定一点。** AutoCAD 认为该点是输入角的终边上的一点。

2.4 图形的缩放、平移

2.4.1 图形的缩放

实际绘图时，图的实际幅面可能大，也可能小，为了在有限的屏幕绘图区域内绘制任意大小的图形，屏幕绘图区域显示的图形范围应该是可变的。利用 ZOOM 命令可随时改变屏幕绘图区域显示的图形范围，也可以随时改变图形显示的大小（即缩放）。ZOOM 命令的缩放功能与相机镜头相似，若要绘图区域中清晰地显示一部分图形，则显示的图形范围小；若要显示较大的图形范围，则绘图区域中的图形较小。

在 AutoCAD 中，把特定的图形画面称为**视图**，ZOOM 命令控制视图的显示、缩放。

注意： ZOOM 命令只是改变图形显示大小（视觉上的大小），并不改变图形的实际尺寸。

输入 ZOOM 命令的方式是：

命令：ZOOM↙ 或 Z↙；或者'ZOOM↙ 或 'Z↙（透明使用）

命令 ZOOM 的主提示是：

指定窗口角点，输入比例因子（nX 或 nXP），或者

[全部（A）/中心（C）/动态（D）/范围（E）/上一个（P）/比例（S）/窗口（W）对象（O）]〈实时〉:(指定一点，或者单击选项或键入一个选项的关键字回车，或者直接回车)

主提示的每一个选项都对应一个按钮或菜单项，这些按钮或菜单项在如下的工具栏、菜单或"草图与注释"工作空间的功能区的面板中：

1）"标准/窗口缩放"子工具栏各按钮。

2）"缩放"工具栏各按钮。

3）下拉菜单："视图/缩放"子菜单的各菜单项。

4）"草图与注释"工作空间：功能区"视图"选项卡的"二维导航"面板的"范围缩放"下拉按钮菜单的各按钮。

下文指出每一个选项所对应的按钮，再介绍每个选项的功能。

1. 指定窗口角点和窗口（W），对应"窗口缩放 🔍"

这是在绘图区指定两个角点定义一个窗口，对窗口区域进行放大，并使其显示在绘图区的中央。AutoCAD 自动根据所选择的区域大小适应绘图区的大小。操作如下：

指定第一个角点：(输入一点)

指定对角点：(输入另一点)

2. 全部（A），对应"全部缩放"

"全部缩放"是使绘图区显示整个图形。在平面视图中，缩放为图形界限或当前范围两者中较大的区域。即如果绘制的图形对象不超出图形界限范围，绘图区显示图形界限范围，如图 2-3a 所示；如果绘制的图形对象超出了图形界限范围，在绘图区中显示所有图形对象，如图 2-3b 所示。

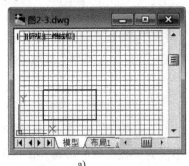 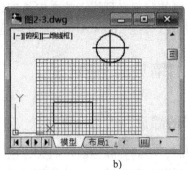

a)　　　　　　　　　　　　　　　　b)

图 2-3　全部缩放

a）图形对象不超出图形界限范围　b）图形对象超出了图形界限范围

3. 中心（C），对应"中心缩放"（或"居中"）

"中心缩放"是让用户指定一点，该点是绘图区域的中心点，同时图形可以放大或缩小。"中心缩放"的操作如下：

指定中心点：(指定一点或回车保持当前视图的中心不变)

输入比例或高度〈当前值〉：(输入一个值或直接回车)

对这个提示直接回车，即使用当前值，这时对象不缩放，只是指定的点成为绘图区域的中心点。若对这个提示输入比例或高度值，输入的值比当前值大（即同一图形从更高处观察），则视图缩小；反之，视图放大。若要相对于当前的显示放大或缩小，要在输入的数值后加上一个"X"，表示放大率。大于 1X 放大，小于 1X 缩小。

4. 动态（D），对应"动态缩放"

"动态缩放"是定义一个视图框来显示图形的某一部分，视图框内的图像将充满整个屏幕绘图区。可以移动、放大或缩小视图框。

输入"动态缩放"后，在屏幕上显示三个矩形框：蓝色的点线框、绿色的点线框和白色的实线框。如果用户所绘图形占据的区域大于图形界限，蓝色的点线框表示用户所绘图形占据的区域，否则是图形界限；绿色的点线框表示的是目前屏幕显示的图形范围，如果当前屏幕显示的范围大于所绘图形占据的区域或图形界限，则不显示绿线框；白色的实线框称为"视图框"，其起始大小与绿点线框相同。

视图框有两种工作状态：中心显示"×"标记的**平移视图框**和右边显示"→"标记的**缩放视图框**。首先显示的是平移视图框，可通过单击在两种状态之间切换。在平移视图框状态下，移动鼠标可更改视图框位置；在缩放视图框状态下，上下移动鼠标可更改视图框的竖直位置，左右移动鼠标可在左边固定的情况下缩放视图框。视图框的位置和大小确定之后，无论处于哪种工作状态，回车后，视图框所包含的区域即作为屏幕的显示范围。

5. 范围（E），对应"范围缩放"

"范围缩放"是在绘图区尽可能大地显示所有图形对象，而不论这些对象画在何处。

6. 上一个（P），对应"缩放上一个"

"缩放上一个"可恢复屏幕绘图区的前一个显示画面，且可连续恢复此前的 10 个画面。用户使用 ZOOM 命令的其他缩放方式改变的画面，以及使用其他会改变画面的命令 PAN、DVIEW、PLAN 等出现的画面，或者用户通过垂直或水平滚动条改变的画面，都在"缩放上一个"的可恢复之列。

7. 比例（S），对应"比例缩放"

"比例缩放"是根据用户定义的缩放比例因子来缩放视图。"比例缩放"的操作如下：

输入比例因子（nX 或 nXP）:（输入一个缩放比例因子）

有三种意义的缩放比例因子：

1）相对整个图形界限。 直接输入一个正值即可。如果输入值为 1，图形是绘图区恰好显示图形界限时的大小。如果输入不等于 1 的值，则表示相对整个图形界限放大或缩小显示。例如，输入 2，则所有对象相对整个图形界限放大一倍显示；输入 0.5，将所有对象相对整个图形界限缩小一半显示。

2）相对于当前画面。 如果输入的值后面有字母"X"，则表示输入的比例因子是相对于当前画面而言。例如，输入 0.25X，则所有对象按当前画面显示的四分之一尺寸显示；输入 2X，当前画面显示的对象放大一倍。

3）相对于图纸空间单位。 如果输入的值后面有字母"XP"，则表示输入的比例因子是相对于图纸空间单位而言。例如，输入的比例因子为 0.5XP，则以图纸空间单位的一半比例来显示模型空间。通常在图纸空间布置了多个绘图模型的不同画面，用户可使用 ZOOM"比例"中的"XP"选项来设置不同画面各自相互独立的显示尺寸。

缩放工具栏中的**"放大"** 按钮和**"缩小"** 按钮，是"比例（S）"选项的特殊情况，"放大"相当于比例因子为 2X，即相对当前画面放大一倍；"缩小"相当于比例因子为 0.5X，即缩小为当前画面的一半。

8. 对象（O），对应"缩放对象"

"缩放对象"是尽可能大地显示一个或多个选定的对象，并使其位于绘图区域的中心。"缩放对象"的操作如下：

选择对象:（用选择对象的任一种方式选择图形对象）

……

选择对象:↙

实际缩放时，可以先执行该选项再选择对象，也可以先选择对象后再执行该选项。

9. 〈实时〉，对应"实时缩放"

"实时缩放"时命令行提示：

按〈Esc〉或〈Enter〉键退出，或单击右键显示快捷菜单。

"实时缩放"使绘图区光标变成一个带加号"＋"和减号"－"的放大镜形状。按住鼠标左键向下拖动是将图形缩小，向上拖动是将图形放大，松开左键则是停止缩放。松开左键后移动光标到新的位置，重复上面的操作可继续缩放。当放大或缩小到极限时，光标的"＋"号或"－"号消失，状态栏提示"已无法进一步缩放（缩小）"。

在光标呈现带"＋"和"－"的放大镜形状时，若右击，弹出一个如图 2-4 所示的快捷菜单，从这个菜单可以改变缩放方式或转成其他图形显示方式。

如果在"选项"对话框的"用户系统配置"选项卡中设置了"绘图区域中使用快捷菜单"，在没有选择对象的情况下，在绘图区域右击，从弹出的快捷菜单中选择"缩放"选项也相当于执行 ZOOM 命令的实时缩放功能。

图 2-4　实时缩放右键菜单

注意：ZOOM 命令是绘图中最常用的命令，它的各个选项可透明使用，即在其他命令执行过程中使用。

2.4.2　图形平移

如果用户不想缩放图形，只是想把图形在绘图区域中上、下、左、右移动，以便浏览图形的各部分，可用平移图形 PAN 命令实现。命令的输入方式：

命令：P↙或 PAN↙或者'PAN↙或'P↙（透明使用）【标准 ✋】【下拉菜单：视图/平移】【快捷菜单：在没有选择任何对象时，右击绘图区，从弹出的快捷菜单中选择"平移"】【草图与注释："视图"选项卡/"二维导航"面板✋】

平移命令默认为实时平移模式。命令输入后光标呈一个手形标志✋，表明当前正处于平移模式，按住鼠标左键在各个方向上移动光标，图形也随着光标移动的方向平行移动，松开鼠标左键则停止平移模式。将光标移动到新的位置可继续平移操作。当移动到逻辑扩展边界（图形空间的边缘）时，在手形光标的一边会显示一个阻挡符号。根据边界的上、下、左、右四个方向，阻挡符号相应地显示在手形光标的上、下、左、右位置（图 2-5）。

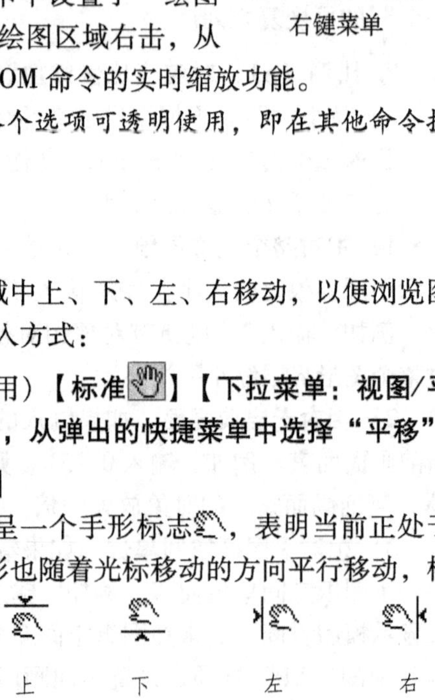

上　　　下　　　左　　　右

图 2-5　平移边界阻挡符号

要退出平移状态可按空格键、〈Enter〉键或〈Esc〉键，也可以在绘图区域右击，从弹出的快捷菜单中选择退出或选择其他图形显示方式。

2.4.3　利用鼠标滚轮缩放、平移

在 AutoCAD 中可以使用鼠标滚轮在图形中进行缩放和平移，而无需使用任何命令。

默认情况下，滚轮往前旋转为放大视图；向后旋转为缩小视图。系统变量 ZOOMFACTOR 控制滚轮转动的缩放因子，其数值越大，缩放变化就越大。改变缩放因子的方法如下：

命令：ZOOMFACTOR↙

输入 ZOOMFACTOR 的新值〈当前值〉:(输入 3 到 100 之间的整数值后回车)

默认情况下（此时系统变量 MBUTTONPAN 的值为 1），滚轮鼠标还有以下功能：

1）范围缩放：双击滚轮。

2）视图平移：按住滚轮，然后移动鼠标。

3）操纵杆平移：按住〈Ctrl〉键和滚轮，然后移动鼠标。

若将系统变量 MBUTTONPAN 的值设置为零，单击滚轮，显示对象捕捉快捷菜单。

2.5 绘制直线

直线命令 LINE 可以绘制一段直线；也可以绘制多段连接的直线段，此时前一条直线的终点是下一条直线的起点，其中的每一段都是独立的图形对象，可对每段进行单独修改。

如果打开动态输入，在输入第二点时，可参考动态显示的橡皮筋的长度及橡皮筋与水平向右方向的角度（180°以内的正角度值）。橡皮筋的长度值的精度及角度的精度在命令 UNITS 的"图形单位"对话框中设定。

直线命令的输入方式：

命令：LINE↙ 或 L↙ 【绘图 】【下拉菜单：绘图/直线】【草图与注释："常用"选项卡/"绘图"面板/ 】

命令输入后提示和一般操作过程如下：

指定第一点：(输入第一点)

指定下一点或 ［放弃（U）］：(输入第二点，或者单击放弃（U）或键入 U 回车)

指定下一点或 ［闭合（C）/放弃（U）］：(输入第三点，或者单击选项或键入选项关键字回车，此提示重复出现)

提示的各选项的意义如下：

1. 指定下一点

这是首选项，可从键盘键入下一点的绝对坐标、相对坐标，或在屏幕上单击确定直线下一点。

2. 放弃（U）

这是取消刚输入的一段，并继续提示输入下一点。当输入了多段以后该选项可连续应用。

3. 闭合（C）

这是使最后一段直线段的终点与开始一段直线段的起点重合，形成闭合多边形并结束 LINE 命令。

4. 用"直接距离输入"方法定位点

直接距离输入法是一种沿橡皮筋方向快速、精确地确定直线长度（亦即确定点）的好方法。这是一个隐含的、可自动执行的命令，它在 LINE 命令的提示中并不出现。

在执行 LINE 命令的过程中，指定了前一个点之后，移动光标，使橡皮筋的方向为下一点的方向，不要输入点，而是键入相对于前一点的距离后回车，则下一点确定，这就是用"直接距离输入"方法定位点。这个过程可以连续使用。例如，绘制图 2-6 所示图形的过程如下：

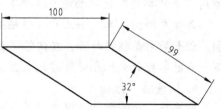

图 2-6 "直接距离输入"画直线

命令:(输入画直线命令)

指定第一点:(输入第一点)　　　　　　　　(输入第一点后使橡皮筋的方向水平向右)

指定下一点或 [放弃 (U)]:100↙　　　(输入100后使橡皮筋方向与水平方向成 −32°)

指定下一点或 [放弃 (U)]:99↙　　　　(输入99后使橡皮筋方向的水平向左)

指定下一点或 [闭合 (C) /放弃 (U)]:100↙

指定下一点或 [闭合 (C) /放弃 (U)]:(单击闭合 (C)或键入 C↙)

从这个例子可以看出对提示的回答都是距离值。

技巧:对绘制方向和长度已知的线段,这种"直接距离输入"方法很有效。若与"角度替代"方法及绘图工具"正交"、"极轴追踪"(参见第4章)等一起使用更为方便。

注意:实际上,多数的绘图命令(如圆弧命令、多段线命令、矩形命令等)和编辑命令(如移动命令、复制命令等)都可使用"直接距离输入"方法定位点这一功能。凡是要求相对前一点输入下一点时都可以这样做。这时光标橡皮筋的方向是下一点的方向,键入的值是两点之间的距离。

5. "角度替代"画确定了角度的直线

角度替代是在绘制直线过程中精确地确定角度的好方法。这也是一个隐含的、可自动执行的命令,也不在 LINE 命令的提示中出现。

如果要画一条与 X 轴有确定角度的直线,执行 LINE 命令,在提示指定下一个点时,不要输入点,而是键入"<角度值"后回车,接下来光标旁显示"角度替代:(长度) <(角度值),"如果这时用鼠标输入点,或用"直接距离输入"方法定位点,则下一点只能限定在这个角度方向上,这就叫"角度替代"。这个过程可以连续使用。例如,绘制图 2-7 所示图形的过程如下(先画左侧斜线):

命令:(输入画直线命令)

指定第一点:(输入直线的起点)

指定下一点或 [放弃 (U)]:<45↙

角度替代:(长度) <45°

指定下一点或 [放弃 (U)]:100↙

指定下一点或 [放弃 (U)]:< −45↙

角度替代:(长度) <315°

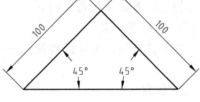

图 2-7　"角度替代"画直线

指定下一点或 [放弃 (U)]:100↙

指定下一点或 [闭合 (C) /放弃 (U)]:(单击闭合 (C)或键入 C↙)

注意:对一些可以连续输入下一点的绘图命令(如直线、多段线、样条曲线、多线等)和输入了基点后要求输入下一点的修改命令(如复制、移动、镜像等),在执行过程中都可使用"角度替代"这一功能,使得下一点的输入限定在替代角度的方向上。

即使在绘图工具(如正交、极轴追踪)打开时,"角度替代"中的角度值也不受其限制。但如果对象捕捉打开,在回答"指定下一个点:"时键入"<角度值"并回车后,指定下一点时不要让光标在对象捕捉点上,否则,角度替代将不起作用。

6. 用直线"续接"

这也是一个隐含的、可自动执行的命令。当输入 LINE 命令后,对"指定第一点:"的提示直接回车,AutoCAD 会自动将最后一次所画的直线或圆弧的端点作为新直线的起点。接下来提示"指定下一点或［放弃］:"。

如果最后画的是圆弧,弧的终点就决定了新直线的起点和方向(这提供了圆弧和直线相切连接的简单方法)。下面为直线 BC "续接" AB 圆弧(已画出)的过程(图2-8)。

命令:(输入画直线命令)

指定第一点:↙

直线长度:(输入 BC 的长度)↙

指定下一点或［放弃(U)］:↙

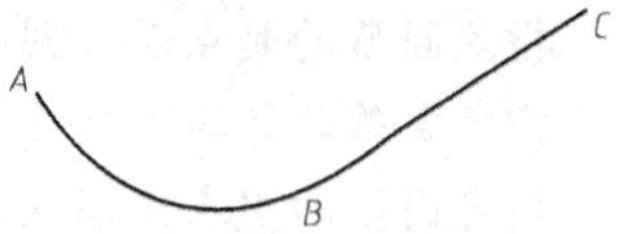

图2-8 直线续接圆弧

从这个例子可知在回答了"直线长度:"后,AutoCAD 又恢复通常的提示。

2.6 绘制圆弧

若设置的 AutoCAD 的角度测量方向逆时针为正(系统默认情况),绘制圆弧时按默认的逆时针方向形成圆弧。

用户可通过指定三点,指定圆心、半径,以及根据圆弧包含角度、方向和弦长等 11 种绘制圆弧的方法,各方法可通过下拉菜单选择,也可在按钮或键盘输入命令后,对命令提示键入关键字进行选择。命令输入方法:

命令:ARC↙或 A↙【绘图 】【下拉菜单:绘图/圆弧子菜单(图2-9a)】【草图与注释:"常用"选项卡/"绘图"面板/"圆弧"下拉按钮菜单的各选项(图2-9b)】

命令输入后,第一个提示是"指定圆弧的起点或［圆心(C)］:",各种绘制圆弧的方法由此开始。下面仅对其中几种稍复杂的画圆弧方法予以说明,其余方法如图2-9所示。

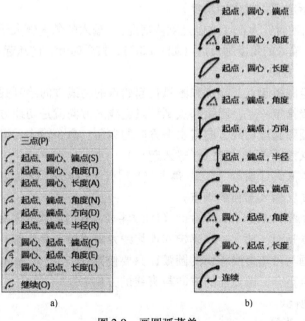

图2-9 画圆弧菜单

a) 绘图/圆弧子菜单　b) "圆弧"下拉按钮菜单

1. 三点绘制圆弧

通过三点绘制圆弧就是指定圆弧的起点、第二点（圆弧上一点）、圆弧终点，并通过此三点生成一段圆弧。命令输入后操作过程如下：

指定圆弧的起点或 [圆心 (C)]:(输入圆弧起点)

指定圆弧的第二点或 [圆心 (C) /端点 (E)]:(输入圆弧上一点)

指定圆弧的端点:(输入圆弧的终点)

2. 起点、圆心、弦长

该方法通过给定圆弧起点、圆心和圆弧的弦长（即弧的两端点的距离）绘制圆弧。命令输入后操作过程如下：

指定圆弧的起点或 [圆心 (C)]:(输入圆弧的起点)

指定圆弧的第二点或 [圆心 (C) /端点 (E)]:(单击圆心 (C)或键入 C↙)

指定圆弧的圆心:(输入圆弧的圆心)

指定圆弧的端点或 [角度 (A) /弦长 (L)]:(单击弦长 (L)或键入 L↙)

指定弦长:(输入弦长) ↙

注意：输入的圆弧弦长数值不能超过圆弧直径，否则提示输入值无效并取消命令。

3. 起点、端点、角度

该方法通过给定圆弧起点、端点和圆弧的扇面角（即两端点与圆心连线的夹角）绘制圆弧。命令输入后操作过程如下：

指定圆弧的起点或 [圆心 (C)]:(输入圆弧的起点)

指定圆弧的第二点或 [圆心 (C) /端点 (E)]:(单击端点 (E)或键入 E↙)

指定圆弧的端点:(输入圆弧的终点)

指定圆弧的圆心或 [角度 (A) /方向 (D) /半径 (R)]:(单击角度 (A)或键入 A↙)

指定包含角:(指定圆弧包含的角度)

若角度测量方向逆时针为正（这也是默认情况），输入的角度值大于零，按逆时针方向从起点到端点画圆弧；输入的角度为负值（如 -120°），按顺时针方向从起点到端点画圆弧。

4. 起点、端点、方向

该方法通过给定圆弧起点、端点和圆弧在起始点的切线方向绘制圆弧。指定切线方向有两种方法：一是直接指定一点，圆弧起点到该点连线的方向就是切线方向；另一种是输入角度值，该角度值是圆弧起点切线方向与水平方向的夹角。命令输入后操作过程如下：

指定圆弧的起点或 [圆心 (C)]:(输入起点)

指定圆弧的第二点或 [圆心 (C) /端点 (E)]:(单击端点 (E)或键入 E↙)

指定圆弧的端点:(输入圆弧的端点)

指定圆弧的圆心或 [角度 (A) /方向 (D) /半径 (R)]:(单击方向 (D)或键入 D↙)

指定圆弧的起点切向:(输入一点确定起点切线方向或键入角度值)

用此种方式可画与已知直线相切的圆弧，只要使圆弧的起点与直线的端点重合，橡皮筋的方向与直线的方向一致即可，如图 2-10 所示。

5. 起点，端点，半径

该方法通过给定圆弧起点、端点和半径绘制圆弧。命

图 2-10 画与已知直线相切的圆弧

令输入后操作过程如下：

  指定圆弧的起点或 ［圆心（C）］:(输入起点)

  指定圆弧的第二点或 ［圆心（C）/端点（E）］:(单击端点（E）或键入 E↙)

  指定圆弧的端点:(输入圆弧的端点)

  指定圆弧的圆心或 ［角度（A）/方向（D）/半径（R）］:(单击半径（R）或键入 R↙)

  指定圆弧半径:(输入圆弧的半径值) ↙

可以键入圆弧的半径值，也可以输入一点，该点与端点的距离作为半径。注意，输入的圆弧半径值不得小于圆弧弦长的一半，否则输入无效，命令被取消。

6. 圆心、起点、角度

该方法通过给定圆弧圆心、起点和角度绘制圆弧。命令输入后操作过程如下：

  指定圆弧的起点或 ［圆心（C）］:(单击圆心（C）或键入 C↙)

  指定圆弧的圆心:(输入圆心)

  指定圆弧的起点:(输入起点)

  指定圆弧的端点或 ［角度（A）/弦长（L）］:(单击角度（A）或键入 A↙)

  指定包含角:(输入角度或输入一点确定包含角) ↙

若角度测量方向逆时针为正，输入正的角度值，逆时针方向绘制圆弧段；若输入负值，则反方向绘制。可以键入圆弧的角度值；也可以输入一点，该点和圆心的连线与 X 轴的夹角作为角度值。

7. 继续

该选项可绘制一段新圆弧，该圆弧从上一步绘制的直线或圆弧的端点开始，动态显示与前一段直线或圆弧相切的圆弧，再指定端点即绘制出一段圆弧。命令输入后操作过程如下：

  指定圆弧的起点或 ［圆心（C）］:↙（自动从最后绘制的直线或圆弧的端点开始）

  指定圆弧的端点:(输入端点)

通过下拉菜单"绘图/圆弧"，选择"继续"选项，圆弧的起点自动与上一步绘制的直线或圆弧的终点重合。若用按钮输入命令或从键盘键入命令后，对提示"指定圆弧的起点或 ［圆心（C）］:"直接回车，圆弧的起点也自动与上一步绘制的直线或圆弧的终点重合。

  利用直线的"续接"选项和圆弧的"继续"选项，直线可续接前面所绘的圆弧，圆弧可续接前面的直线。直线的起点方向与前面所绘圆弧的终点方向一致，即直线与圆弧在圆弧终点相切；圆弧的起点方向

图 2-11　直线、圆弧相续接

与前面所绘的直线方向一致，即圆弧与直线在直线终点相切。图 2-11 所示是直线 BC"续接"圆弧 AB，圆弧 CD"继续"直线 BC，直线 DE"续接"圆弧 CD。

  实际绘图时，用户可根据所获得的已知条件选择相应的绘制圆弧方法。

2.7　绘制圆

AutoCAD 提供了 6 种绘制圆的方法，可通过下拉菜单选择，也可在按钮或键盘输入命令后，对命令提示键入关键字选择。画圆命令的输入方法为：

命令：**CIRCLE**↙或 **C**↙【绘图 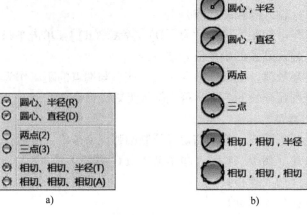】【下拉菜单：绘图/圆子菜单（图 2-12a）】【草图与注释："常用"选项卡／"绘图"面板／"圆"下拉按钮菜单各选项（图 2-12b）】

图 2-12　画圆菜单

a）"绘图/圆"子菜单　b）"圆"下拉按钮菜单

命令输入后的主提示为：

指定圆的圆心或 ［三点（3P）／两点（2P）／切点、切点、半径（T）］：（输入圆心，或者单击选项或键入一个选项的关键字后回车）

下面对各种方法分别进行介绍，相关图例为图 2-12 所示菜单上的图标。

1. 指定圆的圆心

"指定圆的圆心"是画圆的首选项。指定圆心时可用鼠标在屏幕上拾取点或从键盘输入点坐标。对主提示输入圆心后继续提示：

指定圆的半径或 ［直径（D）］：（输入半径，或者单击直径（D）或键入 D 回车）

1）指定圆的半径。这是以圆心和半径画圆。半径值可从键盘键入，也可用光标在屏幕上拾取一点，该点到圆心的距离为半径值。注意，每次输入的半径值是下一次画圆的默认半径值。

2）直径（D）。这是以圆心和直径画圆。继续提示：

指定圆的直径〈当前值〉：（输入直径）

直径值可从键盘键入，也可以用光标在屏幕上拾取一点，该点到圆心的距离为直径值。

2. 三点（3P）

该选项是以三点画圆。接下来提示：

指定圆上的第一点：（输入一点）

指定圆上的第二点：（输入一点）

指定圆上的第三点：（输入一点）

指定圆上的三点时，可用光标拾取点或从键盘键入点的坐标值。

3. 两点（2P）

该选项是指定两点（直径的两个端点）画圆。接下来提示：

指定圆直径的第一个端点：（输入一点）

指定圆直径的第二个端点：(输入一点)

指定圆直径的端点时，可用光标拾取点或从键盘键入点的坐标值。

4. 切点、切点、半径

该选项可以绘制与已知两个对象（如直线、圆或圆弧等）相切的圆。一旦光标移动到相切对象上，将出现相切标记。例如，要绘制一个与已知一条直线和一个圆相切的圆（图2-13），采用该选项。接下来提示：

指定对象与圆的第一个切点：(用光标拾取直线)

指定对象与圆的第二个切点：(用光标拾取圆)

指定圆的半径〈当前值〉：(输入半径)

半径值可从键盘键入，也可用光标拾取两点作为半径值。

利用"切点、切点、半径（T）"选项，可以解决工程制图上的圆弧连接问题。例如一个圆或圆弧与两个圆或圆弧内、外切的问题，可容易地绘制，如图2-14所示（关于修剪命令参见第6章）。

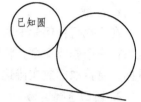

图 2-13　圆与已知圆及
直线相切

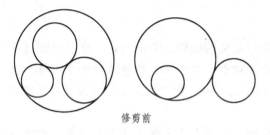
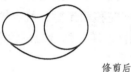

修剪前　　　　　　　　　　　　　　　　　　修剪后

图 2-14　圆弧连接举例

5. 相切、相切、相切

使用"相切、相切、相切"选项，可绘制出与三个对象相切的一个圆。此选项实际上是三点绘圆选项的调整（也可用3P命令结合切点捕捉实现）。把光标移动到相切对象上，将出现相切标记，依次单击三个已知对象，AutoCAD会自动找到三个切点，过该三点生成一个圆。注意，此选项是从两个下拉菜单（图2-12）中输入的。例如，要绘制与一条直线、一个圆弧和一个圆同时相切的圆（图2-15），操作过程如下：

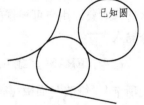

指定圆上的第一点：tan 到(用光标拾取直线)

指定圆上的第二点：tan 到(用光标拾取圆弧)

指定圆上的第三点：tan 到(用光标拾取圆)

图 2-15　圆与已知圆、
直线及圆弧相切

2.8 选择对象与删除命令

AutoCAD中的**"对象"**，是指在绘图区绘制的二维、立体图线，输入的文字，标注的尺寸，插入的图片等。实际绘图时，在没有执行任何命令或执行修改命令时，如果光标移动到已经绘出的对象上，对象亮显（即变粗变虚）。如果此时单击，对象变成虚线，称为被**"选中"**，多个被选中的对象构成的集合叫**"选择集"**。

2.8.1　选择对象的三种常用方法

在绘图的过程中修改是不可避免的，多数修改命令要求选择一个或多个对象，即先回答**"选择对象:"**，再进行修改操作。下面先介绍三种最常用的选择对象的方法，其他方式详见第6章。

1. 拾取

在不执行任何命令时，光标是中心有小方框的十字光标，这个小方框叫**"拾取框"**。一旦执行一个修改命令，将出现提示"选择对象:"，这时光标不再有十字，仅留拾取框。移动鼠标，将拾取框放在待选对象上并单击左键，对象被选中，这就叫**拾取**。

2. 窗口选择区域

在"选择对象:"提示下，把光标（拾取框）移动到没有图形对象的位置，单击指定一点，出现提示"指定对角点:"，向右移动光标，就会拉出一个实线边框、半透明、蓝色填充的矩形框，这个矩形框叫**窗口选择区域**，到合适的位置再单击指定另一点，则完全在窗口选择区域中的对象被选中。

3. 交叉选择区域

在"选择对象:"提示下，把光标移动到没有图形对象的位置，单击指定一点，出现提示"指定对角点:"，向左移动光标，就会拉出一个虚线边框、半透明、绿色填充的矩形框，这个矩形框叫**交叉选择区域**，到合适的位置再单击指定另一点，则交叉选择区域内及与其边界相交的对象都会被选中。

每选择一次对象后，"选择对象:"提示重复出现，可用上述三种方法中的任何一种继续选择其他对象。选中的对象都会显示为虚线，构成**选择集**。当选择完毕，在"选择对象:"提示下回车，就会退出选择对象状态，进入修改命令的下一步。

2.8.2　删除命令

删除命令是 AutoCAD 的修改命令之一，用来擦除画错的或无用的对象。命令输入后提示选择对象，用户可根据前面所讲的方法构造选择集，然后回车，所选中的对象被删除。命令输入方式：

命令：ERASE✓或 E✓【修改✎】【下拉菜单：修改/删除】【草图与注释："常用"选项卡/"修改"面板/✎】

命令输入后操作过程如下：

选择对象:（用任何一种选择方式选择对象，该提示重复出现，回车结束命令）

2.8.3　"先选择后执行"模式

通常情况下，修改命令是**"先执行后选择"**模式，即先输入修改命令，再选择图形对象。在 AutoCAD 默认设置下，一些修改命令也可以**"先选择后执行"**，即先选择图形对象，再输入修改命令。

"先选择后执行"的选择对象方式与前面介绍的三种方式基本相同，不同的是在拾取对象时是把中心有十字光标的拾取框移动到对象上单击，选中的对象上显示"夹点"（参见下一节）。

若修改命令可以"先选择后执行"，则执行命令后不会再出现"选择对象："的提示。这是因为执行命令前已经选好了对象，开始执行命令后就不必再选择对象。例如，先选择了若干对象，再执行删除命令，就不再有"选择对象："的提示，而直接将所选对象删除。

删除对象另一方法是：先选择要删除的对象，再按〈Delete〉键。

注意："先选择图形对象，再执行命令"这种方式是在"选项"对话框的"选择集"选项卡的"选择集模式"栏预设的。如果在该栏中取消"先选择后执行"复选框，也就取消了"先选择图形对象，再执行命令"这种方式。

2.9 图形对象上的夹点

在系统默认情况下，没有执行任何命令时选择对象，即把光标移动到图形对象上单击，对象上会出现蓝色小方块、三角形、圆点、长方形等标志，将这些标志称为**夹点**。夹点都处于对象上的特征点。利用夹点可以对图形对象进行编辑，详细的编辑方法在第 6 章介绍，这里仅介绍概念和初步用法。

根据所选对象的不同，对象上的夹点的个数和位置也不同。图 2-16 所示为常用图形对象的夹点位置。

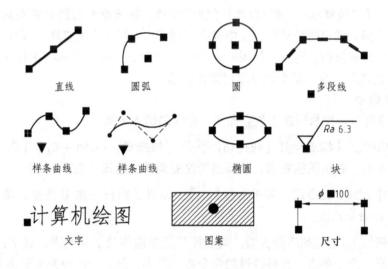

图 2-16 常用图形对象上的夹点

夹点有两种状态。**未选中状态**：选中一个对象后，该对象醒目显示，同时对象上显示夹点，这时的夹点为"未选中状态"。**选中状态**：当光标移动到距夹点足够近时，它自动被捕捉到夹点，不必再用其他精确定位方式。在未选中状态夹点上单击，夹点成为"选中状态"，变为红色（默认的选中状态），此时夹点称为**热点**。

要去掉对象上的夹点，按住〈Shift〉键，单击对象（不要单击夹点）。按〈Esc〉键可去掉所有对象上的夹点。

一旦夹点变为热点，移动光标，到合适的位置再单击，即可改变图形对象的位置、方向或形状。例如使直线的端点夹点成为热点，移动光标，可改变直线的方向或端点位置；如果是直线的中点夹点成为热点，可移动直线的位置。读者可使圆弧、圆上的夹点成为热点，以观察光标移动的效果。

通过"选项"对话框中的"选择集"选项卡，可以改变夹点的尺寸大小。在其"夹点"栏，可改变夹点的颜色，确定是否显示夹点，以及选择夹点的相关操作。

2.10   放弃、重做、重生成

在绘制和修改图形时，往往会有误操作，用户希望能够取消前一次命令；还有时取消某一命令后又想恢复该命令。这些就要用到放弃命令和重做命令。这两个命令使得操作过程更随意。

2.10.1   放弃命令

1. U 命令

U 命令可取消最近的一次命令操作，并显示被取消命令的名字。连续地多次使用 U 命令可以取消最近的一系列命令操作，直到回到当前阶段开始时的图形状态（命令行出现 已放弃所有操作）。命令的输入方式：

命令：U↙【下拉菜单：编辑/放弃】【快捷菜单：在无命令激活且没有对象被选中时，在绘图区右击鼠标，弹出快捷菜单，从中选中"放弃（U)"】【快捷键：〈Ctrl + Z〉】

命令输入后即被执行。注意，如果一个命令有子命令，或者在执行中使用了透明命令，当用 U 命令取消该命令时，整个命令序列都被取消。

2. UNDO 命令

UNDO 命令可以一次执行多重放弃操作。命令的输入方式：

命令：UNDO↙【标准 ↩】【快速访问 ↩】【快捷键：〈Ctrl + Z〉】【在无命令激活且没有对象被选中时，在绘图区右击，从弹出的快捷菜单中选择"放弃（U)"】

在实际使用 UNDO 命令时，若单击按钮 ↩，相当于执行一次 U 命令。单击按钮 ↩ 几次相当于执行 U 命令几次。

若单击按钮 ↩ 右边的列表箭头 ▾，则会打开记录操作的下拉列表，在下拉列表上向下移动光标，到某一命令单击，光标掠过的命令将被放弃，从而一次放弃多步命令操作。

UNDO 对一些命令和系统变量无效，包括用以打开、关闭或保存窗口或图形、显示信息、更改图形显示、重生成图形和以不同格式输出图形的命令及系统变量。

注意： 实际使用 UNDO 命令时，若从键盘键入命令，会出现提示 "输入要放弃的操作数目或 ［自动（A）/控制（C）/开始（BE）/结束（E）/标记（M）/后退（B）] 〈1〉："。由于这些选项实用性不大，这里不再介绍，有兴趣的读者可参考 AutoCAD 帮助文件。

2.10.2   重做命令

MREDO 命令用于恢复由 U 或 UNDO 命令刚取消的一系列命令操作，它必须在 U 或 UNDO 命令后立即执行。命令的输入方式：

命令：**MREDO**✓【标准 】【快速访问 】【快捷键：〈Ctrl + Y〉】【在无命令激活且没有对象被选中时，在绘图区右击，从弹出的快捷菜单中选择"重做（R)"】

除了从键盘键入 MREDO 命令的情况外，其他的各方式操作一次即执行一次"重做刚放弃的一个操作"，可连续操作。

要想一次重做多个操作，单击 按钮旁边的箭头 ▾，则打开下拉列表，在下拉列表上向下移动光标，到某一命令单击，光标掠过的命令将都被重做。

实际使用 MREDO 命令时，如果从键盘输入 MREDO，接下来的提示：

输入动作数目或 ［全部（A)／上一个（L)］:(键入一个整数回车，或者单击选项或键入选项关键字回车)

若对提示键入一个整数回车，是重做刚放弃的若干次命令操作。全部（A)是重做前面放弃的所有命令操作。上一个（L)只重做刚放弃的一个操作。

REDO 命令也是一个重做命令，从键盘键入 REDO 后回车，只重做一次。

2.10.3 重生成命令

1. 重生成命令

所谓重生成是使用 REGEN 命令，重新计算所有对象的屏幕坐标并重新生成整个图形，同时对图形数据库重新索引以优化图形显示和对象选择操作。

当屏幕画面不能正确地反映图形时可使用重生成命令。例如，一些圆、圆弧对象放大很多倍后可能不光滑，呈棱角显示，重生成可使其光滑显示，如图 2-17 所示。

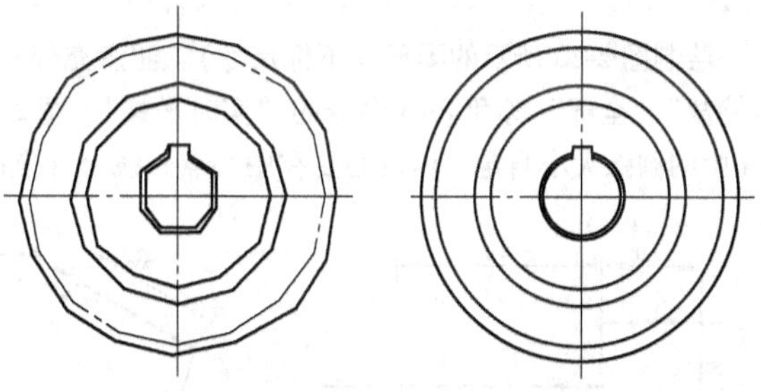

命令的输入方式：

命令：**REGEN**✓【下拉菜单：视图／重生成】

图 2-17 重生成

a) 重生成前 b) 重生成后

重生成命令输入后即被执行。

2. 全部重生成命令

用 VPORTS（或 VIEWPORTS）命令可把整个屏幕绘图区分成多个不同的矩形绘图区域，每一个区域就是一个独立的视口。当前工作的视口称为当前视口。

全部重生成命令 REGENALL 的功能和 REGEN 命令一样，只不过调用该命令后，Auto-CAD 重新生成所有视口中的图形对象并重新索引图形数据库。在定义了多个视口时，可使用 REGENALL 命令重新生成所有视口。命令的输入方式：

命令：**REGENALL**✓【下拉菜单：视图／全部重生成】

全部重生成命令输入后即被执行。

2.11 练习

绘制图 2-18 所示的图形。

第一步：利用 ZOOM 命令的"窗口缩放"放大绘图区的一部分。

第二步：用直线命令绘制，如图 2-19a 所示。

第三步：用直线命令绘制，如图 2-19b 所示。

第四步：用圆弧命令的"起点、端点、半径"选项绘制，如图 2-19c 所示。

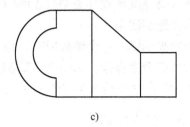

图 2-18　绘图练习

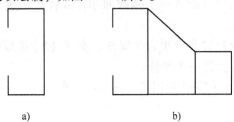

a)　　　　　　　b)　　　　　　　c)

图 2-19　画图过程

习　题

绘制图 2-20 所示的图形（不标尺寸）。注意充分利用 ZOOM 命令的"窗口缩放"、"缩放上一个"、"实时缩放""全部"等和 PAN 命令的"实时平移"。图 2-20d、e 中的圆弧大小自定，但要与直线相切。图 2-20f 中的圆弧大小自定，但圆心要在中心点画线上（点画线可先画成实线）。

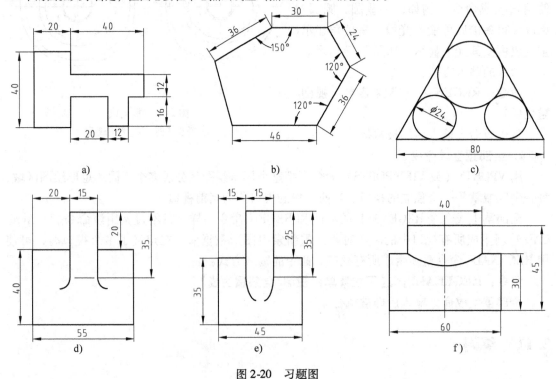

图 2-20　习题图

第3章 工程图基本设置

图 3-1 所示是一幅只有图形和尺寸、A4 幅面的简单工程图，如果要用 AutoCAD 绘制它，首先要确定图幅、线型等。本章的内容就是解决这些基本问题。

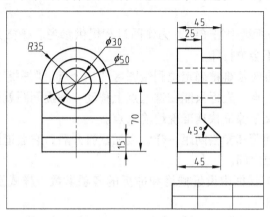

图 3-1 简单工程图

3.1 设置图形界限

LIMITS 用以设置图形界限——绘图区域的大小。实际绘图时，常以绘图区域作为图幅。命令的执行方式：

命令：LIMITS↙或'LIMITS↙（作透明命令使用）【下拉菜单：格式/图形界限】

命令输入后提示：

重新设置模型空间界限：

指定左下角点或 [开（ON）/关（OFF）]〈0.000 0, 0.000 0〉:(输入图纸左下角坐标，或者单击选项或键入关键字回车，或者直接回车默认左下角点为 (0, 0))

该**主**提示有三个选项，分别介绍如下。

1. 指定左下角点

这是设置绘图区的界限（也就是定义"绘图纸"的大小），是默认选项。执行方式为：

指定左下角点或 [开（ON）/关（OFF）]〈0.000 0, 0.000 0〉:(输入图纸左下角坐标)↙

指定右上角点〈420.000 0, 297.000 0〉:(输入图纸右上角坐标)↙

左下角点和右上角点可从键盘键入，也可用光标在屏幕上指定。实际绘图时，一般图纸左下角坐标为 (0, 0)。

2. 开（ON）/关（OFF）

开（ON）：是打开图形界限检查功能。此时系统会检查用户输入的点是否在设置的图形界限之内，超出图形界限的点拒绝接受，即当输入直线、圆弧、多段线等的端点在图形界限以外时，该点不被绘出，并有"＊＊超出图形界限"的提示，提醒用户不要将图画到"图纸"外面去。

关（OFF）：这是关闭图形界限检查，是 AutoCAD 的默认方式。

要注意的是，在绘图过程中，图形界限可随时改变。

3.2　设置栅格和捕捉

"栅格"类似于坐标纸中格子线，为作图过程提供参考。栅格只是绘图辅助工具，不是图形的一部分，所以不会被打印。

当鼠标移动时，有时很难精确定位到绘图区的一个点，**"捕捉"**是在绘图区设置有一定间距、规律分布的一些点，光标只能在这些点上移动。捕捉间距就是鼠标移动时每次移动的最小增量。捕捉的意义是保证快速准确地输入点。

如果设置的捕捉间距和栅格间距一样，当捕捉打开后，它会迫使光标落在最近的栅格点上，而不能停留在两点之间。

在"草图设置"对话框中设置栅格和捕捉的各项参数、样式及类型。可按下述方式打开"草图设置"对话框：

命令：DSETTINGS✓或 OSNAP✓或 DDRMODES✓（注意，虽然三个命令都可以打开"草图设置"对话框，但当前的选项卡不同）**【对象捕捉 ⌓.】【下拉菜单：工具/绘图设置】【右键快捷菜单：在状态栏的按钮 ▦ 或 ▦ 上右击，从弹出的快捷菜单中选择"设置(S)"】**

"草图设置"对话框如图 3-2 所示。在"草图设置"对话框中，共有七个选项卡，本节仅介绍"捕捉和栅格"选项卡，其他选项卡在第 4 章介绍。

1. "启用捕捉"复选框和"启用栅格"复选框

打开或关闭捕捉（栅格）。当捕捉（栅格）打开后，在屏幕底部的状态栏的捕捉按钮 ▦ （栅格按钮 ▦ ）将亮显。当然，如果仅打开或关闭捕捉（栅格），鼠标左键单击状态栏的捕捉按钮 ▦ （栅格按钮 ▦ ）即可。

2. "捕捉间距"栏

在"捕捉 X 轴间距"文本框输入 X 轴方向捕捉间距；在"捕捉 Y 轴间距"文本框输入 Y 轴方向捕捉间距。X 轴方向捕捉间距与 Y 轴方向捕捉间距可以相同也可以不同，这可以通过"X 和 Y 间距相等"复选框实现。在绘制工程图时，可考虑把捕捉间距设置为 1。

3. "栅格样式"栏

默认的栅格样式是"线"栅格，可以把栅格线改成"点"栅格。

"二维模型空间"：选中该复选框，将二维模型空间的栅格样式设定为点栅格。

"块编辑器"：选中该复选框，将块编辑器中的栅格样式设定为点栅格。

"图纸/布局"：选中该复选框，将图纸和布局的栅格样式设定为点栅格。

4. "栅格间距"栏

在"栅格 X 轴间距"文本框中输入 X 轴方向栅格间距；在"栅格 Y 轴间距"文本框中

输入 Y 轴方向栅格间距。栅格线有主栅格线和次栅格线，"每条主线的栅格数"文本框中的数字是主栅格线相对于辅助栅格线的频率。

图 3-2　"草图设置"对话框

　　注意：当栅格间距相对图形显示的范围较小时，如果在"栅格行为"栏没有选中"自适应栅格"复选框，栅格将不会显示（在"点栅格"时，命令提示区还会提示"栅格太密，无法显示)"，此时可更改栅格间距或放大局部画面。当值为 0 时，AutoCAD 自动将栅格的显示间距设置为捕捉间距，而并非间距为 0（不显示间距）。如果选中"自适应栅格"复选框，AutoCAD 会自动调整栅格间距，显示栅格。

　　"栅格"和"捕捉"相互独立，但经常同时打开，它们的间距可以相同也可以不同。

　　5. "极轴间距"栏

　　当选中 **"PolarSnap"** 时，在"极轴距离"文本框设置沿极轴捕捉的间距。如果设置该值为 1，则沿极轴追踪时（关于极轴追踪参见第 4 章 4.4.1 节），追踪提示距离为整数。如果该值为 0，则以"捕捉 X 轴间距"的值作为该值。

　　6. "捕捉类型"栏

　　1）**"栅格捕捉"**：栅格捕捉又分为 **"矩形捕捉"** 和 **"等轴测捕捉"** 两种。矩形捕捉就是指前文所讲的捕捉（这也是默认情况）。等轴测捕捉通常用来绘制正等轴测图，光标线与水平轴成 30°、90°和 150°，按〈F5〉键或〈Ctrl + E〉组合键可将光标在 30°、90°和 150°之间切换。图 3-3 是在二维模型空间的栅格样式设定为点栅格时，光标和栅格的样式。

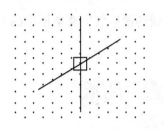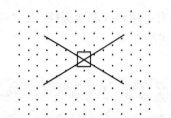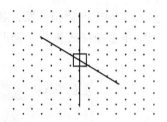

图 3-3　正等轴测图的光标和栅格

2）**"PolarSnap（极轴捕捉）"**：在启用了极轴追踪的情况下，当"捕捉"打开时，光标将沿在"极轴追踪"选项卡上设置的极轴角，相对于极轴追踪起点，按"极轴间距"栏设置的"极轴距离"进行捕捉。

注意：按〈F9〉功能键或按〈Ctrl + B〉键也可实现捕捉打开或关闭的切换。实际绘图时，捕捉可以随时打开或关闭。键盘输入绝对或相对坐标的点都不受捕捉的影响。仅启用"栅格捕捉"或"极轴捕捉"的较简单方法是，在 █ 上右击从打开的菜单上选择"启用栅格捕捉"或"启用 PolarSnap"。

按〈F7〉功能键，按〈Ctrl + G〉键，在 █ 右击，从打开的菜单上选择"启用"，都可实现栅格打开或关闭的切换。

栅格和捕捉都是透明命令，即在执行其他命令过程中随时可打开或关闭栅格和捕捉。

7. "栅格行为"栏

1）**"自适应栅格"**复选框：当栅格间距相对图形显示的范围较小，以致于栅格太密而无法显示栅格时，若选中该复选框，AutoCAD 会自动限制栅格密度，显示栅格。

选中"允许以小于栅格间距的间距再拆分"复选框，则在图形放大时，如果栅格间距较大，AutoCAD 自动生成更多间距更小的栅格。

2）**"显示超出界限的栅格"**复选框：选中该复选框，LIMITS 命令设置的图形界限外也显示栅格。如果不选中该复选框，栅格仅出现在 LIMITS 命令设置的图形界限内。所以如果用户需要形象地看到所设值的图形界限——图幅，就要启用栅格，且不要选中该复选框。

3）**"跟随动态 UCS"**复选框：更改栅格平面以跟随动态 UCS 的 XY 平面。

3.3　图层

图层是在 AutoCAD 中组织图形最有效的工具之一。一般通过图层设置工程图的各种线型。灵活地应用图层技术，可给实际绘图带来许多方便。

3.3.1　图层基础

1. 图层概念

一幅图上可能有许多对象（如各种线型、符号、文字等），这些对象的性质可能不同。如果图纸是透明的，且各张纸有完全相同的坐标系，在画图时，把不同性质的对象画在不同的透明的纸上，画完后把各张纸叠在一起，就得到一张完整的图形。这样做的优点是能对图形对象进行分类，便于图形的修改和使用。AutoCAD 的图层技术，就可实现这一功能。

在 AutoCAD 中，一幅图中可创建多个图层。各图层没有厚度、透明，有相同的坐标系、绘图界限、显示缩放倍数，各层完全对齐。一个图形中创建的图层数目没有限制，每个图层上绘制的对象数也没有限制。利用图层，可实现对图形对象的管理和控制。例如，可以利用图层的颜色、线型和线宽特性来区分不同的对象，将某一层或几层上的对象打开/关闭、冻结/解冻、加锁/解锁等。

2. 当前层和初始层

就像在若干张透明图纸上绘图时，一次只能在其中的一张图纸上绘制一样，AutoCAD 的一个图形虽然可建多个图层，但每次只能在其中一个图层上绘图，当前正在其上绘图的图层称为"当前层"（当前层显示在"图层"工具栏或"图层"面板上）。新画的图形对象都是在当前层中。当前层可随时改变。一旦当前层改变，再画的对象将在新当前层上。

注意： 对图形修改（如移动、复制等）时，不管图形对象是否在当前层上，都可以进行。

启动 AutoCAD 进入图形状态后，会自动生成**初始层**——"0"层。0 层不可改名或删除。0 层也可以作为当前层，但由于 0 层上的对象性质灵活，实际绘图时一般不在 0 层上画对象。

3.3.2 "图层特性管理器"的使用方法

创建图层和设置图层特性及控制图层的状态，都是在"图层特性管理器"选项板中进行。打开"图层特性管理器"选项板的方法是：

命令：LAYER✓ 或 LA✓【图层 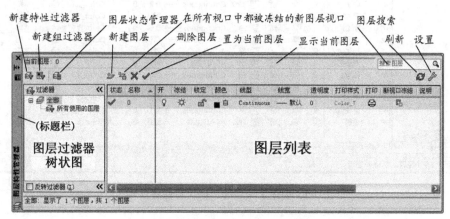】【下拉菜单：格式/图层…】【草图与注释："常用"选项卡/"图层"面板/ 】

一幅新图的"图层特性管理器"选项板如图 3-4 所示。

图 3-4　初始状态的"图层特性管理器"

图 3-4 所示是"图层特性管理器"初始状态，即用户没有进行任何图层操作。"图层特性管理器"的上部第一行是显示当前层和图层搜索，第二行是有关图层操作的按钮，下部左侧是图层过滤器树状图，右侧是图层列表。底部显示全部图层数量和在图层列表中显示的图层数量。下面介绍"图层特性管理器"的使用方法。针对加"＊"号的内容，初学者可

暂时放置，待熟悉掌握其余内容后再进行学习。

1. "新建图层"按钮

由"新建图层"按钮创建新图层。单击**"新建图层"**按钮，创建一个名称为"图层 1"的新图层，出现在图层列表中。如果"图层 1"已存在，则新创建的图层名为"图层 2"，依此类推。如果在创建新图层之前没有选择任何层，AutoCAD 根据 0 层的特性来生成新层。如果在创建新图层之前已选择了某个层，新图层将继承该图层的特性（颜色、开/关状态等）。

用户可以一次生成多个图层，只要连续单击"新建"按钮。最新创建的一个图层处于被选中状态（高亮显示），表示层的特性设置操作都是针对该层而言。

在新建图层时可不用系统自动生成的图层名"图层×"，而键入另外的名称。对于已经创建的图层也可以改名，先单击某个图层名，然后按〈F2〉键，或再次单击图层名，然后键入一个新图层名并回车即可。图层名应简单易记，与图中对象的实际意义有关。图层名中不能含有字符"〈、〉、/、\、"、:、?、*、|、=、;、~"，也不可与已创建的其他图层重名。

在对话框中选择图层与在 Windows 中选择文件一样，按住〈Shift〉键选择或按住鼠标左键拖动，连续排列的多个图层被选中；按住〈Ctrl〉键可选择不连续排列的多个图层。

图 3-5 所示是创建了图层的"图层特性管理器"。

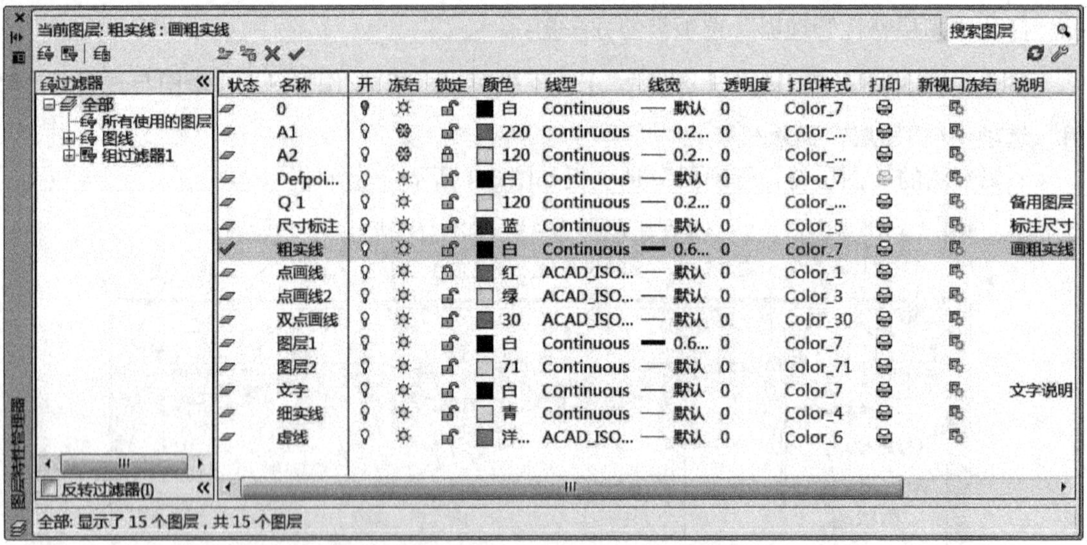

图 3-5　创建了图层的"图层特性管理器"

*2. "在所有视口中都被冻结的新图层"按钮

像"新建图层"按钮那样创建新图层，然而这样的图层在所有现有布局视口中被冻结（即该图层上的对象在布局中不显示）。关于"布局"、"视口"参见第 11 章 11.2 节。

3. "删除"按钮

要删除没有使用过的图层，先从图层列表中选择一个或多个图层，然后单击**"删除"**按钮即可。注意：不能删除当前图层、0 图层、定义点图层 DEFPOINTS、依赖外部参照的图层或包含对象的图层。

4. "置为当前"按钮 ✅

由"置为当前"按钮设置当前图层。在图层列表中选择一个层名，该层会高亮显示（图3-5），然后单击**"置为当前"**按钮 ✅，该层即置为当前层。当前层的层名及说明会出现在图层特性管理器的上部。也可双击某层将其置为当前层。

5. 图层列表

每个图层都有一些相关的基本特性，包括图层名，图层的状态（打开、冻结、锁定）和图层的显现形式（颜色、线型、线宽和打印样式等）。通过图层列表框可以随时对图层特性进行设置和更改。

1）**状态**：显示图层标志或图层过滤器标志。当前图层标志为 ✅（图3-5）。

2）**名称**：显示图层或图层过滤器的名称。

3）**图层的打开和关闭**。可改变图层的可见性，单击位于图层列表中"开"列下某一图层的"灯泡"图标。图标变暗图层关闭，图标变亮图层打开（图3-5）。

当图层打开时，图层上的图形对象显示而且可以打印，如果关闭则不能显示和打印。如果用户关闭当前层，会弹出警告对话框，提示关闭了当前正在工作的图层。被关闭图层上的对象尽管不可见，但仍存在于图形中，在刷新图形时，还是会计算它们。

4）**图层解冻/冻结**：单击位于图层列表中**"冻结"**列下某一图层的"太阳"图标，设置图层的解冻/冻结。图标成为"暗雪花"，图层冻结；图标成为"太阳"，图层解冻（图3-5），屏幕会自动刷新。

被冻结的图层也不会显示、打印。在这方面，冻结一个图层与关闭一个图层有同样的效果。但是，关闭掉的图层在重生成时仍会被刷新，而冻结了的图层，在重生成时将不会被考虑，从而加快了 ZOOM、PAN、VPOINT 等命令的速度，节省了复杂图形重新生成的时间。

5）**图层的锁定/解锁**：如果担心某些图层上的对象被误删或修改，则可将这些图层锁定。这样就不能修改被锁定图层上的对象，而只能修改未锁定图层上的对象。

单击**"锁定"**列下某一图层的"锁"图标。"锁"图标锁闭形状，图层被锁定；"锁"图标打开形状，图层解锁（图3-5）。

可以使被锁定的图层成为当前图层并在其中创建新对象（新创建的对象也不能被删除与修改），可以冻结和关闭被锁定的图层并改变它们的相关特性（如线型、颜色等），被锁定的图层也可以被打印。

当被锁定图层上的对象可见时，对象可被参考，例如对被锁定图层上的对象应用对象捕捉、对象追踪，作为修剪命令 TRIM 和延伸命令 EXTEND 的修剪和延伸边界等。

注意：仅改变当前层或仅改变图层的状态（打开/关闭、冻结/解冻、锁定/解锁），使用"图层"工具栏的"图层控制"下拉列表更为快捷方便。

6）**图层的颜色**：如果不同的图层设置不同的颜色，就可以通过对象的颜色区分图层。对于一个复杂的图形，将不同层的对象用不同的颜色画出来，不仅可以使画面清晰、生动，而且能够通过彩色绘图仪、打印机绘制出彩色的图纸。

一个图层，只能赋予一种"图层颜色"，不同的图层可以赋予相同的颜色。同一图层中也可以使用与其图层颜色不同的颜色（参见 3.4.1 "特性"工具栏）。如果图层设定的颜色是黑色或白色，则屏幕显示的颜色是黑还是白将根据系统配置时设定的背景色而定。

单击位于 **"颜色"** 列下某一图层的 "方块"颜色图标或颜色名称。将打开 "选择颜色"对话框（图 3-6）。通过此对话框改变所选图层的颜色。"选择颜色"对话框有三个选项卡："索引颜色"、"真彩色"和"配色系统"。

①在"索引颜色"选项卡（图 3-6）中设定颜色时，"索引颜色"中有 255 种颜色，是 AutoCAD 中使用的标准颜色，图层的颜色用颜色号来表示，从整数 1 到 255。前 7 个颜色为：1 红色、2 黄色、3 绿色、4 青色、5 蓝色、6 洋红色、7 白色/黑色，仅这七个颜色有名称。其他颜色用 8 到 255 之间的整数编号标志。选择颜色时，单击所需的颜色，或在"颜色"文本框中输入相应的颜色名或颜色号。

②在"真彩色"选项卡中设定颜色，有色调、饱和度、亮度（HSL）和红、绿、蓝分量（RGB）两种颜色模式。这两种模式可以使用非常大的颜色范围。

在"颜色模式"下拉列表中选择 HSL，如图 3-7 所示。在光谱中水平拖动十字光标（或在任一处单击），改变"色调"的值；在光谱中上下拖动十字光标（或在任一处单击），改变"饱和度"的值；拖动亮度条中的滑块▭（或在任一处单击），或单击其增减按钮▼和▲；改变其"亮度"值。也可在色调、饱和度、亮度的各文本框内输入数值，或单击文本框右侧的增减按钮改变其值。还可直接在"颜色（C）"文本框内输入用逗号隔开的红、绿和蓝三色的分量值。

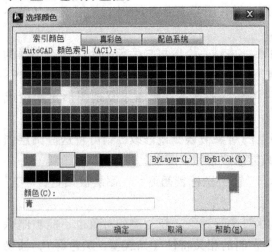
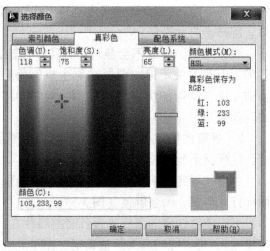

图 3-6　选择颜色对话框"索引颜色"选项卡　　　图 3-7　选择颜色对话框"真彩色"选项卡 HSL 模式

在"颜色模式"下拉列表中选择"RGB"，如图 3-8 所示。颜色可以分解成红、绿和蓝三个分量，为每个分量指定的值分别表示红、绿和蓝颜色分量的强度，这些值的组合可以创建一个很宽的颜色范围。可通过在各分量的文本框内输入数值、单击文本框右侧的增减按钮、拖动滑块或单击滚动条某处等方法改变各分量值，也可直接在"颜色（C）"文本框内输入用逗号隔开的三种分量值。

③在"配色系统"选项卡（图 3-9）中，从"配色系统"下拉列表中选择配色系统，在颜色条中拖动滑块▭（或在任一处点击），或单击其上、下两侧的增减按钮▼和▲，

即可浏览配色系统页，相应的颜色和颜色名将按页显示。一旦找到想要的颜色，在配色系统页上单击，颜色名显示在"颜色"文本框中。

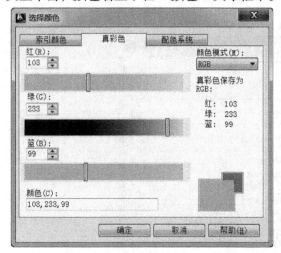

图3-8 选择颜色对话框"真彩色"
选项卡 RGB 模式

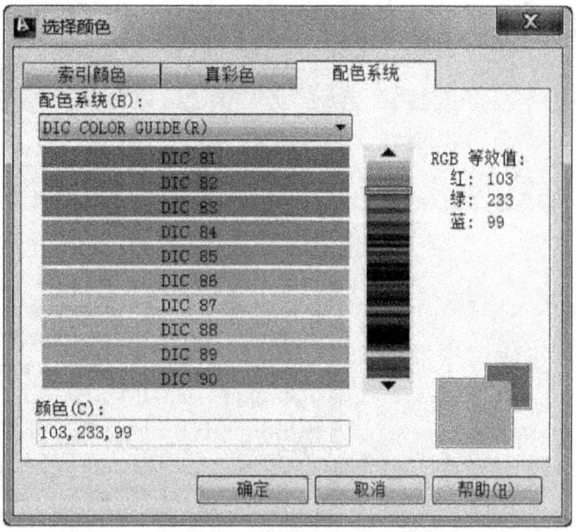

图3-9 选择颜色对话框"配色系统"
选项卡

每个选项卡的右下方都显示前新后旧的颜色样例，用于预览新旧颜色的对比。

选择好颜色后，单击"确定"按钮，则选中的颜色就分配给选中的图层。

7）图层的线型：图层的线型是指在图层中绘图时所用的线型，每一层都有一个相应线型。不同的图层可以设置不相同的线型，也可以设置相同的线型。图层的线型可以随时改变。

单击位于**"线型"**列下某一图层的**"线型名"**图标。将显示"选择线型"对话框（图3-10），从列表框中选择恰当的线型后，单击"确定"按钮，则所选线型就分配给选定的图层。

图3-10 选择线型对话框

在"选择线型"对话框中仅列出当前图形已有的线型。如果图形还需要另外的线型，可单击该对话框的"加载（L）…"按钮，将显示"加载或重载线型"对话框（图3-11）。对话框中列出线型文件"acadiso. lin"中所有的线型。可选择其中一种或按住〈Ctrl〉键或

〈Shift〉键选择几种线型，单击"确定"按钮，将所选线型加到"选择线型"对话框中。如果有必要，可以通过单击"文件（F）…"按钮加载其他线型文件而替代"acadiso. lin"线型文件。

图 3-11　加载或重载线型对话框

8）图层线宽：图层的线宽可以改变。将粗细不同的线用于不同的对象，可以更好地表达图形信息。

单击位于**"线宽"**列下某一图层的"线宽值"图标。将显示"线宽"对话框（图 3-12）。对话框的列表框中列出了系统默认和 0.00～2.11mm 各种粗细线宽供用户选择。选择其中的一种线宽，然后单击"确定"按钮，则所选线宽就分配给选定的图层。

9）图层透明度：控制图层上的图形对象透明度。单击"透明度"列下某一图层的"0"值，将显示"图层透明度"对话框。可在透明度值文本框中输入透明度值，也可单击按钮 ▼，从打开的下拉列表中选择透明度值。

图 3-12　线宽对话框

*10）**打印样式**：控制图层的打印样式（图形输出时的外观）。图形可以使用**命名打印样式表**（. STB 文件）或**颜色相关打印样式表**（. CTB 文件），但两者不能同时使用。系统默认使用颜色相关打印样式表。

当图形使用颜色相关打印样式表时，不能为单个对象或图层指定打印样式。要为单个对象指定打印样式特性，请修改该对象或图层的颜色。

当使用命名打印样式表时，可以在图层改变打印样式，单击位于**"打印样式"**列下某一图层的打印样式名称，将显示"选择打印样式"对话框，从中选择命名打印样式表、打印样式或编辑打印样式，完成后单击"确定"按钮。则用户所选的打印样式就分配给所选的图层。

可以使用 CONVERTPSTYLES 命令将当前打开的图形从颜色相关打印样式转换为命名打

印样式，或从命名打印样式转换为颜色相关打印样式，这取决于图形当前所使用的打印样式方式。如果是将颜色相关打印样式转换为命名打印样式，会出现一个警告，提示使用 CONVERTCTB 命令将颜色相关打印样式表转换为命名打印样式表。

关于打印样式更详细的解释请参见第 11 章 11.4 节和 AutoCAD 帮助文件。

*11）**打印**：可以设置某图层是否打印。单击位于**"打印"**列下某一图层的"打印机"图标，可设置某图层打印或不打印。

*12）**新视口冻结**：在新建的布局视口中冻结选定图层（因而也不会显示），但不会影响该图层在现有视口中的状态。关于"视口"参见第 11 章 11.2 节。

单击位于**"新视口冻结"**列下某一图层的"方块加太阳"图标，变成"方块加雪花"图标，则在所有新创建的布局视口中，该图层上的对象不会显示。

13）**说明**：如果需要对图层附加说明，单击位于**"说明"**列下某一图层的相应位置，会出现文字框，再次单击该文字框或按〈F2〉键，即可为图层加注说明，参见图 3-5。

*14）**图层分类显示**：在图层列表框中可按一定特性对图层列表排序，如按名称、线型、可见性等特性分类排序显示。用户只要单击某一特性列的列标题即可，例如单击第一列**"名称"**列头，可将所有图层按名称的字母升序或降序显示。

在某一特性列的列标题上右击，出现右键菜单，前面有"√"的选项，均在图层列表中显示，否则不显示。菜单中的"最大化所有列"选项可更改所有列的宽度，以最大化显示列中的内容；"最大化列"选项可更改列的宽度，以最大化显示该列中的内容。

*6. 图层过滤器

所谓"图层过滤器"就是某些满足一定条件的图层集合，满足条件的图层被包含在过滤器中，不满足条件的图层被滤掉（不被包含）。如果设置的图层太多时，可考虑用图层过滤器使图层列表框有选择地显示出图层。图层过滤器分为"特性过滤器"和"组过滤器"两种，特性过滤器是若干特性相同的图层集合。组过滤器是不考虑图层的特性，由用户指定的若干图层组成的集合。

AutoCAD 自建的过滤器有"全部"和"所有使用的图层"。用户可创建自己的过滤器，按钮 是创建特性过滤器，按钮 是创建组过滤器。关于创建图层过滤器的方法从略，有兴趣的读者参见随书光盘中"选学与参考"的"图层过滤器"内容。

图层过滤器树状图区域的上部和下部右侧有按钮 ，单击 ，图层过滤器树状图收缩（不显示），其上部和下部的按钮变为 ，单击 ，图层过滤器树状图展开。

7. "图层状态管理器"按钮

"图层特性管理器"图层列表中的图层状态可以被命名以后保存下来。若以后对图层列表中的图层状态和特性进行了改变，还可以恢复保存过的状态。

如果想保存当前的图层状态，单击"图层状态管理器"按钮 ，弹出"图层状态管理器"对话框（图 3-13）。单击其**"新建"**按钮，打开"要保存的新图层状态"对话框，在"新图层状态名"文本框中输入新图层状态的名称，若有必要，在"说明"文字区加注说明，然后单击"确定"按钮关闭该对话框。再单击"图层状态管理器"的"关闭"按钮，则图层列表中的当前图层状态被保存下来。

如果以后对图层状态和特性进行了修改，又想恢复以前保存的图层状态，可单击"图层状态管理器"按钮，从"图层状态管理器"对话框中选择一个已经保存的图层状态名，单击"**恢复**"按钮，则图层列表中的图层状态即恢复到该图层状态被保存时的状态。

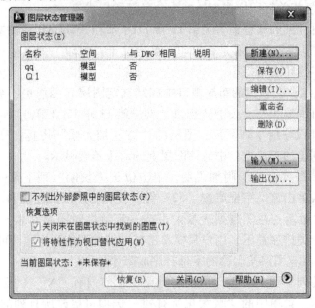

图 3-13　"图层状态管理器"对话框

*8. "图层特性管理器"的其他内容

1) **"搜索图层"**搜索框："图层特性管理器"的右上角是"搜索图层"文本框。单击该框，出现一个"*"和待输入文字的光标，在此输入需要搜索的图层字符（可以使用通配符）后，按图层名快速过滤图层列表，满足过滤条件的图层显示在图层列表中。

2) **"刷新"**按钮：单击，扫描图形中的所有图形对象，刷新图层使用信息。

3) **"设置"**按钮：单击，将打开"图层设置"对话框，显示"图层设置"对话框，从中可以设置"新图层通知"、"隔离图层设置"、"对话框设置"。关于"图层设置"对话框的详细内容请参看 AutoCAD 帮助。

4) **"反转过滤器"**复选框：选中该项，在图层列表框中显示所有不满足当前选定图层特性过滤器中条件的图层。

*9. 图层列表右键快捷菜单

在图层列表中右击，将打开快捷菜单。该快捷菜单提供用于图层操作、修改列表和选定图层及图层过滤器的选项。关于图层列表右键快捷菜单的详细内容请参见 AutoCAD 帮助。

3.3.3　图层工具栏

图层工具栏（图 3-14）包括有关图层的下拉列表和命令。

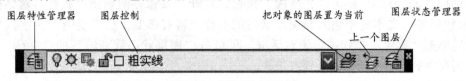

图 3-14　"图层"工具栏

"图层特性管理器"和"图层状态管理器"前面已经讨论，下面仅介绍其余内容。

1. "图层控制"下拉列表

"图层控制"下拉列表（图 3-14）的功能是显示当前层，改变当前层，设置图层的状态（打开/关闭、冻结/解冻、锁定/解锁），查看选定对象的图层，改变对象所在的图层。

在没有选择对象时，该下拉列表显示的是当前图层及其状态。

要使某一图层成为当前图层，单击该下拉列表将其展开，在要设置为当前层的图层名上单击即可。

如果要设置图层的状态（打开/关闭、冻结/解冻、锁定/解锁），单击该下拉列表将其展开，从中单击状态图标，再在下拉列表外边单击一下即可。

要查看对象所在的图层，在"命令:"状态下，不输入任何命令，直接用光标拾取或窗口选择图形对象（选中的图形对象上出现"夹点"，即小方块），如果选择了一个对象，显示该对象所在的图层；如果选择了多个对象，且这多个对象都在相同的图层上，则显示其所在的图层；如果这多个对象在多个图层上，则当前层为"空"。

若改变对象的图层，先选中图形对象，单击"图层控制"下拉列表将其展开，从中选择一个图层单击，图形对象即改变到该图层上。

2. "将对象的图层置为当前"按钮 🖙

按钮 🖙 对应命令 LAYMCUR，该命令的功能是使某个已绘对象所在的图层成为当前层。命令输入后提示：

选择将使其图层成为当前图层的对象:（用拾取的方式选择一个图形对象，所选对象所在图层成为当前层）

也可先拾取图形对象，然后执行该命令。

3. "上一个图层"按钮 🖙

按钮 🖙 对应命令 LAYERP，该命令的功能是返回上一个图层设置，即放弃最近一次对图层设置所做的一个或一组特性更改，包括用"图层特性管理器"、"图层控制"下拉列表对图层设置所做的更改，将某图层置为当前层等操作。

输入命令即执行，可连续使用。如果设置被恢复，命令提示区将显示"已恢复上一个图层状态"信息。

"上一个图层"命令不放弃以下更改：重命名的图层（并不会恢复原名称，而只恢复在重命名同时更改的其他特性），删除的图层（不会被添加），添加的图层（不会被删除）。

3.4　对象"特性"的显示、查看与修改

3.4.1　"特性"工具栏

如果是在"AutoCAD 经典"工作空间，会默认显示"特性"工具栏。

"特性"工具栏（图 3-15）由四个下拉列表组成，其功能是显示、查看、改变对象的特性（颜色、线型、线宽、打印样式控制）或使一种特性成为当前特性。

"特性"工具栏的前三个下拉列表的默认设置都是"ByLayer"（随层），如果不对其改

变，就表明在图层上绘图时，绘制的对象的特性（即颜色、线型、线宽、打印样式）由图层的特性确定。或者说，对象的特性与图层的特性一致。例如，图层的颜色是红色，对象的颜色也是红色。

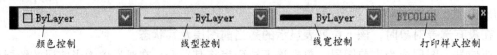

图 3-15　特性工具栏

也可以使图层中对象的特性与图层的特性不一致。单击特性控制框，从打开的下拉列表中选择另外的特性，这个特性即显示在特性控制框中，此时称其为**当前特性**。例如，图层的颜色是红色，在下拉列表中选择了绿色为当前颜色，则在该图层上再画出的图线将会是绿色而不是红色。这就表明，**从"特性"工具栏的下拉列表中选择的当前特性优先于图层的特性**。实际绘图时，不论原图层设置何种特性，也不论当前层如何转换，绘出的图形对象的特性与当前特性一致。

下拉列表中的"ByBlock（随块）"的意义是，对象的特性由对象组成的块的特性决定，关于"块"请参见第 10 章。

在没有命令输入或没有选择对象时，各下拉列表显示其当前的特性，在绘制新对象时，当前特性被应用到对象上。

查看对象特性、改变对象特性或使一种对象特性成为当前特性的方法如下所述。

1. 颜色控制

若要查看对象的颜色，选中图形对象。如果选择了一个对象，"颜色控制"显示该对象的颜色。如果选择了多个对象，且所有选定对象都具有相同颜色（包括不在同一图层上的多个对象），则显示该颜色；如果选定的多个对象具有多种颜色，则"颜色控制"为"空"。

若要改变对象的颜色，先选中图形对象，单击"颜色控制"展开下拉列表（图 3-16），列表含有"ByLayer"、"ByBlock"、七种标准颜色和四种最近用到的非标准颜色。从中选择一种颜色单击，该颜色即为所选图形对象的颜色，从而取代图形对象在其所在图层的颜色或其原来的颜色。如果没有找到所需的颜色，单击"选择颜色…"，在出现的"选择颜色"对话框中选择所需的颜色。

若要使一种颜色成为当前颜色，不选择任何对象，从"颜色控制"下拉列表中选择一种颜色，该颜色即为当前颜色，从而取代图层的颜色。如果没有找到所需的颜色，单击"选择颜色…"，从"选择颜色"对话框中选择所需的颜色。

图 3-16　颜色控制下拉列表

2. 线型控制

单击"线型控制"，将展开线型下拉列表，列出"ByLayer（随层）"、"ByBlock（随块）"等已加载的线型。如果所需的线型没有显示在列表中，则单击"其他"选项，从弹出的"线型管理器"中单击"加载…"按钮，再从"加载或重载线型"对话框中选择所需线型。

查看对象的线型、改变对象的线型，或使一种线型成为当前线型，操作方法与"颜色控制"下拉列表类似。

3. 线宽控制

单击"线型控制",将展开线宽下拉列表,列出所有可用的线宽。

查看对象的线宽、改变对象的线宽,或使一种线宽成为当前线宽操作方法,与"颜色控制"下拉列表类似。

注意:为避免混乱,绘图时一般是一个图层一种颜色、一种线型、一种线宽。若"颜色控制"、"线型控制"、"线宽控制"中不再显示"随层",则所用颜色、线型、线宽不是由"图层特性管理器"分配给对象的。

4. 打印样式控制

当图形使用**命名打印样式表**时,"打印样式控制"下拉列表才可用。查看对象的打印样式、改变对象的打印样式,或使一种打印样式成为当前打印样式,操作方法与前述各下拉列表类似。

3.4.2 "图层"和"特性"面板

如果是在"草图与注释"工作空间,在功能区中的"常用"选项卡上,有"图层"面板和"特性"面板。可在"图层"或"特性"面板中查看,修改图层、颜色、线宽和线型。其使用方法与工具栏类似,不再重述。

3.4.3 快捷特性

1. "快捷特性"选项板

通过"快捷特性"选项板也可以查看、修改对象特性。

如果要查看对象特性,当状态栏上的快捷特性按钮 █ 亮显时,在不执行任何命令时选中对象,将打开"快捷特性"选项板,以窗格形式列出选中对象的当前特性。图 3-17 所示为选中一条直线时显示的"快捷特性"选项板。如果选中多个对象,将显示其共同特性。

用户可在"快捷特性"选项板中修改选中对象的某些特性,这只要在每格特性的右格单击,此时可能有几种情况:直接在格中修改;右侧出现向下箭头 ▼,单击该格打开下拉列表,从下拉列表中选择;右侧出现按钮 ⋯ 或 █,单击 ⋯ 或 █,从打开的对话框或编辑器中修改。注意,有些特性只能查看不能修改。

在系统默认情况下,当状态栏上的快捷特性按钮 █ 不亮显时,双击某个对象,也会显示"快捷特性"选项板。

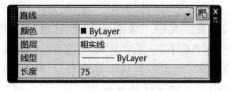

图 3-17　选中直线时显示的
"快捷特性"选项板

从键盘键入命令 **QUICKPROPERTIES**,会提示"**选择对象:**",选择对象结束后,将显示"快捷特性"选项板。

用户可自定义在"快捷特性"选项板上显示哪些对象类型及显示哪些特性,方法请参见 AutoCAD 帮助。

2. "快捷特性"选项板的设置

"草图设置"对话框中的"快捷特性"选项卡(图 3-18)用于"快捷特性"选项板的设置。打开"草图设置"对话框的方法见 3.2 节。

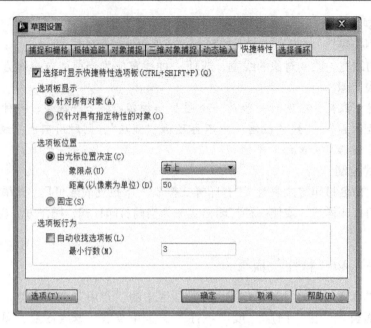

图 3-18　"草图设置"对话框中的"快捷特性"选项卡

1）"**选择对象时显示快捷特性选项板**"复选框：选中该复选框，一旦用光标选择对象，即在屏幕上显示"快捷特性"选项板。如果仅是显示或不显示"快捷特性"选项板，可通过单击状态栏上的"快捷特性"按钮 ▦。

2）"**选项板显示**"栏：设定"快捷特性"选项板的显示设置。

"针对所有对象"：选择任何对象时都显示"快捷特性"选项板。

"仅针对具有指定特性的对象"：仅显示在自定义用户界面编辑器中指定为显示特性的对象类型。

3）"**选项板位置**"栏：控制在何处显示"快捷特性"选项板。

"由光标位置决定"单选按钮：选中该按钮，"快捷特性"选项板将显示在相对于光标的位置。其中"象限点"指定相对于光标位置，"快捷特性"选项板显示在光标的"右上"、"右下"、"左上"、"左下"。默认位置为光标的右侧上方（右上）。"距离（以像素为单位）"文本框的数字是在显示"快捷特性"选项板时，它到光标的距离。可以在文本框中指定从 0 到 400 的整数值。

"固定"单选按钮：选中该按钮，"快捷特性"选项板将在固定位置显示。当显示"快捷特性"选项板时，可把光标移动到其左或右的标题条上，将其拖动到一个新位置，以后每次选择对象，"快捷特性"选项板都在此处显示。

4）"**选项板行为**"栏：设置"快捷特性"选项板是否可自动收拢。

"自动收拢选项板"复选框：选中该复选框，"快捷特性"选项板显示的行数，由其下面的"最小行数"文本框中的数字确定，只有当光标移动到"快捷特性"选项板的两侧标题条时，该选项板才展开。

"最小行数"：设置当"快捷特性"选项板收拢时显示的行数。可以指定从 1～30 的整数值，但仅显示有效的特性行。

3.5 "线型管理器"与"线宽设置"对话框

3.5.1 "线型管理器"对话框

除了在"特性"工具栏的"线型控制"下拉列表中选择当前线型外，也可在"线型管理器"（图 3-19）中设置当前线型。用下述方法打开"线型管理器"：

命令：LINETYPE✓【下拉菜单：格式/线型…】

1. "线型过滤器"下拉列表

当设置的线型太多时，为方便用户从线型列表框里浏览线型，可用"线型过滤器"下拉列表来有选择地在列表框中显示线型。三个线型过滤器是：

"显示所有线型"：在线型列表框中显示当前图形中的所有线型。这是默认的过滤器。

"显示所有使用的线型"：在线型列表框中显示当前图形中所有已经使用的线型。

"显示所有依赖于外部参照的线型"：在线型列表框中显示所有依赖于外部参照的线型。

2. 线型列表框

在线型列表框中显示选定线型过滤器的线型，用户可选择其中一种线型，然后选择"当前"按钮，即可设置该线型为当前线型，从而取代图层的线型。

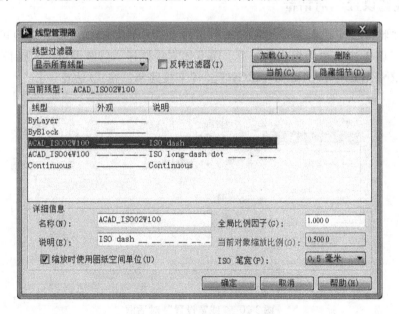

图 3-19　线型管理器对话框

3. "加载…"按钮

单击"加载…"按钮，AutoCAD 将打开"加载或重载线型"对话框（图 3-11），向当前图形加载所需的线型。

4. "删除"按钮

删除选定的未使用的线型。不能删除 Bylayer、Byblock 和 Continuous 线型。

5. "显示细节"按钮

单击"显示细节"按钮，按钮变为"隐藏细节"按钮，同时在"线型管理器"下方会显示"详细信息"栏（图3-19），通过此栏用户可对某种线型的特征进行详细设置。比如，当屏幕上不能显示虚线或点画线时，可改变"全局比例因子"或"当前对象缩放比例"。

"线型管理器"中的"全局比例因子"和"当前对象缩放比例"两项分别对应系统变量 LTSCALE 和 CELTSCALE，可以直接从键盘键入它们后按提示修改其值。LTSCALE 是各种线型的全局比例因子，可随时改变它，以便使屏幕上或输出到图纸上虚线或点画线等一些有间隔的线型以所需的间隔显示或绘出。CELTSCALE 是当前对象缩放比例因子，也可随时改变它，但 CELTSCALE 的值改变只影响新绘制的图形，而不会影响已经绘出的图形对象。CELTSCALE 的值可使同一种线型以不同的线型比例在同一图形中显示。

要改变已经绘出的几个图形对象（不是全部对象）的线型比例，可先选中它们，然后在"特性"选项板中修改。

"缩放时使用图纸空间单位"复选框是按相同的比例在图纸空间和模型空间缩放线型。当使用多个视口时，该选项很有用。

"ISO 笔宽"是将线型比例设置为标准 ISO 值列表中的一个。最终的比例是全局比例因子与该对象比例因子的乘积。

3.5.2 "线宽设置"对话框

除了在"特性"工具栏的"线宽控制"下拉列表中选择当前线宽外，也可在"线宽设置"对话框（图3-20）中设置当前线宽。用下述方法打开"线宽设置"对话框：

命令：LINEWEIGHT✓或 LWEIGHT✓【下拉菜单：格式/线宽…】

图3-20 "线宽设置"对话框

在"线宽设置"对话框的"线宽"栏中显示的有"ByLayer"、"ByBlock"、"默认"和其他线宽，单击其右侧的▼或▲，或拖动滑块▤，可选择其中一种线宽，该线宽即为当前线宽，接下来绘制的对象都使用该种线宽。

选中"显示线宽"复选框，将在屏幕上显示线宽。若仅仅是打开或关闭线宽显示，只需单击状态栏上的"线宽"按钮。

单击"默认"下拉列表，可从中选择默认线宽的宽度。需注意的是，在模型空间中，系统默认任何小于等于 0.25mm 的对象以一个像素单位显示。可以通过拖动"调整显示比例"的滑块█改变屏幕上的线宽显示。

屏幕显示的线宽不随缩放比例而变化。因此，在模型空间中，屏幕显示的线宽并不是对象的真实宽度。在图纸空间布局中，线宽以真实单位显示，随缩放比例而变化。默认情况下，使用指定线宽值的精确宽度打印线宽。

注意：以大于一个像素的宽度显示线宽时，重生成时间会加长。可关闭状态栏中的线宽显示以优化性能。此设置不影响打印线宽。

如果想以真实宽度来绘制一个对象（即模型空间屏幕显示的线宽是对象的精确宽度），可以使用具有宽度的多段线命令 PLINE 来精确地绘制该对象，而不是使用线宽特性。

3.6 练习

本练习要求绘制如图 3-1 所示的图形，操作步骤如下。

第一步：应用 LIMITS 命令设置图形界限，左下角点（0，0），右上角点（297，210）。

第二步：打开"草图设置"对话框，在"捕捉和栅格"选项卡中，捕捉 X 轴和 Y 轴的间距设置为 1，取消"显示超出界限的栅格"复选框中的"✓"，如图 3-2 所示。

第三步：利用 ZOOM 命令的"全部缩放"显示全图。

第四步：打开图层管理器，设置图层、颜色、线型、线宽（图 3-21），并将粗实线图层作为当前层。

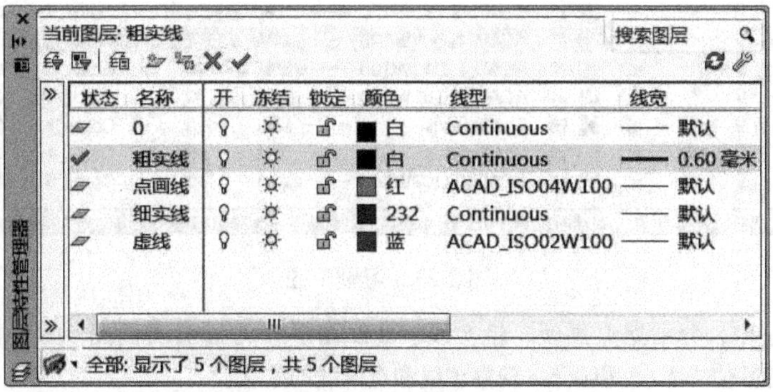

图 3-21 绘制图 3-1 时的图层设置

第五步：用直线命令 LINE 绘制外围框线。过程如下：

指定第一个点：（输入图框的左下角点 A（25，5））（输入 A 点后使橡皮筋的方向垂直向上）

指定下一点或 [放弃（U）]：200↙（用直接距离法输入图框的左上角点，而后使橡皮筋的方向水平向右）

指定下一点或 [放弃（U）]：267↙（用直接距离法输入图框的右上角点，而后使橡皮筋的方向垂直向下）

指定下一点或 [闭合（C）/放弃（U）]：200↙（用直接距离法输入图框的右下角点）

指定下一点或［闭合（C）/放弃（U）］：C↙

第六步：将点画线图层置为当前层，用直线命令画点画线，如图 3-22a 所示。

第七步：将粗实线图层置为当前层，用直线命令画粗实线，如图 3-22b 所示。

第八步：将虚线图层置为当前层，用直线命令画虚线，如图 3-22c 所示。

第九步：画其他图线，完成全图（图 3-1）。

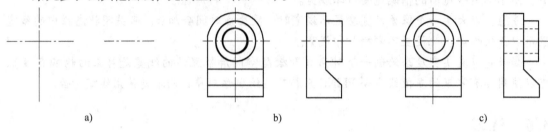

a)　　　　　　　　　　b)　　　　　　　　　　c)

图 3-22　绘制 3-1 的过程

a）画点画线　b）画粗实线　c）画虚线

习　题

1. 创建一幅新图（其文件名为 tu-3-1.dwg），使其图形界限为 297×210，并利用 ZOOM 命令的"全部"选项缩放全图。打开"图层特性管理器"，按图 3-23 所示建立各个图层并设置各个图层的颜色、线型、线宽。

状态	名称	开	冻结	锁定	颜色	线型	线宽	透明度	打印样式	打印	新视口冻结
✓	0	♀	☼	☐	白	Continuous	默认	0	Color_7	🖶	🖫
	Defpoints	♀	☼	☐	白	Continuous	默认	0	Color_7	🖶	🖫
	尺寸标注	♀	☼	☐	蓝	Continuous	默认	0	Color_5	🖶	🖫
	粗实线	♀	☼	☐	白	Continuous	0.60 毫米	0	Color_7	🖶	🖫
✓	点画线	♀	☼	☐	红	ACAD_ISO04W100	默认	0	Color_1	🖶	🖫
	点画线2	♀	☼	☐	绿	ACAD_ISO10W100	默认	0	Color_3	🖶	🖫
	双点画线	♀	☼	☐	30	ACAD_ISO05W100	默认	0	Color_30	🖶	🖫
	文字	♀	☼	☐	白	Continuous	默认	0	Color_7	🖶	🖫
	细实线	♀	☼	☐	青	Continuous	默认	0	Color_4	🖶	🖫
	虚	♀	☼	☐	洋…	ACAD_ISO02W100	默认	0	Color_6	🖶	🖫

图 3-23　习题 1 图

2. 在 tu-3-1.dwg 中，分别把点画线、粗实线、虚线图层作为当前层画图 3-24，再从键盘键入命令 LTSCALE，分别改变其值为 1、2 和 0.6，观察虚线和点画线的变化。

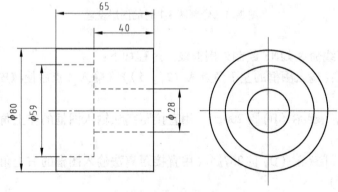

图 3-24　习题 2 图

3. 在 tu-3-1. dwg 中，把粗实线图层作为当前层画图 3-25 的左图，然后依照右图，把左图中的相应图线分别切换到细实线图层和点画线图层上。利用 ZOOM 命令的"全部"选项缩放全图，然后将其存盘。

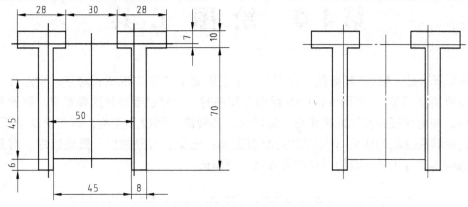

图 3-25　习题 3 图

4. 仿照绘制图 3-1 的过程，绘制图 3-26。

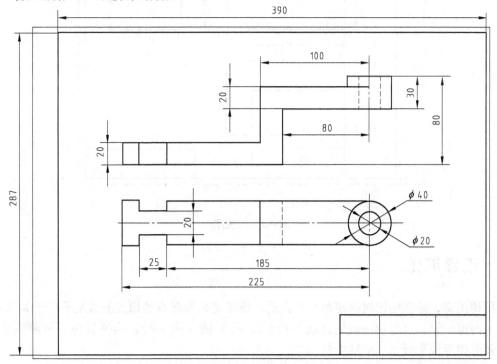

图 3-26　习题 4 图

第4章 绘图工具

图4-1所示是一幅A4幅面的三视图，三个视图要求"主俯视图长对正，主左视图高平齐，俯左视图宽相等"。在用AutoCAD绘制三视图时，当然也要满足这些要求。问题是在绘图过程中，如何保证各图线准确相交，怎样保证各视图之间投影正确，如何提高绘图速度。本章即讨论解决这些问题的AutoCAD的绘图工具：正交、对象捕捉、极轴追踪、对象追踪等。熟练应用这些工具，可使得绘图更方便、更精确。

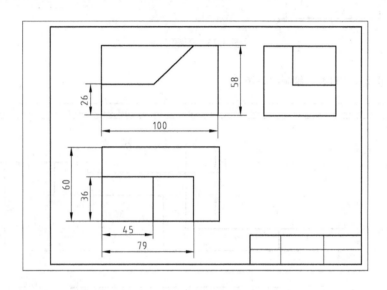

图4-1 三视图

4.1 设置正交

所谓正交，是在绘图时指定第一个点后，连接光标和起点的橡皮筋总是平行于X轴或Y轴，从而迫使第二点与第一点的连线平行于X或Y轴（图4-2）。当捕捉为等轴测模式时，正交还迫使直线平行于三个轴中的一个。

正交只有"开"和"关"两个状态。单击状态栏上的"正交"按钮或按〈F8〉键可实现打开或关闭正交的切换。

打开正交后，只能在水平或竖直方向画线或指定距离，而不管光标在屏幕上的位置。线的方向取决于光标在X轴方向上的移动距离和光标在Y轴方向上的移动距离变化。如果X方向的距离比Y方向大，则画水平线；相反，如Y方向的距离比X方向大，则画竖直线。

图4-2 光标正交

注意：正交是透明命令，即在执行其他命令过程中可随时打开或关闭正交。

4.2 二维绘图坐标系

AutoCAD 提供了两种坐标系：世界坐标系和用户坐标系。在画倾斜的图形时，灵活设置用户坐标系可方便绘图。

1. 世界坐标系

世界坐标系（World Coordinate System，简称 WCS）又称为通用坐标系，它是一种绝对坐标系，不能被改变。使用世界坐标系时，图形中的点具有唯一的坐标（X，Y，Z），图形的生成及修改等都是在一个固定的坐标系中进行。

在默认设置时，坐标系图标显示在绘图窗口左下角，X 轴与 Y 轴的交点处有一个"□"标志，表示当前正在使用的是世界坐标系，如图 4-3 所示。AutoCAD 默认的世界坐标系是 X 轴正向水平向右，Y 轴正向竖直向上，Z 轴与屏幕垂直，其正向由屏幕向外。

2. 用户坐标系

用户坐标系（User Coordinate System，简称 UCS）是一种相对坐标系。如果坐标系的图标中没有"□"标志，表示当前正在使用用户坐标系（图 4-4），此时状态行显示的点的坐标是相对于该坐标系。

图 4-3　世界坐标系　　　　　　　　图 4-4　用户坐标系

根据用户的需要，可以随时建立新的坐标系，可以随时调用已有的坐标系，可以随时改变用户坐标系位置和方向。灵活地使用用户坐标系，可使绘图工作更方便。

用户坐标系命令是 UCS，命令输入后的提示为：

当前 UCS 名称：＊没有名称＊

指定 UCS 的原点或[面（F）/命名（NA）/对象（OB）/上一个（P）/视图（V）/世界（W）/X/Y/Z/Z 轴（ZA）]〈世界〉：

下面不再讨论该提示的所有选项，仅就二维绘图时可能用到的建立坐标系的方法予以介绍。这些选项可从"UCS"工具栏或"工具"下拉菜单选用。

1）指定 UCS 的原点：该选项改变 UCS 的原点，保持 X、Y 轴和 Z 轴方向不变。应用该选项的其他方式是：

【工具栏：UCS ∠】【下拉菜单：工具/新建 UCS/原点（N）】

应用该选项后要求回答的提示为：

指定新原点〈0，0，0〉：(输入一点)

新原点可用鼠标在屏幕上指定一点或从键盘键入一点。若将原点移到图形对象的某个特殊点，可结合后文讲述的对象捕捉。

2）Z：该选项是原点不变，UCS 绕 Z 轴旋转一个角度。应用该选项的其他方式是：

【工具栏：UCS 】【下拉菜单：工具/新建 UCS/Z】

应用该选项后要求回答的提示为：

指定绕 Z 轴的旋转角度〈90〉:(输入旋转角度)

旋转角度可从键盘上键入角度，也可在屏幕上指定两点，由第一点到第二点的方向为 X 轴的方向。一旦用户坐标系旋转一个角度后，光标、栅格、捕捉、正交等都旋转相同的角度（图 4-5），这时将方便于倾斜图形的绘制。

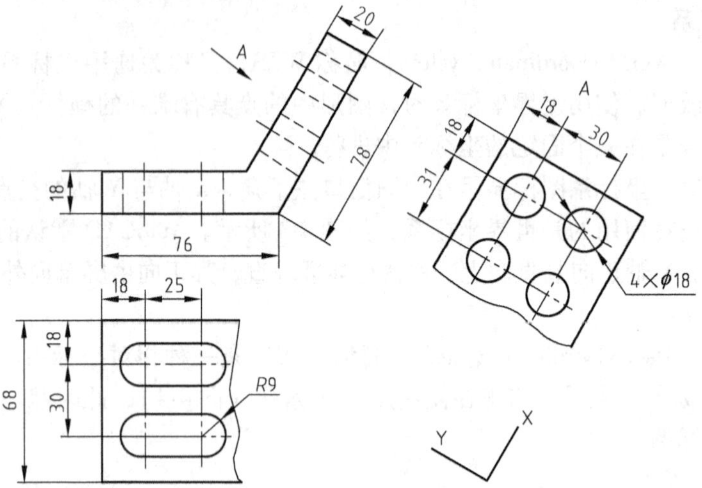

图 4-5　用户坐标系旋转

3）对象（OB）：这是通过选择一个对象来定义新的坐标系，新坐标系的原点及 X 轴的正方向视不同对象而定。应用该选项的其他方式是：

【工具栏：UCS 】【下拉菜单：工具/新建 UCS/对象】

应用该选项后要求回答的提示为：

选择对齐 UCS 的对象:(选择图形对象)

随图形对象的不同，UCS 的原点、轴的方向也不同。

对于圆，圆的圆心为新 UCS 的原点，新 UCS 的 X 轴通过拾取点。

对于圆弧而言，弧的圆心为新 UCS 的原点，新 UCS 的 X 轴通过距拾取点最近的弧的端点。

对于直线，新 UCS 的原点为线上距拾取点最近的直线的端点，X 轴过拾取点。

以上三种情况如图 4-6 所示。对于其他图形对象，这里不再介绍。

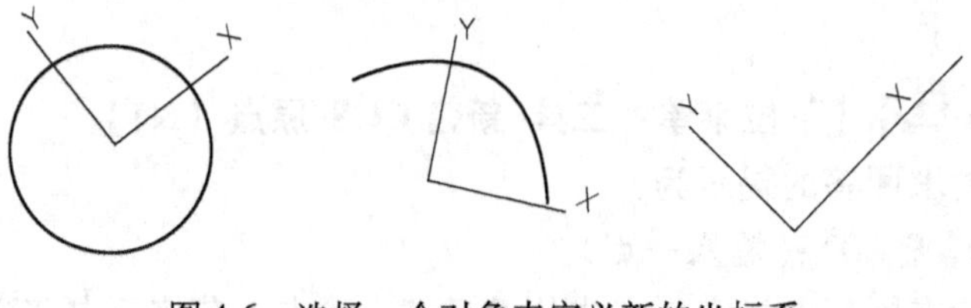

图 4-6　选择一个对象来定义新的坐标系

4）世界（W）：这是恢复世界坐标系。应用该选项的其他方式是：

【工具栏：UCS 】【下拉菜单：工具/新建 UCS/世界】

命令输入后即执行。由于恢复世界坐标系是用户坐标系命令的默认选项，所以，键入UCS后回车两次即恢复世界坐标系。

4.3 对象捕捉

捕捉是将光标锁定在可见或不可见的栅格点上。实际绘图时，经常要定位图形上的特殊点，如直线的端点和中点、圆的圆心、切点等。如果这些特殊点在设置的捕捉点上，自然能利用捕捉精确定位。但如果这些特殊点不在捕捉设置点上，则难于精确定位。如图 4-7 所示，误以为两直线端点重合，但一经放大，可能会出现的几种情形。所以，精确绘图时要求有准确定位于已绘对象上特殊点的工具。启用对象捕捉，就可把光标锁定在已画好图形的特殊点上。

图 4-7 未使用对象捕捉时相交两直线端点可能出现的情况

a) 放大前 b) 放大后可能出现的情形

捕捉与对象捕捉的另一个区别是：捕捉是可以单独执行的命令，而**对象捕捉不是独立的命令，是命令执行过程中被结合使用的模式。**

注意：不论是绘图命令、修改命令及标注尺寸命令，只要 AutoCAD 要求输入一个点时，就可考虑使用对象捕捉。

4.3.1 对象捕捉的方法

对象捕捉的方法有**执行对象捕捉**和**单点对象捕捉**。

1. 执行对象捕捉

执行对象捕捉有两种方式：

1) 在"草图设置"对话框中设置。具体步骤是：

第一步：打开"草图设置"对话框，选择其"对象捕捉"选项卡（图 4-8）。可按下述方式打开"草图设置"对话框：

命令：DSETTINGS✓ 或 OSNAP✓ 或 DDRMODES✓（注意，虽然三个命令都可以打开"草图设置"对话框，但当前的选项卡不同）【对象捕捉 **∩**】【下拉菜单：工具/绘图设置】【右键快捷菜单：在状态栏的相应按钮上右击，从弹出的快捷菜单中选择"设置（S）"】

第二步：在"对象捕捉"选项卡的**"对象捕捉模式"**栏选择几种所需的对象捕捉模式，这只要单击捕捉模式复选框即可。每个复选框前面的小几何图形是**对象捕捉标记**。再选中"启用对象捕捉"复选框，然后单击"确定"按钮，即打开了"执行对象捕捉"方式，开始捕捉对象上的特殊点。即在执行某个命令过程中要求指定一个点时，只要光标与图形对象足够接近，所设置的对象捕捉模式就自动起作用，并且根据光标的位置，出现相应的对象捕捉标记和捕捉提示，此时单击，即可精确定位于图形对象上的特殊点。

图 4-8 "草图设置"对话框中的"对象捕捉"选项卡

如果选择了多种对象捕捉模式，当光标移动到一些图形对象上时，可能适合多种对象捕捉模式（如圆上的象限点、圆心、切点，若干图线的交点也可能是某图线的中点、端点等等），此时，按〈Tab〉键可遍历各种可能的捕捉模式，待出现想要的模式后单击。

一旦打开了"执行对象捕捉"方式，所设置的对象捕捉模式在绘图过程中总有效，除非用户改变对象捕捉模式或关闭对象捕捉功能。

"对象捕捉"选项卡中的"全部选择"按钮，用于选中所有的对象捕捉模式，但这不是好的做法，因为实际运行时有些捕捉模式可能互相干扰。单击"全部清除"按钮，可清除所有的对象捕捉模式。"启用对象捕捉追踪"复选框用于打开或关闭对象捕捉追踪，将在下一节讨论。

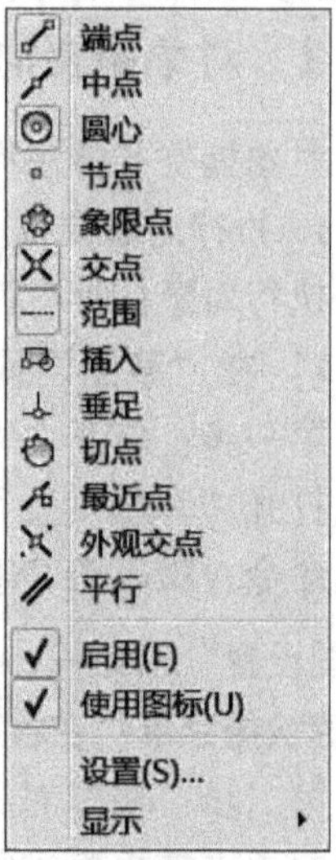

2）从"对象捕捉"按钮▢的右键菜单中选择。实际绘图时，这种方法更快捷方便。具体方法是：

在状态栏的"对象捕捉"按钮▢上右击，弹出菜单如图 4-9 所示，从中选择一种模式（选中后图标上有浅色框），该模式即开

图 4-9 "对象捕捉"按钮的鼠标右键菜单

始起作用；直至再次打开右键菜单，单击该种模式取消其作用。在菜单（图4-9）中选择或取消，与在"草图设置"对话框的"对象捕捉"选项卡中进行设置的效果是相同的。每次打开菜单后，只能选择或取消一种对象捕捉模式。

注意：如果已经从"对象捕捉"选项卡中设置了所用的对象捕捉模式，或者在"对象捕捉"按钮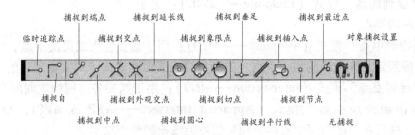的右键菜单中已经选择了所用的对象捕捉模式，仅仅是打开或关闭对象捕捉，可单击状态栏上的"对象捕捉"按钮，或按〈F3〉功能键，或按〈Ctrl + F〉组合键。执行对象捕捉打开后，按钮将亮显。

例4-1 如图4-10所示，已画出实线圆弧、直线和圆，画图中的虚线。虚线通过圆弧的端点 A、直线与圆的交点 B、圆弧的圆心 O、BC 延长线上的点 D。绘制过程如下：

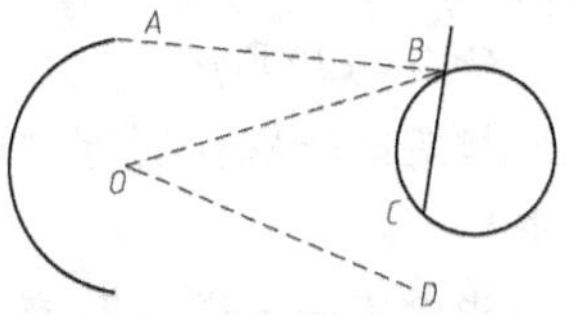

在"对象捕捉"选项卡中选中对象捕捉模式"端点"、"圆心"、"交点"、"延长线"（图4-8），或在"对象捕捉"按钮的右键菜单中选择相同模式（注意，菜单中的"范围"即"延长线"模式）。输入直线命令后，移动光标到圆弧端点 A 附近，出现端点捕捉标记后单击；移动光标到 B 点附近，出现交点捕捉标记后单击；移动光标到圆弧上接近中点的位置，圆弧出现其圆心捕捉标记后单击；移动光标到 BC 直线上，在 C 点停顿一下（不要单击），会出现一个小"+"号，沿 BC 方向向下移动光标，会出现一条虚线，到合适位置单击，绘制完成。

图4-10 执行对象捕捉例子

注意："执行对象捕捉"方式可以透明使用，即在命令执行过程中可以随时打开或关闭。

2. 单点对象捕捉

在实际绘图时，有些对象捕捉模式偶尔使用，但如果采用"执行对象捕捉"的方法，就显得比较麻烦。AutoCAD还提供了临时用一次对象捕捉模式的方法——单点对象捕捉。单点对象捕捉不受执行对象捕捉的影响，即不论状态栏"对象捕捉"按钮是否亮显。

单点对象捕捉是在某个命令要求指定一个点时，临时用一次某种对象捕捉模式，点被捕捉确定后，这种对象捕捉模式就自动关闭了，是"一次性"的。具体的用法是：在执行某一命令过程中，在提示输入点时，先按下述方式之一选择一种对象捕捉模式，再输入点。

1）从"对象捕捉"工具栏（图4-11）中选择一种捕捉模式，即单击一个对象捕捉按钮。

图4-11 "对象捕捉"工具栏

2）对提示键入相应的某种对象捕捉模式的至少前三个字母。

3）按住〈Shift〉键并在绘图区内右击，从弹出的"对象捕捉"快捷菜单（图4-12）中选择一种模式。

4）在绘图区内右击，然后从"捕捉替代"子菜单（图4-12）中选择对象捕捉。

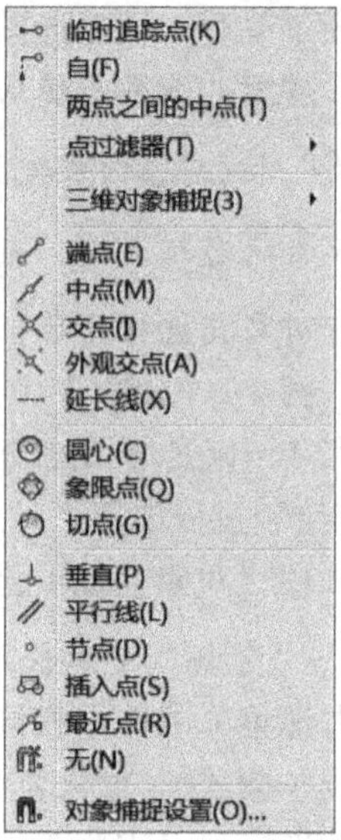

例4-2　如图4-13所示，已画出直线和圆，画图中的虚线。虚线从直线的端点 A 开始，与圆相切于 B，由 B 连接圆心 O，由 O 连接直线的中点 C。其操作过程如下（使用单击对象捕捉按钮的方法）：

命令：LINE ✓

指定第一点：（捕捉"端点"） _endp 于（光标移动到 A 点附近单击）

指定下一点或 [放弃（U）]：（捕捉"切点"） _tan 到（光标移动到圆上单击）

指定下一点或 [放弃（U）]：（捕捉"圆心"） _cen 于（光标移动到圆上单击）

指定下一点或 [闭合（C）/放弃（U）]：（捕捉"中点"） _mid 于（光标移动到直线上单击）

指定下一点或 [闭合（C）/放弃（U）]：✓

图 4-12　鼠标右键"捕捉替代"快捷菜单

不论是"执行对象捕捉"还是"单点对象捕捉"，捕捉模式有效的标志是：只要光标接近图形对象，在捕捉点上就会显示相应的捕捉标记和捕捉提示。不同的捕捉模式，捕捉标记也不同。

4.3.2　对象捕捉模式

AutoCAD 提供了多种对象捕捉模式。对于多数对象捕捉模式的应用方法是：当命令的提示要求输入点时，先输入对象捕捉模式（"执行对象捕捉"方式是在"草图设置"对话框中选中若干对象捕捉模式），而后移动光标到对象上的捕捉点附近，捕捉标记出现时单击，AutoCAD 自动选中该点。如果在光标附近有多个对象捕捉点，则捕捉最靠近光标的那个点。也有几个捕捉模式的使用方法有所不同，在下面的叙述中予以单独说明。

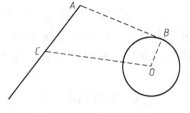

图 4-13　对象捕捉例子

1）"捕捉到端点"模式（Endpoint——END）：用于捕捉各类线段的端点。

2）"捕捉到中点"模式（Midpoint——MID）：用于捕捉各类线段的中点。对于构造线来说，是捕捉到定义构造线的第一个点。如果直线或圆弧有宽度，则捕捉到边的中点。

3）"捕捉到交点"模式（Intersection——INT）：用于捕捉各类图线之间的交点。

4）"捕捉到外观交点"模式（Apparent Intersect——APP 或 APPI、APPIN、APPINT）：用于捕捉在三维空间中实际不相交的各类线段的外观交点。

例4-3　如图4-14c所示，由弧 AB 与直线 CD 的外观交点 E 画直线 EF。输入直线命令，在出现提示"指定第一个点："时，先选择"捕捉到外观交点"模式，而后移动十字光标到弧 *AB* 上，捕捉外观交点标记出现（图4-14a），单击；然后移动十字光标到直线 *CD* 上，在 *E* 点出现交点标记（图4-14b），单击；再输入 *F* 点；*EF* 画出（图4-14c）。

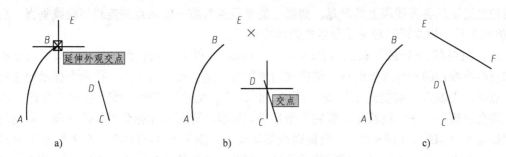

图4-14 "捕捉到外观交点"模式

a) 光标移到弧 *AB* 上　b) 光标移到直线 *CD* 上　c) 画 *EF*

5）"捕捉到延长线"模式（Extension——EXT）：用于捕捉除样条曲线外的各类线段的延长线上的点。当命令的提示要求输入点时，先输入该模式，而后将光标移动到对象上，停留一会后，该对象的端点上会出现一个小"＋"号，表明对象已被参考。顺着要延长的方向移动光标，会显示一条临时辅助线（点线），并在光标右下方出现动态提示。若是沿直线类线段的延长线移动光标，动态提示是"范围：长度 <角度"（图4-15），"<"前后分别是临时辅助线的长度和角度；若是沿圆弧或椭圆弧的延长线移动光标，动态提示是"范围：长度 <圆弧"，其中"长度"是临时辅助线的长度（图4-16）。光标移动到合适的位置，单击（或从键盘键入长度回车），即输入了延长线上的一点。在关闭动态输入的标注输入的情况下，如果"长度"是确定的值，也可以从键盘键入后回车得到。

图4-15 捕捉到直线类的延长线　　　图4-16 捕捉到圆弧、椭圆弧的延长线

6）"捕捉到圆心"模式（Center——CEN）：用于捕捉圆弧、圆的圆心，椭圆或椭圆弧的中心。应用该模式后，移动十字光标到圆弧、圆、椭圆或椭圆弧的附近，捕捉圆心标记出现，单击，选中圆心（中心）。

7）"捕捉到象限点"模式（Quadrant——QUA）：用于捕捉圆、圆弧、椭圆或椭圆弧的一个象限点。象限点是圆周上相对于圆或圆弧中心 0°、90°、180°、270°处的点。使用该模式时，用户应移动鼠标到最靠近圆弧上所要捕捉的象限点。

注意：当图块中的圆或圆弧旋转时，象限点也会旋转。但旋转不在图块中的圆或圆弧时，象限点总在 0°、90°、180°、270°方向。

8）"捕捉到切点"模式（Tangent——TAN）：用于捕捉圆、圆弧、椭圆、椭圆弧、多段线、样条曲线等的切点。

9）"捕捉到垂足"模式（Perpendicular——PER）：使用"捕捉到垂足"模式可以精确定位已绘制的各类线段上的垂足。曲线上的垂足点与前一输入点的连线与曲线垂直。利用"捕捉到垂足"模式可以轻易绘制各类曲线的垂线。

10）"捕捉到平行线"模式（Parallel——PAR）：可用"捕捉到平行线"模式用于捕捉已知直线类线段的平行线上的点。该模式的使用方法是：已输入一点，待命令提示要求输入下一点时，先输入"捕捉到平行线"模式，而后移动光标到已画直线类线段上悬停，该线段上将会出现一个平行线符号，表明开始参考该直线，再移动光标到平行线方向，将出现一条辅助直线（点线）（图4-17），沿辅助线移动光标，随着光标的移动，在光标右下方显示平行线的角度，并动态地显示平行线的长度，到合适的位置单击（或从键盘键入长度回车）输入点，该点与前一点的连线平行于已绘制的直线类线段。"捕捉到平行线"模式使用最多的情况是绘制一条直线类线段的平行线。

11）"捕捉到插入点"模式（Insert——INS）：用于捕捉所插入的块、属性、文字等的插入点。文字的插入点是文字串的对齐点；块的插入点是由用户定义的（参见第10章）。

12）"捕捉到节点"模式（Node——NOD）：用于捕捉一个用画点命令Point绘制的点对象、标注定义点或标注文字起点（包括多行文字起点）。

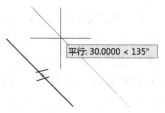

图4-17　"捕捉到平行线"模式

13）"捕捉到最近点"模式（Nearest——NEA）：用于捕捉图形对象上离光标选择位置最近的点。

14）"捕捉自"模式（From——FRO）：此捕捉模式不同于其他捕捉几何特征点的模式。其他对象捕捉都是直接捕捉到对象上的几何特征点，而"捕捉自"是以一个临时参考点为基点，可以输入相对临时基点的距离，也可以输入相对临时基点的位置。通常，这个临时基点由结合其他捕捉模式得到。所以，"捕捉自"一般都是与其他捕捉模式一起使用。

例4-4　如图4-18a所示，以圆弧AB的端点A为参考点，画直线CD，端点D与点A相距36。过程如下：

输入点C；当出现提示"指定下一点或［放弃（U）］："时，先单击"捕捉自"按钮，再单击"捕捉到端点"按钮（此时命令行提示"_from 基点：_endp 于，动态输入工具提示"基点：于"），而后移动十字光标到圆弧上点A附近，捕捉端点标记出现（图4-18b），单

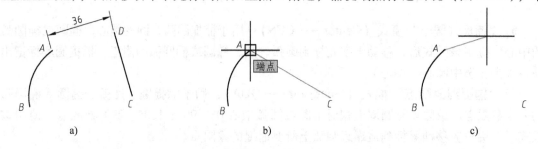

a)　　　　　　　　　　b)　　　　　　　　　　c)

图4-18　例4-4

a）要绘制的图形　b）应用"捕捉自"和"捕捉到端点"　c）橡皮筋的起点变为点D

击，点 A 成为临时基点；这时光标的橡皮筋的起点变为点 A，移动光标到点 D 方向（图 4-18c），对提示"〈偏移〉:"键入 36 回车，则沿橡皮筋方向确定 D 点。

例 4-5 如图 4-19 所示，已知圆 O_1，画圆 O_2 及圆 O_3。绘制方法如下：

输入画圆命令，用"圆心、半径"方式画圆。在提示指定圆心时，先单击"捕捉自"按钮，再单击"捕捉到圆心"按钮（此时命令行提示"_from 基点：_endp 于"，动态输入工具提示"基点：于"），而后移动十字光标到圆 O_1，捕捉圆心标记出现，单击，O_1 成为临时基点；出现提示"〈偏移〉:"，圆心 O_2 确定，再输入圆的半径，圆 O_2 画出。

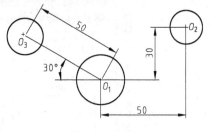

图 4-19　例 4-5

圆 O_3 的绘制过程与圆 O_2 类似，只是在出现提示"〈偏移〉:"时，对该提示键入"@30<150"O_3 相对 O_1 的相对极坐标）。

15）无捕捉（None——NON）：该模式是在"执行对象捕捉模式"时，对命令提示要求输入点时暂时关闭所有运行中的对象捕捉模式。

注意：如果选择了一种对象捕捉模式后，立即改用其他模式，命令提示两种目标捕捉都无效，用户必须再次选择所需捕捉模式才有效。

4.4　极轴追踪与对象捕捉追踪

所谓"追踪"是在一条临时辅助追踪点线上确定点。有两种追踪方式：**极轴追踪**和**对象捕捉追踪**。如果待确定的点在一定的角度线上，采用极轴追踪；如果待确定的点与已绘对象有一定的关系（如待确定的点与已画出的图形对象的特殊点在一条水平线或垂直线上），利用对象捕捉追踪非常有效。极轴追踪和对象捕捉追踪可以同时使用。

极轴追踪和对象捕捉追踪与对象捕捉一样也是被结合于命令的执行过程中。

4.4.1　极轴追踪

使用极轴追踪之前应在"草图设置"对话框的"极轴追踪"选项卡（图 4-20）中进行设置。"极轴追踪"选项卡中有以下几栏。

1. "启用极轴追踪"复选框

选中该复选框，打开极轴追踪功能。若仅是打开或关闭极轴追踪，可通过单击状态栏上的"极轴"按钮 ⌖，按钮亮显表示打开；按〈F10〉键也可实现极轴追踪打开与关闭的切换。

注意，极轴追踪可透明使用，即在执行其他命令过程中可随时打开或关闭极轴追踪。

2. "极轴角设置"栏

在"增量角"下拉列表框中选择极轴追踪增量角。AutoCAD 会以所设"增量角"的整数倍进行极轴追踪。用户可以从文本框中直接键入角度作为增量角。也可以单击下拉列表右边的按钮 ▼，从打开的下拉列表中选择其他预设角度值。默认的增量角是 90°。

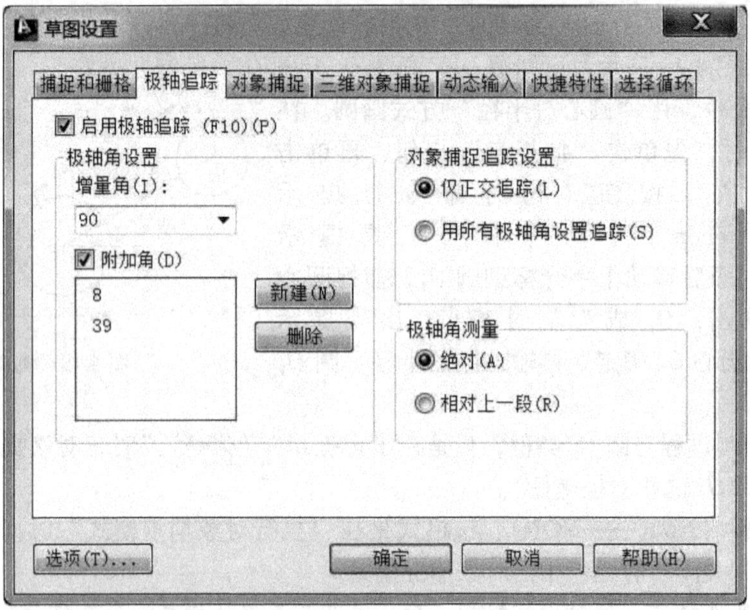

图 4-20 草图设置对话框的"极轴追踪"选项卡

用户还可以添加增量角整数倍之外的追踪角。先选中**"附加角"**复选框，再单击**"新建"**按钮，然后在其左侧框中输入新的附加角，如图 4-20 所示的"8"和"39"。附加角最多可有 10 个。附加角的整倍数不是追踪角。如果希望删除一个附加角，则在选中该角度值后单击**"删除"**按钮即可。

如果已经设置好增量角和附加角并启用极轴追踪，在实际绘图时，用户可随时改变追踪角，方法是在按钮 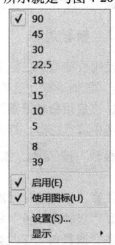 上右击，从打开的菜单中选择追踪角。图 4-21 所示就是与图 4-20 所示设置一致的按钮 右键菜单。

3. "极轴角测量"栏

在"极轴角测量"栏，可选择角度测量的方式：

选中**"绝对"**：以当前用户坐标系 UCS 的 X 轴正方向为 0°角计算极轴追踪角。

选中**"相对上一段"**：是以上一段直线为 0°角计算极轴追踪角。若连续使用直线命令，最后创建的两个点之间的直线为零度线；如果想以一条已绘直线为零度线，则应使用对象捕捉方式捕捉到这条直线的端点、中点或最近点，以此点为起点，极轴角将相对这条已绘直线进行计算。

单击**"确定"**按钮完成设置，就可以使用极轴追踪了。对于要求输入的点在一定的角度线上的绘图、修改等命令，都可结合极轴追踪使用。

图 4-21 与图 4-20 所示设置一致的按钮 右键菜单

注意：因为正交模式将限制光标只能沿水平方向和垂直方

向移动，所以，不能同时打开正交和极轴追踪。当打开正交时，极轴追踪自动关闭。如果打开了极轴追踪，正交自动关闭。

实际绘图时一旦打开极轴追踪，对某个命令输入第一点后，在输入第二点之前，当移动光标接近极轴追踪角时（即增量角的整倍数或附加角），就会在屏幕上显示出一条追踪点线，并同时显示追踪提示。追踪提示给出了两点间的距离和相对零度线的角度值（图4-22）。

沿极轴追踪点线也可以设置捕捉，这要在"草图设置"对话框的"捕捉和栅格"选项卡（图3-2）的"捕捉类型"栏中选中"PolarSnap（极轴捕捉）"，这时"极轴间距"栏可用，在其"极轴距离"文本框中输入捕捉间距值，并启用捕捉。如果在"极轴距离"文本框中输入值为1，则沿极轴追踪时，追踪提示距离为整数。

图4-22 极轴追踪辅助线及追踪提示

例4-6 利用极轴追踪画一条长度为30个单位、与X轴成30°角的直线。

首先设置增量角为30°（5°、10°、15°都可以），设置捕捉类型为PolarSnap（极轴捕捉）、极轴距离为1，启用捕捉、极轴追踪。接下来画直线，输入直线的第一点，对于第二点，当移动光标接近30°方向时，就会在屏幕上显示出一条追踪点线，并出现显示橡皮筋距离和角度的追踪提示（图4-22）；沿着追踪点线移动光标直到提示显示距离为30时，单击确定第二点，所得直线即与X轴成30°。也可沿追踪点线移动光标到合适位置，从键盘直接键入距离30后回车，得到直线。

4.4.2 对象捕捉追踪

对象捕捉追踪（简称**对象追踪**）是基于若干参考点，沿着过参考点的追踪点线确定点。如同极轴追踪，使用对象追踪之前应进行设置，其方法如下：

打开"草图设置"对话框，选择"极轴追踪"选项卡（图4-20），在**"对象捕捉追踪设置"**栏选中"仅正交追踪"或"用所有极轴角设置追踪"：

1）仅正交追踪： 仅当光标十字交点与参考点处于0°、90°、180°和270°方向时，显示经过参考点的追踪点线，因而只能沿水平或垂直追踪点线追踪点。这也是默认情况。

2）用所有极轴角设置追踪： 将极轴追踪设置的"增量角"和"附加角"中的角度应用到对象捕捉追踪。即当光标十字交点与参考点处于"增量角"和"附加角"方向时，显示经过参考点的追踪点线，这时可以沿倾斜方向的追踪点线追踪点。

例如，如果在"极轴追踪"选项卡的"极轴角设置"栏选择30°为角增量，8°和39°为附加角（图4-20），对象追踪时将显示30°的倍数、8°和39°的追踪点线。

对象追踪时也可沿追踪点线设置捕捉，与极轴追踪一样，要在"捕捉和栅格"选项卡选中"PolarSnap（极轴捕捉）"，在"极轴距离"文本框中输入捕捉间距值，并同时启用捕捉。

注意： 对象追踪只能在"执行对象捕捉"模式已被打开，并且至少选择了一种对象捕捉模式时才能正常工作。

若是仅打开或关闭对象追踪功能，可单击状态栏上的"对象追踪"按钮，或按〈F11〉功能键，或在"草图设置"对话框的"对象捕捉"选项卡中选中"启用对象捕捉追踪"复选框。

使用对象追踪的基本步骤如下：

1）在"草图设置"对话框的"对象捕捉"选项卡中设置适当的对象捕捉模式，打开对象捕捉。

2）在"草图设置"对话框的"极轴追踪"选项卡的"极轴角设置"栏选择增量角或附加角，在"对象捕捉追踪设置"栏选中"仅正交追踪"或"用所有极轴角设置追踪"；设置适当的极轴捕捉间距，打开对象追踪。

3）开始一个要求输入点的绘图命令或编辑命令（如 LINE、ARC、COPY 或 MOVE 等）。

4）移动光标到图形对象上将要参考的点，在该点上悬停（注意，不要单击鼠标左键拾取该点），该点即确定为对象追踪参考点，追踪参考点显示一个小"＋"号标志。

如果想清除追踪参考点，可将光标再移回到小"＋"号上，参考点自动清除。

5）从追踪参考点移动光标，就将显示一条基于此点的水平的、垂直的或倾斜的追踪点线。沿追踪点线移动光标，直到追踪到所希望的点，单击确定或键入距离回车确定。

例4-7 已画直线 AB，再画直线 CD，CD 与 AB 相距 70（图4-23a）。操作过程如下：

1）打开对象捕捉。在"草图设置"对话框的"对象捕捉"选项卡选中"端点"模式，或在"对象捕捉"按钮□的右键菜单中选中"端点"模式。

2）在"草图设置"对话框的"极轴追踪"选项卡的"极轴角设置"栏选择角增量 90°，在"对象捕捉追踪设置"栏选中"仅正交追踪"；在"草图设置"对话框的"捕捉和栅格"选项卡中设置适当的极轴捕捉间距。打开对象追踪。

3）移动光标到点 A，稍停，将出现"＋"，点 A 成为追踪参考点。注意，不要拾取。

4）从 A 点向大致 C 点的方向移动光标，将显示一条过 A 点的追踪点线。沿追踪点线移动光标，直到追踪提示为 70 时，单击确定点 C（图4-23b）；也可移动光标到 C 点方向，对提示"指定第一点："直接键入 70 后回车确定点 C。再从 C 画直线到 D。

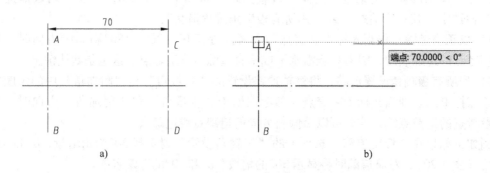

图4-23　对象追踪实例（仅正交追踪）

a）CD 与 AB 相距 70　b）获取点 A，沿追踪点线移动光标

例4-8 如图4-24a 所示，先画直线 AD 和 DC，再画直线 CB 和 BA，BA 与 X 轴成 15°角，长为 48。具体操作过程如下：

1）打开对象捕捉。采用"端点"模式。

2）在"草图设置"对话框"极轴追踪"选项卡的"极轴角设置"栏选择 15°为角增

量，在"对象捕捉追踪设置"栏选中"用所有极轴角设置追踪"；在"草图设置"对话框"捕捉和栅格"选项卡中设置适当的极轴捕捉间距；打开对象追踪。

3）用直线命令画 *AD* 和 *DC*（但不要结束直线命令）。

4）移动光标到点 *A* 悬停，将出现"＋"，点 *A* 成为追踪参考点。注意，不要拾取。

5）从 *A* 点向大致 *B* 点的方向移动光标，将显示一条过 *A* 点与 X 轴成 15°角的追踪点线。沿点线移动光标，直到追踪提示为 48 时单击确定点 *B*（图 4-24b）；也可沿追踪点线移动光标，从键盘直接键入 48 后回车，确定 *B* 点。

6）移动光标到 *A* 点单击，直线 *BA* 画出。

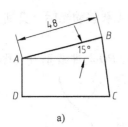 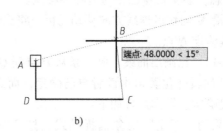

a) b)

图 4-24 对象追踪实例（用所有极轴角设置追踪）

a) *AB* 与 X 轴成 15°角，长为 48 b) 获取点 *A*，沿追踪点线移动光标

使用对象捕捉追踪一次最多可以获取七个追踪参考点，这只要使光标在每个参考点上悬停（追踪参考点都显示小"＋"号），随着光标的移动会出现多条追踪点线，因而这时可参照多个追踪参考点输入要求的点。

例 4-9 已画直线 *DE* 和圆，再画以 *F* 为起点 *G* 为终点的直线，而 *G* 与圆心 *O* 在同一水平线上，且 *G*、*D* 两点与 X 轴成 45°角（图 4-25）。具体过程如下：

1）在"草图设置"对话框的"极轴追踪"选项卡中设置角增量 45°（或 15°），选中"用所有极轴角设置追踪"；采用"端点"和"圆心"对象捕捉模式。打开对象捕捉和对象追踪。

2）用画直线命令输入 *F* 点。

3）移动光标到圆并悬停，圆心 *O* 将出现"＋"标志；再移动光标到 *D* 点并悬停，点 *D* 将出现"＋"标志，*O* 和 *D* 成为追踪参考点。

4）移动光标到大致 *G* 点的位置，将显示过圆心的水平追踪点线和过 *D* 点的 45°追踪点线。两追踪点线的交点即为 *G* 点，如图 4-25 所示，单击确定它。

如果打开了对象追踪，且设置的对象捕捉模式是"切点"或"垂足"，则可以随时沿切线方向和垂线方向追踪。"草图设置"对话框的"极轴追踪"选项卡的"极轴角设置"栏的增量角，以及在"对象捕捉追踪设置"栏选中"仅正交追踪"还是"用所有极轴角设置追踪"，对这两种方式的追踪都没影响。

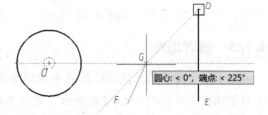

图 4-25 对象追踪实例（参照多个追踪点）

例4-10　已画出圆，画一条从 *M* 点到 *N* 点的直线，线段 *MN* 的延长线与圆相切（图4-26）。

点 *M* 的具体位置可由读者自己确定，而点 *N* 须根据 *MN* 的延长线与圆相切确定。操作过程如下：

1）采用"切点"对象捕捉模式。打开对象捕捉和对象追踪。

2）用画直线命令输入 *M* 点。

3）移动光标到圆弧上，待出现相切标记后悬停，将出现"＋"标志，表明切点已作为追踪参考点。

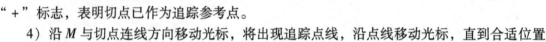

图4-26　对象捕捉模式是"切点"的对象追踪

4）沿 *M* 与切点连线方向移动光标，将出现追踪点线，沿点线移动光标，直到合适位置单击左键确定 *N* 点。

例4-11　已画出曲线，画一条从 *P* 点到 *Q* 点的直线，线段 *PQ* 与曲线垂直（图4-27）。

点 *P* 的具体位置可由读者自己确定，而点 *Q* 须根据 *PQ* 垂直于曲线确定。操作过程如下：

1）采用"垂足"对象捕捉模式。打开对象捕捉和对象追踪。

2）用画直线命令输入 *P* 点。

3）移动光标到曲线上，待出现垂足标记后悬停，将出现"＋"标志，表明垂足已作为追踪参考点。

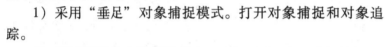

图4-27　对象捕捉模式是"垂足"的对象追踪

4）沿 *P* 与垂足连线方向移动光标，将出现追踪点线，沿点线移动光标，直到合适位置单击确定 *Q* 点。

如果在"草图设置"对话框的"对象捕捉"选项卡同时选中"端点"和"垂足"对象捕捉模式，可输入以直线的端点为垂足的点；同时选中"中点"和"垂足"对象捕捉模式，可输入以直线的中点为垂足的点。

例4-12　已画直线 *AB*，输入点 *P*，使 *PA* 与 *AB* 垂直。

实际上是要求点 *A* 是点 *P* 的垂足。操作过程如下：

1）采用"端点"和"垂足"对象捕捉模式。打开对象捕捉和对象追踪。

2）开始一个要求输入点的绘图命令或编辑命令，如画直线命令。

3）移动光标到点 *A* 并悬停，待出现"＋"标志，沿 *AB* 垂线方向移动光标，将出现与 *AB* 垂直的点线，到合适位置单击，*P* 点确定，*PA* 与 *AB* 垂直，如图4-28所示。

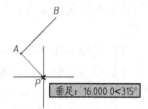

图4-28　输入以直线端点为垂足的点

4.4.3　临时追踪

对于一个要求输入点的绘图命令或编辑命令在提示输入点时，输入"tt"后回车，或单击对象捕捉工具栏的"临时追踪点"按钮 ，将出现提示"指定临时对象追踪点："，对此提示输入的点是一个临时追踪点，是为输入实际点而输入的一个临时参考点。

临时追踪点显示小加号"＋"，此时再从"＋"移动光标，将显示过"＋"的自动追踪点线。可能出现的追踪点线条数和方向由"草图设置"对话框"极轴追踪"选项卡的"极轴角设置"栏的增量角或附加角,及在"对象捕捉追踪设置"栏选中"仅正交追踪"或"用所有极轴角设置追踪"确定。沿临时追踪点线移动光标到一定位置单击,是输入实际点。输入实际点后"+"将消失。

如果临时追踪点不正确,只要把光标移回到"+"上,即可将这个点删除。

在对象追踪关闭时,可临时使用一次对象追踪。而更具技巧性的用法是在对象追踪打开时使用临时追踪点,下面通过例子说明临时追踪点的用法。

例4-13 如图4-29a所示,已画圆 O,用临时追踪方法画直线 AB。操作过程如下:

1)采用"端点"、"交点"对象捕捉模式,打开对象捕捉、对象追踪和极轴追踪。

2)输入直线命令,对"指定第一个点:"的提示键入"tt"后回车,或单击对象捕捉工具栏的"临时追踪点"按钮 ⊶,这时提示"指定临时对象追踪点:"。将光标移动到垂直点画线的上端 P 并悬停,但不要按鼠标左键,而后向右移动光标,将出现点线,如图4-29b所示。键入12回车,将出现临时追踪点,如图4-29c所示。

3)沿临时追踪点下移,到点 A 位置单击,如图4-29d所示,再向下移动光标到点 B 位置单击,AB 画出。

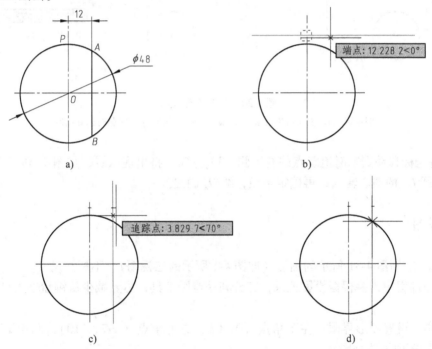

图4-29 例4-13 画法
a) 例4-13 b) 使用对象追踪 c) 输入临时追踪点 d) 输入点 A

例4-14 已画圆 O_1,再画另一个圆 O_2,O_1Q 与水平方向成30°,相距50;O_2Q 与水平方向成顺时针30°,相距30,如图4-30a所示。具体操作过程如下:

1)采用"圆心"对象捕捉模式。在"极轴追踪"选项卡的"极轴角设置"栏设置增量角30°,在"对象捕捉追踪设置"栏选中"用所有极轴角设置追踪",启用对象捕捉及对象捕捉追踪。

2）输入画圆命令，对"指定圆的圆心…:"的提示键入"tt"后回车，或单击对象捕捉工具栏的"临时追踪点"按钮 ，这时提示"指定临时对象追踪点:"，将光标移动到圆心 O_1 上并悬停（将出现"+"标志），但不要按鼠标左键，而后向右上 30°方向移动光标，将出现点线，如图 4-30b 所示；键入 50 回车，将出现临时追踪点，如图 4-30c 所示。

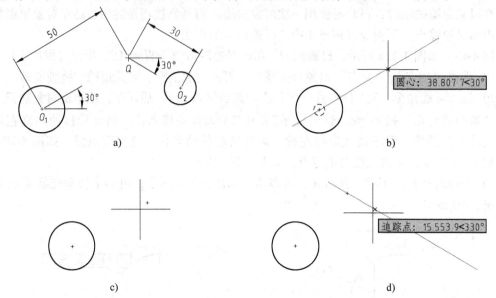

图 4-30　临时追踪实例

a）例 4-14　b）使用对象追踪　c）输入临时追踪点　d）沿临时追踪点追踪

3）将光标移动到临时追踪点的右下侧 -30°方向，将出现点线，如图 4-30d 所示，键入 30 回车，圆 O_2 的圆心输入；再确定半径，圆 O_2 画出。

4.5　练习

练习 1. 绘制图 4-31 所示的图形（即图 4-1 所示的三视图），不标注尺寸。

在画图过程中，要根据投影关系，充分利用绘图工具，尽量减少从键盘键入尺寸。步骤如下：

第一步：设置图形界限：左下角点（0，0），右上角点（297，210），利用 ZOOM 命令的"全部"选项缩放全图。

第二步：新建一个图层，设置一种喜欢的颜色，并将该层作为当前层。

第三步：采用"端点"和"交点"对象捕捉模式，并启用对象捕捉。在"极轴追踪"选项卡中，设置"增量角"为 90°，选中"仅正交追踪"，并启用极轴追踪。

第四步：打开正交，画主视图的轮廓。采用画直线命令的"直接距离输入"法画主视图的 $a'b'$ 和 $b'c'$。在画 $c'd'$ 时，不要再键入其长度后回车，而是以 a' 作为参考点，利用对象追踪输入 d' 点（即移动光标到 a' 点，在该点上悬停，但不要单击拾取该点，接下来移动光标到 d' 点附近，这时，a' 点会有一个小十字，且有一条垂直方向的追踪点线，追踪点线上 d'

位置有一个小"×"标记，单击，d'点确定），如图4-32a所示。接下来对直线命令的提示键入C回车，或移动光标到a'点单击再回车，完成主视图的轮廓。

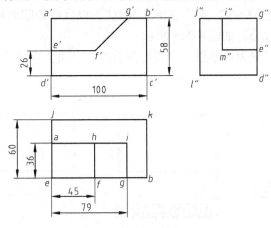

图4-31 三视图

第五步：画俯视图的轮廓。以d'作为参考点，利用对象追踪输入j点（即移动光标到d'点，在该点上悬停，但不要单击拾取该点，接下来移动光标到j点附近，这时，d'点会有一个小十字，且有一条垂直方向的追踪点线，追踪点线上j点位置有一个小"×"标记，单击，j点确定），如图4-32b所示。用同样的方法确定k点，如图4-32c所示。用直线命令的"直接距离输入"法画kb，再用对象追踪的方法画be。接下来对直线命令的提示键入C回车，或移动光标到j点单击，完成俯视图的轮廓。

第六步：画俯视图的内部图线。移动光标到e点，在该点上悬停，但不要单击拾取该点，接下来移动光标到大致a点，这时有一条和ej重合的垂直追踪点线，从键盘键入36回车，确定a点，如图4-32d所示。向右移动光标，从键盘键入79回车，确定i点。以b点作为参考点，利用对象追踪输入g点，如图4-32e所示。ig也可以这样确定：打开极轴（正交自动关闭），垂直向下移动光标到eb上，eb上会出现"×"标记，单击，g点确定，如图4-32f所示。

第七步：利用对象追踪画hf。

第八步：画主视图的内部图线。仿照确定a点的方法输入e'点。以h作为参考点，利用对象追踪输入f'点，如图4-32g所示。以i作为参考点，利用对象追踪输入g'点，如图4-32h所示。

第九步：画左视图。垂直方向的图线利用对象追踪确定，如图4-32i所示。

练习2. 画如图4-33所示的图形。

第一步：设置合适的图形界限；利用ZOOM命令的"全部"选项缩放全图。打开图层管理器，设置4个图层，图层名分别为：图层1、图层2、图层3、图层4；四个图层四种颜色；图层1中心线，图层2粗实线，图层3虚线、图层4细实线。把图层1设置为当前层。

第二步：打开正交，利用对象追踪画中心线（方法同4.4节例4-7），如图4-34a所示。

第三步：把图层2设置为当前层，画主视图的圆；参照主视图的圆画俯视图的多边形，如图 4-34b 所示。

第四步：关闭正交，利用对象捕捉的"捕捉到切点"画两圆的切线。利用对象追踪（对象捕捉模式为"捕捉到交点"或"捕捉到端点"，以直线和圆的切点为参考点）画两圆切线在俯视图中的其余部分，如图 4-34c 所示。

第五步：把图层 3 设置为当前层，利用对象追踪，参照主视图的圆画俯视图的虚线，如图 4-34d 所示。完成图形。

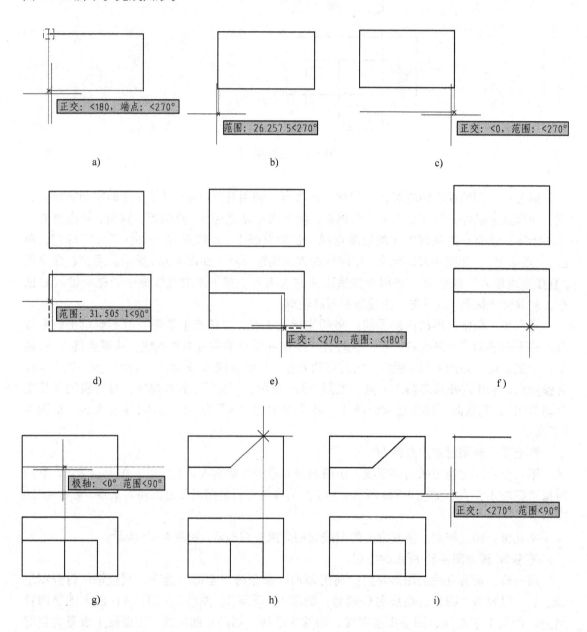

图 4-32　三视图的绘图过程

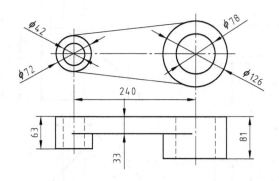

图 4-33

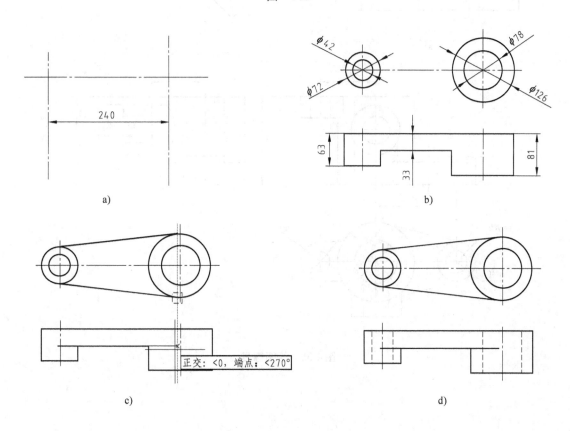

图 4-34 图 4-33 的绘图过程

习 题

1. 临时对象捕捉和执行对象捕捉有什么不同，该如何合理使用这两种对象捕捉？

2. 若没有打开对象捕捉，能使用对象追踪吗？若想使 AutoCAD 沿正交方向追踪，或沿所有极轴角方向追踪，应怎样设置？

3. 画图 4-35 所示的图形（不标注尺寸）。注意充分利用绘图工具，尤其是对象捕捉、极轴追踪和对象追踪。

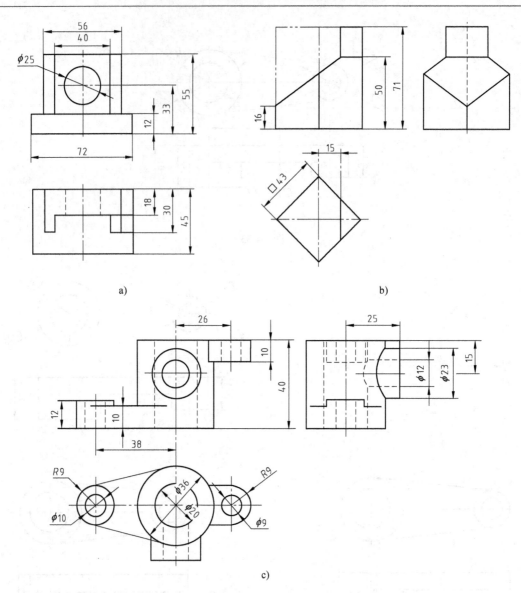

a)

b)

c)

图 4-35 绘图练习

第5章 绘图命令

图 5-1 所示是一幅零件图，可以看出图中有正多边形、椭圆弧、曲线等。所以，实际画图时，还需有更多的绘图命令。本章讨论直线、圆、圆弧以外的其他绘图命令，以丰富绘图功能。

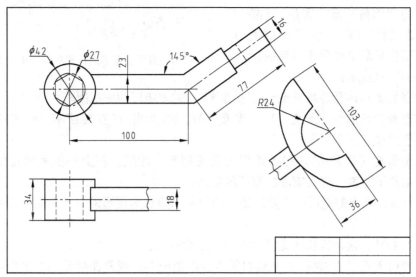

图 5-1 零件图

5.1 绘制矩形

用矩形命令可以绘制不同形式的矩形。命令的输入方法是：

命令：RECTANG↙ 或 RECTANGLE↙ 或 REC↙【绘图 ▧】【下拉菜单：绘图/矩形】【草图与注释："常用"选项卡/"绘图"面板/"矩形"下拉按钮菜单/▢ 矩形 】
命令输入后的主提示为：

指定第一个角点或 [倒角（C）/标高（E）/圆角（F）/厚度（T）/宽度（W）]:（输入第一个角点，或者单击一个选项或输入一个选项关键字回车）
下面对各个选项分别进行介绍。

1. 指定第一个角点

"指定第一个角点"是首选项。指定第一角点后可由下述几种方式确定矩形。接下来的提示为：

指定另一个角点或 [面积（A）/尺寸（D）/旋转（R）]:（输入另一个角点，或者移动鼠标到另一角点的方向后键入数字回车，或者单击一个选项或键入一个选项关键字回车）

1）如果输入另一个角点，两个角点确定矩形，命令结束。

2）如果移动鼠标到另一角点的方向（不要单击）后键入数字回车，则数字是矩形的对角线长度，另一角点的方向确定矩形在该方向画出。图 5-2 所示图形说明了另一个角点的方向不同，矩形的位置也不同（不同位置的矩形用不同的线型表示）。

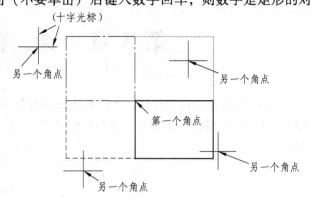

图 5-2　点的位置不同，矩形的位置也不同

3）**面积（A）**：这是使用面积与长度或面积与宽度创建矩形。如果已经设置了不为零的"倒角"或"圆角"（参见后文的"2. 倒角（C）"和"3. 圆角（F）"），则面积是倒角或圆角以后的矩形的面积。接下来提示：

输入以当前单位计算的矩形面积〈当前值〉:（键入矩形的面积回车）

计算矩形标注时依据〔长度（L）/宽度（W）〕〈长度〉:（直接回车，或者单击一个选项或键入一个选项关键字回车）

输入矩形长度〈当前值〉:（键入矩形的长度回车。注意，若上一步采用宽度（W）选项，则这一步提示宽度，键入矩形的宽度值后回车）

以面积（A）画出的矩形，总是以输入的第一个角点为矩形的左下角点，而不论光标在什么位置。

4）**尺寸（D）**：这是按长和宽创建矩形。继续提示：

指定矩形的长度〈当前值〉:（从键盘键入长度值回车，或者在屏幕上指定两点，两点间的距离为长度值）

指定矩形的宽度〈当前值〉:（从键盘键入宽度值回车，或者在屏幕上指定两点，两点间的距离为宽度值）

指定另一个角点或〔面积（A）/尺寸（D）/旋转（R）〕:（输入另一个角点）

对于最后的提示"指定另一个角点或〔面积（A）/尺寸（D）/旋转（R）〕:"，若指定点回答（键入点坐标或单击），是确定矩形在哪个方向，因为前面已经确定了其长和宽；此时指定的点未必是矩形的角点，图 5-2 所示说明了这个点的位置不同，矩形的位置也不同。若再选择面积（A）选项回答，这将取消前面已经确定的长和宽，重新以面积确定矩形。若再选择尺寸（D）选项回答，则是取消前面已经确定的长和宽，重新确定长和宽。若再选择旋转（R）选项回答，则是取消前面已经确定的长和宽，先确定矩形的旋转角度，再确定以哪种方式画矩形。

5）**旋转（R）**：这是按指定的旋转角度创建倾斜的矩形（图 5-3）。继续提示：

指定旋转角度或〔拾取点（P）〕〈当前值〉:（从键盘键入角度值回车，或者在屏幕上指定一点，该点和第一个角点与水平向右方向的夹角为角度值，或者单击拾取点（P）或键入 P 回车）

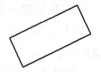

若是从键盘键入角度值或在屏幕上指定一点，接下来提示：

指定另一个角点或〔面积（A）/尺寸（D）/旋转（R）〕:（按前述的四种方式之一画矩形）

图 5-3　旋转一定角度的矩形

若单击拾取点（P）或键入 P 回车，是要求指定两个点，两点与水平向右方向的夹角为角度值。指定两个点后再按前述的四种方式之一画矩形。

2. 倒角（C）

通过该选项可绘制四个角进行了倒角的矩形，倒角的两条边长度值可以相同也可以不同。例如绘制倒角值为 10 的矩形（图 5-4b），选择该选项后接下来提示：

指定矩形的第一个倒角距离〈0.000 0〉:10 ↙

指定矩形的第二个倒角距离〈10.000 0〉: ↙

对第一倒角距离和第二倒角距离的提示回答后回到主提示。

两倒角长度值不同时绘制的矩形如图 5-4c 所示。

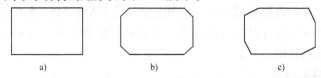

a)   b)   c)

图 5-4　矩形的倒角

a）没有倒角和圆角　b）第一、第二倒角相等　c）第一、第二倒角不等

3. 圆角（F）

该选项可绘制带圆角的矩形，操作过程与倒角（C）选项相似，不同之处是把回答"倒角距离"变为回答"圆角半径"。图 5-5 所示是圆角值不为 0 的矩形。

4. 宽度（W）

该选项用于设置矩形边的线宽，操作过程与倒角（C）选项相似，不同之处是把回答倒角距离变为回答矩形线宽。图 5-6 所示是有一定线宽的矩形。

图 5-5　矩形的圆角　　　　　图 5-6　有一定线宽的矩形

*5. 厚度（T）

厚度是一个空间立体的概念，设置一定的厚度值后，绘制的矩形在 Z 轴方向有一个延伸，相当于绘制了一个三维立体盒子。选择该选项后要回答"指定矩形的厚度〈当前值〉:"，再指定两个角点。图 5-7 所示是绘制的厚度为 20 的矩形。

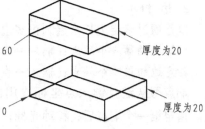

*6. 标高（E）

"标高"也是一个空间立体的概念，设置一定的标高后绘制的矩形（或三维立体盒子）沿 Z 轴方向偏移一个距离。即不是绘制在 XY 平面

图 5-7　矩形的厚度和标高

上，而是绘在与 XY 平面平行、距离为所设标高值的平面上。选择该选项后要回答"指定矩形的标高〈当前值〉:"，再指定两个角点。图 5-7 所示图形上部的立体是绘制的标高为 60 的矩形。

要观测厚度和标高效果，可使用三维视点等命令。

5.2 绘制正多边形

画正多边形的方法有三种。正多边形的边数是 3 和 1024 之间的整数。命令输入方法：

命令：POLYGON↙【绘图 ⬠】【下拉菜单：绘图/正多边形】【草图与注释："常用"

选项卡/"绘图"面板/"矩形"下拉按钮菜单/⬠ 多边形】

命令输入后，AutoCAD 首先提示：

输入侧面数〈4〉:(键入正多边形的边数或直接回车默认当前边数)

这次输入的多边形的边数将成为下一次画正多边形的默认值。接下来是主提示：

指定多边形的中心点或 [边 (E)]:(输入中心点，或者单击边 (E)或键入 E 回车)

主提示的两个选项介绍如下。

1. 指定多边形的中心点

这是默认选项，多边形中心点可由键盘键入点坐标或用鼠标在屏幕上指定一点。接下来提示：

输入选项 [内接于圆 (I) /外切于圆 (C)]〈I〉:(直接回车画"内接于圆"的多边形，或者单击一个选项或键入一个选项关键字回车)

1) **内接于圆 (I)**：这是画"内接于圆"的多边形（多边形的所有顶点都在一个假想圆的圆周上），如图 5-8 所示。接下来提示输入假想圆半径，可以直接输入一个半径值；也可用鼠标抬取一点，该点与中心点的连线长为半径，该点也是正多边形的一个顶点。

2) **外切于圆 (C)**：这是画"外切于圆"的多边形（多边形的各边与假想圆相切，切点是多边形的各条边的中点），如图 5-8 所示。接下来也要指定圆的半径。半径值可以直接键入；也可用鼠标抬取一点，该点与中心点的连线长为半径，该点也是正多边形一条边的中点。

如图 5-8 所示，输入同样的半径值绘制的正五边形的边长不一样，采用外切于圆法绘制的正五边形边长较长。

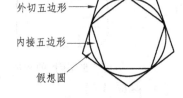

图 5-8 "内接"、"外切"多边形

2. 边 (E)

这是通过确定边长来绘制正多边形。接下来提示：

指定边的第一个端点:(输入一点)

指定边的第二个端点:(输入一点或键入边长值回车)

端点可从键盘键入点坐标或用鼠标在屏幕上指定一

图 5-9 以"边长"画多边形

点。指定第一个端点后，移动光标，光标的橡皮筋与正多边形的边重合。若再输入第二个端点，按逆时针方向以两点连线为第一条边绘制出一个正多边形（图 5-9）；若键入边长值回车，则是以橡皮筋为第一条边方向绘制出一个正多边形。

5.3 绘制多段线

用多段线命令 PLINE 可以绘出由直线和圆弧组成的逐段相连的整体线段。可以只有一段，也可以有若干段，每一段可以是直线也可以是圆弧。每一段可以具有宽度，各段的宽度可以不同，同一段的起点和端点宽度也可以不同，如图 5-10 所示。

图 5-10 多段线示例图

使用 PLINE 命令绘制的零宽度的多段直线和用 LINE 命令连续绘制的折线外观一样，不同的是多段线的所有段是形成一个整体对象，而用 LINE 命令绘制的折线每一段是独立的一个对象。命令的输入方式：

命令：PLINE↙或 PL↙【绘图 】【下拉菜单：绘图/多段线】【草图与注释："常用"选项卡/"绘图"面板/ 】

命令输入后提示：

指定起点：(输入起点)

当前线宽为 0.000 0

指定下一点或 [圆弧 (A)/闭合 (C)/半宽 (H)/长度 (L)/放弃 (U)/宽度(W)]：(指定一点，或者单击一个选项或键入一个选项关键字回车)

这是多段线命令的**主提示**，其选项较多，分别介绍如下。

1. 指定下一点

这是多段线命令首选项，一直指定下一点，可连续绘制一条由多段组成的多段线，类似连续绘直线，直至回车结束命令。过程如下：

指定下一点或 [圆弧 (A)/闭合 (C)/半宽 (H)/长度 (L)/放弃 (U)/宽度(W)]：(输入一点，提示重复出现，直接回车，命令结束)

注意：在使用多段线命令的指定下一点选项时，也可像直线命令那样采用"直接距离输入"方法定位点和"角度替代"方法画确定了角度的多段线。

2. 宽度 (W)

该选项可改变当前多段线的起始线宽和终止线宽。接下来提示输入起点宽度和端点宽度，确定线宽后回到主提示。

多段线的线宽值可从键盘键入，也可输入一点，该点到光标橡皮筋固定端的距离为线宽。系统自动将起点宽度作为终点宽度的默认值，可直接回车不变线宽。若起点和终点的线宽不同，则绘制变宽度的多段线，形成锥形线 (图 5-11)。终点的线宽值默认为下一段的线宽。有一定宽度的多段线，其起点和端点定位在多段线的线宽的中心点。

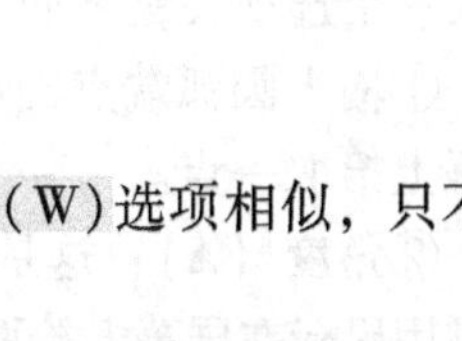

起点宽度为 0

端点宽度为 10

起点宽度为 2

端点宽度为 2

图 5-11 变宽度的多段线

3. 半宽 (H)

用于改变当前多段线的起始半宽和终止半宽。操作过程与宽度 (W)选项相似，只不过把回答"宽度"变为回答"半宽"。

注意：半线宽是指宽多段线的中心到其一边的距离，而线宽是宽多段线两边间的距离。因此，宽度 (W)选项的线宽值 10 与半宽 (H)选项的半线宽值 5 画出的线段宽度一致。

4. 长度 (L)

这是提示输入下一段多段线的长度，按此长度绘制一段直线，绘制方向按前一段多段线段的方向或前一段圆弧段的切线方向。选择该选项后，提示"指定直线的长度："，输入长度值后回到主提示。直线的长度值可从键盘键入，也可输入一点，该点到光标橡皮筋固定端的距离为长度值。

5. 放弃（U）

取消已绘的前一段多段线，重复使用可删除所有已绘各段，直到起点。

6. 闭合（C）

闭合多段线，以一直线段连接至此多段线命令起点，并退出 PLINE 命令。

7. 圆弧（A）

改为开始绘制多段圆弧段，接下来提示：

指定圆弧的端点或［角度（A）/圆心（CE）/闭合（CL）/方向（D）/半宽（H）/直线（L）/半径（R）/第二点（S）/放弃（U）/宽度（W）］:（输入圆弧的端点，或者单击一个选项或输入一个选项关键字回车）

对其各项提示解释如下：

1）指定圆弧的端点：这是默认选项，以前一段的端点为起点，指定的点为圆弧终点，并与前段相切的方法绘出圆弧段。不断地指定点，可绘制出彼此相切的圆弧段。

2）角度（A）：不再遵循与前段相切的绘制法，提示用户输入圆弧段的圆心角。输入正值，逆时针方向绘制；输入负值，顺时针方向绘制。随后可以三种方式画弧。操作过程为：

指定包含角:（输入角度）

指定圆弧的端点或［圆心（CE）/半径（R）］:（输入一点，或者单击一个选项或键入一个选项关键字回车）

①输入一点完成该段圆弧。对这段弧的端点用户可键入点坐标或在屏幕上指定一点。

②**圆心（CE）**：这是指定圆心画该段圆弧。可键入圆心坐标或在屏幕上指定一点作为圆心。

③**半径（R）**：这是指定圆弧半径和圆弧的弦方向画该段圆弧。圆弧的半径可从键盘键入；也可用鼠标在屏幕上拾取两点，两点间的距离为圆弧半径。对圆弧的弦方向可从键盘键入角度；也可用鼠标在屏幕上拾取一点，该点与这段弧的起点连线为弦方向。

3）圆心（CE）：这是指定下一段圆弧的圆心，不再遵循与前段相切的绘制法。随后可以三种方式画弧。接下来的提示为：

指定圆弧的圆心:（输入一点）

指定圆弧的端点或［角度（A）/长度（L）］:（输入圆弧的端点，或者单击一个选项或键入一个选项关键字回车）

①输入圆弧端点画该段圆弧。圆弧的圆心或端点可从键盘键入点的坐标，也可用鼠标在屏幕上拾取一点。

②**角度（A）**：这是指定圆弧的圆心角画该段圆弧。对圆弧包含的角度可从键盘键入角度；也可用鼠标在屏幕上拾取一点，该点与这段弧的起点连线与 X 轴的逆时针角度为圆心角。

③**长度（L）**：这是以圆弧的弦长画该段圆弧。圆弧的弦长可从键盘键入；也可用鼠标在屏幕上拾取一点，该点与这段弧的起点连线为弦长。注意，弦长值要小于圆弧直径。

4）闭合（CL）：这是以一段圆弧闭合整条多段线，并退出 PLINE 命令。

5）方向（D）：是指定要绘制圆弧段的起点（即前段直线或圆弧的端点）处的切线方向。接下来的提示如下：

指定圆弧的起点切向:（可指定一点，或者输入角度来作为起点切向）

指定圆弧的端点:（输入一点）

6）**半宽（H）（宽度（W）)**：意义和用法同前面的"3. 半宽（H）"（"2. 宽度（W）"）所述，只不过这里是用于绘制圆弧段。

7）**直线（L)**：从绘制圆弧段状态返回到绘制直线状态。

8）**半径（R)**：提示用户输入圆弧段的半径值，随后可用两种方式画弧。接下来的提示为：

指定圆弧的半径:（输入半径值）

指定圆弧的端点或 ［角度（A）]:（输入圆弧的端点，或者单击角度（A）或输入 A 回车）

①输入圆弧端点是以半径、端点画弧。圆弧的半径可从键盘键入；也可用鼠标在屏幕上拾取两点，两点间的距离为圆弧半径。圆弧的端点可键入点坐标或在屏幕上指定一点。

②角度（A)：这是以圆心角和指定圆弧弦方向画弧。对圆弧包含的角度可从键盘键入角度；也可用鼠标在屏幕上拾取一点，该点与这段弧的起点连线与 X 轴的逆时针角度为圆心角。对圆弧的弦方向可从键盘键入角度；也可用鼠标在屏幕上拾取一点，该点与这段弧的起点连线为弦方向。

9）**第二点（S)**：这是由三点画圆弧，接下来提示指定第二点和端点画圆弧：

指定圆弧上的第二点:（输入一点）

指定圆弧的端点:（输入一点）

10）**放弃（U)**：用于取消前一次操作绘制的圆弧段。

5.4 绘制点

点的主要用途是用作标记位置或作为参考点。如标记圆心、端点位置，作为一些修改命令的参考点等。使用点之前应先设置点的样式和点的大小。

5.4.1 设置点的样式和大小

命令的输入方式：

命令：DDPTYPE✓ **【下拉菜单：格式/点样式】**

命令输入后，弹出如图 5-12 所示的对话框。对话框说明如下：

1. 点样式

在"点样式"对话框中有 20 种点样式，只要用鼠标单击其中 1 种，就选中了该样式。

2. "点大小"文本框

用于设置点标记在屏幕上显示的大小。点标记的大小有以下两种设置方式：

1）**相对于屏幕设置尺寸**：设置点标记大小相对屏幕所占的百分比，这时若把点所在的一个区域放大，再用重生成 REGEN 命令，点标记就会变到放大前的大小。

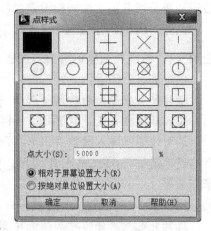

图 5-12 "点样式"对话框

2）用绝对单位设置尺寸：用绘图单位设置点标记的绝对大小，这时若把点所在的一个区域放大，点标记放大，再用重生成 REGEN 命令，点标记不会变到放大前的大小。

单击"**确定**"按钮完成设置。

技巧：当需要点的标志明显时，选用一种较大的样式，一旦这些点标志不再需要，可擦除它们或将其样式改为第一种或第二种"点"样式。

5.4.2　绘制点

可通过点命令绘制单点、多点、等分点和测量点。绘图工具栏的"点"命令是绘制多点。

1. 绘制单点

绘制单点的命令输入方式：

命令：POINT↙ 或 PO↙ 【下拉菜单：绘图/点/单点】

命令输入后，在命令行显示和提示如下：

当前点模式：PDMODE = 0　　PDSIZE = 0.000 0

指定点：（输入点）

输入一个点后命令即结束。可用不同的坐标系键入点的坐标，也可用鼠标在屏幕上单击指定点。

2. 绘制多点

绘制多点的命令输入方式：

【绘图　 ▫ 】【下拉菜单：绘图/点/多点】【草图与注释："常用"选项卡/"绘图"面板的滑出式面板　　　 绘图 ▼　　　　／ ▫ 】

命令输入后，"指定点："的提示总出现，可连续绘制多个点，要结束命令可按〈Esc〉键，或转而执行其他命令。

5.4.3　定数等分

绘制等分点是将一段线段（直线段、多段线、样条曲线、圆、圆弧、椭圆、矩形、多边形）等分成几段，按当前设定的标志绘制出各等分点位置。命令输入方式：

命令：DIVIDE↙ 或 DIVI↙ 【下拉菜单：绘图/点/定数等分】【草图与注释："常用"选项卡/"绘图"面板的滑出式面板　　　 绘图 ▼　　　　／ 🗠 】

命令输入后提示：

选择要定数等分的对象：（选择一段直线、圆弧或多段线等）

输入线段数目或 ［块（B）］：（键入段数回车，或者单击块（B）或键入 B 回车）

若对该提示键入段数后回车，则是以"点样式"对话框中的点标记来等分线段。

若单击块（B）或键入 B 回车，则是以用户自己定义的块（关于"块"参见第 10 章）来作为等分点的标记。例如，若以事先定义好的块（比如块名为 Circle）来作为等分一圆周的标记（图 5-13），输入命令后操作如下：

选择要定数等分的对象：（选择圆）

输入线段数目或 ［块（B）］：（单击块（B）或键入 B 回车）

输入要插入的块名：Circle ↙

是否对齐块和对象？［是（Y）/否（N）］〈Y〉: ↙

输入线段数目: 6↙

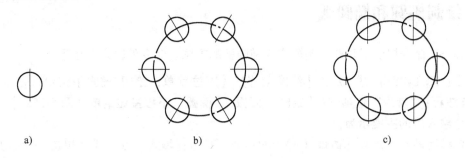

图 5-13　以块作为等分标记

a）块（Circle）　b）块与对象对齐　c）块与对象不对齐

5.4.4　定距等分

这是用户设定一段长度，按此长度在线段（直线段、多段线、样条曲线、圆、圆弧、椭圆、矩形、多边形）上绘制分点标志，但最后一段不一定是等分。例如线段的长度为 150，设定每段的长度为 20，则在线段上绘制出七个标记，前七段每段长度为 20，最后一段长度为 10。绘出的图如图 5-14 所示。

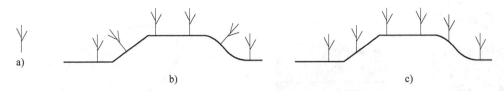

图 5-14　以块作为测量点标记

a）块（Tree）　b）块与对象对齐　c）块与对象不对齐

命令：MEASURE↙或 ME↙【下拉菜单：绘图/点/定距等分】【草图与注释："常用"选项卡/"绘图"面板的滑出式面板 ▨▨▨▨ 绘图 ▾ ▨▨▨ / ⚲ 】

命令输入后提示如下：

选择要定距等分的对象:（选择一直线或圆弧等）

指定线段长度或 ［块（B）］:（输入每段的长度回车，或者单击块（B）或键入 B 回车）

若对该提示键入每段的长度回车，是以"点样式"对话框中的点标记来绘制分点标记。

若对该提示单击块（B）或键入 B 并回车，则是用户以自己定义的块来作为分点标记。例如，若要以事先定义好的块（比如块名为 Tree）作为多段线的分点标记，命令输入操作过程如下：

选择要定距等分的对象:（选择多段线）

指定线段长度或 ［块（B）］:（单击块（B）或键入 B 回车）

输入要插入的块名：Tree↙

是否对齐块和对象？［是（Y）／否（N）］〈Y〉：✓

指定线段长度：20✓

5.5　绘制椭圆和椭圆弧

ELLIPSE 命令提供了几种绘制椭圆或椭圆弧的方法。命令的输入方法是：

命令：ELLIPSE✓ **或 EL**✓ **【绘图　⬭】【下拉菜单：绘图/椭圆子菜单**（图 5-15b）**】**
【草图与注释："常用"选项卡/"绘图"面板/"椭圆"下拉按钮菜单（图 5-15a）**】**

命令输入后的**主提示**为：

指定椭圆的轴端点或［圆弧（A）／中心点（C）］:(输入一点，或者单击一个选项或键入选项关键字回车)

各种绘制椭圆及椭圆弧的方法由此开始。下面分别介绍各选项。

1. 指定椭圆的轴端点

对主提示输入一点，是以一个轴的两端点和另一个轴的半轴长绘制椭圆（图 5-16），对应按钮 ⬭。接下来提示：

指定轴的另一个端点:(输入一点)

指定另一条半轴长度或［旋转（R）］:(输入另一半轴长度，或者单击旋转（R）或键入 R 回车)

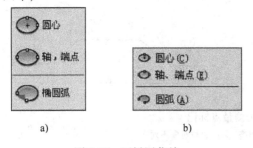

a)　　　　　　　　　　b)

图 5-15　画椭圆菜单
a)"椭圆"下拉按钮菜单　b) 绘图/椭圆子菜单

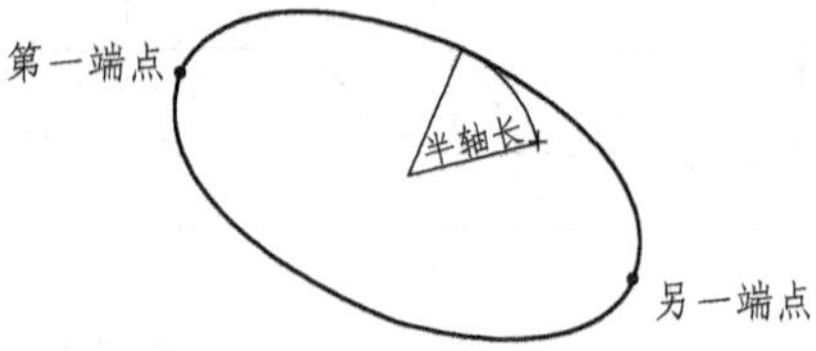

图 5-16　两端点、半轴长画椭圆

椭圆的轴端点可从键盘键入点的坐标，也可用鼠标在屏幕上单击。

1）指定另一条半轴长度：这是要求输入另一条半轴长度。可直接键入长度值；也可以移动鼠标，在屏幕的合适位置单击得另一点，该点到椭圆中心点的距离为另一条半轴长。

2）旋转（R）：这是另一半轴的长度由"旋转"确定。所谓"旋转"是指一个圆以它的一条直径为轴旋转一个角度后，圆在与直径平行的平面上的投影成为一个椭圆，椭圆的长轴仍是圆直径，短轴由旋转角确定，其长度是长轴长乘以旋转角的余弦。旋转角度值（从 0°到 89.4°）越大，短轴越短。输入 0°则画一个圆。接下来的操作如下：

指定绕长轴旋转的角度:(输入一个角度)

以该选项绘制的椭圆，第一根轴只能是长轴，另一轴只能是短轴。绕长轴旋转的角度值可从键盘键入；也可在屏幕上单击输入一点，该点到椭圆中心点的连线与 X 轴的夹角即为旋转角度值。

2. 中心点（C）

该选项是以中心点、一半轴的端点和另一半轴长绘制椭圆（图 5-17），对应按钮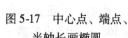。接下来提示：

指定椭圆的中心点:(输入一点)

指定轴的端点:(输入一点)

指定另一条半轴长度或［旋转（R）］:(输入另一半轴长度)

轴端点的输入，另一条半轴长度的输入长度值及旋转（R）选项，同上面的"1. 指定椭圆的轴端点"的解释。

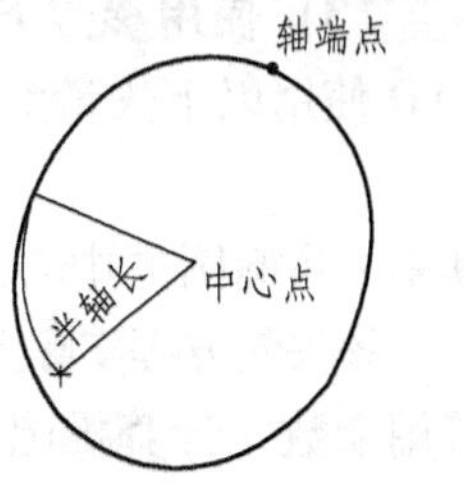

3. 圆弧（A）

该选项是绘制椭圆弧，对应按钮。绘制椭圆弧时，先是绘制一个虚拟的椭圆，其绘制方法同椭圆；然后根据用户定义的参数在上面截取一段椭圆弧。绘制椭圆弧有三种方法，分别介绍如下：

图 5-17　中心点、端点、
半轴长画椭圆

1）以起始角和终止角绘椭圆弧（图 5-18）。过程如下：

命令：ELLIPSE↙

指定椭圆的轴端点或［圆弧（A）/中心点（C）］:(选择圆弧（A）)

指定椭圆弧的轴端点或［中心点（C）］:

指定轴的另一个端点:

指定另一条半轴长度或［旋转（R）］:

(下画线部分是画椭圆的步骤，可使用前文所述的任何一种方法)

指定起始角度或［参数（P）］:(输入起始角)

指定终止角度或［参数（P）/包含角度（I）］:(输入终止角)

椭圆弧的起始角（终止角）是椭圆长轴的第一个端点、椭圆中心和弧起点（终点）所形成的逆时针角度，椭圆中心为角的顶点。起始角和终止角可以从键盘键入；也可用鼠标在屏幕上单击输入一点，椭圆第一个轴的第一个端点、椭圆中心与该点所形成的逆时针角度为起始角或终止角。

2）以起始角和包含的角度绘椭圆弧（图 5-19）。

(略去画椭圆的过程)

指定起始角度或［参数（P）］:(输入起始角)

图 5-18　以起始角和终止角绘椭圆弧

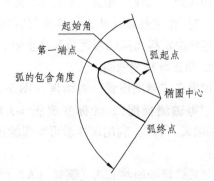

图 5-19　以起始角和包含角度绘椭圆弧

指定终止角度或［参数（P）/包含角度（I）］:(单击包含角度（I）或键入 I 回车)

　　指定弧的包含角度〈默认值〉:(输入椭圆弧包含的角度)

　　包含角度是指椭圆弧的起点、椭圆中心与椭圆弧的终点所形成的逆时针角度。

　　*3）使用参数 P 绘椭圆弧。用户也可使用参数［P］确定椭圆弧的起点和终点。Auto-CAD 使用以下矢量参数方程式创建椭圆弧：

$$p(u) = c + a * \cos(u) + b * \sin(u)$$

其中 c 是椭圆的中心点，a 和 b 分别是椭圆的半长轴和半短轴，u 为参数（图 5-20）。

　　该矢量方程实际上是确定一个点，该点相对于椭圆中心的坐标为 $(a * \cos(u), b * \sin(u))$，若用参数 u 计算椭圆的起始角或终止角，其公式为 $\alpha = \arctan(b/a * \tan(u))$（图 5-20）。

　　例如，假定 $a = 200$，$b = 100$，若起始参数 $u = 45°$，则起始角 $= \arctan(1/2 * \tan(45°)) = 26.565°$；若终止参数 $u = 180°$，则终止角 $= \arctan(1/2 * \tan(180°)) = 180°$（图 5-21）。

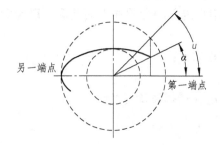

图 5-20　使用参数 P 绘椭圆弧

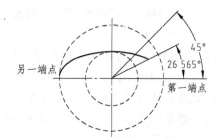

图 5-21　使用参数 P 绘椭圆弧举例

　　椭圆弧的起始角（终止角）仍是椭圆第一个轴的第一个端点、椭圆中心和弧起点（终点）所形成角的逆时针角度。

　　图 5-20 所示的绘图过程为（略去画椭圆的过程）：

　　指定起始角度或［参数（P）］:(单击参数（P）或键入 P 回车)

　　指定起始参数或［角度（A）］:45↙

　　指定终止参数或［角度（A）/包含角度（I）］:180↙

　　对提示"指定起始角度或［参数（P）］:"选择参数（P），是从"角度"模式切换到"参数"模式。若对提示"指定起始参数或［角度（A）］:"选择角度（A），则是从"参数"模式切换到"角度"模式。对提示"指定终止参数或［角度（A）/包含角度（I）］:"的解释同理。对"指定起始（终止）参数"的提示，也可在屏幕上单击输入一点，该点到椭圆中心点的连线决定椭圆弧的起始角和终止角。

　　4. 画正等轴测椭圆

　　如果在"草图设置"对话框（图 3-2）的"捕捉和栅格"栏的"捕捉类型和样式"栏选中**"等轴测捕捉"**，光标变成图 3-3 所示的形状。此时，画椭圆命令的提示多了一项"等轴测圆（I）"，利用该提示可画圆的正等轴测投影，即画图 5-22 所示的椭圆。操作过程如下：

　　指定椭圆轴的端点或［圆弧（A）/中心点（C）/等轴测圆（I）］:(单击 等轴测圆（I）或键入 I 回车)

指定等轴测圆的圆心:(键入圆心坐标或鼠标指定圆心)

指定等轴测圆的半径或 [直径 (D)]:(键入半径值,或者鼠标指定点,橡皮筋为半径,或者单击直径 (D)或键入 D 回车后再输入直径值)

画图 5-22 所示椭圆时可按〈F5〉键或〈Ctrl + E〉组合键,将栅格线和光标在 30°、90°和 150°之间切换。

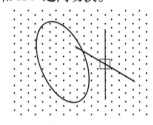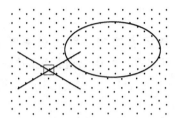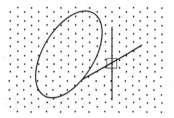

图 5-22　圆的正等轴测投影

例 5-1　画图 5-23a 所示的轴测图,过程如下(作图过程中的修剪命令参见第 6 章):

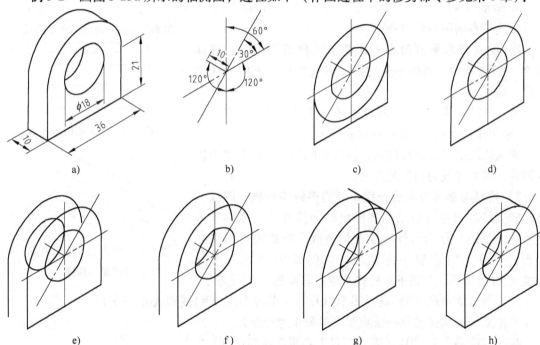

图 5-23　画轴测图举例

a) 轴测图　b) 画辅助线　c) 画椭圆和直线　d) 修剪掉下半个椭圆　e) 从椭圆圆心向长度为 10 的线段的
　　左上端点复制　f) 修剪掉左上小椭圆弧　g) 画右上两椭圆弧的切线　h) 修剪右上角,画左下角

5.6　构造线

构造线命令用于生成两端无限延长的直线。例如,为保证主视图、左视图和俯视图的投影关系,可使用构造线作为辅助线使图形对齐。命令的输入方式:

命令:XLINE↙或 XL↙【绘图 】【下拉菜单:绘图/构造线】【草图与注释:"常用"

选项卡/"绘图"面板的滑出式面板 绘图 ▾ │ ╱ │]

命令输入后主提示为：

指定点或 [水平 （H）/垂直 （V）/角度 （A）/二等分 （B）/偏移 （O）]：（输入一点，或者单击一个选项或键入一个选项关键字回车）

对各选项分别介绍如下。

1. 指定点

这是默认项，用来绘制通过指定点的构造线。对主提示输入指定点后，连续提示"指定通过点："，对该提示以输入点回答，可绘出过指定的第一点的多条构造线，如图 5-24 所示。

2. 水平 （H）和垂直 （V）

这是绘制水平（垂直）构造线。接下来连续提示"指定通过点："，指定点后生成水平（垂直）构造线。这样可绘制多条水平（垂直）构造线，如图 5-25 所示。

图 5-24 过一点绘多条构造线

3. 角度 （A）

该选项有两种操作方法：

1）绘制与水平方向成一定角度的多条构造线。选择角度 （A）选项后，对接下来的提示输入与水平方向所成的角度，即：

输入构造线角度 （O） 或 [参照 （R）]：（输入角度）

（接下来连续提示"指定通过点："）

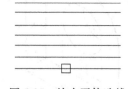

图 5-25 绘水平构造线

构造线角度可从键盘键入；也可用鼠标在屏幕上单击输入两点，两点连线为构造线方向。

2）绘制与参考方向成一定角度的多条构造线。即以一条已知直线型对象（直线、多段线的一段直线、矩形或多边形的一条边）作为参照线绘制构造线，构造线可与直线平行，也可与直线成一定角度，如图 5-26 所示。选择角度 （A）选项后，对接下来的提示应用其参照 （R）选项：

图 5-26 以已知直线为参照线绘制构造线

输入构造线角度 （O） 或 [参照 （R）]：（单击参照 （R）或键入 R 回车）

选择直线对象：（选择一条直线型对象作为参照）

输入构造线角度 〈O〉：（输入相对于参照直线的角度）

（接下来连续提示"指定通过点："）

相对于参照直线的角度可从键盘键入角度值（这时直线方向是 0°线方向）；也可用鼠标在屏幕上单击输入两点，两点连线与 X 轴的夹角为构造线角度。

4. 二等分 （B）

若角由顶点、起点、端点（即终点）构成，二等分 （B）用于绘制过该角顶点的角平分线，如图 5-27 所示。选择二等分 （B）选项后，依次提示指定角的顶点、角的起点、角的端点，依次输入点回答提示后，画出角平分线。

接下来"指定角的端点："的提示重复出现，此时角的顶点、起点连线与光标橡皮筋构成一个角，待定的构造线是这个角的平分线。可根据这个规律再输入点，绘出以顶点、起点连线为角的一条边的角平分线。这个过程可多次重复。

5. 偏移（O）

用于绘制与已知直线型对象平行，通过一点或有一定距离的构造线。

1）指定偏移距离绘制构造线。选择偏移（O）选项后，接下来的操作如下：

指定偏移距离或［通过（T）］〈1. 000 0〉:（输入偏移距离）

选择直线对象:（选择一条直线型对象）

指定向哪侧偏移:（在已选择的直线或构造线的一侧拾取一点）

接下来提示重复，参考以上回答可画多条构造线，各构造线与其选择的直线对象间等距，如图 5-28 所示。

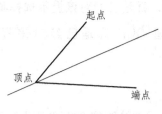

图 5-27　绘制角平分线

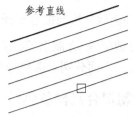

图 5-28　等距偏移绘构造线

2）通过指定的点绘制构造线。选择偏移（O）选项后，接下来的操作如下：

指定偏移距离或［通过（T）］〈1. 000 0〉:（单击通过（T）或键入 T 回车）

选择直线对象:（选择一条直线型对象）

指定通过点:（输入一点）

接下来提示重复，参考以上回答可画多条构造线，它们与各自选择的直线对象间不一定等距。

5.7　绘制样条曲线

用样条曲线命令可绘制光滑的曲线。有两种绘制方式，用拟合点定义样条曲线和使用控制点定义样条曲线。每种方法都有其优点。

工程图中的不规则曲线可用样条曲线绘制，如机械图中的波浪线等。命令的输入方法：

命令：SPLINE↙ 或 SPL↙【绘图〜】【下拉菜单：绘图/样条曲线/〜拟合点（〜控制点）】【草图与注释："常用"选项卡/"绘图"面板的滑出式面板　绘图▾ / 样条曲线拟合〜（样条曲线控制点〜）】

〜用于绘制拟合点样条曲线；〜用于绘制控制点样条曲线。

由按钮〜输入命令，或从键盘键入命令后的提示可能有两种：

第一种：绘制拟合点样条曲线的提示：

当前设置：方式＝拟合　节点＝弦

指定第一个点或［方式（M）/节点（K）/对象（O）]:

第二种：绘制控制点样条曲线的提示：

当前设置：方式＝控制点　　阶数＝3

指定第一个点或［方式（M）/阶数（D）/对象（O）］：（输入一个点，或者单击选项或键入选项关键字回车）

至于到底是哪一种提示，由前次使用 SPLINE 绘制方式确定，上一次绘制样条曲线的方式是下一次使用 SPLINE 的默认方式。

在上述两种情况的提示中，方式（M）确定以哪一种方式绘制样条曲线，选择该选项后接下来提示：

输入样条曲线创建方式［拟合（F）/控制点（CV）］〈（当前方式）〉：（单击一个选项或键入一个选项关键字回车，或者直接回车默认当前方式）

拟合（F）选项是绘制拟合点样条曲线；单击按钮 🗹，就是已经对该提示选择拟合（F）。控制点（CV）选项是绘制控制点样条曲线。单击按钮 🗹，就是已经对该提示选择控制点（CV）。下面分别对两种样条曲线的绘制予以说明。

5.7.1　绘制拟合点样条曲线

默认情况下，拟合点与样条曲线重合，如图 5-28a 所示。绘制拟合点样条曲线的**主提示**是：

当前设置：方式＝拟合　　节点＝弦

指定第一个点或［方式（M）/节点（K）/对象（O）］：（输入一点，或者单击一个选项或键入一个选项关键字回车）

1. 指定第一个点

"指定第一个点"是首选项，若对接下来的每一个提示都输入点，即形成拟合点样条曲线。接下来提示：

输入下一个点或［起点切向（T）/公差（L）］：（输入一点，或者单击一个选项或键入一个选项关键字回车）

输入下一个点或［端点相切（T）/公差（L）/放弃（U）］：（输入一点，或者单击一个选项或键入一个选项关键字回车）

……

输入下一个点或［端点相切（T）/公差（L）/放弃（U）/闭合（C）］：↙

在上述操作过程中，各相关选项的意义是：

1）起点切向（T）： 这是指定样条曲线起点的切线方向，接下来提示：

指定起点切向：（定义起始点切线方向）

起点和终点的切线方向可从键盘键入角度；也可移动鼠标，光标橡皮筋的方向为切线方向；也可对切向提示直接回车，起点的切向由第一点到第二点的方向确定。

2）公差（F）： 公差反映曲线与指定拟合点的偏离程度。接下来提示：

指定拟合公差〈当前值〉：（键入公差值回车或直接回车默认当前值）

接下来回到主提示。公差越小，样条曲线越靠近拟合点，公差为 0 时，样条曲线通过指定的拟合点，这也是默认情况。除起点和终点外，公差值适用于所有拟合点，图 5-29 所示是公差分别为 0 和 3 的样条曲线。

公差为0
a)

公差为3
b)

图 5-29　不同拟合公差的样条曲线

a) 公差为 0　b) 公差不为 0

3）端点相切（T）：这是指定样条曲线终点的切线方向，接下来提示：

指定端点切向：(从键盘键入端点切向角度或用鼠标输入一点，光标橡皮筋的方向为切线方向；或对提示直接回车，默认切线方向)。

4）放弃（U）：撤销最后一个指定点，放弃最近绘制的一段曲线。

5）闭合（C）：通过第一个指定点和最后一个指定点，形成闭合样条曲线。默认情况下，闭合的样条曲线保持曲率连续性。

2. 节点（K）

选择一种计算方法，用来确定样条曲线中连续拟合点之间曲线如何过渡。接下来提示：

输入节点参数化[弦(C)/平方根(S)/统一(U)]〈当前方法〉:(单击一个选项或键入一个选项关键字回车，或者直接回车默认当前方法)

接下来回到主提示。

弦（或弦长方法）：均匀隔开连接每段曲线的节点，使每个关联的拟合点对之间的距离成正比，如图 5-30 所示的实线。

平方根（或向心方法）：均匀隔开连接每段曲线的节点，使每个关联的拟合点对之间的距离的平方根成正比。此方法通常会产生更"柔和"的曲线，如图 5-30 所示的虚线。

统一（或等间距分布方法）：均匀隔开每段曲线的节点，使其相等，而不管拟合点的间距如何。此方法通常可生成泛光化拟合点的曲线，如图 5-30 所示的点画线。

3. 对象（O）

用 PLINE 命令绘制的多段线，可用多段线编辑命令 PEDIT 的样条曲线(S)选项拟合。对象(O)用于将样条拟合的多段线转化为等效的样条曲线。接下来提示：

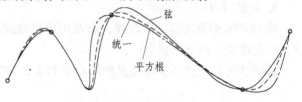

弦
统一
平方根

图 5-30　形成样条曲线的计算方法

选择样条曲线拟合多段线:(选择用多段线编辑命令 PEDIT 的样条曲线(S)选项编辑过的多段线)

......

选择样条曲线拟合多段线:✓

转换后的样条曲线成为控制点样条曲线。

5.7.2　绘制控制点样条曲线

绘制控制点样条曲线是输入控制点，由控制点定义点线控制框，控制框决定样条曲线的形状，如图 5-31 所示。如果选中已经绘制的控制点样条曲线，夹点、控制点和线框都会显示。绘制控制点样条曲线的主提示是：

　　当前设置：方式＝控制点　　阶数＝3

　　指定第一个点或［方式（M）/阶数（D）/对象（O）］：（输入一点，或者单击一个选项或键入一个选项关键字回车）

1. 指定第一个点

"指定第一个点"是首选项，若对接下来的每一个提示都输入点，即形成控制点样条曲线。接下来提示：

图 5-31　控制点样条曲线

　　输入下一个点：（输入一点）

　　输入下一个点或［放弃（U）］：（输入一点，或者单击放弃（U）或键入 U 回车）

　　输入下一个点或［闭合（C）/放弃（U）］：（输入一点，或者单击一个选项或键入一个选项关键字并回车）

　　……

　　输入下一个点或［闭合（C）/放弃（U）］：↙

在上述操作过程中，闭合（C）和放弃（U）的意思与绘制拟合样条曲线一样。

2. 阶数（M）

设置生成的样条曲线的多项式阶数。选择此选项可以创建 1 阶（线性）、2 阶（二次）、3 阶（三次）直到最高 10 阶的样条曲线。接下来提示：

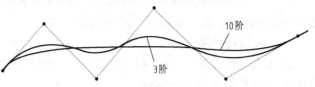

图 5-32　控制点相同但阶数不同的样条曲线

　　输入样条曲线阶数〈3〉：（键入阶数后回车回到主提示）

接下来回到主提示。图 5-32 所示是控制点相同但阶数不同的样条曲线。

3. 对象（O）

将 PLINE 命令绘制的多段线，以及用多段线编辑命令 PEDIT 编辑后的多段线转化为控制点样条曲线。接下来提示：

　　选择多段线：（选择多段线及编辑命令 PEDIT 编辑过的多段线）

　　……

　　选择多段线：↙

转换后的样条曲线成为控制点样条曲线。

　　选中拟合点样条曲线，拟合点样条曲线的拟合点上将出现夹点，选中夹点，移动光标，可调整样条曲线的形状。选中控制点样条曲线，将出现控制点及控制线框，选中控制点，移动光标，可调整样条曲线的形状。通过移动控制点调整样条曲线的形状通常可以得到比移动拟合点更好的效果。

5.8　绘制修订云线

　　修订云线是创建由连续圆弧组成的多段线以构成云形线。在实际应用中，例如检查图形，可用红色修订云线圈阅，以使标记明显。修订云线的命令输入方式：

命令：**REVCLOUD** ↙　【绘图 🔲】　【下拉菜单：绘图/修订云线】　【草图与注释："常用"选项卡/"绘图"面板的滑出式面板 绘图 ▾　✓🔲】

命令输入后主提示为：

最小弧长:15　最大弧长:15　样式:普通

指定起点或［弧长（A）/对象（O）/样式（S）］〈对象〉:（输入起点，或者单击一个选项或键入一个选项关键字回车）

1. 指定起点

这是以默认的弧长开始画云线，接下来提示：

沿云线路径引导十字光标...（移动光标画云线，回到起点画闭合云线，命令结束；或不闭合时回车结束画线并继续显示以下选项）

反转方向［是（Y）/否（N）］〈否〉:（单击是（Y）反转云线，或者直接回车或单击否（N）不反转云线）

修订云线完成。

图5-33所示是画闭合云线时，弧线方向不反转与反转的情况。

弧线方向不反转　　　　弧线方向反转

图5-33　弧线方向不同的云线

2. 弧长（A）

这是指定云线中弧线的长度。接下来提示：

指定最小弧长〈当前值〉:（输入云线的最小弧长）

指定最大弧长〈当前值〉:（输入云线的最大弧长。最大弧长不能大于最小弧长的三倍）

接下来回到主提示。不同的弧线长度画出的云线如图5-34所示。

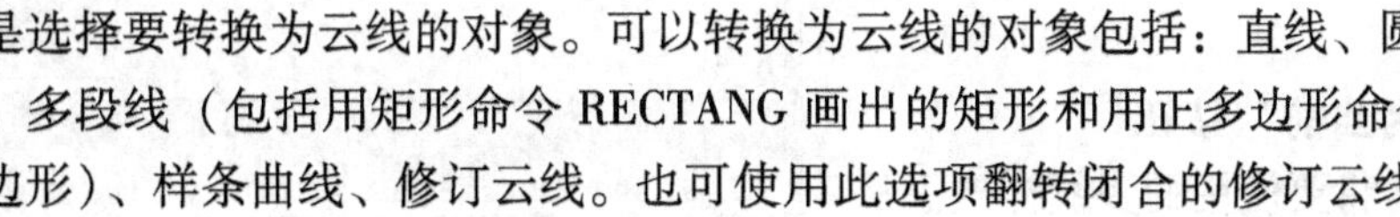

最小弧长是10，最大弧长是30　　　最小弧长是5，最大声弧长是15

图5-34　弧线长度不同的云线

3. 对象（O）

该选项是选择要转换为云线的对象。可以转换为云线的对象包括：直线、圆、圆弧、椭圆、椭圆弧、多段线（包括用矩形命令RECTANG画出的矩形和用正多边形命令POLYGON画出的正多边形）、样条曲线、修订云线。也可使用此选项翻转闭合的修订云线。接下来提示：

选择对象:（选择要转换为云线的对象）

反转方向［是（Y）/否（N）］〈否〉:（单击是（Y）反转云线，或者直接回车或单击否（N）不反转云线）

修订云线完成。

将对象转换为修订云线时，如果系统变量DELOBJ设置为1（默认值），原始对象将被删除；如果系统变量DELOBJ设置为0，原始对象将保留。

4. 样式（S）

这是选择修订云线的样式。接下来提示：

　　选择圆弧样式［普通（N）/手绘（C）］〈普通〉:（直接回车或单击普通（N）或键入 N 回车采用修订云线的"**普通**"样式，或者单击手绘（C）或键入 C 回车采用"**手绘**"样式）

　　接下来回到主提示。

　　本节以上各图都是修订云线的"普通"样式。修订云线的"手绘"样式如图 5-35 所示。

图 5-35　修订云线的手绘样式

5.9　绘制二维多线

　　用多线命令可以一次绘制以多条平行线组成的复合线，其中每条直线称为多线的图元。用户可自己定义图元的数目和每个图元的特性。在使用多线命令前，应首先设置多线样式。

5.9.1　多线样式

　　默认的多线样式只包含两个图元（两条平行线）。多线样式命令 MLSTYLE 可以创建新的多线样式或编辑已有的多线样式。多线样式命令的输入方式：

　　命令：MLSTYLE✓　　**【下拉菜单：格式/多线样式】**

　　命令输入后弹出"多线样式"对话框，如图 5-36 所示。对话框说明如下：

　　1. "样式（S）"列表框、"说明"栏、"预览"栏

　　"样式（S）"列表框列出当前图形中包含的多线样式名称。"说明"栏显示在多线样式列表框中选定多线样式的说明。"预览"栏预显选定多线样式的名称和图像。

　　2. "置为当前"按钮

　　设置当前将要使用的多线样式。从"样式"列表中选择一个多线样式名称，然后单击"置为当前"按钮，所选样式即被置为当前多线样式。

　　3. "新建"按钮

　　创建新的多线样式。单击"新建"按钮，打开"创建新的多线样式"对话框，如图 5-37 所示。在"新样式名（N）"文本框中键入新样式名。如果已经建立了 STANDARD 以外的样式，还

图 5-36　"多线样式"对话框

可从"基础样式"下拉列表中选择其他样式（与要创建的新样式相似的样式）作为基础样式。接下来单击"继续"按钮，打开"新建多线样式"对话框，如图5-38所示，使用方法如下：

1）"说明"文本框：如果有必要，在该框键入多线样式的简单说明，包括空格不能超过255个字符。

2）"图元"栏：其顶部是图元列表框，显示当前样式的各图元的偏移值、颜色和线型。

单击"添加"或"删除"按钮分别向多线样式加入一个线图元或从多线样式中删除一个线图元。当两个按钮处于非激活状态时，单击图元列表框中的一个图元，就可激活它们。

图5-37 "创建新的多线样式"对话框

"偏移"文本框用来设置新添加图元或选中图元到基线的偏移量。单击图元列表框中的一个图元，然后在"偏移"文本框输入数值即可。

图5-38 "新建多线样式"对话框

单击"颜色"下拉列表用于修改新添加图元或选中图元的颜色。如果下拉列表中的颜色不够使用，还可单击其最后一项"选择颜色"，弹出"选择颜色"对话框，从中选择颜色。

单击"线型"按钮，弹出"选择线型"对话框，从中给新添加图元或选中图元设置线型。如果线型列表中没有所需的线型，可单击"加载"按钮加载。

当"图元"栏设置完成后，如果用户不再设置多线起点或终点的外观及背景颜色等，即可单击"确定"按钮，建立了一种新多线样式，并返回"多线样式"对话框。

3）"封口"栏："封口"栏主要设置多线的起点或终点的外观，各种封口如图5-39所示。

①直线：选中"起点"或"端点"，多线的起点或端点处用直线封口，如图5-39b所示。

②外弧：选中"起点"或"端点"，在多线的起点或端点处把最外面的两条线用半圆弧封口，如图 5-39c 所示。

③内弧：用半圆弧连接多线里边图元的起点或端点，而最外面的两条线的起点或端点不被连接起来，如图 5-39d 所示。从多线两侧最外边的图元同时数起，是相同个数的一对，起点或终点画半圆弧。对于有奇数个图元的多线，中心的图元不被连接。

④角度：在文本框中键入用于控制多线的起点或端点处连接图元端点的直线倾斜角度（相对于水平轴），如图 5-39e 所示（起点 30°，端点 60°）。

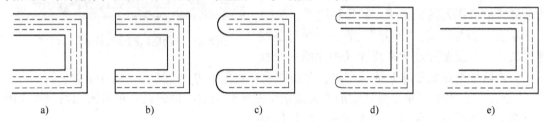

a)   b)   c)   d)   e)

图 5-39   各种封口

a) 没有封口   b) 直线封口   c) 外弧封口   d) 内弧封口   e) 起点、端点角度

图 5-40 所示的是采用多种封口形式：起点直线、外弧、角度 90°；端点内弧、角度 45°。

4）"填充"栏：控制多线是否用背景颜色填充。单击"填充颜色"下拉列表，选择需要的颜色。如果颜色不够使用，可单击其最后一项"选择颜色"，从弹出的"选择颜色"对话框中选择。

5）"显示连接"复选框：选中该复选框，在每段多线端点处，显示图元端点间连线，如图 5-41 所示。

图 5-40   多种封口形式   图 5-41   显示连接

4. "修改"按钮

单击该按钮，打开"修改多线样式"对话框，从中可以修改选定的多线样式。"修改多线样式"对话框与"新建多线样式"对话框一样，其使用方法也相同。

注意：图形中已经使用的多线样式不能修改。要修改多线样式,必须在其使用之前进行。

5. "重命名"按钮

选中未曾使用的样式，单击"重命名"按钮，为其重新命名。不能重命名 STANDARD 和已经使用的样式。

6. "删除"按钮

删除当前选定的多线样式。但不能删除 STANDARD 样式、当前样式及已使用的多线样式。

7. "加载"按钮

单击"加载"按钮，打开"加载多线样式"对话框。从多线样式列表中选择多线样式然后单击"确定"按钮,加载到当前图形中。如果要从另外的库文件中加载多线样式,可单击对话框中的"文件"按钮,将显示"从文件加载多线样式"对话框,从中找到要加载的多线样式。在"文件"按钮后面显示的是当前使用的库文件名。

8. "保存"按钮

从多线样式列表中选择多线样式,然后单击"保存"按钮,可打开"保存多线样式"对话框,选定的多线样式可保存到多线库(*. MLN)文件。如果指定了一个已存在的 MLN 文件,新样式定义将添加到此文件中,并且不会删除其中已有的定义。默认文件名是 acad. mln。

5.9.2 多线命令

多线命令的输入方式:

命令: MLINE ✓ **或 ML** ✓ **【下拉菜单: 绘图/多线】**

每次命令输入后总显示当前多线设置,接下来的主提示要求输入点或选择其他选项:

当前设置: 对正 = 上,比例 = 20.00,样式 = STANDARD

指定起点或[对正(J)/比例(S)/样式(ST)]:(输入一点,或者单击一个选项或键入一个选项关键字回车)

各选项解释如下。

1. 指定起点

"指定起点"是首选项,在确定多线的起点后,将按当前设置绘制多线,接下来操作过程如下:

指定下一点:(输入一点)

指定下一点或 [放弃(U)]:(输入一点,或者单击放弃(U)或键入 U 后回车)

指定下一点 [闭合(C)/放弃(U)]:(输入一点,或者单击一个选项或键入关键字回车)

……

闭合(C)是使多线的起点和终点闭合,形成封闭多线并结束多线命令。放弃(U)是取消刚绘制的一段多线,而后重复提示,回车结束命令。

2. 对正(J)

这是确定各多线图元的端点与指定点之间的关系。有三种对正方式:上(T)、无(Z)和下(B),图 5-42 所示是三种对正方式绘出的多线。其中 P_1、P_2 分别为起点、终点。各项含义如下:

1) 上(T)(下(B)):此选项使具有最大(小)偏移量的直线图元过指定点。从每段的起点向终点看,所有其他直线图元都在过指定点直线的右(左)侧。也就是说,如果多线从左向右画,那么过指定点的直线图元在所有其他直线图元的上(下)面。

2) 无(Z):此选项使多线的基线(偏移量为 0 的直线)过指定点。对多线的每一段,从起点向终点看,具有正偏移量的直线图元在基线的左边,具有负偏移量的直线图元在基线的右边。注意,如果在多线样式中没有设置偏移量为 0 的直线,则基线不被显示。

例如画如图 5-42 所示图形中的"无",对主提示选择对正(J)选项后,接下来操作如下:

输入对正类型［上（T）/无（Z）/下（B）］〈当前类型〉:（单击无（Z）或键入 Z 回车）

当前设置：对正=无，比例=20.00，样式=AA

指定下一点:（输入 P_1 点）

指定下一点或［放弃（U）］:（输入 P_2 点）

3. 比例（S）

比例值确定多线的各直线图元间的距离。在多线样式中设置的各图元的偏移量乘以比例的绝对值是多线的各直线图元间的距离。若图元间的偏移量设置为 0.5，当比例为 10 时，则图元间的距离是 5。若图元间的偏移量为 0.5，当比例为 -5 时，则图元间的距离是 2.5。

如果多线从左向右画，且比例为正值，多线中偏移量最大的直线图元排在最上面，越小越往下，为负偏移量的直线图元在基线下面。当比例为负值时，多线的图元上、下顺序颠倒过来，即为负偏移量的直线图元在基线上面，为正偏移量的直线图元在基线下面。当比例为 0 时，则将多线当做单线绘制，不同比例绘制的多线如图 5-43 所示。

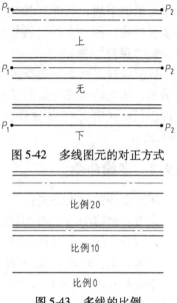

图 5-42　多线图元的对正方式

图 5-43　多线的比例

要改变多线比例，对主提示选择 比例（S）选项后，对接下来的提示"输入多线比例〈当前值〉:输入比例值后回车即可。

4. 样式（ST）

样式（ST）选项是选择事先已定义好的样式作为当前多线样式。默认的样式名为 STANDARD。要改变多线样式，对主提示选择样式（ST）后，接下来如下操作：

输入多线样式名或［?］:（键入已定义的样式名，或者单击?或键入? 回车列出已定义的样式名）

*5.10　绘制螺旋线

可由 HELIX 命令创建二维或三维螺旋线。在三维绘图中，将三维螺旋线用作扫掠路径可以创建弹簧、螺纹或环形楼梯。命令的输入方法：

命令：HELIX ↙　**【下拉菜单：绘图/螺旋】**　**【草图与注释："常用"选项卡/"绘图"面板的滑出式面板** 绘图 ▼ / 】

命令输入后提示：

圈数=〈（当前值）〉　扭曲=CCW

指定底面的中心点:（输入一点）

指定底面半径或［直径（D）］〈当前值〉:（直接回车默认当前底面半径值，或者输入底面半径，或者移动光标到合适的位置单击（动态确定半径值），或者单击直径（D）或键入 D 回车然后回答指定底面直径的提示）

指定顶面半径或［直径（D）］〈当前值〉:（直接回车默认当前顶面半径值，或者输入顶面半径，或者移动光标到合适的位置单击（动态确定半径值），或者单击直径（D）或键入 D 回车然后回答指定顶面直径的提示）

如果底面半径和顶面半径相同，将创建圆柱形螺旋线；如果底面半径和顶面半径不同，将创建圆锥形螺旋线，如图 5-44 所示。实际操作时，总是默认顶面半径和底面半径相同。不能指定 0 同时作为底面半径和顶面半径。

a)　　　　　　　　　　　　b)　　　　　　　　　　　　c)

图 5-44　螺旋线

a) 底面和顶面半径相同　　b) 顶面半径小、底面半径大　　c) 顶面半径大、底面半径小

接下来是主提示：

指定螺旋高度或［轴端点(A)/圈数(T)/圈高(H)/扭曲(W)］〈当前值〉:（直接回车默认当前螺旋高度，或者单击一个选项或键入关键字回车）

1. 指定螺旋高度

可以从键盘键入螺旋高度值；也可以移动光标，动态设定螺旋高度，到合适的高度单击确定。如果底面半径和顶面半径不同而高度值为 0，将创建扁平的二维螺旋线，如图 5-45 所示。

2. 轴端点（A）

这是指定螺旋轴的端点位置。轴端点可以位于三维空间的任意位置，定义了螺旋线的长度和方向。接下来提示：

指定轴端点:（键入轴端点坐标，或者移动光标到合适的位置单击，动态确定螺旋线的长度和方向）

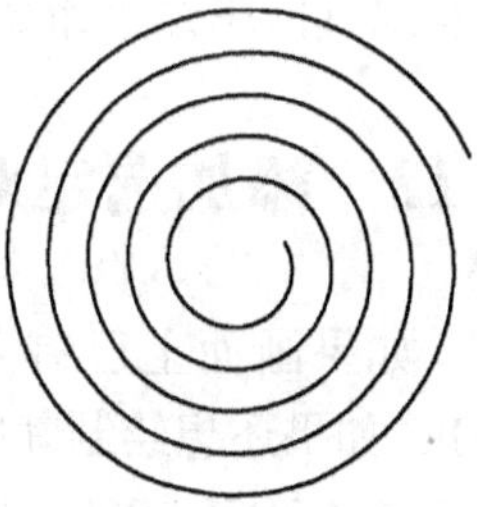

3. 圈数（T）

这是确定螺旋线的圈（旋转）数。螺旋的圈数不能超过 500。最初，圈数的默认值为 3。绘图时，圈数的默认值始终是先前输入的圈数值。接下来提示：

图 5-45　二维螺旋线

输入圈数〈当前值〉:（直接回车默认当前圈数，或者键入圈数值回车）

4. 圈高（H）

这是确定螺旋线的一个完整圈的高度。接下来提示：

指定圈间距〈当前值〉:（直接回车默认当前圈间距，或者键入圈间距值回车）

螺旋的高度、圈数、圈高有关系式：螺旋的高度 = 圈数 × 圈高。确定两个值，另一个将相应地自动更新。

5. 扭曲（W）

确定以顺时针方向还是逆时针方向绘制螺旋线，默认的是逆时针。接下来提示：

输入螺旋的扭曲方向［顺时针(CW)/逆时针(CCW)］〈当前值〉:（直接回车默认当前扭曲方向，或者单击顺时针(CW)或键入 CW 回车顺时针方向绘制螺旋线，单击逆时针(CCW)

或键入 CCW 回车逆时针方向绘制螺旋线）

接下来回到主提示。

*5.11　绘制圆环

圆环由两条圆弧多段线组成，这两条圆弧多段线首尾相接而形成圆形，如图 5-46 所示。多段线的宽度由指定的内直径和外直径决定。要创建实心的圆，则将内径值指定为零。

命令：DONUT ✓　【下拉菜单：绘图/螺旋】　【草图与注释："常用"选项卡/"绘图"面板的滑出式面板 绘图 ▾】

命令输入后提示：

指定圆环的内径〈（当前值）〉:（键入圆环的内径值，或者鼠标左键输入两点，两点距离为内径值，或者直接回车默认当前内径值）

指定圆环的外径〈（当前值）〉:（键入圆环的内径值，或者鼠标左键输入两点，两点距离为内径值，或者直接回车默认当前内径值）

指定圆环的中心点或〈退出〉(键入圆环的中心点坐标，或鼠标左键输入中心点)

……

指定圆环的中心点或〈退出〉✓

提示指定圆环的中心点或〈退出〉会重复出现，因此可指定多个中心点画出相同的圆环。直至对其回车结束命令。

图 5-46　圆环

5.12　添加选定对象

如果画面上已有若干图形对象（比如圆、圆弧、直线、多段线、文字、图案、尺寸等），如果还想绘制其中某些对象，不必再使用这些对象的各自绘图命令，使用**添加选定对象**命令 ADDSELECTED 就可以继续绘制这些对象。方法是使用命令 ADDSELECTED 后，选择画面上已有的一个对象，接下来就可以绘制与这个选择的对象类型相同的对象。就是说，命令 ADDSELECTED 根据选定的对象类型启动绘图命令，创建与选定对象类型相同、常规特性相同的新对象。命令的输入方式：

命令：ADDSELECTED ✓　【绘图 🐶】　【右键菜单：在选定的对象上右击，从弹出的快捷菜单中选择 "🐶添加选定对象（D)"】

命令输入后提示：

选择对象:（拾取一个对象）

接下来的提示与操作就是刚拾取的对象在绘制过程中的提示与操作。比如，拾取的是一段圆弧，接下来就是绘制圆弧的提示与操作；如果拾取的是文字，接下来就是输入文字的提示与操作。

命令 ADDSELECTED 结束后，如果再直接回车，仍是重复 ADDSELECTED，而不是刚才所绘对象的绘图命令。

在应用命令 ADDSELECTED 选择对象时，除了拾取，还可以有"前一个"、"上一个"、"栏选"等方式（参见第 6 章 6.1 节），但由于每次只能选一个对象，所以采用拾取的方式较好。

特例：在应用命令 ADDSELECTED 时，如果选择椭圆弧，接下来则是画椭圆（因为椭圆弧是椭圆命令的一个选项）。

5.13 练习

绘制如图 5-1 所示的图形，步骤如下。

第一步：根据图形大小设置图形界限；至少建立粗实线、点画线、虚线、细实线、标注尺寸线五个图层。

第二步：将粗实线图层作为当前层，画图框、标题栏外边框；将细实线图层作为当前层，画标题栏内格线。将点画线图层作为当前层，画基准线，如图 5-47a 所示。

第三步：将粗实线图层作为当前层，画圆和六边形，再利用对象追踪画下面局部视图的对应部分，如图 5-47b 所示。注意画虚线时变换图层，或画完之后将其转到虚线图层上。

第四步：画主视图和下面局部视图的直线部分。可使用对象追踪，用直线命令直接画出。（待第 6 章介绍修改命令后还有其他较简单的方法，比如按距离复制点画线等，但较好的方法是用偏移命令 OFFSET 偏移点画线，然后将偏移后的点画线转换到粗实线图层上）。波浪线用样条曲线命令绘制，如图 5-47c 所示。

第五步：画倾斜部分。为作图方便和准确，可应用用户坐标系，使坐标系的 X 轴方向与斜点画线方向一致。绘制半圆和半个椭圆时，可先画完整的圆和椭圆。在画椭圆时，用先输入中心点，再输入半轴长的方法。再画连接椭圆长轴端点和圆弧的直线。然后利用修剪命令得到椭圆弧和半圆，如图 5-47d 所示。

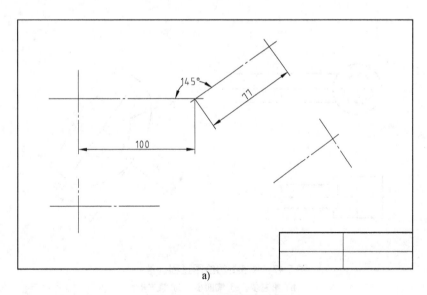

a)

图 5-47　图 5-1 的绘图过程

a) 第二步

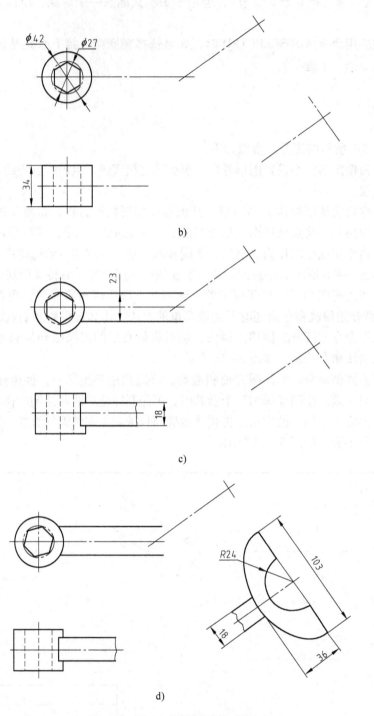

图 5-47　图 5-1 的绘图过程（续一）

b）第三步　c）第四步　d）第五步

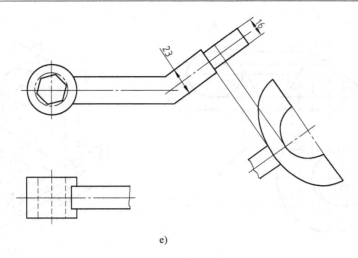

e)

图 5-47　图 5-1 的绘图过程（续二）

e）第六步

　　第六步：画主视图的倾斜部分。根据图中尺寸和投影关系（图 5-47e 中的细实线）画倾斜部分，如图 5-47e 所示。

习　　题

　　画出图 5-48 所示图形（不标注尺寸）。

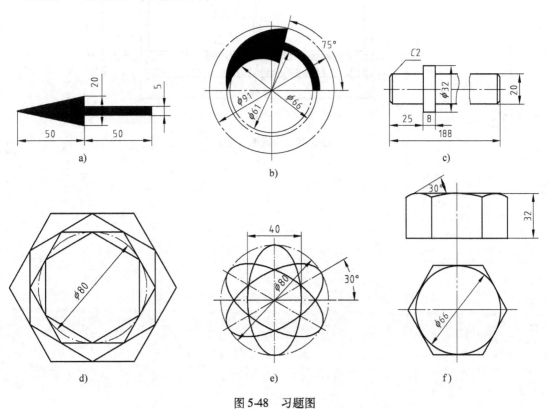

图 5-48　习题图

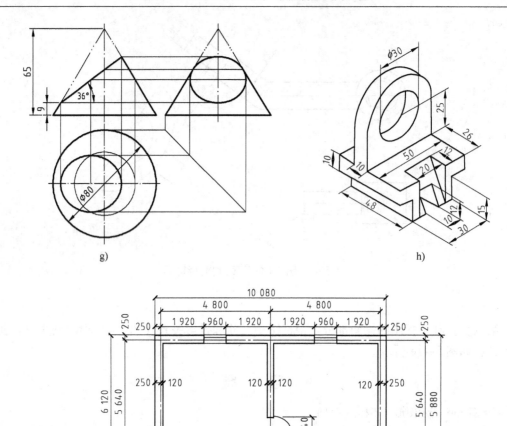

图 5-48　习题图（续）

第6章 修 改 命 令

图 6-1 所示是一个平面图形，图线之间的连接关系较复杂，如何准确高效地画出图形，要有一定技巧。AutoCAD 具有很强的图形修改功能，灵活地使用修改命令，对于提高绘图效率和图形质量极为重要。本章主要介绍的内容有：选择对象的方式、图形修改命令等。

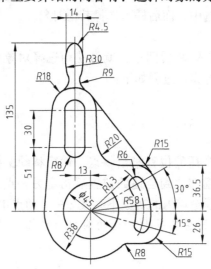

图 6-1 平面图形举例

6.1 对象选择

在第 2 章 2.8 节介绍了"选择集"概念和几种构造"选择集"（即回答"选择对象："）的方式。下面进一步介绍选择对象的方式：拾取、窗口（Window）、上一个（Last）、窗交（Crossing）、前一个（Previous）、全部（ALL）、栏选（Fence）、圈围（Wpolygon）、圈交（Cpolygon）、添加（Add）、删除（Remove）、放弃（Undo）。除了这些选择对象的方式，还有：编组（Group）、多个（Multiple）、框（BOX）、自动（Auto）、单个（Single）、子对象（Subobject）、对象（Object），以及"选择循环"，但由于这些方式不常用，所以这里不再详细介绍，有兴趣的读者请参看随书光盘中"选学与参考"的"对象选择"。

以上所有这些对象选择方式不在任何菜单或工具栏中显示出来，但在 AutoCAD 提示"选择对象："时，可能全部或一部分选择方式可用，键入选择方式的前一个或两个字母（即关键字）回车，即选定了一种选择对象的方式。如果键入了非法的选项关键字，命令行将显示：

无效选择
需要点或窗口（W）/上一个（L）/窗交（C）/框（BOX）/全部（ALL）/栏选（F）/圈围（WP）/

圈交（CP）/编组（G）/添加（A）/删除（R）/多个（M）/前一个（P）/放弃（U）/自动（AU）/单个（SI）/子对象（SU）/对象（O）

选择对象：

再键入合法的选择关键字回车即可。

1. 需要点

即用光标拾取框直接选择对象。常用操作方式见第 2 章第 2.8 节。

某些情况下，对象会重叠在一起。此时，将光标置于最前面的对象上，按住〈Shift〉键的同时反复按空格键，重叠在一起的对象将逐个醒目循环显示。等到待选的对象醒目显示后用鼠标左键单击，此对象被选中，而后提示选择其他对象。

2. 窗口（W）

在"选择对象："提示下键入 W 后回车，就是使用选择对象的窗口（W）方式。这是定义一个实线选择窗口来构造选择集。过程如下：

选择对象：W ↙

指定第一个角点：（输入一点）

指定对角点：（输入一点）

指定角点时可用鼠标在合适的位置指定一点，然后移动鼠标，这时光标会拉出一个实线、蓝色半透明的矩形选择窗口，到合适的位置后指定另一点，完全在窗口内的对象被选中；而仅有一部分在矩形选择窗口内的对象不会被选中。角点也可从键盘键入其坐标。

注意：用户只能选择当前在屏幕上可见的对象（例如，关闭图层上的对象不会被选中）。

3. 窗交（C）

在"选择对象："提示下键入 C 后回车，就是使用选择对象的窗交（C）方式。窗交方式的用法与窗口方式类似，不同的是：①窗交方式拉出的是虚线、绿色半透明的矩形选择窗口（叫做"交叉窗口"）；②窗口内的及与窗口边界相交的对象都会被选中，就是说，一个对象只要有一部分在窗口内，那么整个对象都包含在选择集之中。

注意：在第 2 章第 2.8 节介绍的是对"选择对象："的提示不用键入关键字使用窗口方式和窗交方式选择对象；这里介绍的是键入关键字使用窗口方式和窗交方式。如果键入了选择方式的关键字，使用窗口方式和窗交方式选择对象将不会受光标左移或右移的影响。

4. 前一个（P）

在"选择对象："的提示下键入 P 后回车，是将上一个修改命令的选择集添加至本次命令的选择集。AutoCAD 能记住最后一个选择集，使用这种方式可以对同一选择集内的对象连续进行几种操作。例如，如果已经移动了一个选择集，再把它旋转一个角度，就可对旋转命令的"选择对象："提示用 P 响应，这样就可以选中之前移动命令所选中的那些对象。

5. 上一个（L）

在"选择对象："的提示下键入 L 后回车，是以最近所绘制的一个图形对象为选择集。

6. 圈围（WP）

在"选择对象："的提示下键入 WP 后回车，是使用选择对象的圈围（WP）方式。圈围方式是用一个实线、蓝色半透明的多边形选择窗口选择对象，而不是一个矩形窗口。其提示为：

选择对象：WP↙

第一圈围点：(输入一点)

指定直线的端点或［放弃(U)］：(输入一点，或者以 U 响应取消刚输入的点，提示重复出现，直接回车结束重复提示)

这种方式实际上是在待选对象的周围指定一些点，形成了一个多边形选择区域。需要注意的是，多边形可以是任何形状，但其边不能相交。一旦把要选择的对象围住，完全在多边形之内的对象才被选中。

7. 圈交（CP）

圈交方式类似于圈围方式，不同的是：①圈交方式拉出的是虚线、绿色多边形选择窗口（即"交叉多边形"）；②多边形内及与多边形边界相交的对象都会被选中。

8. 栏选（F）

在"选择对象："的提示下键入 F 后回车，就是使用选择对象的栏选(F)方式，该方式是画一条折线（可以自身相交），凡与折线相交的对象都被选中。其提示为：

选择对象：f↙

指定第一个栏选点：(输入一点)

指定下一个栏选点或［放弃(U)］：(输入一点，或者以 U 响应取消刚输入的点，提示重复出现，直接回车结束重复提示)

要在一幅复杂的图形当中选择彼此不相邻的几个对象，可使用栏选(F)方式。

9. 全部（ALL）

在"选择对象："的提示下键入 ALL 回车，是选择图形中的所有对象，包括关闭图层上的对象（但不包括冻结和锁定图层上的对象）。全部方式必须拼写完整（ALL）。

选择了所有对象之后，可用后面的删除(R)从选择集中去掉一些对象。

10. 放弃（U）

在"选择对象："的提示后键入 U 回车，就是放弃最近一次选择的对象，但是不退出选择对象状态，可以继续向选择集中添加对象。

11. 删除（R）

"选择对象："的提示是要求用户向选择集中添加对象，一旦添加了不该添加的对象，可以用删除方式把它们从选择集中清除。

在"选择对象："的提示下键入 R 回车，提示变为"删除对象："，这时可用前面所述的各种选择对象的方法，从选择集中选择不该被选中的对象，这些对象就从虚线状态变回其原状态。

"删除对象："的提示不会自动变为"选择对象："的提示，若想继续向选择集中添加对象，即把"删除对象："变回"选择对象："，就要用下面的 Add 方式。

从选择集中删除已经选中的对象更简单的方法是按下〈Shift〉键并再次选择对象来将其从当前选择集中删除。可以无限制地从选择集中添加和删除对象。

12. 添加（A）

在"删除对象："的提示下键入 A 回车，提示变为"选择对象："。即从删除对象状态切换到添加对象状态，以便用其他方式继续向选择集中添加对象。

6.2　修剪命令

修剪命令是一个非常有用的修改命令，它是以一个或多个对象为边界，把图形中与边界相交（或延长相交）的被修剪对象从边界的一侧精确地修剪掉。使用修剪命令可以修剪各类直线和曲线对象。命令输入方式：

命令：TRIM ↙ **或 TR** ↙　　【修改 /--】【下拉菜单：修改/修剪】【草图与注释："常用"选项卡/"修改"面板/"修剪"下拉按钮菜单//-- 修剪】

命令输入后先在命令行显示 TRIM 命令的当前设置，同时提示选择用来修剪对象的剪切边，剪切边可以有多条，选择剪切边结束后回车。过程如下：

当前设置：投影＝UCS 边＝无

选择剪切边…

选择对象或〈全部选择〉：（用任何一种选择方式选择对象作为剪切边，或者直接回车选择所有对象作为可能的剪切边）

若用选择对象方式选择剪切边，选中的对象虚线显示，"选择对象："的提示重复出现，直至回车结束选择剪切边，主提示出现。若直接回车，则是选择画面上的所有对象作为可能的剪切边（但此时对象不会显示为虚线），主提示立即出现。

主提示是提示选择被修剪的对象，或对修剪进行设置：

选择要修剪的对象,或按住〈Shift〉键选择要延伸的对象,或[栏选（F）/窗交（C）/投影（P）/边（E）/删除（R）/放弃（U）]：（用光标拾取，或者按住〈Shift〉键把修剪临时转换为延伸，或者单击一个选项或键入一个选项的关键字回车）

1. 选择要修剪的对象

"选择要修剪的对象"是首选项，选中的对象被剪掉超出与剪切边相交点（或延长相交点）的部分。每修剪一次，主提示重复，可继续选择其他被修剪对象，直到对主提示回车结束命令。

注意：1）在命令的使用过程中，一定要清楚哪些对象是剪切边，哪些对象是要被修剪的对象以及要剪掉剪切边的哪一侧（图 6-2）。

2）被修剪对象也可作为剪切边，剪切边也可以是被修剪对象，所以在选择剪切边时，可不分是被修剪对象还是剪切边，一次选中多个对象作为剪切边。

3）当修剪圆、椭圆、用 RECTANG 命令画的矩形、用 POLYGON 命令画的多边形等闭合图形时，它们必须与剪切边有两个交点才能使用剪切命令，如图 6-3 所示不能剪切圆，图 6-4 可剪切圆。

2. 按住〈Shift〉键选择要延伸的对象

这是把命令的修剪模式暂时转换为延伸模式，即把剪切边作为延伸边界，而被修剪对象作为被延伸对象。如图 6-5 所示，若在选择剪切边时把两条垂线都选中，在选择被修剪对象时，不按〈Shift〉键，用光标选择 CD 右侧的水平线，是修剪；按住〈Shift〉键，用光标选择水平线的左侧，则是把 AB 作为延伸边界，水平线延伸到 AB。

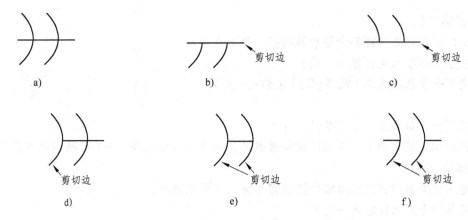

图 6-2 不同的剪切边

a）未修剪 b）直线为剪切边（剪上部） c）直线为剪切边（剪下部） d）圆弧为
剪切边（剪左侧） e）圆弧为剪切边（剪两侧） f）圆弧为剪切边（剪中间）

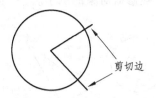
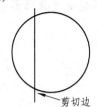

图 6-3 剪切边与圆只有一个交点不可修剪　　　　图 6-4 剪切边与圆有两个交点可修剪

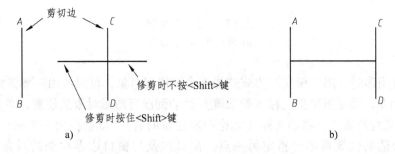

图 6-5 修剪时按住〈Shift〉键的作用
a）修剪前 b）修剪后

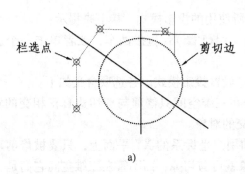
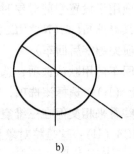

图 6-6 "栏选"修剪
a）修剪前 b）修剪后

3. 栏选（F）

这是用栏选方式选择多个被修剪对象。接下来提示：

指定第一个栏选点:（输入一点）

指定下一个栏选点或［放弃(U)］:（输入一点）

……

指定下一个栏选点或［放弃(U)］:↙

栏选点输入结束回车，被修剪对象被剪掉，主提示重复出现。图6-6所示是栏选例子。

4. 窗交（C）

这是用交叉窗口方式选择多个被修剪对象。接下来提示：

指定第一个角点:（输入一点）

指定对角点:（输入一点）

对角点输入后，窗口内及与窗口边界相交的对象被修剪掉，主提示重复出现。图6-7所示是窗交选择多个被修剪对象的例子。

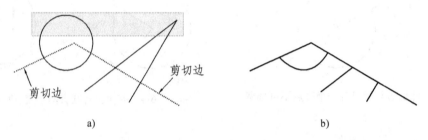

图6-7　"窗交"修剪

a）修剪前　b）修剪后

实际修改图形时，用"窗交"方式选择多个被修剪对象，可以不用选择窗交(C)或对主提示键入 C 回车，而是直接把光标（拾取框）移动到没有图形对象的位置，单击指定一点，出现提示"指定对角点:"，移动光标（无论向左还是向右），就会拉出一个绿色半透明虚线矩形框，到合适的位置再单击指定另一点，窗口内及与窗口边界相交的对象都会被修剪掉。

*5. 投影（P）

该选项用于设置修剪对象时 AutoCAD 所使用的投影模式。接下来提示：

输入投影选项[无(N)/UCS(U)/视图(V)]〈UCS〉:（直接回车，或者单击一个选项或键入一个选项关键字后回车）

直接回车使用默认选项，选择选项则是设置投影模式。各选项含义如下：

1）无（N）：选择该选项，TRIM 命令在三维空间只修剪与剪切边真正相交的对象，而不修剪那些看来相交但在三维空间并不相交的对象。

2）UCS（U）：这是将对象投影到当前用户坐标系的 XY 平面上，只要被修剪对象与剪切边在 XY 平面的投影能相交，被修剪对象就可剪切掉，而不管在三维空间它们是否相交。

3）视图（V）：设置对象投影沿着当前观察方向进行剪切，AutoCAD 可以修剪在当前视图中看来相交的部分。

6. 边（E）

有些被修剪对象可能与剪切边不相交，但如果把剪切边延伸，被修剪对象就与其相交。接下来提示：

输入隐含边延伸模式［延伸(E)/不延伸(N)］〈不延伸〉:（直接回车，或者单击一个选项或键入一个选项关键字后回车）

直接回车使用默认选项，选择一个选项则是设置延伸模式。各选项意义如下：

1）延伸（E）：如果剪切边延长以后能与被修剪对象相交，被修剪对象可修剪，如图 6-8 所示。

2）不延伸（N）：只修剪在三维空间真正与剪切边相交的被修剪对象，不相交则不剪切。

图 6-8　剪切边的延伸模式
a）原图　b）剪切边延伸后修剪对象

7. 删除（R）

该选项提供了一种在执行修剪命令的过程中，无需中断修剪命令，而删除选定对象的方法。接下来提示：

选择要删除的对象:（用任何一种选择方式选择要删除的对象）

该提示重复出现，对象选择结束回车，选定的对象被删除，主提示重新出现。

8. 放弃（U）

恢复则刚被剪掉的对象，即取消最近所作的一次修剪。

在应用各个选项后，主提示重复出现，直接回车结束命令。

有了修剪命令，使得在绘图过程中确定一些图线的交点，变得很容易。如图 6-9a 所示，两直线与圆相交在圆周上，这时不要刻意去找 A、B、C、D 四个点，只要保证了尺寸 14 和 12，画出圆和直线（图 6-9b）后再修剪即可。实际绘图时，灵活地应用修剪命令很重要，如图 6-10a 是由图 6-10b 修剪得到的。

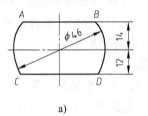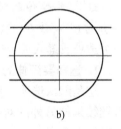

图 6-9　"修剪"实例 1

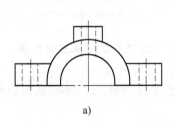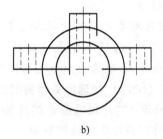

a）　　　　　　　　　　　　　　b）

图 6-10　"修剪"实例 2

6.3 延伸命令

EXTEND 命令用于将某个对象延长与另外的对象相交。可延伸的对象包括：直线、圆弧、椭圆弧、非闭合的多段线等。该命令的操作与 TRIM 命令类似，可看作 TRIM 命令的相反命令。命令的输入方式：

命令：EXTEND✓ 或 EX✓【修改 ⌐✓】【下拉菜单：修改/延伸】【草图与注释："常用"选项卡/"修改"面板/"延伸"下拉按钮菜单/⌐✓ 延伸】

命令输入后先在命令行显示 EXTEND 命令的当前设置，同时提示选择延伸边界，延伸边界可以有多条，延伸边界选择结束后回车，过程如下：

当前设置：投影＝UCS 边＝无

选择边界的边...

选择对象或〈全部选择〉：(用任何一种选择方式选择对象作为延伸边界，或者回车选择所有对象作为延伸边界)

若用选择对象方式选择延伸边界，"选择对象："的提示重复出现，直至回车结束选择延伸边界，主提示出现。若直接回车，则是选择画面上的所有对象作为可能的延伸边界(但此时对象不会显示为虚线)，主提示立即出现。

有效的边界对象可以是各类直线或曲线，以及浮动视口、区域和文字等。如果边界对象是二维多段线，则 AutoCAD 忽略多段线的宽度，而将对象延长到多段线的中心线位置。

主提示提示选择被延伸的对象，或对延伸进行设置：

选择要延伸的对象,或按住Shift键选择要修剪的对象,或[栏选(F)/窗交(C)/投影(P)/边(E)/放弃(U)]:(用光标拾取，或者按住 Shift 键把延伸临时转换为修剪，或者单击一个选项或键入一个选项关键字后回车)

1. 选择要延伸的对象

这是默认选项。每选中一个被延伸对象，其立即延长至边界。接下来主提示重复出现，可继续延伸另外的对象，直到对主提示回车结束命令。

注意：1）以被延伸对象的中点为界，光标应选择其靠近延伸边界的一侧，如图 6-11 所示。

2）被延伸对象也可作为延伸边界，所以在选择边界时，可不分是被延伸对

图6-11 选择被延伸对象的光标位置
a) 延伸前 b) 延伸后

象还是延伸边界,一次选中多个对象作为延伸边界,一次选中多个对象进行延伸。

2. 按住〈Shift〉键选择要修剪的对象

按住〈Shift〉键，则把命令的延伸模式暂时转换为修剪模式，即把延伸边界作为剪切边，而被延伸对象作为被修剪对象。

3. 栏选（F）

该选项是用栏选方式选择多个被延伸对象。接下来提示：

指定第一个栏选点：(输入一点)

指定下一个栏选点或[放弃(U)]：(输入一点)

栏选点输入结束回车，被延伸对象延伸，主提示重复出现。

4. 窗交（C）

该选项是用交叉窗口方式选择多个被延伸对象。接下来提示：

指定第一个角点：(输入一点)

指定对角点：(输入一点)

对角点输入后，窗口内的及与窗口边界相交的对象被延伸，主提示重复出现。

在实际修改图形时，用"窗交"方式选择多个被延伸对象，可以不用选择窗交(C)或对主提示键入 C 回车，而是直接把光标（拾取框）移动到没有图形对象的位置单击，拉出一个绿色半透明虚线矩形窗口，窗口内的及与窗口边界相交的对象都会被延伸。

5. 投影（P）、边（E）

"投影（P）"和"边（E）"选项与上一节中 TRIM 命令的"5. 投影（P）"、"6. 边（E）"类似，涉及"修剪"的内容同样适用于"延伸"。

6. 放弃（U）

该选项用于取消 EXTEND 最近所作的一次延伸。

主提示重复出现，直接回车结束命令。在绘图过程中确定一些图线的交点也可用延伸命令，图 6-12a 是由图 6-12b 延伸得到的。

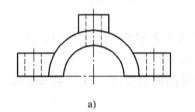 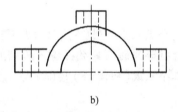

a)   b)

图 6-12　延伸实例

6.4　复制命令

该命令用于复制已绘制的对象。命令输入方式如下：

命令：COPY ✓ 或 CO ✓ 【修改 🔲】【下拉菜单：修改/复制】【草图与注释："常用"选项卡/"修改"面板/ 🔲 复制 】

命令输入后提示：

选择对象：(用任何一种选择方式选择对象)

选择对象：的提示重复出现，直至回车结束选择对象，接下来是主提示：

当前设置：复制模式 = 多个

指定基点或[位移(D)/模式(O)]〈位移〉：(输入一点作为基点，或者单击一个选项或键入选项关键字回车，或者直接回车)

1. 指定基点

"指定基点"选项分"指定基准点、目标点的复制"、"阵列复制"、"使用第一个点作为位移"和"指定基点、距离复制"。

1）指定基准点、目标点的复制。指定基点后，可连续指定复制的目标点（第二个点），在目标点按原样复制选中对象，实现多次复制。这是复制命令最常用的方式。操作方式如下：

指定第二个点或［阵列（A）］〈使用第一个点作为位移〉：（输入一点作为复制的目标点）

指定第二个点或［阵列（A）/退出（E）/放弃（U）］〈退出〉：（输入一点作为复制的目标点，或者选择放弃（U）放弃刚做的复制，或者选择退出（E）或直接回车退出复制命令）

……

指定第二个点或［阵列（A）/退出（E）/放弃（U）］〈退出〉：

如图 6-13 所示的阶梯图形，只要画出一个台阶，多次复制，可很快画出其他台阶（注意结合对象捕捉"捕捉到端点"）。

在实际绘图时，基点一般选定图形对象的一个特殊点，如角点、圆心等。

技巧：为精确定位，用鼠标输入基点、目标点时，可结合使用对象捕捉，即在输入点之前运行一种对象捕捉模式，或临时执行一种对象捕捉模式，然后再输入点。对任何其他修改命令要求精确定位点时，这种方式都适用。

图 6-13　多重复制

2）阵列复制。指定基点后，选择阵列（A），转成有规律的多重复制（即阵列）。接下来操作如下：

指定第二个点或［阵列（A）］〈使用第一个点作为位移〉：（单击阵列（A）或键入 A 回车）

输入要进行阵列的项目数：（键入阵列的数目回车）

指定第二个点或［布满（F）］：（输入一点作为复制的目标点，或者单击布满（F）或键入 F 回车）

①如果输入一点作为复制的目标点，是在两点方向，以两点间的距离为间隔，按键入的阵列数目进行一次复制，如图 6-14 所示。接下来回到提示"指定第二个点或［阵列（A）/退出（E）/放弃（U）］〈退出〉："。

②如果选择布满（F），是在两点方向，按键入的阵列数目，使复制的对象均匀布满两点间的间隔，如图 6-15 所示。接下来提示：

指定第二个点或［阵列（A）］：（输入一点作为复制的目标点，或者单击阵列（A）或键入 A 回车）

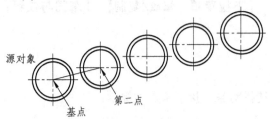

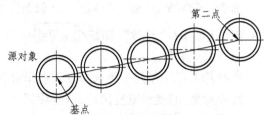

图 6-14　以两点间的距离为间隔，　　　　　图 6-15　按键入的阵列数目，使复
　　　按键入的阵列数目进行复制　　　　　　　　制的对象均匀布满两点间的间隔

如果输入一点作为复制的目标点，完成一次复制。接下来继续提示"指定第二个点或［阵列（A）/退出（E）/放弃（U）］〈退出〉："。如果选择 阵列（A），回到提示"指定第二个点或［布满（F）］："。

3）使用第一个点作为位移。指定基点后，对提示"指定第二个点或［阵列（A）］〈使用第一个点作为位移〉："直接回车，是以基点的直角坐标值（x，y），分别作为相对被复制对象的横向和纵向距离复制一次。

如图 6-16 所示，同心圆位于 A（-60，50），如果基点选择 A，对提示"指定第二个点或［阵列（A）］〈使用第一个点作为位移〉："直接回车，则同心圆被复制到点 B（-120，100）。

4）指定基点、距离复制。这种方式是指定基点后，接下来移动光标，使光标橡皮筋的方向为对象复制的方向，对接下来的提示键入数值后回车，即复制一次，输入的数值是橡皮筋方向的复制距离。对方向和距离已知的对象复制，这种方法较好。这种方法也可多次使用。

如图 6-17 所示，把同心圆图形向30°方向且距离为80复制一次。命令输入后操作过程如下：

选择对象：(选择同心圆及其中心线)

选择对象：↙

当前设置：复制模式 = 多个

指定基点或［位移（D）/模式（O）］〈位移〉：(以圆心作为基点)

指定第二个点或［阵列（A）］〈使用第一个点作为位移〉：〈30 ↙　　（键入角度30°）

角度替代：30

指定第二个点或［阵列（A）］〈使用第一个点作为位移〉：80 ↙　　（键入复制的距离80）

指定第二个点或［阵列（A）/退出（E）/放弃（U）］〈退出〉：↙

在第一个提示"指定第二个点或［阵列（A）］〈使用第一个点作为位移〉："后，也可直接以相对极坐标方式输入"@80 <30"并回车。

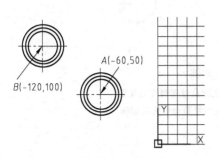

图 6-16　使用基点作位移一次复制

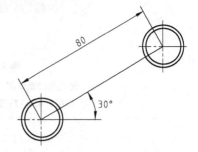

图 6-17　指定基点、距离复制

2. 位移（D）

选择对象结束后，如果对主提示选择位移（D）或直接回车，接下来提示：

指定位移〈0.000 0,0.000 0,0.000 0〉:(键入一点，或者鼠标左键输入一个点，或者键入一个距离)

采用这种方式复制时，光标橡皮筋的起点是坐标原点。

如果键入一个点（可以是直角坐标，也可以是极坐标），对于直角坐标点（x，y，z），点的 x（y 或 z）坐标值为复制后的对象相对于源对象在 x 向（y 向或 z 向）的位移（注意，二维绘图时 z 可以省略）；对于极坐标点 $D < \alpha$（距离 < 角度），D 是复制后的对象相对于源对象的距离，而角度 α 是复制后的对象与源对象的连线与水平向右方向的夹角。

如果鼠标左键输入一个点，橡皮筋的方向是复制方向，橡皮筋的长度是复制距离。

如果键入一个距离，是在橡皮筋方向按该距离复制。

3. 模式（O）

AutoCAD 默认的复制模式是一次复制命令可多次复制选定的对象。选择模式（O）可设置复制模式为单个或多个，操作过程如下：

输入复制模式选项［单个(S)／多个(M)］〈多个〉:(选择单个(S)或键入 S 回车一次复制命令只复制一次即结束命令，选择多个(M)或键入 M 回车或直接回车改回一次复制命令可多次复制选定的对象)。

有了复制命令，绘图时不仅可以减少同形图形的画法，还可以考虑减少尺寸输入的画法。画图 6-18a 所示的断面时可采用图 6-18b、c、d 和 e 的步骤，即把圆画在轴内，然后再把有关图形复制出来，再画键槽，这样可少画图线，同时减少尺寸的考虑。

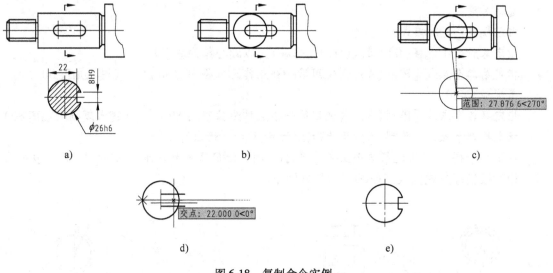

a）　　　　　　　　　　　b）　　　　　　　　　　　c）

d）　　　　　　　　　　　e）

图 6-18　复制命令实例
a）完成后的断面图　b）画圆　c）把圆及键槽侧线等复制
d）利用对象追踪画键槽底线　e）利用修剪命令完成键槽

6.5　移动命令

如果希望将一些对象原样不变（指尺寸和方向）地从一个位置移动到另一个位置，可使用"移动"命令。移动命令 MOVE 的具体操作跟复制 COPY 命令非常相似。命令输入方式：

命令：**MOVE** ↙，或 **M** ↙ 【修改 ✛】【下拉菜单：修改/移动】【草图与注释："常用"选项卡/"修改"面板/✛ 移动】

命令输入后提示：

选择对象：（用任何一种选择方式选择对象）

选择对象：的提示重复出现，直至回车结束选择对象，接下来是**主提示**：

指定基点或[位移(D)]〈位移〉：（输入一点作为基点，或者单击位移(D)或键入D回车或直接回车）

1. 指定基点

"指定基点"选项分"指定基准点、目标点移动"、"使用第一个点作为位移"和"指定基点、距离移动"。

1）指定基点、目标点的移动。这是指定基点后，再指定移动的目标点（第二个点），把选中的对象移动到目标点。这是移动命令最常用的方式。操作方式如下：

指定第二个点或〈使用第一个点作为位移〉：（输入一点作为移动的目标点）

2）使用第一个点作为位移。对提示"**指定第二个点或〈使用第一个点作为位移〉：**"直接回车，基点的直角坐标值（x，y），分别作为被移动对象在横向和纵向的移动距离。

基点一般选定图形对象的一个特殊点，如角点、圆心等。输入点时，可从键盘键入点的坐标，也可用鼠标在屏幕上拾取。

用鼠标输入基点、目标点时，可结合使用对象捕捉，如图6-19所示，移动矩形，使点 A 和点 B 重合，就要使用"捕捉到端点"或"捕捉到交点"。

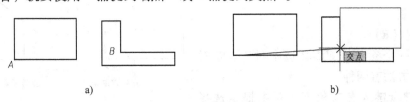

a)   b)

图6-19 精确移动

3）指定基点、距离移动。这种方式是指定基点后，接下来移动光标，使光标橡皮筋的方向为对象移动的方向，对接下来的提示输入一个数值后回车，则移动完成。输入的数值是橡皮筋方向的移动距离。对方向和距离已知的对象移动，这种方法较好。

2. 位移（D）

该选项与复制命令的"位移D"选项类似，可将那里的"复制"改为"移动"，其余内容同样适用。

有了移动命令，绘图时可以把图形画在任何地方，可以随时调整图形之间的间距，甚至可以在图形的里边画图。

6.6 旋转命令

使用该命令可将选定的对象旋转一定的角度。命令的输入方式：

命令：**ROTATE**☑ 或　**RO**☑【修改 】　【下拉菜单：修改/旋转】　【草图与注释："常用"选项卡/"修改"面板/ 旋转】

命令输入后提示：

UCS 当前的正角方向：ANGDIR = 逆时针　ANGBASE = 0

选择对象：（该提示重复出现。用任何一种选择方式选择对象，回车结束重复提示）

指定基点：（输入一点）

基点一般选定图形对象的一个特殊点，如角点、圆心等。输入点时，可从键盘键入点的坐标，也可用鼠标在屏幕上拾取（可结合对象捕捉）。接下来是**主提示**：

指定旋转角度，或［复制(C)/参照(R)］〈（当前角度）〉：（输入旋转角度，或者单击一个选项或键入关键字回车）

1. 指定旋转角度

旋转角度可从键盘键入后回车。角度为正值，对象按逆时针旋转；角度为负值，对象按顺时针旋转。旋转角度也可通过移动鼠标输入，随着光标的移动，选中的对象也旋转，待到合适的位置，在屏幕上拾取一点，旋转完成。

2. 复制（C）

这是源对象保持不变，把源对象的一个副本旋转一个角度进行复制。接下来提示：

旋转一组选定对象。

指定旋转角度，或［复制(C)/参照(R)］〈（当前角度）〉：（输入旋转角度）

如图 6-20 所示，把矩形以左下角点为基点进行旋转复制。

3. 参照（R）

是参照一个参考角度旋转选中对象。参考角度的输入方法有两种：

旋转复制前　　　　旋转复制后

图 6-20　旋转复制

1）从键盘键入参考角度。对主提示选择参照(R)选项后，接下来操作过程如下：

指定参照角〈（当前角度）〉：（输入一个参考角度）

指定新角度或［点(P)］〈（当前角度）〉：（输入一个新角度，或者移动光标，到所需位置单击，或者选择点(P)或键入 P 回车）

选中对象绕基点的实际旋转角度为：实际旋转角度 = 新角度 - 参考角度。若对"指定新角度或［点(P)］〈0〉："选择点(P)，接下来提示指定两点，两点连线与水平向右方向的夹角为新角度。

2）由光标指定两点来确定参考角度。对主提示选择参照(R)选项，接下来操作过程如下：

指定参照角〈（当前角度）〉：（用光标输入一点）

指定第二点：（用光标输入第二点）

指定新角度或［点(P)］〈（当前角度）〉：（移动光标，到所需位置单击，或者键入新角度值，或者单击点(P)或键入 P 回车）

回答"指定参照角〈（当前角度）〉："的两点，可以是被旋转对象上的两个特殊点（可结合对象捕捉），然后移动鼠标，随着光标的移动，选中的对象也旋转，待到合适的位置拾取一点，旋转完成。实际上，这种方法是参考一条直线来旋转对象的，当要将被旋转对象旋转到与其他对象对齐，但又不知道旋转角度时，这种方法非常有用。

如图 6-21 所示，将实线部分旋转到与虚线部分重合，OA 的角度及 OA 与 OB 的夹角未知，以 OA 作为参考直线来旋转对象。输入命令并选择对象后操作过程如下：

指定基点:(输入 O 点)

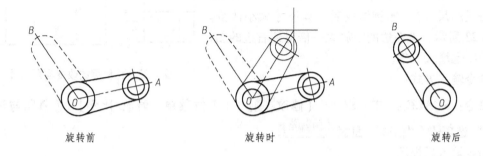

旋转前　　　　　　旋转时　　　　　　旋转后

图 6-21　由光标指定两点来确定参考角度

指定旋转角度,或 [复制(C)/参照(R)] 〈0〉:(单击参照(R)或键入 R 回车)

指定参照角 〈0〉:(输入 O 点)

指定第二点:(输入 A 点)

指定新角度或 [点(P)] 〈0〉:(输入 B 点)

例 6-1　综合利用前面所讲的几个修改命令，画如图 6-22a 所示的三视图。

过程如下：先画俯视图，再利用"捕捉到交点"（或"捕捉到端点"）和对象追踪画主视图的粗实线部分（图 6-22b）；在俯视图的右边复制一个俯视图并把它旋转 90°（图 6-22c）；根据主视图和俯视图，再利用"捕捉到端点"（或"捕捉到交点"）和对象追踪画左视图并画主视图的虚线（图 6-22d）。在画左视图时，特别注意左视图上部的四条垂线与俯视图的直线与圆的交点对齐。三视图画完后，擦除左视图下的图形得到图 6-22a 所示的图形。

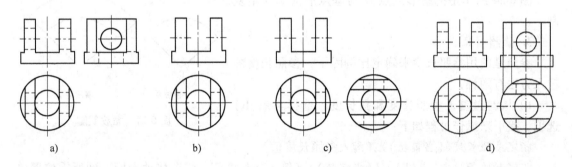

a)　　　　　b)　　　　　c)　　　　　d)

图 6-22　综合举例

a) 三视图　b) 画主视图粗实线部分　c) 复制并旋转俯视图　d) 画左视图

6.7　比例缩放命令

使用比例缩放命令 SCALE 可将所选中的对象关于某个基准点沿 X 轴和 Y 轴方向以相同比例放大或缩小，缩放后大小改变而形状不改变。

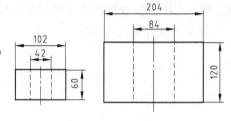

比例缩放是改变图形对象的实际尺寸大小，因而，如果一个图形已经标注了尺寸（注意，是 AutoCAD 自动测量的尺寸），比例缩放后，其尺寸大小改变。如图 6-23 所示，把左边的图放大一倍得到右边的图，尺寸数字也增大一倍。

图 6-23　比例缩放改变实际尺寸

命令输入方式：

命令：SCALE ↙ **或　SC** ↙ **【修改▢】　【下拉菜单：修改/比例】　【草图与注释："常用"选项卡/"修改"面板/▢ 缩放】**

命令输入后提示：

选择对象：（该提示重复出现。用任何一种选择方式选择对象，回车结束重复提示）

指定基点：（输入一点）

接下来是**主提示**：

指定比例因子或［复制(C)/参照(R)］〈（当前值）〉：（键入比例值，或者单击选项或键入选项关键字回车）

1. 键入比例值

比例值小于 1，是将源对象缩小；比例值大于 1 是放大源对象。实际操作时，对主提示的回答也可以不从键盘键入比例值，而是移动光标，以橡皮筋的长度为比例值。但对于较大图形这种方法不合适。

2. 复制（C）

该选项是源对象保持不变，再按一定的比例缩放复制源对象的一个副本。接下来提示：

缩放一组选定对象。

指定比例因子或［复制(C)/参照(R)］〈（当前值）〉：（输入缩放比例值）

图 6-24 所示是把扇形以点 *O* 为基点放大 1.5 倍复制。

3. 参照（R）

参照是使用参照长度来确定比例因子，参照长度的输入方法有两种：

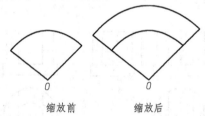

缩放前　　　缩放后

图 6-24　缩放复制

1）从键盘键入参照长度和新长度。选择参照(R)选项，接下来操作过程如下：

指定参照长度〈（当前值）〉：（键入参照长度值）

指定新的长度或［点(P)］〈（当前值）〉：（键入新长度值，或者移动光标，到所需位置单击，或者单击点(P)或键入 P 回车）

这时，缩放比例值 ＝ 新长度/参照长度。新长度值比参照长度值小，是将源对源缩小；

新长度值比参照长度值大，则是放大源对象。这种方法是系统根据新旧尺寸值自动计算比例因子，当已知新旧尺寸值时常用这种方法。若对"指定新的长度或［点(P)］〈(当前值)〉："单击点(P)或键入P回车，接下来提示指定两点，两点间的距离作为新长度。

2) 参照长度值不是从键盘键入，而是以两点间的距离确定。对主提示单击参照(R)或键入R回车，接下来的操作是：

指定参照长度:(用光标输入一点)

指定第二点:(用光标输入第二点)

指定新的长度或［点(P)］〈(当前值)〉:(移动光标到所需位置单击，或者键入新长度值，或者单击点(P)或键入P回车)

对于参照长度用光标指定两点（对象上的两个特殊点，可结合对象捕捉），然后移动鼠标，随着光标的移动，选中的对象也缩放，待到合适的位置拾取一点（也可结合对象捕捉），缩放完成。这种方法避免了计算长度值，且缩放过程是动态的，因而在实际绘图时更实用。

如图6-25所示把实线六边形放大到虚线六边形，以实线六边形的一个边的两端点为参照长度。输入命令并选择对象后的操作过程如下：

缩放前　　　　缩放时

图6-25　由两点间的距离作
为参考长度进行缩放

指定基点:(单击A点)

指定比例因子或［复制(C)/参照(R)］〈1.000 0〉:(单击参照(R)或键入R回车)

指定参照长度〈1.000 0〉:(单击A点)

指定第二点:(单击B点)

指定新的长度或［点(P)］〈1.000 0〉:(单击C点)

在上述例子中，参照长度是AB，新长度是AC。若对指定新的长度或［点(P)］〈1.000 0〉:单击点(P)或键入P回车，接下来提示指定两点，两点间的距离作为新长度。

用比例缩放命令可使某些图形的画法变得简单一些。如图6-26所示，画圆圈部分的局部放大图，可把圆圈部分复制下来，再利用缩放、画样条曲线、修剪、比例缩放等完成局部放大图。

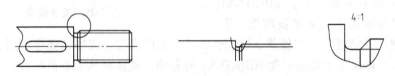

图6-26　比例缩放实例

6.8　镜像命令

用镜像命令可绘制出关于某条直线完全对称的图形。因此，当图形对称时，用镜像命令非常有效。图6-27所示图形上下、左右对称，先画其四分之一，两次应用镜像命令，即完成整个图形。

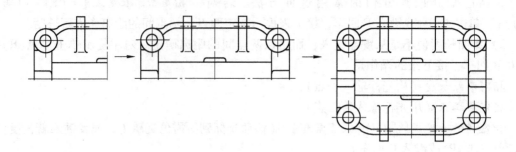

图 6-27　镜像实例

命令输入方式：

命令：MIRROR ✓ **或　MI** ✓【**修改** ⬥】【**下拉菜单：修改/镜像**】【**草图与注释：**"**常用**"选项卡/"**修改**"面板/⬥ 镜像】

命令输入后提示：

选择对象：(该提示重复出现。用任何一种选择方式选择对象，回车结束重复提示)

指定镜像线的第一点：(指定镜像线上的一点)

指定镜像线的第二点：(指定镜像线上的另一点)

要删除源对象吗？[是(Y)/否(N)]〈N〉：✓

为了准确地指定镜像线上的点，可结合对象捕捉如"捕捉到端点"、"捕捉到最近点"等。

对提示"要删除源对象吗？[是(Y)/否(N)]〈N〉："单击否(N)或键入 N 回车或直接回车，表示不删除源对象，绘制一个对称的图形，这也是默认选项。若对其单击是(Y)或键入 Y 回车，表示镜像后删除源对象。

在默认情况下，系统变量 MIRRTEXT =0，即文字的镜像不像其他对象一样被颠倒，而是保持原文字的方向。MIRRTEXT =1 时，镜像显示文字，文字被颠倒。图

计算机 ｜ 计算机　　　计算机 ｜ 仍算书
　　mirrtext=0　　　　　　mirrtext=1

图 6-28　文字镜像

6-28 所示是把"计算机"三字镜像，MIRRTEXT 为不同值时，文字的镜像不同。

注意：尺寸标注不受系统变量 MIRRTEXT 的影响，镜像时总不会颠倒。

6.9　阵列命令

使用阵列命令，可将图形对象（称为**项目**）按"矩形"、"环形"或"路径"方式进行多重复制。当对象需要按一定的规律排列时，阵列命令比复制（COPY）命令更方便、更准确。

阵列命令为 **ARRAY** 或 **AR**，当从命令行键入阵列命令后，提示：

选择对象：(用任何一种选择方式选择对象。该提示重复出现。回车结束重复提示)

输入阵列类型[矩形(R)/路径(PA)/极轴(PO)]〈(当前阵列类型)〉:(直接回车,或者单击一个选项或键入选项的关键字回车)

直接回车默认当前阵列类型;选择矩形(R)采用矩形阵列;选择路径(PA)采用路径阵列;选择极轴(PO)采用环形阵列。各种阵列的使用方法在下面分述。

6.9.1 矩形阵列

矩形阵列是将原图形对象沿某一方向及其垂直方向等距复制多个。命令的输入方式:

命令:**ARRAYRECT** ↙ 【修改 ⊞】 【下拉菜单:修改/阵列/ ⊞ 矩形阵列】 【草图与注释:"常用"选项卡/"修改"面板/"阵列"下拉按钮菜单/ ⊞ 矩形阵列】

命令输入后提示:

选择对象:(该提示重复出现。用任何一种选择方式选择对象,回车结束重复提示)

类型 = 矩形 关联 = 是

选择夹点以编辑阵列或[关联(AS)/基点(B)/计数(COU)/间距(S)/列数(COL)/行数(R)/层数(L)/退出(X)]〈退出〉:(选择夹点编辑阵列,或者单击一个选项或键入选项关键字回车,或者直接回车接受当前的阵列)

下面说明以上**主提示**的各个选项。

1. 选择夹点以编辑阵列

"选择夹点以编辑阵列"是首选项。在使用矩形阵列命令选择对象结束后,会形成一个默认的初始阵列。图 6-29 所示是以五边形为源对象的初始阵列。阵列后的项目上有关于基点、行和列的夹点,单击夹点,使其成为热点(选中状态),再移动光标,即可对阵列进行编辑。具体方法是:

1)使基点夹点成为热点,移动光标可移动整个阵列的位置,不改变行、列数和行、列间距。

2)行(列)间距是从每个项

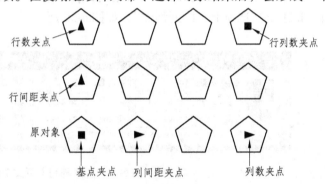

图 6-29 五边形的阵列

目的相同位置测量的每行(列)之间的距离。使行(列)间距夹点成为热点,上下(左右)移动光标可动态调整整个阵列的行(列)间距。光标移动的方向决定阵列的方向。光标移动到合适位置单击,行(列)间距调整结束。若要使行(列)间距为具体的数值,也可从键盘键入数值,方法是:使行(列)间距夹点成为热点,上下(左右)移动光标,此时提示:

＊＊行(列)间距＊＊

指定行(列)之间的距离或[基点(B)]:(键入行(列)间距值回车,或者单击基点(B)或键入 B 回车)

键入的行(列)间距值即为整个阵列的各行(列)的行(列)间距。

选择基点(B)是重新指定一个调整行(列)间距的起点,将提示"指定基点:",输入一点响应。

3）使行（列）数夹点成为热点，上下（左右）移动光标可动态调整阵列的行（列）数。光标移动的方向决定阵列的方向。光标移动到合适位置单击，行（列）数调整结束。若要使行（列）数为具体的数值，也可从键盘键入数值，方法是：使行（列）数夹点成为热点，上下（左右）移动光标，此时提示：

＊＊　行(列)数　＊＊

行(列) = 〈(当前值)〉

指定行(列)数：(键入行（列）数回车)

键入的行（列）数即为整个阵列的总行（列）数。

4）使整个阵列的右上角的行列数夹点成为热点，上下移动光标可动态调整阵列的行数，左右移动光标可动态调整阵列的列数。向倾斜方向移动光标可同时调整行和列，光标移动到合适位置单击，行（列）数调整结束。若要使行、列数相等，可从键盘键入数值，方法是：使行列数夹点成为热点，移动光标，此时提示：

＊＊　行数和列数　＊＊

行 = 〈(当前值)〉3,列 = 〈(当前值)〉

指定行数和列数：(键入行（列）数回车)

整个阵列的行数和列数都为键入的行列数。

5）在功能区的"阵列"上下文选项卡中修改阵列的行、列参数或基点等。

如果是在"草图与注释"工作空间，在矩形阵列选择对象之后，功能区立即出现矩形阵列的上下文选项卡"阵列创建"，如图 6-30 所示。

图 6-30　矩形阵列上下文功能区

在"列（行）"面板，在"列（行）数"文本框键入列（行）数，在"介于"文本框键入列（行）间距，在"总计"文本框键入列（行）的总距离。文本框在键入数字后回车或鼠标移到别处单击，阵列即可改变。"介于"文本框和"总计"文本框的数字总是联动改变。在"介于"文本框和"总计"文本框内可以键入负值，表示向相反的方向阵列。行间距值大于零，向上排列项目；行间距值小于零，向下排列项目。列间距值大于零，向右排列项目；列间距值小于零，向左排列项目。如图 6-31 所示。

在各个面板的文本框中，还可以键入数学公

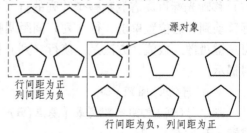

图 6-31　行、列间距的正负
影响复制对象排列方向

式或方程式，即间接给出数值。

在"特性"面板，单击"关联"按钮，去掉阵列的关联性（阵列后的项目是关联成整体的还是相互独立）；单击"基点"按钮，重新指定阵列基点和基点夹点的位置（参看下文3. 基点（B））。

"层级"面板是在三维绘图时，z 方向的层数和层间距，在二维绘图时可以不用管它。

单击"关闭阵列"按钮，阵列完成，结束命令。

2. 关联（AS）

该选项是确定阵列后的各项目是关联在起来成为一个整体，还是各自独立。接下来提示：

创建关联阵列 [是(Y)/否(N)] 〈是〉:（单击选项或键入关键字回车，或者直接回车）

单击是(Y)或键入 Y 回车或直接回车，阵列后的各项目关联在起来成为一个整体。如果阵列后关联，可以通过编辑特性和源对象在整个阵列中快速传递更改。单击否(N)或键入 N 回车，阵列后的项目各自独立，更改一个项目不影响其他项目。接下来返回主提示。

3. 基点（B）

基点是与源对象有关的、阵列时放置项目的参照点，一般是源对象上一个特殊点。对主提示选择基点(B)选项，是重新定义阵列基点和基点夹点的位置。接下来提示：

指定基点或 [关键点(K)] 〈质心〉:（输入新的基点，或者单击关键点(K)或键入 K 回车，或者直接回车基点不变，在源对象的质心）

如果输入新的基点（鼠标左键指定或键入点的坐标），基点夹点和行或列的相关夹点将处于新位置。

如果选择关键点(K)，接下来提示：

指定源对象上的关键点作为基点:（在源对象上拾取一点）

对于关联阵列，这是在源对象上指定有效的约束，（或关键点）以与路径对齐。如果编辑已生成阵列中的源对象或路径，阵列的基点保持与源对象的关键点重合。

接下来返回主提示。

4. 计数（COU）

该选项是指定阵列的行数和列数，接下来提示：

输入列数数或 [表达式(E)] 〈（当前值）〉:（键入列数回车，或者单击表达式(E)或键入 E 回车，或者直接回车默认当前列数）

输入行数数或 [表达式(E)] 〈（当前值）〉:（键入行数回车，或者单击表达式(E)或键入 E 回车，或者直接回车默认当前行数）

键入列（行）数回车后，阵列的列（行）即刻动态变化。

如果选择表达式(E)，是基于数学公式或方程式导出列（行）数值。接下来会提示：

输入表达式〈（当前值）〉:（键入数学公式或方程式，或者直接回车默认当前行（列）数）

接下来返回主提示。

5. 间距（S）

该选项是指定行间距和列间距。接下来提示：

指定列之间的距离或［单位单元(U)］〈(当前值)〉:（键入列间距值回车，或者单击单位单元(U)或键入 U 回车，或者直接回车默认当前列间距）

列间距值可以是负值，表示向相反方向阵列。键入列间距值后回车，接下来提示：

指定行之间的距离〈(当前值)〉:（键入行间距回车，或者直接回车默认当前行间距）

行间距值可以是负值，表示向相反方向阵列。然后返回主提示。

如果选择单位单元(U)，是通过由对角点确定的矩形区域来同时指定行间距和列间距。接下来提示：

指定单位单元的第一个角点:（输入矩形的第一个角点）

指定对角点:（输入矩形的第二个角点）

矩形的长（水平方向）和宽（垂直方向）就是设定的列间距和行间距。注意，阵列的方向是从第一角点到第二角点：若自左下向右上拉出，则向右上阵列；若自左上向右下拉出，则向右下阵列；若自右上向左下拉出，则向左下阵列；若自右下向左上拉出，则向左上阵列。接下来返回主提示。

6. 列数（COL）、行数（R）

选择主提示的列数(COL)（行数(R)）选项，是指定列（行）数。接下来提示：

输入列(行)数或［表达式(E)］〈(当前值)〉:（键入列（行）数回车，或者单击表达式(E)或键入 E 回车，或者直接回车默认当前列（行）数）

指定列(行)数之间的距离或［总计(T)/表达式(E)］〈(当前值)〉:（键入列（行）间距回车，或者单击一个选项或键入选项关键字回车，或者直接回车默认当前列（行）间距）

列（行）间距值可以是负值，表示向相反方向阵列。

如果选择表达式(E)，是基于数学公式或方程式导出列（行）数值。接下来会提示：

输入表达式〈(当前值)〉:（键入数字或数学公式或方程式，或者直接回车默认当前值）

如果选择总计(T)，是要求输入从阵列的开始列（行）到终点列（行）之间的总距离，即同一行（列）阵列开始对象到阵列结束对象上的相同位置点间的距离。接下来提示：

输入起点和端点列(行)数之间的总距离〈(当前值)〉:（键入总距离回车，或者直接回车默认当前总距离）

注意，对于行数(R)，最后还有一个提示"指定行数之间的标高增量或［表达式(E)］〈0〉:"，这是一条三维绘图提示，设置每个后续行相对当前标高在 Z 方向的增高或降低，二维绘图时可对该提示直接回车。

7. 层（L）

这是指定三维阵列时阵列的层数和层间距。二维绘图时该选项无用。

8. 退出（X）

选择主提示的退出(X)或直接回车，结束矩形阵列命令。按〈ESC〉键也可退出阵列命令。

注意：不管是用哪种方法输入行、列间距值，原来对象的高度包含在行间距中，宽度包含在列间距中。

例 6-2　图 6-32 所示是阵列两行三列。图 6-33 所示是通过阵列一行五列得到一半，再由镜像得另一半。

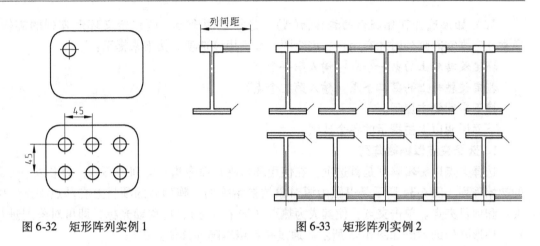

图 6-32　矩形阵列实例 1　　　　　　　　　图 6-33　矩形阵列实例 2

6.9.2　环形阵列

环形阵列是围绕中心点或旋转轴将图形对象在圆周上或圆弧上均匀复制多个。命令的输入方式：

命令：ARRAYPOLAR ✓　　【修改 ⊞／环形阵列 ⊡】　【下拉菜单：修改/阵列/⊡ 环形阵列】　【草图与注释："常用"选项卡/"修改"面板/"阵列"下拉按钮菜单/⊡ 环形阵列】

命令输入后提示：

选择对象：(该提示重复出现。用任何一种选择方式选择对象，回车结束重复提示)

类型 = 极轴　关联 = 是

指定阵列的中心点或 [基点(B)/旋转轴(A)]：(输入阵列的中心点，或者单击一选项或键入关键字回车)

这是环形阵列的**初始提示**，各选项的意义如下：

1）环形阵列是环绕阵列的中心均匀复制对象。输入阵列中心点后，接下来是**主提示**：

选择夹点以编辑阵列或 [关联(AS)/基点(B)/项目(I)/项目间角度(A)/填充角度(F)/行(ROW)/层(L)/旋转项目(ROT)/退出(X)]〈退出〉：(选择夹点编辑阵列，或者单击一选项或键入关键字回车，或者直接回车接受当前的阵列)

2）如果选择初始提示的基点(B)，接下来提示：

指定基点或 [关键点(K)]〈质心〉：(输入新的基点，或者单击关键点(K)或键入 K 回车，或者直接回车基点不变，在源对象的质心)

如果输入新的基点(鼠标左键指定或键入点的坐标)，基点夹点和项目夹点将处于新位置。

如果选择关键点(K)，接下来提示：

指定源对象上的关键点作为基点：(在源对象上拾取一点)

对于关联阵列，在源对象上指定有效的约束（或关键点）以用作基点。如果编辑生成的阵列的源对象，阵列的基点保持与源对象的关键点重合。

接下来回到主提示。

*3）如果选择初始提示的旋转轴(A)，是指定两个点，两点定义环形阵列的旋转轴，通常在三维空间阵列时才有用，二维绘图一般不用该选项。接卜来提示：

指定旋转轴上的第一个点：(输入第一个点)

指定旋转轴上的第二个点：(输入第二个点)

接下来回到主提示。

下面说明以上主提示的各个选项。

1. 选择夹点以编辑阵列

选择夹点以编辑阵列是首选项。在使用环形阵列命令指定阵列中心后，会形成一个默认的初始阵列。图 6-34 所示是以圆为源对象的初始阵列。阵列后的项目上有基点夹点、中心夹点和项目夹点。单击夹点，使其成为热点（选中状态），再移动光标，即可对阵列进行编辑。环形阵列的术语如图 6-35 所示。通过夹点编辑阵列具体方法是：

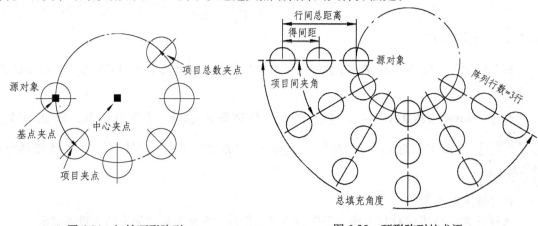

图 6-34　初始环形阵列　　　　　图 6-35　环形阵列的术语

1）使中心夹点成为热点，移动光标可动态移动整个阵列的位置，不改变阵列的项目数和阵列的半径。此时提示：

＊＊移动＊＊

指定目标点：(输入一个点)

接下来返回主提示。

2）使基点夹点成为热点，移动光标可动态改变整个阵列的半径，不改变阵列项目数。此时提示：

＊＊拉伸半径＊＊

指定半径：(输入半径值回车，或单击输入一点)

接下来返回主提示。

3）使项目夹点成为热点，沿圆弧方向移动光标可动态改变项目间的夹角，不改变阵列项目数和阵列半径。此时提示：

＊＊项目间的角度＊＊

指定项目间的角度：(输入角度值回车，或者沿圆弧移动鼠标，按左键输入一点)

接下来返回主提示。

4）使项目总数夹点成为热点，沿圆弧方向移动光标可动态改变项目总数，不改变项目间夹角和阵列半径。此时提示：

＊＊项目数＊＊

指定项目数：(输入项目数回车，或者沿圆弧移动鼠标，按左键输入一点)

接下来返回主提示。

5）在功能区的"阵列"上下文选项卡中修改环形阵列的项目数、行数参数或基点等。

如果是在"草图与注释"工作空间，在环形阵列选择对象之后，功能区立即出现环形阵列的上下文选项卡"阵列创建"，如图6-36所示。

图6-36 环形阵列上下文功能区

在"项目"面板，从"项目数"文本框键入阵列的项目数，从"介于"文本框键入项目间夹角，从"填充"文本框键入项目的总角度。"项目"面板中的"介于"文本框和"填充"文本框的数字联动改变。

在"行"面板，从"行数"文本框键入阵列行数，从"介于"文本框键入行间距，从"总计"文本框键入行的总距离。"行"面板中的"介于"文本框和"总计"文本框的数字联动改变。

文本框在键入数字后回车或鼠标移到别处单击，阵列即刻改变。在各个面板的文本框中，还可以键入数学公式或方程式，即间接给出数值。

在"特性"面板，单击"关联"按钮，改变阵列的关联性（阵列后的对象是关联成整体还是相互独立）。单击"基点"按钮，重新指定基点夹点的位置（参见下文3.基点(B)）。单击"旋转项目"按钮，在环形阵列的同时，是否要将阵列后的每一个项目也旋转。图6-37所示是阵列后旋转项目，图6-38所示是阵列后不旋转项目。单击"方向"按钮，设置在环形阵列时，是逆时针阵列还是顺时针阵列。图6-37所示是逆时针阵列，图6-39所示是顺时针阵列。

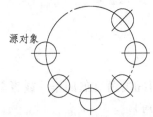

图6-37 阵列后旋转项目

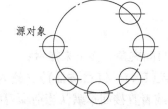

图6-38 阵列后不旋转项目

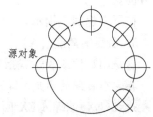

图6-39 顺时针阵列

"层级"面板是在三维绘图时，z方向的层数和层间距，在二维绘图时可以不用管它。

单击"关闭阵列"按钮，阵列完成，结束命令。

2. 关联（AS）

该选项是确定阵列后的各项目是关联在起来成为一个整体，还是各自独立。接下来提示：

创建关联阵列［是(Y)/否(N)］〈是〉:(选择一个选项或键入关键字回车，或者直接回车)

单击是(Y)或键入 Y 回车或直接回车，是阵列后的各项目是关联在起来成为一个整体。如果阵列后关联，可以通过编辑特性和源对象在整个阵列中快速传递更改。单击否(N)或键入 N 回车，阵列后的项目各自独立，更改一个项目不影响其他项目。接下来返回主提示。

3. 基点（B）

基点是与源对象有关，阵列时放置项目的参照点，一般是源对象上一个特殊点。选择主提示的基点(B)选项，是重新定义阵列基点和基点夹点的位置。接下来提示：

指定基点或［关键点(K)］〈质心〉:(输入新的基点，或者单击关键点(K)或键入 K 回车，或者直接回车基点不变，在源对象的质心)

如果输入新的基点（鼠标左键指定或键入点的坐标），除中心夹点，其他夹点将处于新位置。

如果选择关键点(K)，接下来提示：

指定源对象上的关键点作为基点:(在源对象上拾取一点)

对于关联阵列，这是在源对象上指定有效的约束（或关键点）以与路径对齐。如果编辑生成的阵列的源对象或路径，阵列的基点保持与源对象的关键点重合。

接下来返回主提示。

4. 项目（I）

这是用数值或表达式指定阵列中的项目数。接下来提示：

输入阵列中的项目数或［表达式(E)］〈(当前值)〉:(键入项目数回车，或者单击表达式(E)或键入 E 回车，或者直接回车默认当前列数)

键入项目数回车后，阵列即刻动态变化。

如果选择表达式(E)，是基于数学公式或方程式导出项目数。接下来提示：

输入表达式〈(当前值)〉:(键入数学公式或方程式，或者直接回车默认当前项目数)

注意，当在表达式中定义填充角度时，结果值中的（＋或－）数学符号不会影响阵列的方向。

接下来返回主提示。

5. 项目间角度（A）

这是用数值或表达式指定项目间夹角。接下来提示：

指定项目间的角度或［表达式(EX)］〈(当前值)〉:(键入项目间的角度值回车，或者单击表达式(EX)或键入 EX 回车，或者直接回车默认当前项目间夹角)

如果选择表达式(EX)，是基于数学公式或方程式导出项目间夹角。接下来提示：

输入表达式〈(当前值)〉:(键入数学公式或方程式，或者直接回车默认当前项目间夹角)

接下来返回主提示。

6. 填充角度（F）

这是用数值或表达式指定阵列中第一个和最后一个项目之间的阵列总填充角度。接下来提示：

指定填充角度(+ =逆时针、− =顺时针)或［表达式(EX)］〈(当前值)〉:(键入总填充角度值回车，或者单击表达式(EX)或键入EX回车，或者直接回车默认当前总填充角度)

如果选择表达式(EX)，是基于数学公式或方程式导出总填充角度。接下来提示：

输入表达式〈(当前值)〉:(键入数学公式或方程式，或者直接回车默认当前总填充角度)

接下来返回主提示。

7. 行（ROW）

这是指定阵列的行数、行间距以及行之间的增量标高（每个后续行在 Z 方向增高或降低的高度）。接下来提示：

输入行数或［表达式(E)］〈(当前值)〉:(键入行数回车，或者单击表达式(E)或键入E回车，或者直接回车默认当前的行数)

指定 行数 之间的距离或［总计(T)/表达式(E)］〈(当前值)〉:(键入行间距回车，或者单击一个选项或键入选项关键字回车，或者直接回车默认当前的行间距)

指定 行数 之间的标高增量或［表达式(E)］〈(当前值)〉:(键入增量标高值回车，或者单击表达式(E)或键入E回车，或者直接回车默认当前的增量标高值)

在上述的提示中，选项表达式(E)是基于数学公式或方程式导出行数或行间距或增量标高。回答方式同前面其他主提示选项的回答方式一样。总计(T)是指定从开始行的对象到结束行对象上的相同位置点之间的总距离。接下来提示：

输入起点和端点 行数 之间的总距离〈(当前值)〉:(键入行间总距离)

接下来返回主提示。

8. 层（L）

这是指定三维环形阵列时在 z 方向阵列的层数和层间距。二维绘图时该选项无用。

9. 旋转项目（ROT）

是确定在阵列时是否每一个项目旋转。接下来提示：

是否旋转阵列项目？［是(Y)/否(N)］〈(当前设置)〉:(单击是(Y)或键入 Y 回车旋转，或者单击否(N)或键入 N 回车不旋转，或者直接回车默认当前设置)

接下来返回主提示。

例6-3 图6-40 所示是使用修剪和阵列等命令的例子。

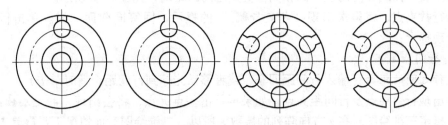

图6-40 使用修剪和阵列等命令的例子

10. 退出（X）

选择主提示的退出（X）或直接回车，结束环形阵列命令。按〈ESC〉键也可退出阵列命令。

6.9.3　路径阵列

路径阵列是沿直线或曲线将图形对象均匀复制多个。路径可以是直线、多段线、三维多段线、样条曲线、螺旋、圆弧、圆或椭圆。图 6-41 所示是沿路径阵列的例子。

命令：ARRAYPATH ↙　　【修改 ▦／路径阵列 ◰ 】　【下拉菜单：修改／阵列／

◰ 路径阵列 】【草图与注释："常用"选项卡／"修改"面板／"阵列"下拉按钮菜单／

◰ 路径阵列 】

命令输入后提示：

选择对象：（该提示重复出现。用任何一种选择方式选择对象，回车结束重复提示）

类型 ＝ 路径　关联 ＝ 是

选择路径曲线：（选择一条作为路径的曲线或直线）

选择夹点以编辑阵列或 [关联（AS）/方法（M）/基点（B）/切向（T）/项目（I）/行（R）/层（L）/对齐项目（A）/Z 方向（Z）/退出（X）] 〈退出〉：（选择夹点编辑阵列，或者单击选项或键入选项关键字回车，或者直接回车接受当前的阵列）

下面说明以上**主提示**的各个选项。

1. 选择夹点以编辑阵列

"选择夹点以编辑阵列"是首选项。在使用路径阵列命令选择路径曲线后，会形成一个默认的初始阵列。图 6-41 所示是以多边形为源对象的初始阵列。阵列后的项目上有基点夹点、项目夹点和项数夹点（图 6-

图 6-41　沿路径阵列

41）。单击夹点，使其成为热点（选中状态），再移动光标，即可对阵列进行编辑。具体方法是：

1）使基点夹点成为热点，移动光标可动态改变整个阵列的行数。此时提示：

＊＊行数＊＊

指定行数：（输入行数回车，或者移动光标到出现合适的行数时单击）

指定行数后，如果行数为两行，将出现行数夹点，如果行数 ≥3，还将出现**行间距**夹点，行间距指垂直于曲线方向两项目的相同位置点之间的距离，如图 6-42 所示。

单击行数夹点，将再次出现"指定行数："的提示，回答同前面一样。单击行间距夹点，将出现提示：

＊＊行间距＊＊

指定行之间的距离：（输入行间距回车，或者移动光标到行间距合适时单击）

一旦出现行数夹点及行间距夹点，如果再单击基点夹点，将会出现"指定层数："的提示，这是指定三维绘图时在 z 方向阵列的层数。所以，二维绘图时此情况不要再单击基点夹点。

2）使项目夹点成为热点，沿大致曲线方向移动光标可动态改变**项目间距**（从而改变项目数）。项目间距是曲线上两项目的相同位置点之间的曲线长度，如图6-42所示。此时提示：

＊＊项目间距＊＊
指定项目间的距离:(输入距离值回车，或者沿曲线移动鼠标，按左键输入一点)

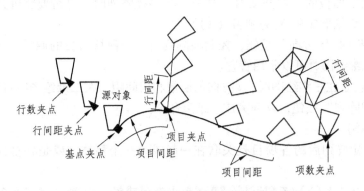

图6-42　路径阵列的夹点、行间距、项目间距

3）在功能区的"阵列"上下文选项卡中修改路径阵列的项目数、行间距参数或基点等。

如果是在"草图与注释"工作空间，在路径阵列选择对象之后，功能区立即出现路径阵列的上下文选项卡"阵列创建"，如图6-43所示。

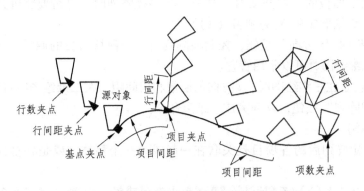

图6-43　路径阵列上下文功能区

在"项目"面板，单击"项数"按钮，项数夹点显示或不显示。在项数夹点显示时，单击使其成为热点并移动光标，可改变阵列的项目数。也可从按钮右侧的文本框键入项目数，从"介于"文本框键入项目间距，从"总计"文本框键入项目的总曲线长度。

在"行"面板，从"行数"文本框键入行数，从"介于"文本框键入行间距，从"总计"文本框键入行间总距离。

文本框在键入数字后回车或鼠标移到别处单击，阵列即刻改变。面板中的"介于"文本框和"总计"文本框的数字联动改变。在各面板的文本框中，还可以键入数学公式或方程式，即间接给出数值。

在"特性"面板，单击"关联"按钮，改变阵列的关联性（阵列后的对象是关联成整体的还是相互独立）；单击"基点"按钮，重新指定基点的位置（参见下文4. 基点（B））。

单击"切线方向"按钮，确定阵列中的第一个项目与路径的起始方向如何对齐（参见下文5. 切向（T））。

"特性"面板的"测量"下拉按钮有两项："测量"和"定数等分"。"测量"按钮就是"定距等分"。"定数等分"是把一定数量的项目沿路径的总长度均匀分布；"定距等分"是以固定的间距沿路径分布项目（参见下文3. 方法（M））。

单击"特性"面板的"对齐项目"按钮，在路径阵列时，是否要将阵列后的每一个项目沿路径对齐（参见下文9. 对齐项目（A））。

"特性"面板的"z方向"按钮，控制在阵列时，是保持项目的原始z方向还是沿三维倾斜项目，在二维绘图时可以不用管它。

"层级"面板是在三维绘图时，z方向的层数和层间距。在二维绘图时可以不用管它。

单击"关闭阵列"按钮，阵列完成，结束命令。

2. 关联（AS）

该选项是确定阵列后的各项目是关联在一起成为一个整体，或是各自独立。接下来提示：

创建关联阵列 [是(Y)/否(N)]〈是〉:（单击选项或键入选项关键字回车，或者直接回车）

单击是(Y)或键入Y回车或直接回车，是阵列后的各项目是关联在一起成为一个整体。如果阵列后关联，可以通过编辑特性和源对象在整个阵列中快速传递更改。单击否(N)或键入N回车，阵列后的项目各自独立，更改一个项目不影响其他项目。

接下来返回主提示。

3. 方法（M）

该选项是确定沿路径曲线如何分布项目。接下来提示：

输入路径方法 [定数等分(D)/定距等分(M)]〈(当前方法)〉:（单击选项或键入选项关键字回车，或者直接回车默认当前方法）

如果选择定数等分(D)，则指定数量的项目沿路径的总长度均匀分布。当编辑路径时，项目总数不变，但项目间距可能会变。例如通过夹点拉伸使路径加长或缩短时，项目的数量不变，但项目间距改变。

如果选择定距等分(M)，则是以固定的间距沿路径分布项目。当编辑路径时，保持当前的项目间距。例如通过夹点拉伸使路径加长或缩短时，项目的数量改变，但项目间距不变。

"定距等分"相当于选择路径阵列的上下文选项卡"阵列创建"的"特性"面板的"测量"按钮。

接下来返回主提示。

4. 基点（B）

基点是与源对象有关，阵列时放置项目的参照点，一般是源对象上的一个特殊点。路径阵列时基点重合于路径曲线起点，且阵列后的各项目如何放置都与基点有关。选择主提示的基点(B)，是重新定义基点位置。接下来提示：

指定基点或 [关键点(K)]〈路径曲线的终点〉:（输入新的基点，或者单击关键点(K)或键入K回车，或者直接回车基点不变，在原路径曲线的一个终点）

输入新基点（鼠标左键指定或键入点的坐标）后，路径上的夹点并不改变位置。

如果选择关键点(K)，接下来提示：

指定源对象上的关键点作为基点:（在源对象上拾取一点）

对于关联阵列，这是在源对象上指定有效的约束（或关键点）以与路径对齐。如果编辑生成的阵列的源对象或路径，阵列的基点保持与源对象的关键点重合。

接下来返回主提示。

5. 切向（T）

选择主提示的切向(T)，是确定阵列中的第一个项目与路径的起始方向如何对齐，进而影响阵列后的其他项目与路径的对齐方向。接下来提示：

指定切向矢量的第一个点或［法线(N)］:（输入一点，或者单击 法线(N) 或键入 N 回车）

如果输入一点，接下来提示：

指定切向矢量的第二个点:（输入第二点）

输入两点后，两点确定的切向矢量即与路径起点的切线方向平行。图 6-44 所示是指定切向矢量的两点后阵列的结果。

如果选择法线(N)，是根据路径曲线的起始方向调整第一个项目的 z 方向，在二维绘图不用。图 6-45 所示是在三维空间观察应用"法线（N）"选项阵列后的结果。

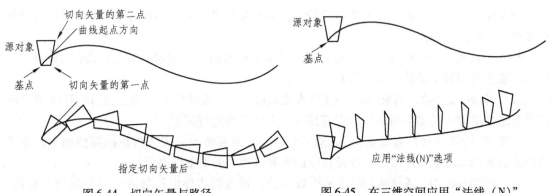

图 6-44　切向矢量与路径　　　　　　图 6-45　在三维空间应用"法线（N）"
　起点的切线方向的关系　　　　　　　　　选项阵列后的结果

6. 项目（I）

默认情况下，阵列后的项目填充整条路径。选择主提示的项目(I)，是根据"方法（M）"的设置，指定项目数或项目间距。

1）如果由"方法（M）"设置的是"定距等分"（即路径阵列的上下文选项卡"阵列创建"的"特性"面板上是"测量"按钮），接下来提示：

指定沿路径的项目之间的距离或［表达式(E)］〈（当前项目间距）〉:（键入项目间距回车，或者单击表达式(E)或键入 E 回车，或者直接回车默认当前项目间距）

最大项目数 =（项目数当前值）

指定项目数或［填写完整路径(F)/表达式(E)］〈（项目数当前值）〉:（键入项目数值回车，或者单击选项或键入选项关键字回车，或者直接回车默认当前项目数）

键入项目数回车后，阵列即刻变化。如果项目间距较小，项目数也少，可能只阵列路径的一部分，如图 6-46a 所示。如果选择填写完整路径(F)，则是在当前项目间距下，对整条路径进行阵列，此时，在路径长度更改时自动调整项目数，如图 6-46b 所示。

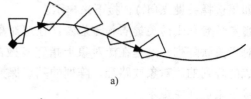
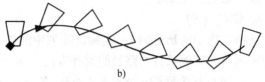

图 6-46　"定距等分"的项目数
a）阵列路径的一部分　b）阵列路径的全部

如果选择表达式(E)，是基于数学公式或方程式导出项目间距或项目数。

2）如果由"方法（M）"设置的是"定数等分"（路径阵列的上下文选项卡"阵列创建"的"特性"面板上是"定数等分"按钮），接下来提示：

输入沿路径的项目数或 [表达式(E)] 〈(项目数当前值)〉:(键入项目数回车，或者单击表达式(E)或键入 E 回车，或者直接回车默认当前项目数)

键入项目数回车，将沿整条路径均匀分布项目。如果选择表达式(E)，是基于数学公式或方程式导出项目数。

接下来返回主提示。

7. 行（R）

这是指定阵列的行数、行间距以及行之间的增量标高（每个后续行在 z 方向增高或降低的高度）。接下来提示：

输入行数或 [表达式(E)] 〈(当前值)〉:(键入行数回车，或者单击表达式(E)或键入 E 回车，或者直接回车默认当前的行数)

指定 行数 之间的距离或 [总计(T)/表达式(E)] 〈(当前值)〉:(键入行间距回车，或者单击选项或键入关键字回车，或者直接回车默认当前的行间距)

指定 行数 之间的标高增量或 [表达式(E)] 〈(当前值)〉:(键入增量标高值回车，或者单击表达式(E)或键入 E 回车，或者直接回车默认当前的增量标高值)

在上述的提示中，表达式(E)是基于数学公式或方程式导出行数或行间距或增量标高。回答方式同前面其他主提示选项的回答方式一样。总计(T)是指定从开始行的项目到结束行项目上的相同位置点之间的总距离。接下来提示：

输入起点和端点 行数 之间的总距离 〈(当前值)〉:(键入行间总距离)

接下来返回主提示。

8. 层（L）

该选项是指定三维环形阵列时在 z 方向阵列的层数和层间距。二维绘图时该选项无用。

9. 对齐项目（A）

该选项是当指定当路径阵列时，确定是否基于第一个项目将阵列后的每一个项目与路径的方向相切对齐。接下来提示：

是否将阵列项目与路径对齐？[是(Y)/否(N)] 〈(当前设置)〉:(单击 是(Y)或键入 Y 回车对齐，或者单击否(N)或键入 N 回车不对齐，或者直接回车默认当前设置)

图 6-47 所示是阵列后是否对齐项目的比较。

接下来返回主提示。

10. Z方向（Z）

该选项是控制阵列时，是保持项目的原始 Z 方向还是沿三维倾斜项目，在二维绘图时可以不用管它。

11. 退出（X）

选择主提示的退出（X）或直接回车，结束路径阵列命令。按〈ESC〉键也可退出阵列命令。

注意：阵列的关联性和路径阵列是 AutoCAD 的新功能，如果不需要阵列后的关联性，仅创建矩形阵列或环形阵列，可在命令行键入 – AR-RAY，接下来将显示选项提示。如果在命令行键入命令 ARRAYCLASSIC（经典阵列命令，即低版本阵列命令），将打开阵列对话框，在对话框中设置矩形阵列或环形阵列。

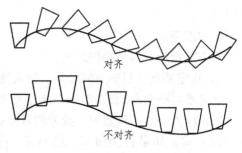

图 6-47 阵列后是否对齐项目

6.10 拉伸命令

拉伸命令用于拉长、缩短对象（图 6-48）和改变对象的形状或移动对象。可以拉伸各种直线型线段和各种曲线，不能拉伸圆和椭圆，一次可拉伸多个图形对象。命令输入方式：

图 6-48 拉伸实例 1

命令：STRETCH ↙ 或 S ↙ 【修改⬜】【下拉菜单：修改/拉伸】【草图与注释："常用"选项卡/"修改"面板/⬜拉伸】

命令输入后提示：

以交叉窗口或交叉多边形选择要拉伸的对象...

选择对象：（该提示重复出现。用窗交方式或圈交方式选择要拉伸的对象，回车结束选择）

实际选择对象时，简单的方法是把光标移动到没有图形对象的合适位置，单击指定一点，出现提示"**指定对角点：**"，向左移动光标，就会拉出一个虚线矩形窗口，到合适的位置再单击指定一点，虚线窗口内的及与窗口边界相交的对象都会被选中。

注意：对拉伸命令的"选择对象:"提示，必须使用窗交方式或圈交方式来选择要拉伸的对象。如果使用拾取、窗口方式或其他方式，则此时拉伸命令与使用移动 MOVE 命令类似。

接下来是**主提示：**

指定基点或［位移（D）］〈位移〉:（输入一点，或者单击位移（D）或键入 D 回车，或者直接回车）

1. 指定基点

指定基点后有两种操作方式：

1）指定基点、目标点的拉伸。输入基点后，接下来提示：

指定第二个点或〈使用第一个点作为位移〉:（输入一点或直接回车）

如果输入一点，该点即是拉伸的目标点，选中的对象被拉伸到目标点。这是拉伸命令最常用的方式。如果直接回车，这时基点的直角坐标值就是相对选中对象的横向和纵向拉伸距离。

图 6-49　拉伸实例 2

拉伸只改变对象在窗交矩形窗口或圈交多边形窗口里面的端点，在窗口外面的端点不变（图 6-49）。如果对象完全在窗口里面，则此时拉伸命令与移动命令 MOVE 效果一样。

2）指定基点、距离拉伸。指定一个基点后，接下来移动光标，使橡皮筋的方向为对象拉伸的方向，对"指定第二个点或〈使用第一个点作为位移〉:"的提示键入一个数值后回车，则拉伸完成，输入的数值就是拉伸距离。对方向和距离已知的对象拉伸，这种方法较好。

例如拉伸图 6-50 和图 6-51 所示的螺栓图形，加长 20，注意选择区域的不同，拉伸的范围也不同。命令输入后其操作过程如下：

选择对象:（用窗交方式选择对象）

指定基点或［位移（D）］〈位移〉:（输入一个点）

指定第二个点或〈使用第一个点作为位移〉:20↙　　（打开正交，光标向右移动）

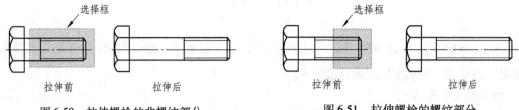

图 6-50　拉伸螺栓的非螺纹部分　　　　　　图 6-51　拉伸螺栓的螺纹部分

2. 位移（D）

选择位移（D）或对主提示直接回车，接下来对提示"指定位移:"输入一个点（可以是直角坐标，也可以是极坐标），AutoCAD 把输入的点的直角坐标值，作为相对选中对象的横向和纵向拉伸距离；把输入的点的极坐标值作为相对选中对象的拉伸距离和角度。

6.11 打断命令

打断命令用于将已经绘制的图线断开成两半或剪掉对象上的一部分，可以剪掉对象中间的一部分，也可以把对象的一端剪掉，如图6-52所示。

命令输入方式：

命令：BREAK ↙ 或 **BR** ↙ 【修改▤】【下拉菜单：修改/打断】【草图与注释："常用"选项卡/"修改"面板/滑出式面板 ▤ 修改 ▼ /打断▤】

命令输入后提示：

选择对象：(用拾取的方式选择要断开的对象)

接下来是**主提示**：

指定第二个打断点或[第一点(F)]:(输入另一点，或者单击第一点(F)或键入F回车)

1. 指定第二个打断点

这是把选择对象的拾取点作为第一个打断点，再输入一点作为第二打断点。

第一打断点和第二打断点可以重合。如果是仅仅想把对象断开，选择对象后，光标不要动，接下来再单击一次（即输入了第二个打断点），拾取点就是打断点。若要把对象剪掉一段，选择对象后，移动光标到合适位置（光标不一定在对象上），单击输入第二个打断点，对象上的拾取点（即第一打断点）到第二打断点之间的部分被剪掉。

注意：如果第二打断点不在对象上，由该点向对象作垂线，垂足为第二打断点（图6-53）。

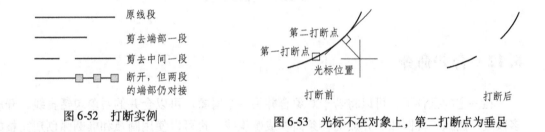

图6-52 打断实例   图6-53 光标不在对象上，第二打断点为垂足

2. 第一点（F）

对主提示以选择第一点(F)，则拾取点不再是第一打断点，拾取过程仅是选中对象，接下来重新提示输入第一打断点：

指定第一个打断点:(输入一点)

指定第二个打断点:(输入一点)

输入点时可结合对象捕捉。如果第一打断点与第二打断点重合，是把对象断开，但断开后的两段端点对接。如果不重合，则第一打断点到第二打断点之间的部分被剪掉。一般来说，当要求打断点位置准确时，可采用这种方式。

3. 用拾取以外的选择方式选择对象

用拾取以外的方式（如窗交或窗口方式）选择对象，BREAK命令自动提示输入第一打断点和第二打断点。以窗交选择对象方式为例，命令输入后操作过程如下：

选择对象：C ✓

指定第一个角点：（输入选择窗口的第一点）

指定对角点：（输入选择窗口的第二点）

指定第一个打断点：（输入一点）

指定第二个打断点：（输入一点）

与其他修改命令不同，使用拾取以外的选择方式选择对象，每次也只能选中一个对象。

4. "@"方式

如果只想把对象断开而不删除任何部分，以任何方式选择对象后，一旦提示中有"指定第二个打断点]："，以"@"回答：

指定第二个打断点或［第一点（F）］：@ ✓　　或　指定第二个打断点：@ ✓

则拾取点是断开点，或者第一打断点是断开点。

这种方式对应修改工具栏上的"打断于点"按钮⬚。即仅想把图形对象断开，单击图标按钮"打断于点"。

注意：用 BREAK 命令打断圆时，是按逆时针方向剪掉第一打断点到第二打断点之间的圆弧，因而两打断点选取的顺序不同可能导致不同的结果，如图 6-54 所示。

图 6-54　打断圆的实例

6.12　合并命令

在一定的条件下，可以将若干对象合并为一个对象。可以合并的对象包括直线、开放的多段线、圆弧、椭圆弧、开放的样条曲线或螺旋线。也可以使用圆弧和椭圆弧创建完整的圆和椭圆。命令输入方式：

命令：JOIN ✓ **或　J** ✓ **【修改 ⤙⤚】　【下拉菜单：修改/合并】　【草图与注释："常用"选项卡/"修改"面板/滑出式面板** ▭修改 ▼▭**/合并 ⤙⤚】**

命令输入后提示：

选择源对象或要一次合并的多个对象：（以任何选择对象的方式选择一个或多个对象）

选择要合并的对象：（以任何选择对象的方式选择一个或多个对象，或者直接回车）

在上述的选择对象过程中，实际上分两种情况：不指定源对象和明确源对象。

1）不指定源对象。如果对第一个提示选择了一个对象，接下来对提示"选择要合并的对象："继续选择对象；或者对第一个提示一次选择了多个要合并的对象。这两种操作方式是合并多个对象，而无需指定源对象。到不再选择对象时回车，命令结束，命令行显示合并的结果。

2）明确源对象。如果对第一个提示选择了一个对象，接下来对提示"选择要合并的对象："直接回车，则选择的第一个对象就是源对象。接下来还会根据不同的源对象继续提示选择要合并的对象。

以下是各种类型的源对象合并规则：

直线：仅直线对象可以合并到**源直线**。要合并的直线必须共线，但它们之间可以有间隙或重叠。

圆弧：只有圆弧可以合并到**源圆弧**。所有的圆弧对象必须具有相同半径和中心点，但是它们之间可以有间隙或重叠。从源圆弧按逆时针方向合并圆弧。

椭圆弧：仅椭圆弧可以合并到**源椭圆弧**。椭圆弧必须共面且具有相同的长半轴和短半轴，但是它们之间可以有间隙或重叠。从源椭圆弧按逆时针方向合并椭圆弧。

多段线：直线、多段线和圆弧可以合并到**源多段线**。所有对象必须连续（两线段的端点重合）且共面。生成的对象是单条多段线。

*三维多段线：所有直线型或曲线型对象可以合并到**源三维多段线**，但所有对象必须是连续的，但可以不共面。如果与三维多段线连接的是直线类型的对象，结果是单条三维多段线；如果与三维多段线连接的是曲线型对象，结果是单条样条曲线。

*螺旋线：所有直线型或曲线型对象可以合并到**源螺旋线**，所有对象必须是连续的，但可以不共面。结果对象是单个样条曲线。

样条曲线：所有直线型或曲线型对象（直线、多段线、圆弧、椭圆弧、样条曲线、螺旋线等）都可以合并到**源样条曲线**。所有对象必须是连续的（两线段的端点重合），但可以不共面。结果对象是单个样条曲线。

当不区分源对象合并多个对象时，合并的结果顺序是：样条曲线、三维多段线、多段线，直线、圆弧、椭圆弧同处于同一级。例如，仅合并若干直线，结果是直线，如图6-55所示；仅合并若干圆弧，结果是圆弧或圆，如图6-56所示；合并直线、圆弧，结果是多段线，如图6-57所示；合并直线、圆弧、多段线，结果是多段线，如图6-58所示；合并圆弧、螺旋线，结果是样条曲线，如图6-59所示；合并直线、多段线、样条曲线，结果是样条曲线，如图6-60所示。

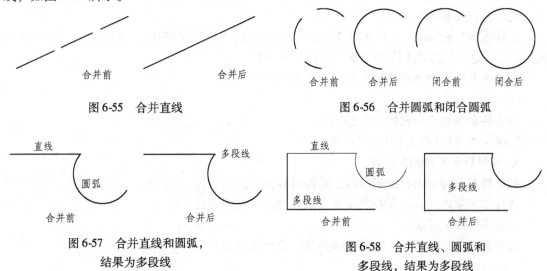

图6-55　合并直线

图6-56　合并圆弧和闭合圆弧

图6-57　合并直线和圆弧，
结果为多段线

图6-58　合并直线、圆弧和
多段线，结果为多段线

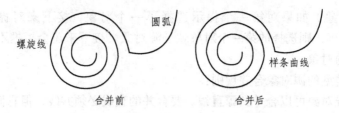

图 6-59　合并螺旋线和圆弧，结果为样条曲线

图 6-60　合并直线、样条曲线和多段线，结果为样条曲线

在明确源对象时，要把多个对象合并为单一的对象，随源对象的不同，提示也不同，分述如下。

1. 源对象是直线

如果源对象为直线，操作过程如下：

选择源对象或要一次合并的多个对象：(选择一条直线)

选择要合并的对象：↙

选择要合并到源的直线：(选择直线)

……

选择要合并到源的直线：↙

已将×条直线合并到源

2. 源对象是圆弧（椭圆弧）

如果源对象为圆弧（椭圆弧），操作过程如下：

选择源对象或要一次合并的多个对象：(选择一条圆弧（椭圆弧）)

选择要合并的对象：↙

选择圆弧(椭圆弧)，以合并到源或进行 [闭合(L)]：(选择圆弧（椭圆弧），或者单击闭合(L)或键入 L 回车生成圆（椭圆）结束命令)

选择要合并到源的圆弧(椭圆弧)：(选择圆弧)

……

选择要合并到源的圆弧(椭圆弧)：↙

已将×个圆弧(椭圆弧)合并到源

3. 源对象是开放的多段线

如果源对象为非闭合的多段线，操作过程如下：

选择源对象或要一次合并的多个对象：(选择一条多段线)

选择要合并的对象：↙

选择要合并到源的对象：(选择多段线、直线或圆弧)

……

选择要合并到源的对象↙

多段线已增加 × 条线段

4. 源对象是螺旋线、开放的样条曲线

如果源对象为螺旋线或非闭合的样条曲线，操作过程如下：

选择源对象或要一次合并的多个对象：(选择一条螺旋线或样条曲线)

选择要合并的对象：↙

选择要合并到源的任何开放曲线：(选择多段线、直线、圆弧、椭圆弧、螺旋线、样条曲线)

……

选择要合并到源的任何开放曲线：↙

已将 × 个对象合并到源

6.13 圆角命令

圆角命令将两个对象用一段圆弧连接，实现两对象的光滑过渡。如果两对象在同一图层上，则圆角也在该层上；否则，圆角在当前层上，其颜色、线型、线宽随当前层。

只要半径合适，可以在各类线段之间进行圆角。被圆角的两对象可以是同类对象(如圆弧与圆弧，圆与圆，样条曲线与样条曲线等)，也可以是不同类对象(如圆弧与直线，圆弧与样条曲线，圆与直线等)。但多段线不能与除直线以外的其他类型的直线或曲线进行圆角。

命令的输入方式：

命令：FILLET ↙ 或 F ↙【修改 】【下拉菜单：修改/圆角】【草图与注释："常用"选项卡/"修改"面板/"圆角"下拉按钮菜单/ 圆角】

命令输入后显示当前模式和主提示：

当前模式：模式 = 修剪，半径 = (当前值)

选择第一个对象或［放弃(U)/多段线(P)/半径(R)/修剪(T)/多个(M)］：(拾取第一个对象，或者单击选项或键入选项关键字回车)

1. 半径 (R)

进行圆角前，应该先确定圆角半径。系统默认圆角半径为 0。每次设置的半径值将作为以后 FILLET 命令的默认圆角半径。新设置的半径值不影响已经存在的圆角。选择半径(R)选项是设置圆角半径，接下来提示：

指定圆角半径〈(当前值)〉：(键入圆角半径，或者指定两点，两点间的距离为半径)

接下来回到主提示。

2. 选择第一个对象

该选项是首选项。如果用户不用改变圆角半径，直接进行圆角的操作过程是：对主提示以拾取第一个对象回答，接下来提示再拾取第二个对象。

选择第二个对象，或按住 Shift 键选择对象以应用角点或［半径(R)］：(拾取第二个对象，或者按住〈Shift〉键拾取第二个对象，或者单击半径(R)或键入 R 回车改变半径)

如果拾取第二个对象，圆角完成。图 6-61 所示是圆角半径不为零时在两对象之间进行圆角。

如果按住〈Shift〉键拾取第二个对象，则是将两对象进行尖角，而不论当前圆角半径是多少。图 6-62 所示是按住〈Shift〉键拾取第二个对象时，在两对象之间形成尖角。

如果选择半径(R)将是重新改变圆角半径，提示"指定圆角半径〈(当前值)〉："出现。

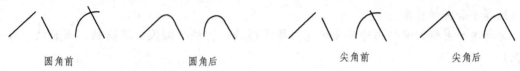

图 6-61　拾取第二个对象进行圆角　　　　图 6-62　按住〈Shift〉键拾取第二个对象进行尖角

实际上，也可用其他选择对象的方式（如窗交、窗口、栏选等）选择要进行圆角的对象，但要键入选择方式的关键字。例如，用窗交方式，且窗口内包括要进行圆角的两个对象，命令输入后对主提示选择对象的回答方法如下：

选择第一个对象或［放弃(U)/多段线(P)/半径(R)/修剪(T)/多个(M)］：c↙
指定第一个角点：(输入第一个角点)
指定对角点：(输入第二个角点)

实际绘图时，最好单个地选择对象，以免误将其他对象进行圆角。

FILLET 命令可将两平行直线进行圆角，即把两平行线的端部用半圆闭合。半圆的半径是两平行线之间距离的一半（而不论主提示中设置的圆角半径是多大），是在指定两条平行线后 AutoCAD 自动计算出来的；半圆的起点从所选的第一条直线的端点开始，第 2 条直线被延长或修剪，如图 6-63 所示。

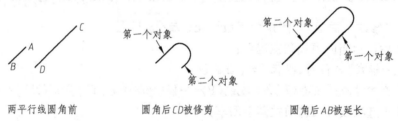

两平行线圆角前　　　　圆角后 CD 被修剪　　　　圆角后 AB 被延长

图 6-63　对两平行直线进行圆角

在进行圆角时，选择点的不同，圆角的结果也不同。如图 6-64 所示，在直线和圆弧之间进行圆角，可能有多种结果。AutoCAD 总是在最靠近用户选择点的位置形成圆弧段。

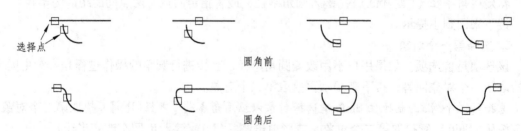

圆角前

圆角后

图 6-64　选择点不同，圆角结果不同

在圆与圆之间或其他类型的曲线与圆之间进行圆角时，AutoCAD 不修剪圆，生成的圆弧和圆光滑连接，如图 6-65 所示。

图 6-65 曲线和圆之间的圆角

除了前面介绍的按住〈Shift〉键拾取第二个对象，可将两对象进行尖角外，如果圆角半径为 0，FILLET 命令也可使不相交或交叉的两对象相交形成尖角。即 FILLET 命令有剪切和延伸作用，如图 6-66 所示。

图 6-66 圆角半径为 0 的实例

3. 多段线（P）

该选项可将 PLINE 命令画的多段线、RECTANG 命令画的矩形、POLYGON 命令画的多边形一次性进行圆角（图 6-67）。圆角后的多段线仍是多段线。对主提示选择多段线(P)后提示：

选择二维多段线：(选中多段线)

×条直线已被圆角

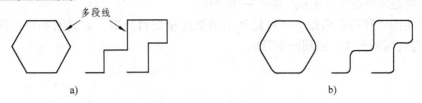

图 6-67 多段线的圆角
a) 圆角前 b) 圆角后

用 PLINE 命令画的一条多段线中的两直线段不相邻，如果仅相隔一条线段（直线或圆弧），则 AutoCAD 将原来的线段用新的圆角弧来替代，如图 6-68 所示；但如果相隔两条以上的线段，则两直线段之间不能进行圆角。

如果用 PLINE 命令画的多段线没有使用其闭合(C)选项，那么起点与终点不被进行圆角，即使起点与终点重合在一起，如图 6-69 所示。

图 6-68　多段线的两直线段间
仅相隔一条线段时可圆角

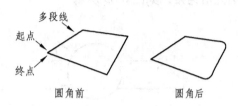

图 6-69　起点与终点不被进行圆角

4. 修剪（T）

该选项可确定进行圆角后是否保留源对象与圆角相对应的部分。选择修剪(T)，则对象或是被剪切或是被延伸到圆弧的端点位置；选择不修剪(N)，则源对象保持原样不变，但在他们之间加一圆弧，如图 6-70 所示。对主提示以修剪(T)响应后设置是否修剪的过程如下：

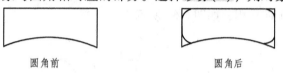

图 6-70　圆角后"不修剪"

输入修剪模式选项 [修剪(T)/不修剪(N)] 〈修剪〉:(单击选项或键入选项关键字回车，或者直接回车不改变设置)

接下来回到主提示。

5. 多个（M）

一般情况下，在给两个对象加圆角后，命令结束。但如果选择主提示的多个(M)，可给多个对象加圆角，即命令不会结束，主提示和接下来的提示重复出现，用户可以一直选择要圆角的对象，直到对主提示回车结束命令。

6. 放弃（U）

如果在圆角命令前已经进行了某项操作，命令不中断接下来重现主提示，对主提示选择放弃(U)，则是放弃在命令中执行的上一个操作。

在实际绘图时利用圆角命令，可使许多圆弧连接变得简单。如画图 6-71，可先画图 6-71a，然后再利用圆角命令得到图 6-71b。

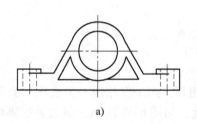

a)

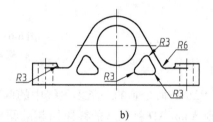

b)

图 6-71　圆角实例
a) 先把有圆角的结构画成尖角　b) 把尖角进行圆角

6.14 倒角命令

倒角命令可将直线类型的两个不平行的对象（直线、多段线直线、构造线、RECTANG 命令画的矩形、POLYGON 命令画的多边形等）进行倒角。即将两个不平行的对象用一条与两对象都倾斜的直线段连接。特殊情况是将两个不平行的对象延伸或修剪来使之相交。命令输入方式：

命令：CHAMFER✓ 或 CHA✓【修改◩】【下拉菜单：修改/倒角】【草图与注释："常用"选项卡/"修改"面板/"圆角"下拉按钮菜单/◪倒角】

命令输入后显示当前模式和**主提示：**

（"修剪"模式）当前倒角距离 1 = 0.000 0，距离 2 = 0.000 0

选择第一条直线或 [放弃(U)/多段线(P)/距离(D)/角度(A)/修剪(T)/方式(E)/多个(M)]：（拾取第一个对象，或者单击一个选项或键入一个选项的关键字后回车）

倒角命令的使用方式与圆角命令的使用方式相似。下面说明主提示的各选项。

1. 距离（D）

进行倒角前应先设置倒角距离。倒角由两对象的交点分别到倒角斜线两个端点的距离（即第一、第二倒角距离）决定。距离(D)选项是设置倒角距离，接下来提示：

指定第一个倒角距离〈(当前值)〉：（输入第一个倒角距离）

指定第二个倒角距离〈(第一个倒角距离)〉：（输入第二个倒角距离，或者直接回车确认）

接下来回到主提示。

第一倒角距离和第二倒角距离可设置为相同（图6-72），即45°的倒角，也可以不同（图6-73）。如果两个倒角距离都设置为 0，AutoCAD 将延伸或修剪两对象使之相交于一点形成尖角（图6-74）。输入的倒角距离是以后 CHAMFER 命令的默认倒角距离，直至将其改变。

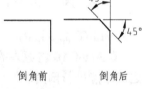

图 6-72 两倒角距离相同

图 6-73 第一倒角距离和第二倒角距离不同　　　　　图 6-74 倒角距离为 0

2. 选择第一条直线

该选项是首选项。对主提示选择一条直线或直线型多段线响应，接下来提示：

选择第二条直线，或按住Shift键选择直线以应用角点或 [距离(D)/角度(A)/方法(M)]：（拾取第二个对象，或者按住〈Shift〉键拾取第二个对象，或者单击一个选项或键入选项的关键字回车）

如果拾取第二个对象，命令按当前的两倒角距离以及修剪模式进行倒角，倒角完成；如果按住〈Shift〉键拾取第二个对象，则是将两对象进行尖角，而不论倒角距离是多少（相当于临时把两个倒角距离都设置为0）。

注意：第一倒角距离在先选择的那条线上，第二倒角距离在后选择的那条线上。

如果选择 距离(D)，是设置倒角距离，同上文"1. 距离（D）"一样；如果选择 角度(A)，是设置倒角角度，同后文"4. 角度（A）"一样；如果选择方法(M)，是选择进行倒角的方法，同后文"6. 方法（E）"一样。

3. 多段线（P）

该选项可将一条二维多段线的所有两直线段间的角进行倒角（图6-75）。倒角生成的直线段成为多段线的一部分。选择多段线(P)后对多段线进行倒角的过程如下：

选择二维多段线：（选择多段线、RECTANG 命令画的矩形、POLYGON 命令画的多边形）

如果画多段线时没有使用 PLINE 命令的闭合(C)选项，那么起点与终点不被进行倒角，即使起点和终点重合在一起（图6-75）。

对整条多段线倒角时，只对那些长度足够适合倒角距离的线段进行倒角。如图6-76所示，图形下侧的线段因太短而不能进行倒角。

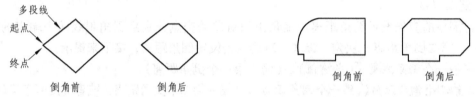

图6-75　未闭合的多段线倒角　　　　　　图6-76　闭合多段线倒角

用 PLINE 命令画的一条多段线中的两直线段不相邻，如果仅相隔一条线段（直线或圆弧），则 AutoCAD 将原来的线段用新的倒角线替代；但如果相隔两条以上的线段，则两直线段之间不能进行倒角。

4. 角度（A）

该选项是由第一倒角距离和倒角斜线与第一条直线的夹角来定义倒角的（图6-77）。第二倒角距离根据夹角自动计算出来。选择主提示的角度(A)，接下来提示：

指定第一条直线的倒角长度〈（当前长度）〉：（输入一个长度值）↙
指定第一条直线的倒角角度〈（当前角度）〉：（输入一个角度值）↙

接下来回到主提示。

5. 修剪（T）

该选项与圆角命令的"修剪"选项相似，是确定进行倒角后是否保留源对象与倒角相对应的部分。设置为"修剪"，则对象或是被剪切或是被延伸到倒角斜线的端点位置；设置为"不修剪"，则源对象保持原样不变，但在他们之间加一倒角斜线，如图6-78所示。

图6-77　用"角度"选项倒角　　　　　　图6-78　倒角后"不修剪"

6. 方式（E）

前面已经指出了定义倒角可使用两种方法：给定两个倒角距离或指定一个倒角距离和一个倒角斜线角度。"方法"选项是在两种方法之间切换。选择主提示的方式(E)，出现提示：

输入修剪方法［距离(D)／角度(A)］〈(当前方法)〉：(单击距离(D)或键入 D 回车指定两个倒角距离，或者单击角度(A)或键入 A 回车指定一个倒角距离和倒角斜线角度，或者回车不改变倒角定义方法)

7. 多选（M）

该选项与圆角命令的"多选"选项相似，即一次倒角命令可给多对直线型对象加倒角。

8. 放弃（U）

该选项与圆角命令的"放弃"选项相似，是放弃在命令中执行的上一个操作。

实际绘图时，图形上的一些小的倒角不必专门去画，而是使用倒角命令。如图 6-79 所示，先按直角绘图，再使用倒角命令，倒角完成以后再画 AB 类型的垂线（可结合对象捕捉）。

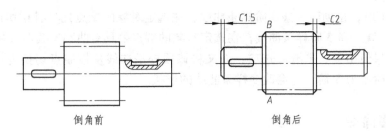

图 6-79　倒角实例

6.15　光顺曲线命令

光顺曲线命令 BLEND 可在两线段的间隙中创建过渡的样条曲线，从而光滑地连接两条线段，但原两线段的长度保持不变。如图 6-80 所示，该选项是在直线和圆弧的间隙中创建了一样条曲线。可光顺的对象包括直线、圆弧、椭圆弧、螺旋、开放的多段线和开放的样条曲线。命令输入方式：

命令：BLEND　【修改 】　【下拉菜单：修改/光顺曲线】【草图与注释："常用"选项卡/"修改"面板/"圆角"下拉按钮菜单/ 光顺曲线】

命令输入后下提示：

连续性 =〈(当前连续性)〉

选择第一个对象或［连续性(CON)］：(选择线段使其一个端点作为样条曲线起始点，或者单击连续性(CON)或键入 CON 回车)

选择第二个点：(选择另一线段使其一个端点作为样条曲线终止点)

在选择线段时，选择点的位置不同，样条曲线的连接方式也不同，如图 6-80 所示。

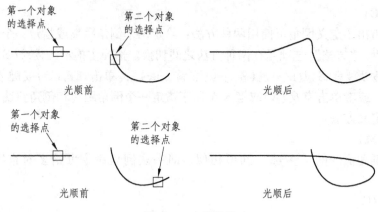

图 6-80　光顺曲线

如果选择连续性（CON），是在两种过渡样条曲线类型中指定一种。接下来提示：

输入连续性［相切（T）/平滑（S）］〈（当前连续性）〉:（单击选项或键入选项的关键字回车，或者直接回车）

选择相切（T），是创建一条 3 阶样条曲线，在选定对象的端点处具有相切连续性。选择平滑（S），是创建一条 5 阶样条曲线，在选定对象的端点处具有曲率连续性（更平滑）。

注意，如果使用了"平滑"选项，而又将该段样条曲线从控制点切换为拟合点，则将样条曲线从 5 阶改为 3 阶，这会改变样条曲线的形状。

6.16　偏移命令

使用偏移命令创建同心圆（弧）、平行线和平行曲线等对象。命令输入方式：

命令：OFFSET ↙　或　O ↙【修改 ⬜】【下拉菜单：修改/偏移】【草图与注释："常用"选项卡/"修改"面板/⬜】

命令输入后显示当前设置和主提示：

当前设置：删除源 = 否　图层 = 源　OFFSETGAPTYPE = 0

指定偏移距离或［通过（T）/删除（E）/图层（L）］〈通过〉:（输入一个偏移值，或者直接回车，或者单击选项或键入选项的关键字回车）

1.　指定偏移距离

该选项是先指定偏移距离，然后选择被偏移对象，再确定向哪边偏移。偏移数值可从键盘键入；或用光标指定两点，两点之间的长度作为偏移距离。接下来提示：

选择要偏移的对象，或［退出（E）/放弃（U）］〈退出〉:（用光标拾取一个要被偏移的对象或者直接回车，或者单击选项或键入选项的关键字回车）

指定要偏移的那一侧上的点，或［退出（E）/多个（M）/放弃（U）］〈退出〉:（用光标在被偏移对象的一侧拾取一点，或者直接回车，或者单击选项或键入选项的关键字回车）

上述两行提示重复出现，直至回车结束命令。偏移过程中，偏移后得到的新对象又可以作为被偏移对象进行偏移，因此，可生成被偏移对象的一系列等距相似图形对象，如等距同心圆，相似多边形等，如图 6-81 所示。

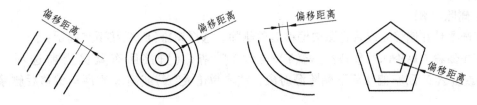

图 6-81 指定偏移距离和偏移方向等距离偏移

上述两个提示中退出(E)、多个(M)、放弃(U)选项的说明如下:

退出(E)是退出偏移命令。放弃(U)是放弃上一个偏移操作。多个(M)是选择一次对象而进行多次偏移,即按当前偏移距离,不用再选择被偏移对象,只要重复指定偏移到哪一侧即可。接下来的提示是:

指定要偏移的那一侧上的点,或 [退出(E)/放弃(U)] 〈下一个对象〉:(用光标在被偏移对象的一侧拾取一点,或者直接回车,或者单击选项或键入选项的关键字回车)

该提示重复出现,直至对其直接回车,选择要偏移的对象,或[退出(E)/放弃(U)]〈退出〉:再次出现。可再选择其他被偏移对象继续进行偏移;或选择退出(E)退出,放弃(U)放弃。

图 6-82 所示是按多个(M)方式偏移,其中的 P_1、P_2、P_3…是在被偏移对象两侧的指定的点(不用再选择被偏移对象),而且这些点还可以重合。

2. 通过(T)

该选项可让偏移后的新对象通过(或延长通过)指定的点。对主提示选择通过(T)或直接回车,接下来提示:

选择要偏移的对象,或 [退出(E)/放弃(U)] 〈退出〉:(用光标拾取一个要被偏移的对象)

指定通过点或 [退出(E)/多个(M)/放弃(U)] 〈退出〉:(用光标指定新对象通过的点)

这两个提示重复出现,直至对其回车结束命令。若要使新对象通过指定的点(如图形上的特殊点),采用这种方式较好,如图 6-83 所示。

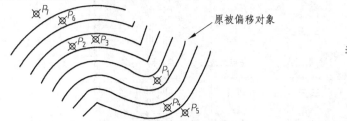

图 6-82 按多个(M)方式偏移对象

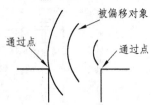

图 6-83 按通过(T)方式偏移对象

提示中的退出(E)和放弃(U)与前段所述意义一样。而多个(M)选项是只选择一次被偏移对象,接下来可连续指定多个通过的点。这时的提示是:

指定通过点或 [退出(E)/放弃(U)] 〈下一个对象〉:(用光标指定新对象通过的点)

该提示重复出现,直至对其直接回车,"选择要偏移的对象,或[退出(E)/放弃(U)]〈退出〉:"提示再次出现,可选择其他被偏移对象;选择退出(E)退出,选择放弃(U)放弃。

3. 删除（E）

该选项是在偏移完成后将原被偏移对象删除。选择删除(E)后接下来提示：

要在偏移后删除源对象吗？[是(Y)/否(N)]〈否〉:（直接回车默认当前选项；单击否(N)或键入 N 回车偏移后不删除源对象，或者单击是(Y)或键入 Y 回车偏移后删除源对象）

接下来回到主提示。

4. 图层（L）

该选项可确定偏移后的新对象创建在当前图层还是被偏移源对象所在图层。对主提示选择图层(L)，接下来提示：

输入偏移对象的图层选项[当前(C)/源(S)]〈当前〉:（直接回车默认当前选项；选择当前(C)，偏移后的新对象创建在当前图层；选择源(S)，新对象创建在源对象所在的图层）

接下来回到主提示。

6.17　编辑多线

MLEDIT 命令用于对多线进行编辑。命令的输入方式：

命令：MLEDIT ↙　　【下拉菜单：修改/对象/多线…】

输入命令后弹出"多线编辑工具"对话框（图 6-84）。对话框中显示了四列样例图标。从左至右依次控制四种编辑：第一列是十字交叉，第二列是"T"形交叉，第三列是拐角和顶点编辑，第四列是多线的断开和连接。单击一个图标后即进行与样例图标相应的多线编辑。

图 6-84　"多线编辑工具"对话框

1. 十字闭合

"十字闭合"是剪切掉所选的第一条多线在与第二条多线交叉处的所有直线，如图6-85所示。编辑方法是：从"多线编辑工具"对话框选中"十字闭合"，然后按提示操作：

选择第一条多线:(拾取第一条多线)

选择第二条多线:(拾取与第一条相交的第二条多线)

选择第一条多线或[放弃(U)]:(拾取另外的第一条多线)

选择第二条多线:(拾取与另外第一条相交的第二条多线)

放弃(U)是取消前一编辑，回到"选择第一条多线:"的提示。以上两条提示重复出现，在"选择第一条多线或[放弃(U)]:"提示后直接回车结束命令。

2. 十字打开

"十字打开"是剪切掉所选的第一条多线与第二条多线交叉处的所有直线，同时剪切掉交叉处第二条多线的最外面直线，如图6-86所示。

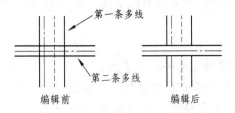

图6-85 多线编辑："十字闭合"

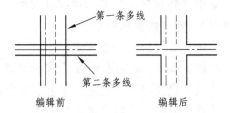

图6-86 多线编辑："十字打开"

3. 十字合并

"十字合并"是剪切掉所选多线在交点处的所有直线（中心线除外），如图6-87所示。

4. T形闭合

"T形闭合"是以第二条多线为边界修剪或延伸第一条多线到相交处，类似剪切命令TRIM和延伸命令EXTEND，如图6-88所示。

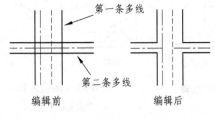

图6-87 多线编辑："十字合并"

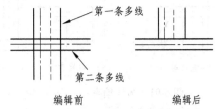

图6-88 多线编辑："T形闭合"

5. T形打开

"T形打开"是以第二条多线为边界修剪或延伸第一条多线到相交处，并剪切掉第二条多线与第一条多线相交的最外侧直线，如图6-89所示。

6. T形合并

"T形合并"类似于"T形打开"选项，不同之处是将第一条多线的内部线延伸到相交处与第二条多线的内部第一条直线相交，如图6-90所示。

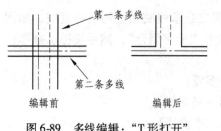

图 6-89　多线编辑："T 形打开"

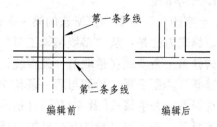

图 6-90　多线编辑："T 形合并"

7. 角点结合

"角点结合"是修剪或延伸选择的两多线到它们的相交处形成角点。选择点位置不同，结果可能不同，如图 6-91 所示。

8. 添加顶点

使用"添加顶点"是向选择的多线上添加顶点。从"多线编辑工具"对话框选中"添加顶点"，然后按提示操作：

选择多线:（拾取一条多线）

选择多线或[放弃(U)]:（再次拾取该多线，或者拾取另外一条多线）

该提示重复出现，直至回车结束命令，在多线的拾取点位置添加一个顶点（图 6-92）。

注意：若需使添加的顶点显示出来，在"新建多线样式"对话框中选中"显示连接"即可。

9. 删除顶点

"删除顶点"是删除多线上距拾取点最近的顶点（图 6-93）。操作过程同"添加顶点"。

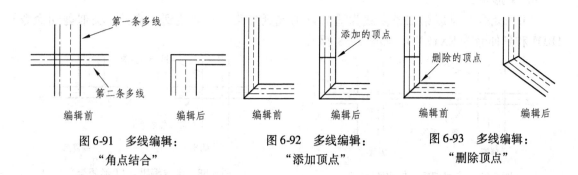

图 6-91　多线编辑：　　　图 6-92　多线编辑：　　　图 6-93　多线编辑：
"角点结合"　　　　　　　"添加顶点"　　　　　　　"删除顶点"

10. 单个剪切

"单个剪切"用于切断所选中的多线中一个直线元素（图 6-94）。从"多线编辑工具"对话框选中"单个剪切"，然后按提示操作：

选择多线:（拾取多线上将被剪断的直线元素，拾取点为第一切断点）

选择第二个点:（在多线上拾取另外一点作为第二切断点）

选择多线或[放弃(U)]:（拾取另一处多线上将被剪断的直线元素，拾取点为第一切断点）

选择第二个点：(在多线上拾取另外一点作为第二切断点)

提示重复出现，直至对提示"选择多线或［放弃（U）］："回车结束命令。选中直线元素的第一个切断点到第二个切断点之间的部分被切掉。第二个切断点未必在将被剪断的直线元素上，可以在其他直线元素上。

11. 全部剪切

"全部剪切"用于切断所选中多线中所有的直线元素，即将多线一分为二（图 6-95）。从"多线编辑工具"对话框选中"全部剪切"，然后按提示操作：

选择多线：(在多线上拾取一点为第一切断点)

选择第二个点：(在多线上拾取另外一点作为第二切断点)

选择多线或［放弃(U)］：(在另一处多线上拾取一点为第一切断点)

选择第二个点：(在多线上拾取另外一点作为第二切断点)

提示重复出现，直至对提示"选择多线或［放弃（U）］："回车结束命令。

12. 全部接合

"全部接合"用于将被切断的同一条多线重新连接起来（图 6-96）。操作过程类似"全部剪切"。

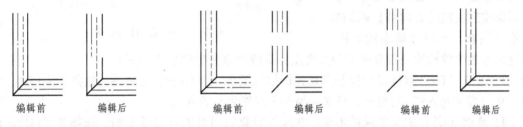

图 6-94　多线编辑："单个剪切"　　图 6-95　多线编辑："全部剪切"　　图 6-96　多线编辑："全部接合"

6.18　夹点编辑

利用夹点可以对图形对象进行编辑，这种编辑与前面修改命令的编辑图形方式不同。当夹点成为热点后，不用输入修改命令就可以对所选中的对象进行拉伸（stretch）、移动（move）、旋转（rotate）、比例缩放（scale）、镜像（mirror），也可以对其特性进行修改。

在夹点编辑时，五种编辑模式可转换。转换的方法是：单击夹点使其变为热点后，出现提示：

＊＊拉伸＊＊

指定拉伸点或［基点(B)/复制(C)/放弃(U)/退出(X)］：

1）在提示下键入关键字 MO（move）、R（rotate）、MI（mirror）、SC（scale）、ST（stretch）后回车。

2）在提示下按空格键或回车键，五种模式循环切换。

3）在热夹点上右击，弹出一个快捷菜单，该菜单列出了夹点编辑模式下的所有选项，从中选择编辑模式或选择修改特性等。

注意：若不是在拉伸模式，提示会与拉伸的提示不同，但上述五种转换模式一样。

使用夹点可加快图形编辑的速度、保持编辑的准确性。下面介绍怎样用夹点来编辑图形。

1. 拉伸模式

拉伸模式是第一种夹点编辑模式，类似于 STRETCH 命令，是拉伸具有热点的对象，改变其形状。将光标移动到夹点上单击，夹点成为热点，移动光标，提示：

＊＊拉伸＊＊

指定拉伸点或［基点(B)/复制(C)/放弃(U)/退出(X)］：（输入一点，或者键入一个长度值回车，或者单击选项或键入选项关键字回车）

1）指定拉伸点：可键入点的坐标或用鼠标左键来指定新点。当移动鼠标时，可以动态地看到对象从热点位置拉伸后的形状（图6-97）。

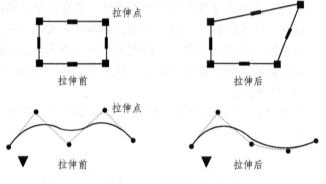

图6-97　指定拉伸点拉伸

2）键入一个长度值：如果希望通过夹点拉伸一个确定长度，这时对提示键入一个长度值回车，图形对象按橡皮筋的方向伸长或缩短该值（注意，在打开动态输入时，用这种方法单独拉伸一条直线的端点夹点，直线沿原方向伸长或缩短）。

3）基点（B）：默认的拉伸基点是光标拾取的夹点，如果需要的话，选择基点(B)，对接下来"指定基点："的提示，可输入另一个点作为新的基点。

4）复制（C）：源对象保持不变，在拉伸对象的同时进行多重复制。选择复制(C)，然后键入点的坐标或用鼠标来指定复制的目标点。

5）放弃（U）：放弃(U)是取消多重复制的最近一次的复制。

6）退出（X）：这是退出夹点编辑模式。

2. 移动模式

"移动模式"类似于 MOVE 命令，是将具有夹点的对象从当前位置移动到新位置而不改变其方向和大小。此外，也可以重新指定移动基点，也可以在指定移动新位置的同时对具有夹点的对象进行复制，而源对象保持不变。处于移动模式的提示为：

＊＊移动＊＊

指定移动点或［基点(B)/复制(C)/放弃(U)/退出(X)］：（输入一点，或者选择一个选项）

关于提示的解释与"拉伸模式"类似，适用于"拉伸"的同样也适用于"移动"。

3. 旋转模式

旋转模式类似于 ROTATE 命令，是将具有夹点的对象绕一基点旋转。旋转模式的提示为：

＊＊旋转＊＊

指定旋转角度或［基点(B)/复制(C)/放弃(U)/参照(R)/退出(X)］：（输入一个角度值，或者选择一个选项）

1）指定旋转角度：该选项为首选项，要求指定具有夹点的对象所旋转的转角。可以移动鼠标来拖动对象旋转，待到合适的位置拾取一点确定旋转角度。也可从键盘键入角度值，它就是对象从当前方向绕基点旋转的角度。正角度为逆时针旋转，负角度为顺时针旋转。

2）复制（C）：源对象保持不变，在旋转对象的同时进行多重复制。选择复制(C)，然后输入旋转角度即可。

3）参照（R）：与 ROTATE 命令的旋转角度参照(R)一样，用来指定参照转角和所需新转角。

4）其他选项的解释与"拉伸模式"类似，适用于"拉伸"的同样也适用于"旋转"。

4. 比例缩放模式

比例缩放模式类似于 SCALE 命令，是将具有夹点的对象相对于基点改变大小。处于比例缩放模式的提示为：

＊＊ 比例缩放 ＊＊

指定比例因子或[基点(B)/复制(C)/放弃(U)/参照(R)/退出(X)]:(输入一个比例值，或者选择一个选项)

1）指定比例因子：该选项是首选项，是指定具有夹点的对象要放大或缩小的比例因子。可以通过移动鼠标来拖动对象改变比例因子；更多的是用键盘键入比例因子，大于1的比例因子放大对象，0 和 1 之间的比例因子缩小对象。

2）复制（C）：源对象保持不变，在缩放对象的同时进行多重复制，选择复制(C)后，然后输入比例值。

3）参照（R）：与比例缩放命令 SCALE 的指定参考长度的参照(R)一样，用来指定参考长度和新长度。

4）其他选项的解释与"拉伸模式"类似，适用于"拉伸"的同样也适用于"比例缩放"。

5. 镜像模式

镜像模式类似于 MIRROR 命令，可以镜像具有夹点的对象。处于镜像模式的提示为：

＊＊ 镜像 ＊＊

指定第二点或 [基点(B)/复制(C)/放弃(U)/退出(X)]:(输入一个点，或者选择一个选项)

复制(C)是保持源对象不变，在镜像对象的同时进行多重复制，选择复制(C)，然后指定第二点即可。

注意：如果不采用"复制(C)"选项，镜像后删除源对象。当需保留源对象时应该采用镜像的多重复制，即使用"复制(C)"选项。

其他选项的解释与"拉伸模式"类似，适用于"拉伸"的同样适用于"镜像"。

6. 热夹点的右键菜单

在热点上右击，会弹出一个菜单。根据夹点的不同，菜单项也不同。可选择菜单项对图形对象进行编辑或修改。

7. 功能夹点

有些对象上的夹点（非热点）具有特殊的功能，将光标悬停在这类功能夹点上，会出现特定于对象（有时为特定于夹点）的菜单或提示，单击菜单项或提示，可对对象进行编辑。

6.19 特性匹配

用特性匹配命令可将一个对象上的特性复制到其他对象上，从而快速地改变对象的特性（类似于 Word 中的格式刷）。例如，可以将一个对象的图层、颜色、线型、线宽等特性匹配到另外的对象。图 6-98 所示是对文字进行特性匹配（关于文字参见第 7 章），图 6-99 所示是对尺寸进行特性匹配（关于尺寸标注参见第 8 章）。

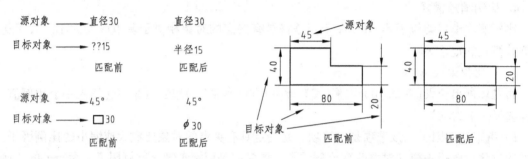

图 6-98　对文字的特性匹配　　　　　图 6-99　对尺寸的特性匹配

命令的输入方式：

命令：MATCHPROP ✓ 或 **MA** ✓ 或 **PAINTER** ✓　　【标准![icon]】【下拉菜单：修改/特性匹配】【草图与注释："常用"选项卡/"剪贴板"面板/![icon]】

命令输入后提示：

选择源对象:(选择一个其特性要被复制的对象)

当前活动设置:颜色 图层 线型 线型比例 线宽 透明度 厚度 打印样式 标注 文字 填充图案 多段线 视口 表格材质 阴影显示 多重引线

选择目标对象或[设置(S)]:(选择一个目标对象，或者单击设置(S)或键入 S 回车)

选择目标对象或[设置(S)]:提示会重复出现，直至对其直接回车结束命令，源对象的特性匹配到目标对象上。

若选择设置(S)，将显示"特性设置"对话框，如图 6-100 所示。通过"特性设置"对话框可控制对象的哪些特性将被复制。默认情况下，对话框中所有对象特性都被选中，即可将源对象的所有可复制的特性复制到目标对象上。去掉某个对象特性前面复选框中的"✓"，源对象上的该特性将不会复制到目标对象上。单击"确定"按钮关闭"特性设置"对话框，回到提示"选择目标对象或[设置(S)]:"。

在多个图形文件打开时，用户也可以通过特性匹配将一个图形中对象的特性传递给另一个图形中的对象。

图 6-100 "特性设置"对话框

6.20 在不同图形间复制对象

1. 不同图形间复制、剪切和粘贴对象

AutoCAD 可同时打开多个图形文件，通过剪贴板可方便地在各图形文件之间复制、剪切和粘贴对象，从而减少重复的工作，提高工作效率。下面说明操作过程。

复制图形对象到剪贴板命令，有以下几种输入方式：

命令：COPYCLIP ✓ 　【标准█】【下拉菜单：编辑/复制】【快捷键：〈CTRL + C〉】【快捷菜单：在没有命令执行时，在绘图区域中右击，打开快捷菜单，然后选择"复制"】【草图与注释："常用"选项卡/"剪贴板"面板/█】

命令输入后出现提示：

选择对象：(用任何一种选择对象的方式选择对象)

提示重复出现，一旦不再选择对象，回车，选中对象即被存入剪贴板。激活需将选中对象粘贴到的图形文件窗口，然后输入粘贴命令。粘贴命令的输入方式有以下几种：

命令：PASTECLIP ✓ 　【标准█】【下拉菜单：编辑/粘贴】【快捷键：〈CTRL + V〉】【快捷菜单：在没有命令执行时，在绘图区域中右击，打开快捷菜单，然后选择"粘贴"】【草图与注释："常用"选项卡/"剪贴板"面板/█】

命令输入后出现提示：

指定插入点：(键入插入点的坐标或用鼠标指定插入点)

到此，在不同的图形文件间复制对象完成。

以上是复制源对象(在原图形文件保留源对象)到另一图形文件。若是剪切源对象(不在原图形文件保留源对象)到另一图形文件,除剪切命令不同于复制命令外,操作过程相同。

剪切命令的输入方式：

命令：CUTCLIP✓　【标准✂】【下拉菜单：编辑/剪切】【快捷键：〈CTRL +
X〉】【快捷菜单：在没有命令执行时，在绘图区域中右击，打开快捷菜单，然后选择"剪
切"】【草图与注释："常用"选项卡/"剪贴板"面板/✂】

以上复制或剪切源对象的过程是先执行命令后选择对象，实际编辑时也可以先选中要复
制或剪切的对象，后执行复制到剪贴板或剪切到剪贴板命令。

2. 带基点复制、粘贴为块

在图形文件之间复制、粘贴对象，有时使用"带基点复制"或"粘贴为块"可能更合适。

"带基点复制"的命令输入方法如下：

命令：COPYBASE✓　【下拉菜单：编辑/带基点复制】【快捷键：〈Ctrl + Shift + C〉】

"带基点复制"在复制对象到剪贴板时要求先指定基点，然后再选择对象。指定基点的
目的是在粘贴对象时可以使其位置更好控制。

"粘贴为块"的命令输入方法如下：

命令：PASTEBLOCK✓　【下拉菜单：编辑/粘贴为块】【快捷键：〈Ctrl + Shift + V〉】

"粘贴为块"是将复制到剪贴板的对象粘贴到图形中后，这些对象形成一个块（关于块
参见第 10 章）。

3. 鼠标拖动在不同图形间复制对象

其实，复制源对象到另一图形文件的更简单的方法是：在"命令："提示下直接选中要
复制的对象（这时源对象上出现夹点并醒目显示），把光标放在选中的对象上（不要放在夹
点上），再拖动到另一文件上，复制即完成，只是复制位置不准确。

6.21　练习

练习 1. 画如图 6-101a 所示视图。

第一步：画点画线（利用对象追踪），如图 6-101b 所示。注意俯视图左边倾斜部分先画
成水平。

第二步：画俯视图。画各个圆；结合"捕捉到切点"画圆的切线；画俯视图右边直线
等，如图 6-101c 所示。

第三步：利用偏移命令画平行线，如图 6-101d 所示。

第四步：利用圆角命令画圆角，如图 6-101e 所示。

第五步：利用镜像命令完成俯视图，如图 6-101f 所示。

第六步：参照俯视图画主视图，如图 6-101g 所示。

第七步：利用圆角命令画主视图的圆角；填充剖面线（见第 7 章）；旋转俯视图的左边
倾斜部分，注意旋转时连同圆角、水平点画线一起旋转，水平点画线要断开，还要拉长。如
图 6-101h 所示。

练习 2. 画如图 6-1 所示图形。

第一步：画点画线（利用对象追踪），如图 6-102b 所示。画倾斜的点画线利用状态行的
极坐标显示或极轴追踪，或用直线命令的角度替代方法。

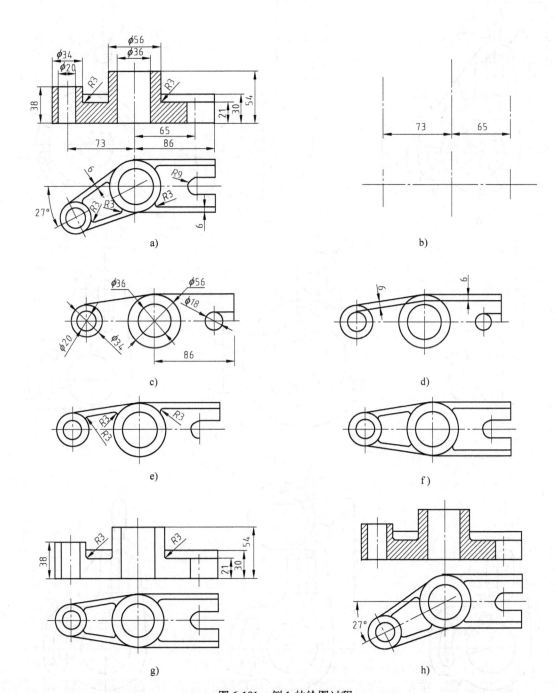

图 6-101 例 1 的绘图过程

a) 完整视图 b) 第一步 c) 第二步 d) 第三步 e) 第四步 f) 第五步 g) 第六步 h) 第七步

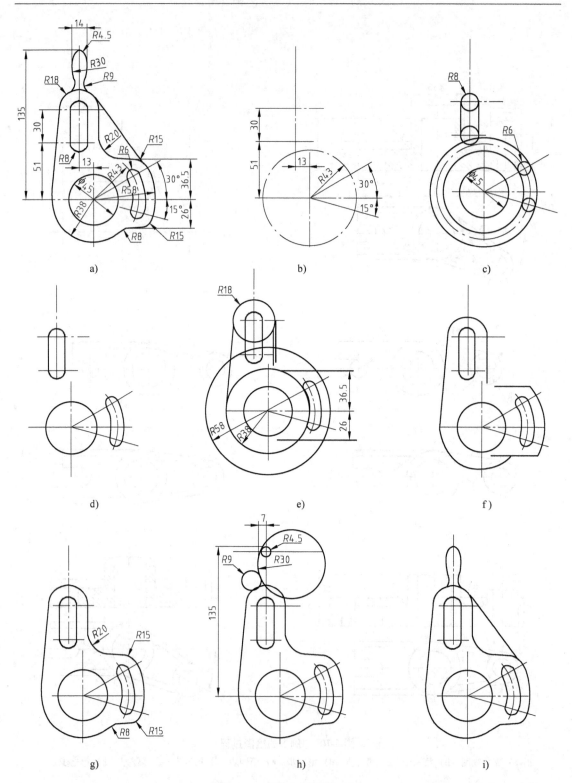

图 6-102　图 6-1 的绘图过程

a）完整视图　b）第一步　c）第二步　d）第三步　e）第四步　f）第五步　g）第六步　h）第七步　i）第八步

第二步：画各个圆，如图 6-102c 所示。利用"捕捉到交点"精确确定圆的圆心。

第三步：利用修剪命令得图 6-102d。

第四步：画外围轮廓的圆和直线，如图 6-102e 所示。

第五步：利用修剪命令得图 6-102f。

第六步：利用圆角命令得图 6-102g。

第七步：画图形的上部。根据尺寸画垂直辅助直线；画上部的小圆；利用画圆命令的"相切、相切、半径"方式画 R30 的圆和 R9 的圆，如图 6-102h 所示。也可以不画 R9 的圆，而用圆角命令画 R9 的圆弧，而后延伸 R18 的圆弧。

第八步：先利用修剪命令，再用镜像命令完成图形的上部。至此，整个图形完成，如图 6-102i 所示。

习　　题

1. 如果对修改命令的"选择对象："的提示选择了不该选择的对象，如何把它们从选择集中清除。

2. 在修剪命令中，边界可否作为被修剪对象？使用修剪命令过程中怎样进行延伸操作？在使用延伸命令过程中怎样进行修剪操作？

3. 复制命令的"指定基点、距离复制"怎样操作？

4. 旋转命令和比例缩放命令的"参照（R）"选项类似吗？各在什么情形下使用。

5. 创建环形及矩形阵列时，阵列角度、行和列间距可以是负值吗？

6. 使用拉伸命令时，如何选择对象？如果对象完全在窗交窗口或圈交窗口里面，则拉伸效果会怎样？如何指定基点、距离拉伸？

7. 若要将直线在同一点打断，应怎样操作？

8. 在合并直线时，各段必须满足什么条件？可否重叠？如何由一段圆弧生成一个完整的圆。

9. 使用圆角命令时，如果图中圆角半径值不是命令的当前值，首先该做什么？在圆角命令进行中，如果圆角半径不为零，如何形成尖角？

10. 过一点画已知直线的平行线，可以有哪几种方法？

11. 夹点编辑提供了哪几种编辑方法？怎样通过夹点拉伸一个确定长度？如果想在旋转对象的同时复制对象，应如何操作？

12. 将一个对象从一个图层转换到另外一个图层上，有哪几种方法？

13. 画出图 6-103 所示的各图形（不标注尺寸）。

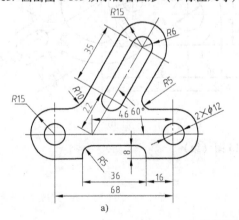
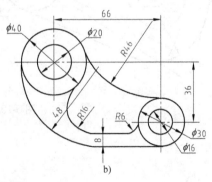

图 6-103　习题 13 图

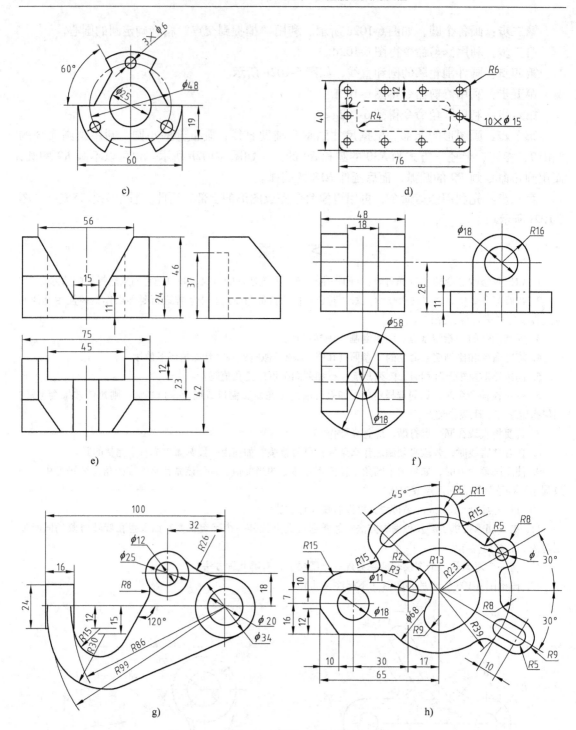

图 6-103　习题 13 图（续）

第7章 图案填充、文字、"特性"选项板

如图 7-1 所示，一幅完整的工程图样除了图形外，还有尺寸、文字、符号等，后面几章将陆续讲解如何处理这些问题。本章主要讨论如何填充图案、输入文字以及特性修改。

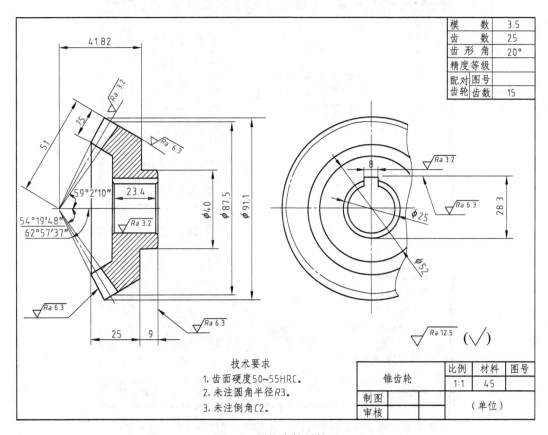

模 数	3.5
齿 数	25
齿 形 角	20°
精度等级	
配对 图号	
齿轮 齿数	15

技术要求
1. 齿面硬度50~55HRC。
2. 未注圆角半径R3。
3. 未注倒角C2。

锥齿轮	比例	材料	图号
	1:1	45	
制图			
审核		（单位）	

图 7-1 圆锥齿轮零件图

7.1 图案填充

AutoCAD 的图案填充功能可在封闭区域或定义的边界内绘制剖面线或剖面图案，表现表面纹理或涂色，也可实现渐变填充。边界可以是直线、圆、圆弧、多段线及 3D 面或其他对象，且每个边界对象必须可见。

AutoCAD 可以填充多种图案，填充后的图案被作为一个整体来对待，即填充图案是一个无名的块（块的概念参见第 10 章）。例如，用户要对填充的图案进行编辑，那么在选择对象时只要选择填充图案上的任意一点，便可选中整个图案填充对象；除非用户使用 EX-PLODE 命令（参见第 10 章 10.4 节）将其分解为各个独立的对象。图案填充过程应用图案

填充命令，命令的输入方式：

命令：HATCH√ 或 H√ 或 BHATCH√ 或 BH√　【绘图▨或▨】【下拉菜单：绘图/图案填充（或渐变色）】【草图与注释："常用"选项卡/"绘图"面板/"图案填充"下拉按钮菜单/▨图案填充（或▨渐变色）】

如果是在"AutoCAD 经典"工作空间，命令输入后，AutoCAD 显示"图案填充和渐变色"对话框，如图 7-2 所示。

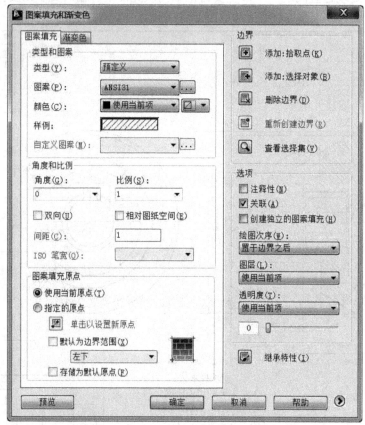

图 7-2　"图案填充和渐变色"对话框（"图案填充"选项卡）

7.1.1　"图案填充"选项卡

使用"图案填充"选项卡可以选择填充图案的类型和图案，设置图案的角度和缩放比例、边界参数以及其他相关值。下面对选项卡中的各个选项进行介绍。

1. "类型和图案"栏

"类型和图案"栏指定图案填充的类型和图案。

1）"类型"下拉列表：在该下拉列表框选择填充图案的类型。在下拉列表框中有三个选项："**预定义**"、"**用户定义**"和"**自定义**"。

预定义："预定义"中的图案是 AutoCAD 已预先定义好的填充图案，是最常使用的图案。这些图案保存在 acad. pat 和 acadiso. pat 文件中，用户可以控制其角度和比例系数。对于预定义的 ISO（国际标准化组织）标准图案，用户还可以控制其笔宽。

用户定义："用户定义"选项让用户用当前线型定义一个简单的图案（一组平行线或垂直相交的两组平行线）。用户可以控制用户定义图案中直线的角度和间距。

自定义："自定义"选项用于从其他定制的 . pat 文件（而不是从 acad. pat 或 acadiso. pat 文件）中指定一个图案。用户也可以控制自定义填充图案的比例系数和旋转角度。

2）"图案"下拉列表：该下拉列表框只有在"类型"下拉列表框中选择了"预定义"时才可用。单击"图案"下拉列表，将列出所有可用的"预定义"类填充图案的名称，最近使用过的图案名称出现在列表的顶部，用户可单击图案名称选择填充的图案。

图 7-3　"填充图案选项板"对话框

单击"图案"下拉列表框右边的按钮，显示"填充图案选项板"（图 7-3）。单击某一选项卡，再从预览图片区中单击某个图片，然后单击"确定"按钮即选择了一个填充图案。

在"填充图案选项板"中将所有预定义和自定义的图案预览图片分类放在四个选项卡中，每个选项卡中的预览图片按字母顺序排列。四个选项卡分别为：

ANSI：显示所有 AutoCAD 中名字带 ANSI 的图案。

ISO：显示所有 AutoCAD 中名字带 ISO 的图案。

其他预定义：显示所有 AutoCAD 中除 ISO 和 ANSI 外的所有图案。

自定义：显示所有用户添加到 AutoCAD 的搜索路径中的 . pat 文件中的可用图案。

3）"颜色"下拉列表：为填充图案和实体填充指定颜色而不用当前的颜色。单击该下拉列表，从中选择一种颜色，如果必要，可选"选择颜色…"，将打开"选择颜色"对话框，从中选择合适颜色。

"颜色"下拉列表的右侧是"背景色"下拉按钮。单击该按钮，打开下拉列表，从中选择一种颜色为图案填充对象的背景色。选择"无"，不使用背景色。

4）"样例"框：显示所选中填充图案的预览图片。单击此框也可显示如图 7-3 所示的"填充图案选项板"对话框，从中选择图案。

5）"自定义图案"下拉列表框：该下拉列表框只有在"类型"下拉列表框中选择了"自定义"才可用，否则该选项不可用（灰色显示）。当其可用时，其使用方法同"图案"下拉列表框一样。

同样，用户单击"自定义图案"下拉列表框右边的按钮，AutoCAD 显示出"填充图案选项板"对话框，从中可以查看、选择一种填充图案。

2. "角度和比例"栏

"角度和比例"栏指定选定填充图案的角度和比例。

1) "角度"下拉列表框：让用户指定填充图案相对于当前用户坐标系 UCS 的 X 轴的旋转角度，如图 7-4 所示是同样的填充图案不同旋转角度的填充。可单击下拉列表选择角度，也可在文本框中键入角度。

2) "比例"下拉列表框：用于设置填充图案的比例因子，以使图案的外观更稀疏或更稠密。"比例"下拉列表框只有在"类型"下拉列表框中选择了"预定义"或"自定义"时才有效。图 7-5 所示是不同比例因子下的同一图案的填充。可单击下拉列表选择比例，也可在文本框中键入比例。

图案ANSI31　图案ANSI31
角度=0°　角度=45°

图 7-4　不同旋转角度的图案填充

图案 ANSI31　图案 ANSI31
比例 =1　比例 =3

图 7-5　同一图案不同比例的填充

3) "双向"复选框：选中"双向"复选框，将在使用用户定义图案时，与原始线垂直方向画第二组线，从而创建了一个相交叉的填充图案。此项只有在"类型"下拉列表框中选择了"用户定义"时才可用。

4) "相对图纸空间"复选框：用于设置填充图案按图纸空间单位比例缩放。选中此选项后，可以将填充图案以一个合适于用户布局的比例显示。该选项只有在布局视图中才有效。

5) "间距"：用于设置用户定义图案时填充线的间距。"间距"只有在"类型"下拉列表框中选择了"用户定义"时才有效。

6) "ISO 笔宽"下拉列表框：用于设置"预定义"的 ISO 图案的笔宽。此选项只有在"类型"下拉列表框中选择了"预定义"类型并且选择了一种可用的 ISO 图案时才可用。

3. "图案填充原点"栏

"图案填充原点"栏控制填充图案生成的起始位置。默认情况下，所有图案填充原点都对应于当前的 UCS 原点。如果某些填充的图案（例如砖块图案）需要与填充边界上的一点对齐，这时就要设置新填充原点。

1) "使用当前原点"单选按钮：使用当前坐标系的原点作为填充图案生成的起始位置。

2) "指定的原点"单选按钮：指定新的图案填充原点。单击此选项可使以下选项可用。

"单击以设置新原点"按钮：单击该按钮，对话框暂时关闭，命令行提示"指定原点："用光标在屏幕上单击指定一点，或从键盘键入点的坐标，该点为新的图案填充原点。

图 7-6 所示是用图案 BRICK 填充同一个矩形，

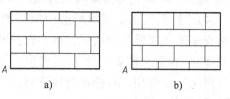

图 7-6　图案填充原点
a) "使用当前原点"填充　b) "指定的原点"（点 A）填充

图 7-6a 所示是用"使用当前原点"填充的结果,图 7-6b 所示是用"指定的原点"(以左下角点 A 为填充原点)填充的结果。

"默认为边界范围"复选框:基于图案填充的矩形范围计算出新原点。选中该复选框,其下拉列表可用,可以从该下拉列表中选择该范围的四个角点或中心之一作为新原点。

"存储为默认原点"复选框:将新图案填充原点的值存储在 HPORIGIN 系统变量中,作为下一次图案填充的默认原点。

"原点预览":显示原点的当前位置。在"默认为边界范围"的下拉列表选择后显示变化。

7.1.2 "渐变色"选项卡

渐变填充在一种颜色的不同灰度之间或两种颜色之间使用过渡,用于增强图形效果。使用"渐变色"选项卡,可实现渐变填充。"渐变色"选项卡的右侧与"图案填充"选项卡的右侧一样,图 7-7 所示的仅是"渐变色"选项卡的左侧,包括以下内容。

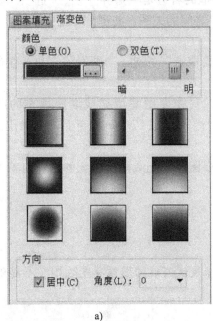 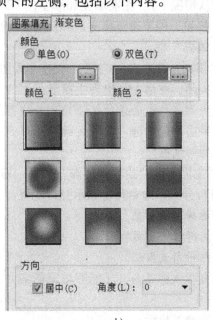

a) b)

图 7-7 "图案填充和渐变色"对话框

a)"渐变色"选项卡"单色" b)"渐变色"选项卡"双色"

1. "颜色"栏

1)"单色"单选按钮:用于指定使用从较深着色到较浅色调平滑过渡的单色填充。选择"单色"时,将显示如图 7-7a 所示的"颜色样本"(水平颜色条),其右侧是"浏览"按钮,单击该按钮,将打开"选择颜色"对话框,从中选择颜色。

"着色——渐浅"是"色调"滑动条,拖动滑块或单击两侧的箭头或,"渐变图案"显示的 9 块颜色样例可以在"渐深"和"渐浅"之间变化。

2)"双色"选择按钮:用于指定在两种颜色之间平滑过渡的双色渐变填充。选中"双色"时，将显示如图7-7b所示的"颜色1"和"颜色2"颜色样本。在颜色样本的右边都有"浏览"按钮。单击该按钮，将打开"选择颜色"对话框，从中选择颜色。改变"颜色1"和"颜色2"，"渐变图案"显示的9块颜色样例也随即改变。

2. "渐变图案"栏

显示用于渐变填充的九种固定图案。这些图案包括线性扫掠状、球状和抛物面状图案。

3. "方向"栏

1）"居中"复选框：指定对称的渐变配置。如果没有选定此选项，渐变填充将朝左上方变化，创建光源在对象左边的图案。

2）"角度"下拉列表：指定渐变填充的角度。相对当前用户坐标系 UCS 指定角度。此选项与指定给图案填充的角度互不影响。

7.1.3　确定填充边界

在默认情况下，"图案填充和渐变色"对话框的右边是"边界"栏、"选项"栏和"继承特性"按钮，用于确定填充边界及图案与边界之间的关系。各部分分述如下。

1. "边界"栏

1）"添加：拾取点"按钮：单击"添加：拾取点"按钮，"图案填充和渐变色"对话框将暂时关闭，在命令行出现**主提示**：

拾取内部点或［选择对象（S）/删除边界（B）］：（在要图案填充或渐变填充的区域内单击，或者单击选项或键入选项关键字回车，或者键入 U 或 UNDO 放弃上一个操作，或者直接回车返回对话框）

① 对主提示以"拾取内部点"回答，即在要图案填充或渐变填充的区域内单击，Auto-CAD 将进行分析，命令行将显示分析过程：

正在选择所有对象...

正在选择所有可见对象...

正在分析所选数据...

正在分析内部孤岛...（能够填充图案）或未发现有效的图案填充边界。（不能够填充图案）

接下来继续提示：

拾取内部点或［选择对象（S）/删除边界（B）］：（在要图案填充或渐变填充的区域内单击，或者单击选项或键入选项关键字回车，或者键 U 或 UNDO 放弃上一个操作，或者直接回车返回对话框）

如果继续在要图案填充或渐变填充的区域内单击，分析过程和提示重复出现，直至直接回车，返回"图案填充和渐变色"对话框。如果对提示单击右键，将打开图 7-8 所示的右键菜单，从菜单中选择"确认"，也会返回"图案填充和渐变色"对话框。单击其"确定"按钮，填充完成。

可以在多个相连的封闭区域内连续拾取内部点，也可

图 7-8　图案填充右键菜单

以在多个不相连区域内连续拾取内部点，如图7-9所示。

图7-10所示的是通过拾取内部点来定义填充边界进行图案填充。拾取点位置不同，边界不同，填充结果不同。

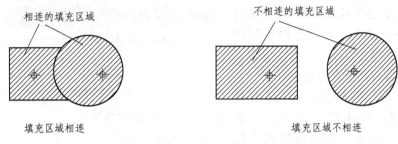

图7-9　拾取内部点图案填充或渐变填充（⊕表示拾取的内部点）

在拾取内部点时，如果拾取点在边界线外，或边界对象并非完全闭合且"允许的间隙"设置的不够大时（参见"7.1.4 其他选项区域"的"4.'允许的间隙'栏"），将弹出"图案填充-边界定义错误"提示框，如图7-11所示，提示无法确定闭合的图案填充边界。如果边界对象没有完全闭合，但拾取点在边界线内，且"允许的间隙"设置的足够大，将弹出"图案填充-开放边界警告"提示框，如图7-12所示，单击"继续填充此区域"，完成填充，单击"不填充此区域"放弃填充。单击"取消"放弃本次操作。返回"图案填充和渐变色"对话框。还可以选中其中的"始终执行我的当前选择"复选框，以便下次再有类似问题时采取与这一次一致的选择。

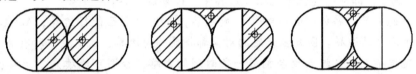

图7-10　在对象内部拾取点进行图案填充（⊕表示拾取的内部点）

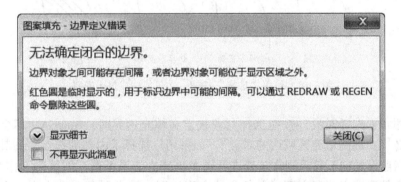

图7-11　"图案填充-边界定义错误"提示框

在要求拾取内部点的时候，用户可以在绘图区右击，打开快捷菜单，其各个菜单项的意义在这一节已陆续叙述或即将叙述。用户可以通过该快捷菜单实现取消最近或所有的拾取点、改变选择方式、改变孤岛检测样式或预览图案填充等多项功能。

②对主提示选择选择对象(S)，把当前的"拾取内部点"确定填充区域边界方式变为"选择对象"确定填充区域边界方式。接下来的提示与后面的"添加：选择对象"按钮的命令行提示一样，请参见下文的"添加：选择对象"按钮。

③对主提示选择删除边界(B)，是转到"删除边界"选项，即从已经确定的填充区域边界中去掉某些边界。选择删除边界(B)后，接下来提示：

选择对象或［添加边界(A)］：(选择要去掉的边界对象，或者单击添加边界(A)或单击A回车返回到主提示)

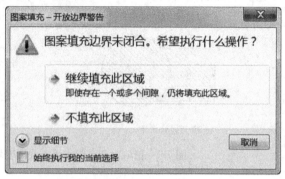

图7-12 "图案填充-开放边界警告"提示框

2) "添加：选择对象"按钮：使用该按钮，是通过选择特定的对象作为边界来进行图案填充。单击该按钮后，对话框暂时关闭，命令行的**主提示**变为：

选择对象或［拾取内部点(K)/删除边界(B)］：(用任何选择对象的方法选择填充区域的边界，或者单击选项或键入选项关键字回车，或者键入U或UNDO放弃上一个选择，或者回车返回对话框)

如果选择拾取内部点(K)，则将当前的选择方式改为拾取内部点，接下来主提示转到拾取内部点的主提示，同时前面选择的填充边界也被取消。如果选择删除边界(B)，是转到"删除边界"选项，即从已经选中的填充边界中去掉某些边界。

注意：当选中了"添加：选择对象"按钮后，是用户自己选择边界，AutoCAD不再自动地建立一个闭合的边界。因此被选定的对象都将要作为边界，这就要求所有选中对象的端点必须在填充边界上，且端点重合构成一条封闭的回路，否则可能填充不正确，如图7-13所示。

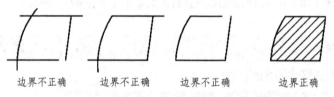

边界不正确   边界不正确   边界不正确   边界正确

图7-13 使用"选择"按钮，边界须构成封闭回路

在用"添加：选择对象"按钮选择对象来定义填充边界时，AutoCAD不会自动检测边界内部的孤岛（孤岛指填充区域内的对象）。如果用户选择了内部的孤岛，则其作为填充边界，并根据当前设置的孤岛检测样式来进行图案填充。如果不选，则孤岛不作为填充边界。因此，当填充的区域内部有文字（包括尺寸文字）时，选择对象时选中它，文字就不会被填充，并在其周围留有一部分区域以使文字清晰显示。如图7-14所示，没有选择内部的文字，则形成的填充覆盖该文字；如果用户选择文字对象，则文字作为边界的一部分不被填充。

在已标注尺寸的区域进行图案填充时，只要尺寸标注变量DIMASSOC设为关联标注（值为2），并且尺寸标注还没有被拆开时，尺寸标注就不会受填充的影响。DIMASSOC变量

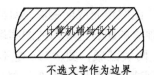
不选文字作为边界

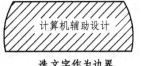
选文字作为边界

图 7-14 使用"选择"按钮,选择文字作为边界

可设置为与尺寸标注相关、不相关(值为1)或分解(值为0)。如果尺寸标注是在 DIMAS-SOC 变量的值为1或0时进行的,则有关的线(尺寸线和尺寸界线)对填充图案会有着不可预见的影响。因此,在这种情况下,应通过在屏幕上选择独立对象来完成选择工作。

块在被进行填充时是把它们作为分离的对象来进行的(关于"块"参见第10章)。要注意的是,当选定了一个块时,组成该块的所有对象都被选定作为要被填充的一部分。

3)"删除边界"按钮:该按钮是在已经确定了一些边界后才可用,用于从已经确定的填充区域边界中去掉某些边界。单击该按钮后,"图案填充和渐变色"对话框将暂时关闭,命令行提示:

选择对象或 [添加边界(A)]:(选择要去掉的边界对象,或者单击添加边界(A)或单击A回车返回到主提示)

选择对象或 [添加边界(A)/放弃(U)]:(选择要去掉的边界对象,或者单击添加边界(A)或单击A回车返回到主提示,或者单击放弃(U)或键入U回车放弃刚才的操作,该提示重复出现,直接回车结束重复提示)

4)"重新创建边界"按钮:此按钮在创建图案填充时不可用,而在编辑图案填充时可用。

5)"查看选择集"按钮:暂时关闭对话框,并以上一次预览的填充设置显示当前定义的边界。在没有选取边界对象或没有拾取内部点以定义边界时,此选项不可用。

2. "选项"栏

1)"注释性"复选框:选中该框,填充的图案具有注释性。关于注释性参见随书光盘的"选学与参考"中的"注释性"内容。

2)"关联"复选框:选中该框为"关联",否则为"非关联"。"关联"是指随着填充边界的改变图案填充或渐变填充也随着变化;"非关联"是指图案填充或渐变填充相对于它的填充边界是独立的,边界的修改不影响填充对象的改变。图 7-15a 所示是原图,用拉伸命令 STRETCH 拉伸图形的右下角,图 7-15b 所示是"关联"时的拉伸效果;图 7-15c 所示是"非关联"时的拉伸效果。

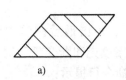
a)

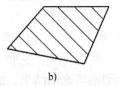
b)

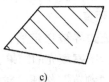
c)

图 7-15 填充是否与边界关联
a)原图 b)填充与边界关联的拉伸效果 c)填充与边界不关联的拉伸效果

3)"创建独立的图案填充"复选框:控制当指定了几个独立的闭合边界时,是创建整

个的图案填充或渐变填充对象，还是创建多个独立的图案填充或渐变填充对象。当选中该框时，多个图案填充对象独立；而不选中该框，多个独立的闭合边界内的图案填充对象将作为一个整体。图 7-16 所示是一次命令填充图形的上下两块区域，图 7-16a 是不选中"创建独立的图案填充"复选框的效果；图 7-16b 是选中"创建独立的图案填充"复选框的效果。

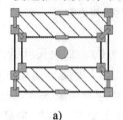 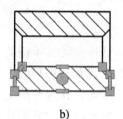

a)　　　　　　　　　　　　　　　b)

图 7-16　多个填充图案的独立性

a）多个独立的填充图案为一个整体　b）多个独立的填充图案各自独立

4）"绘图次序"下拉列表：单击该下拉列表，为图案填充或渐变填充指定绘图次序。填充的图案可以放在所有其他对象之后、所有其他对象之前、图案填充边界之后或图案填充边界之前。有以下五种次序：

不指定：不为图案填充或渐变填充指定绘图次序。

后置：将图案填充或渐变填充置于其他对象之后。

前置：将图案填充或渐变填充置于其他对象之前。

置于边界之后：将图案填充或渐变填充置于图案填充边界之后（默认的初始值）。

置于边界之前：将图案填充或渐变填充置于图案填充边界之前。

5）"图层"下拉列表：单击该下拉列表，选择"使用当前项"，把填充图案画在当前图层。如果填充图案选择另外图层，就不是画在当前图层。

6）"透明度下拉列表：单击该下拉列表，选择"使用当前项"，当前填充图案的透明度不变；如果选择"指定值"，可设定填充图案新的透明度，替代当前对象的透明度，方法是在下面的文本框中键入透明度值或左右拖动滑块改变透明度。

3. "继承特性"按钮

用户要使用与图形当中已存在的图案填充或渐变填充一样的图案，来填充新的区域时，可以选择"继承特性"按钮，表示一种特性的继承性。单击该按钮后，命令行提示：

选择图案填充对象：（在某个图案填充或渐变填充上单击，继承其特性）

继承特性：名称〈×××〉,比例〈×〉,角度〈×〉或继承的特性：角度〈×〉

接下来回到"拾取内部点或…"的主提示，继续前面已介绍过的操作。

4. 预览

填充边界被选定后，右击，将打开右键菜单，如图 7-8 所示，单击最后一项"预览"项，显示图案填充的结果；或单击第一项"确定"项，返回"图案填充和渐变色"对话框，再单击"预览"按钮，对话框关闭，显示图案填充的结果。此时命令行提示：

拾取或按 Esc 键返回到对话框或〈单击右键接受图案填充〉：（按〈Esc〉键返回到"图案填充和渐变色"对话框，或者单击右键，或者回车完成图案填充）

当然，选定填充边界返回"图案填充和渐变色"对话框后，单击"确定"按钮，则不预览，直接完成图案填充。

7.1.4　其他选项区域

单击"图案填充和渐变色"对话框右下角的"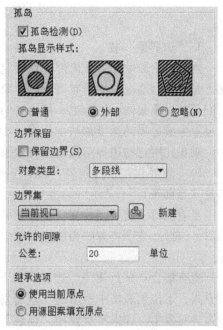"按钮，可以展开对话框以显示其他选项，如图 7-17 所示。同时按钮"➤"变为"◀"，单击"◀"，对话框变为默认形式。其他选项包括以下内容。

1. "孤岛"栏

孤岛指填充区域内的对象，如封闭的图形、文字串的外框等。"孤岛"栏用于定义最外面的填充边界内部有孤岛时的图案填充方法。

1）"孤岛检测"复选框：选中该复选框检测孤岛，否则不进行孤岛检测。

2）"孤岛显示样式"：如果 AutoCAD 检测到孤岛，要根据选中的"孤岛显示样式"进行填充。如果没有内部孤岛存在，则定义的孤岛检测样式无效。图 7-17 所示的"孤岛显示样式："图例显示了"普通"、"外部"和"忽略"三种样式进行图案填充的结果。

普通：填充从最外面边界开始往里，在交替的区域间填充图案。这样在由外往里，每奇数个区域被填充，如图 7-17 的"普通"所示。

外部：填充从最外面边界开始往里进行，遇到第一个内部边界后即停止填充，仅仅对最外边区域进行图案填充，如图 7-17 的"外部"所示。

忽略：只要最外的边界组成了一个闭合的多边形，AutoCAD 将忽略所有的内部对象，对最外端边界所围成的全部区域进行图案填充，如图 7-17 的"忽略"所示。

图 7-17　"图案填充和渐变色"对话框的其他选项区域

实际上，在进行图案填充和渐变色填充之前，应该选择一种孤岛显示样式。

除了上述选择"孤岛显示样式"的方法外，用户还可以在单击了"添加：拾取点"按钮或单击了"添加：选择对象"按钮之后，在图形区右击，从弹出的快捷菜单图 7-8 中选择三种样式之一。

2. "边界保留"栏

AutoCAD 在图案填充时会在被填充区域的内部用多段线或面域产生一个临时边界，以描述填充区域的边界，默认的情况是图案填充完成后系统自动清除这些临时边界。

1）"保留边界"复选框：选中该框表示在图形中保留临时边界，并可作为一个图形对象使用。

2）"对象类型"下拉列表：用于指定临时边界使用"多段线"还是"面域"。该项只有在选中了"保留边界"复选框时才有效。

如图 7-18a 所示是两条直线和两条圆弧形成的填充边界；图 7-18b 所示是保留临时边界，对象类型为多段线，在擦除了直线和圆弧后的效果，可见填充区域仍有一条闭合的多段线；

图 7-18c 所示是不保留临时边界，在擦除了直线和圆弧后的效果。

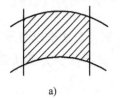

a)   b)   c)

图 7-18　临时边界的处理

a）擦除了直线和圆弧前　b）擦除了直线和圆弧后（保留边界）

c）擦除了直线和圆弧后（不保留边界）

3. "边界集"栏

当通过拾取填充区域内部一点而定义填充边界时，AutoCAD 要分析边界对象集。默认情况下是分析当前视口中所有可见的对象。用户可以重新定义边界对象集，忽略某些对象，使它们不在对象集内，同时也不用将它们隐藏或删除掉。对于较大的图形来说，重新定义边界集可使生成边界的速度加快。但是，如果在图案填充时，通过"选择对象"来定义填充边界，则在此所选的边界对象集没有效果。

1）"边界集"下拉列表：该下拉列表有两个选项，"当前视口"和"现有集合"，默认的是"当前视口"。

当前视口：使用当前视口中所有可见对象来定义边界对象集。在已有一个当前边界对象集时，选择此选项将忽略当前边界对象集而使用当前视口中所有可见的对象来定义边界对象集。

现有集合：一旦使用"边界集"下拉列表框右边的"新建"按钮选择了某些对象作为边界集，下拉列表框中将出现"现有集合"，这是采用用户指定的对象作为 AutoCAD 要分析的边界对象集。如果没有使用"新建"按钮选择过对象，则没有此选项。

2）"新建"按钮：该按钮用于创建一个新的边界对象集。选择该按钮后，将暂时关闭对话框并提示用户选择用于构造边界集的对象，选择对象后回车返回对话框，AutoCAD 将用新选择的边界集来代替任何已有的边界集。在新建了边界集之后，AutoCAD 只分析该边界集，如果为填充图案而拾取的一点在该边界集以外，将显示"边界定义错误"提示框（图 7-11），提示未找到有效的图案填充边界。构造了一个边界集后，AutoCAD 将一直忽略不在该边界集中的对象，直到又创建了新的边界集或改用"当前视口"或退出命令。

4. "允许的间隙"栏

"公差"文本框：设置将对象用作图案填充边界时可以忽略的最大间隙。默认值为 0，即对象作为边界时必须封闭而没有间隙。按图形单位输入一个值（从 0 到 5 000），以设置图案填充时可以忽略的最大间隙。任何小于等于指定值的间隙都将被忽略，并将边界视为封闭。

如图 7-19a 所示，填充区域的边界的不闭合，有长为 5 的间隙。如果在"公差"框输入的值小于 5，在拾取内部点定义边界时，将弹出"边界定义错误"提示框（图 7-11），提示未找到有效边界。如果在"公差"框输入的值大于等于 5，在拾取内部点定义边界时，将弹出"开放边界警告"提示框（图 7-12），提示是否进行下一步操作。图 7-19b 所示是在"公差"框中输入的值大于 5 时填充的结果。

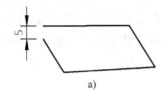
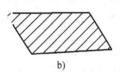

图 7-19 填充区域的允许间隙

a）未填充 b）公差值大于 5 时填充的结果

5. "继承选项" 栏

使用 "继承特性" 进行图案填充时，控制图案填充的原点位置。

使用当前原点：在进行图案填充或渐变填充时使用当前的原点。

使用源图案填充的原点：在进行图案填充或渐变填充时使用源图案的填充原点。

7.1.5 功能区 "图案填充创建" 上下文选项卡

如果是在 "草图与注释" 工作空间，在输入图案填充命令后，功能区立即出现图案填充的上下文选项卡 "图案填充创建"，如图 7-20 所示。

a）

b）

图 7-20 功能区 "图案填充（或渐变色）创建" 上下文选项卡

a）功能区填充图案上下文选项卡 b）功能区渐变色填充上下文选项卡

"图案填充创建" 上下文选项卡实际上是 "图案填充和渐变色" 对话框的另一种形式，其使用方法类似。例如，在 "边界" 面板由 "拾取点" 或 "选择" 按钮确定填充边界，在 "图案" 面板选择填充图案（或渐变色），在 "特性" 面板确定图案的角度和比例。读者可试用各按钮、下拉列表等，相关解释参见前文对 "图案填充和渐变色" 对话框的介绍。

7.1.6 编辑图案填充

HATCHEDIT 命令可修改已填充的图案及其某些特性。命令的执行方式：

命令：**HATCHEDIT**✓ 或　**HE**✓　　【修改Ⅱ📝】　【下拉菜单：修改/对象/图案填充】【快捷菜单：选择一个图案填充对象，在绘图区域右击，从弹出的快捷菜单中选择"编辑图案填充"菜单项】【草图与注释："常用"选项卡/"修改"面板/滑出式面板

［　　修改　▼　　］/📝

命令输入后，AutoCAD 提示：

选择图案填充对象:（选择要编辑的填充图案）

用户选择一个关联图案填充对象后，打开与"图案填充和渐变色"对话框完全一样的"图案填充编辑"对话框，只是某些项不可用，而在创建图案填充时"图案填充和渐变色"对话框中不可用的"重新创建边界"按钮现在可用。

"重新创建边界"可以围绕选定的图案填充或填充对象创建多段线或面域作为边界，接着可继续设定图案填充是否与新边界相关联。

单击"重新创建边界"按钮，对话框暂时关闭，命令行提示：

输入边界对象类型 ［面域（R）/多段线（P）］〈当前〉:（单击面域（R）或键入 R 回车创建面域，或者单击多段线（P）或键入 P 回车创建多段线，或者直接回车使用当前边界类型）

要重新关联图案填充与新边界吗？［是（Y）/否（N）］〈当前〉:（单击是（Y）或键入 Y 回车，图案与新边界关联，或者单击否（N）或键入 N 回车图案与新边界不关联）

利用"图案填充编辑"对话框，用户可对已填充的图案进行诸如改变填充图案、改变填充比例和角度以及孤岛检测样式等操作，用户可参照前面所讲的"图案填充和渐变色"对话框使用。

7.2　文字样式

在图样中，有时需要输入不同形式的文字，如仿宋体、斜体、字母、汉字等。在用单行文字命令添加文字前，要先设置文字样式。

文字样式与字体是不同的概念。在 AutoCAD 中，字体是用来绘制文本字符的模式，是由字体文件定义好的。文字样式是把某种字体进行某些处理（比如倾斜一定的角度，反向，颠倒等）而得到的符号形式。字体决定输入文字的文字样式，同一种字体可以定义多种文字样式。在 AutoCAD 中，有多种字体可供选择，字体可以使用 AutoCAD 的形字体文件（通常后缀为 .shx），也可以使用 Windows 系统的 TrueType 真字体（如宋体、楷体等）。用户要使用哪种字体，应将该字体定义成一种文字样式，并将该文字样式设置为当前样式。

7.2.1　"文字样式"对话框

设置文字样式可在"文字样式"对话框（图 7-21）中进行。打开"文字样式"对话框的方式为：

命令：**STYLE**✓ 或　**ST**✓【样式或文字🅰】　【下拉菜单：格式/文字样式】【草图与注释："注释"选项卡/"文字"面板的 ［　　　文字　▼　　　］/ 对话框启动器↘】

对话框的最上面显示当前文字样式。要更改当前样式，请从"样式列表"中选择另一种样式，然后单击"置为当前"按钮。

1. 对话框的左侧显示框

对话框的左侧从上至下依次是"样式"列表、"样式列表过滤器"下拉列表、"预览"框。

1）**"样式"列表**：列出图形中已定义的文字样式名。当前文字样式亮显。样式名前的图标 ⚠ 指示样式具有"注释性"。在用户没有创建新的文字样式时，"样式"列表显示文字样式名 Annotative 和 Standard，默认高度为 0，宽度因子为 1，如图 7-21 所示。

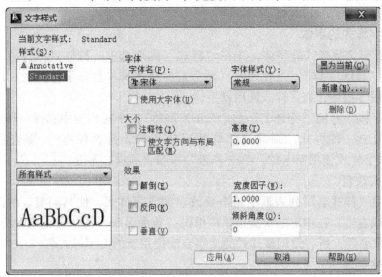

图 7-21　"文字样式"对话框

2）**"样式列表过滤器"下拉列表**：单击该下拉列表，选择在"样式"列表框中是显示所有的样式还是显示图形正在使用的样式。

3）**"预览"框**：显示"样式"列表中所选字体的外观。

2. 创建新文字样式

1）要创建一种新文字样式，单击"新建"按钮，弹出"新建文字样式"对话框，用户可用其默认的样式名（如"样式 1"，"样式 2"），也可自定义样式名，单击"确定"按钮，回到"文字样式"对话框，一种新文字样式即被创建，其字体与单击"新建"按钮前一致。新样式被添加到左侧"样式"列表框，且被置为当前文字样式。

2）也可以先单击"文字样式"对话框中"字体"栏的"字体名"（或"SHX 字体"）下拉列表（图 7-22），选择一种新字体；如果文字样式需要修饰效果，在"效果"栏选中或改变其中的某些项；再单击"新建（N）"按钮，此时会弹出一个警告

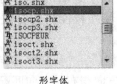
形字体

真字体

图 7-22　"字体名"下拉列表

框，提示为"当前样式已被修改，是否保存?"，单击"是"按钮，原字体所对应的文字样式即使用新字体，如果单击"否"按钮，原字体所对应的样式不变，无论"是"与"否"，都会打开"新建文字样式"对话框，接下来与步骤 1）的操作一样，创建一种新样式，其字

体是新字体。

如果"字体"栏的"使用大字体"复选框被选中，则不能使用真字体。当"使用大字体"复选框被选中，在"大字体"下拉列表选中"gbcbig. shx"时，可以输入汉字。

如果取消"使用大字体"复选框选中状态，则在"字体名"下拉列表中可选用真字体。如果选用真字体，"使用大字体"复选框不可用，"字体样式（Y）"下拉列表框被激活，用户可以从中选择一种样式；如果选用的是形字体，"使用大字体"复选框又可用，若选中，"大字体"下拉列表框又被激活。

3. 修改文字样式的字体

若要改变已有文字样式的字体，先在"样式"列表选中一种样式，再从"字体"栏的"字体名"（或"SHX 字体"）下拉列表（图 7-22）中选择一种新字体，则"应用"按钮可用。单击"应用"按钮，文字样式使用新字体。

若先在"字体"栏的"字体名"（或"SHX 字体"）下拉列表中选择一种新字体，再从"样式"列表选中一种样式，则"当前样式已被修改，是否保存?"警告框出现，单击"是"按钮，文字样式使用新字体，单击"否"按钮，原样式不变。

4. 文字样式改名

在对话框的"样式名"列表框中单击要改名的文字样式，使其亮显，然后再次在其样式名上单击（或右击，在弹出的快捷菜单中单击"重命名"），输入新的名称即可。

文字样式改名后，所有使用该样式的文字自动使用新的文字样式名。

5. 删除文字样式

在"样式"列表框中选中要删除的文字样式，然后单击"删除"按钮（或右击，从弹出的快捷菜单中选择"删除"），系统警告用户是否删除该文字样式，选择"确定"则删除选中的样式，选择"取消"则放弃删除。

注意：正被使用的文字样式和当前文字样式不能被删除。

6. 文字的大小

在创建一种新文字样式时，可在"大小"栏的"高度"框中输入所需的文字高度，用户在使用该文字样式时，其文字高度即为输入高度（输入单行文本时不再提示文字高度）；用户也可以使用默认高度 0.000 0，每当以该文字样式用单行文字命令 TEXT 输入文字时，命令行都要提示用户指定文字的高度。

若选中"大小"栏的"注释性"复选框，则"高度"框变为"图纸文字高度"框，在此框中设置要在图纸空间中显示的文字高度；样式名前出现标记 ，表示利用该样式输入的文字将自动带有注释性特性。具有注释性特性的文字可以使用户自动完成注释缩放过程。

选中"注释性"复选框后，"使文字方向与布局匹配"复选框可用，勾选此复选框后，则图纸空间视口中的文字方向与布局方向匹配。

7. 文字效果设置

"效果"栏设置文字的颠倒、反向、垂直、宽度比例和倾斜角度等效果。这些效果对单行文字命令全部有效。这些效果一旦改变，立即在"预览"框显示出来，读者可尝试操作。

1）**"颠倒"复选框**：选中该框，文字按颠倒书写。颠倒书写与正常书写关于水平方向对称。

　　2）**"反向"复选框**：选中该框，文字按反向书写。与正常书写关于竖直方向对称。

　　3）**"垂直"复选框**：选中该框，文字按上下垂直书写。注意，有些字体不能垂直书写。

　　4）**"宽度因子"文本框**：默认的宽度因子为1，表示按字体文件中定义的宽度输入文字；如果想加宽字符，在该框中输入大于1的值；反之，要将字符压缩变窄时，在该框中输入小于1的值。

　　5）**"倾斜角度"文本框**：默认为0，表示文字不倾斜；在该框中输入大于零的值为右倾斜，小于零为左倾斜。输入的倾斜角度范围为：−85°~85°。

　　8. "应用"按钮

　　如果改变了文字样式的字体或效果，则"应用"按钮可用。单击"应用"按钮，该文字样式相应改变。

　　9. "取消"/"关闭"按钮

　　如果不想做任何改变，单击"取消"按钮。若已创建了文字样式或修改了文字样式，"取消"按钮变为"关闭"按钮。单击"取消"或"关闭"按钮，都关闭"文字样式"对话框。

7.2.2 "文字样式控制"下拉列表

　　在"样式"工具栏中有"文字样式控制"下拉列表，如图7-23所示。"文字样式控制"的功能是使一种文字样式成为当前样式、查看选定文字的样式和改变选定文字的样式。

图 7-23　"样式"工具栏

　　如果未选择文字，在"文字样式控制"中显示当前文字样式。在输入新的文字时，当前样式被应用。

　　如果已经创建了几个文字样式，单击"文字样式控制"下拉列表，列出文字样式列表，如图7-23所示，选择其中任一种文字样式，该样式即为当前样式。

　　若要查看图形中的文字的样式，先选中文字，如果选中的都是一种文字样式，"文字样式控制"中显示为该样式；如果选择了多种文字样式，则"文字样式控制"为空。

　　若要改变图形中文字的样式，要先选中文字，再单击"文字样式控制"下拉列表（图7-23），从中选择一种样式单击，所选文字的样式即变为该样式。

　　如果是在"草图与注释"工作空间，上述"样式"工具栏的"文字样式控制"下拉列表的功能可在"常用"选项卡或"注释"选项卡实现。在"常用"选项卡上，单击"注释"面板 ██████，打开样式列表，如图 7-24 所示，在文字样式下拉列表（图 7-24 中的 Standard 栏）中，通过它可实现使一种文字样式成为当前样式、查看选定文字的样式和改变选定文字的样式。若"注释"选项卡是当前选项卡，则"文字"面板有文字样式下拉列表（即图 7-25 中 Standard 栏）。

图 7-24 "常用"选项卡的
"注释"面板下拉列表

图 7-25 "注释"选项卡的"文字"面板

7.3 单行文字命令

用 TEXT 命令（或 DTEXT 命令）可在图形中添加单行文字对象。

7.3.1 单行文字命令

命令的执行方式：

命令：TEXT ∠或 DTEXT ∠或 DT ∠ 【文字 A】【下拉菜单：绘图/文字/单行文字】【草图与注释："常用"选项卡/"注释"面板（或"注释"选项卡/"文字"面板）/多行文字下拉按钮/ A 单行文字】

命令输入后，其**主提示**为：

当前文字样式："×××"文字高度：××× 注释性：×

指定文字的起点或［对正(J)/样式(S)］:(输入一点，或者单击选项或键入选项关键字回车)

主提示各选项的含义如下。

1. 指定文字的起点

此选项是首选项，也是最常用的选项。用户通过指定一个起始点（此点默认为文字的左下角点），基于起始点左对正进行文字书写。可以键入点的绝对坐标或在屏幕上按鼠标左键指定起点。如果用户选择的文字样式已定义了文字的高度，则命令行不再提示文字高度，否则提示：

指定高度＜(当前值)＞:(指定文字的高度)

在此提示下可以键入文字的高度，或者直接回车接受默认的文字高度，也可以按鼠标左键输入一点，该点与起点的距离为文字高度。接下来提示：

指定文字的旋转角度＜(当前值)＞:(输入一个角度，或者直接回车)

在此提示下可以键入文字的旋转角度，或者直接回车接受默认的旋转角度，也可以按鼠标左键输入一点，该点与起点连线相对 0° 方向的夹角为文字旋转角度。0° 方向默认为 3 点钟方向，角度计量按逆时针方向。接着在用户指定的起点位置将出现一个文本输入框，并显示一个文字光标线，它反映了当前文字字符的位置、大小以及倾斜角度等。输入一个字符后，光标线移动一个字符位置，边框随着用户的输入展开。当发生录入错误时，可以像操作普通的文本输入框一样进行编辑修改。一行输入完毕，按回车键将在下一行开始输入。新放置的一行文字就写在前一行文字的正下方。用户可以一直输入文字而不用退出 TEXT 命令。

当输入最后一行文字后，连续按两次回车，将退出单行文字命令。也可以按〈Esc〉键退出命令，但是最后一行的文字将被清除。

在使用单行文字命令时还可任意改变书写文字的位置。在文字的输入过程中，只要将光标移动到某一点单击，文字光标就移动到该位置，用户可从该位置处开始输入文字，命令行也重新提示"输入文字："。这样用户可方便地在不同位置书写文字。

2. 对正（J）

此选项决定书写文字的排列方式。AutoCAD 定义了文字的顶线、底线、基线和中线位置，以左、中、右和四位置线组合成 14 种文

图 7-26　文字对正位置

字对正模式，如图 7-26 所示，可选其中任一种对正模式。

对主提示选择对正(J)，命令行提示（称为**对正提示**）：

输入选项[对齐(A)/调整(F)/中心(C)/中间(M)/右(R)/左上(TL)/中上(TC)/右上(TR)/左中(ML)/正中(MC)/右中(MR)/左下(BL)/中下(BC)/右下(BR)]:(单击选项或键入选项关键字回车)

用户可根据输入文字的排列方式选择对正选项。不同的对正选项，命令提示也不同。下面对各种对正选项进行介绍。

1）**对齐（A）**：选择该选项后提示用户指定文字基线的两个端点。文字从第一端点往第二个端点书写，两点的位置决定了文字的旋转角度，文字的高度和宽度根据两点之间的距离、字符的多少以及宽度因子自动确定，而不受文字样式中文字高度的影响。

例如，输入如图 7-27 所示的文字，过程如下：选择对齐(A)，接下来提示：

指定文字基线的第一个端点:(指定第一端点)

指定文字基线的第二个端点:(指定第二端点)

在绘图区中出现的文字输入框内输入"单行文字命令 TEXT 和 DTEXT"，连按两次回车键。

2）**调整（F）**：该选项提示用户指定文字基线的两个端点，然后提示指定文字的高度，在保证指定的文字高度情况下，自动调整文字的宽度使文字分布在两端点之间，如图 7-28 所示。

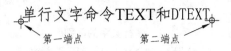

图 7-27　单行文字命令"A"选项

文字高度=10

图 7-28　单行文字命令"F"选项

3）中心（C）：该选项要求用户指定书写文字基线的中心点位置，再指定文字高度，文字以指定点为中心点，按指定高度书写。文字宽度由高度和宽度因子确定，如图 7-29 所示。

4）中间（M）：该选项要求用户指定文字的中间点位置，然后根据给定的文字高度和旋转角度进行文字书写，如图 7-30 所示。

5）右（R）：根据用户指定的点作为基线的右端点，文字按照该右下角点按右对正排列，如图 7-31 所示。

基线中心点

Hello,World!
世界你好！
文字旋转角度=15°

图 7-29 单行文字命令"C"选项

中间点
Hello,World!
世界你好！
文字旋转角度=-15°

图 7-30 单行文字命令"M"选项

基线右端点
Hello,World!
世界你好！
文字旋转角度=30°

图 7-31 单行文字命令"R"选项

6）其他选项：其他的选项请结合图 7-26 和参考以上选项理解和使用。

3. 样式（S）

选择样式(S)后，命令行提示：

输入样式名或[?]〈Standard〉:（输入一个已定义的文字样式名，或者单击?或键入? 回车）

如果输入当前图形中的一个已经定义的文字样式名，就将其作为当前文字样式。如果选择?，则提示：

输入要列出的文字样式〈*〉:（键入一个文字样式名，或者键入"*"回车或直接回车）

如果键入一个当前图形中已经定义的文字样式名，将显示其样式名称和文字高度。如果键入"*"回车或直接回车，则显示当前图形中所有已经定义的文字样式的字体、高度、宽度比例等，并打开一个显示相同内容的"AutoCAD 文本窗口"，以使命令行的提示内容更为醒目。

要注意的是，用 TEXT 命令输入的"多行"文字是多个独立的单行对象，而用后文要讲的多行文本命令 MTEXT 命令输入的多行文字是一个单独的、整体的对象。如图 7-32a 所示的文字是用 TEXT 命令创建的三行单行文字，是三个独立的对象；而图 7-32b 所示的文字是用 MTEXT 命令创建的三行文字，它只是一个单个对象。用光标分别拾取它们就可看出区别。

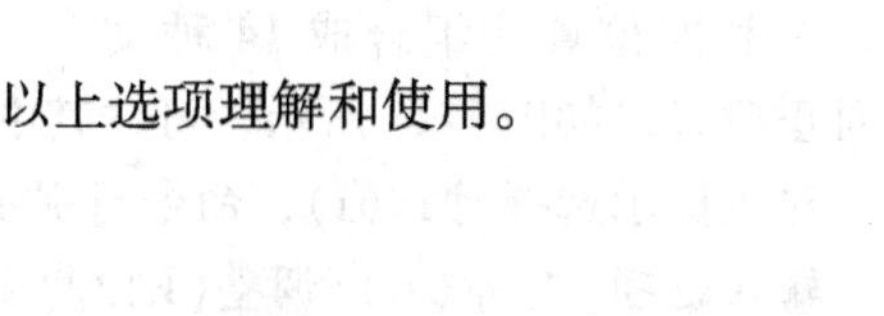

设计软件
AutoCAD
中文版
a)

设计软件
AutoCAD
中文版
b)

图 7-32 单行文字与多行文字的区别
a) TEXT 命令创建　b) MTEXT 命令创建

7.3.2　单行文字的右键菜单

在输入单行文字时，右击，出现快捷菜单，如图 7-33 所示。各选项功能介绍如下。

注意：在使用文字编辑命令 DDEDIT 修改单行文字时，右击，也出现该快捷菜单。

1. 放弃（重做）

放弃（恢复）刚输入（放弃）的文字。

2. 复制（剪切）、**粘贴**

将刚输入的文字选中，复制（剪切）菜单项可用，单击它，文字存入剪贴板（复制时原选中文字不变，剪切则原选中文字删除）。粘贴是将剪贴板中的文字粘贴到当前位置。

3. 编辑器设置

其子菜单有如下几项：

图 7-33　单行文字
的右键快捷菜单

"始终显示为 WYSIWYG"（所见即所得）：控制文字的显示方式。选中该项，文字将按当前设置显示，有时可能因为文字很小、很大或被旋转不便阅读；取消选中，将以适当的大小在水平方向显示以便用户可以轻松地阅读和编辑文字。

"不透明背景"：对于单行文字，当选中"始终显示为 WYSIWYG"时，会有"不透明背景"选项，选中此选项时，文本输入框的背景变为不透明。默认的背景是透明的。

"拼写检查"：选中该项，确定键入时拼写检查为打开，否则拼写检查关闭。

"拼写检查设置"：单击该项，显示"拼写检查设置"对话框，从中可以指定用于在图形中检查拼写错误的文字选项。

"词典"：单击该项，显示"词典"对话框，从中可以更改用于检查任何拼写错误的词语的词典。

"文字亮显颜色"：单击该项，打开"选择颜色"对话框，从中选择选中文字时的亮显颜色。

4. 插入字段

显示"字段"对话框，从中可以选择要插入到文字中的字段。关闭该对话框后，字段的当前值将显示在文字中。

5. 查找和替换

显示"查找和替换"对话框，如图 7-34 所示。用于搜索（或搜索并用新文字替换）指定的文字串。

在"查找内容"文本框中输入要搜索的字符串，在"替换为"文本框中输入要替换为的字符串。单击"查找下一个"按钮开始搜索"查找内容"中的文字字符串，搜到的第一个相匹配的字符串在文本框中高亮显

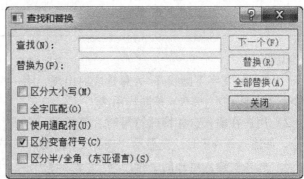

图 7-34　"查找和替换"对话框

示。要继续搜索，可再次单击"查找下一个"。

单击"替换"按钮用"替换为"中的文字替换亮显的文字。单击"全部替换"按钮，查找所有与在"查找内容"中指定的文字匹配的文字，并用"替换为"中的文字替换。

如果选中"区分大小写"复选框，则仅当字符串中所有字符的大小写与"查找内容"中的文字大小写一致时，才能查找文字；否则，不区分大小写。

如果选中"全字匹配"复选框，只有当文字是单独的词语时，才认为与"查找"框中的文字相匹配，作为其他单词的一部分的文字将被忽略；否则，将查找与指定的字符串相匹配的所有文字，而不管它们是单独的词语还是其他词语的一部分。

如果选中"使用通配符"，可以在搜索中使用通配符，如"＊"、"?"等。

如果选中"区分变音符号"，在搜索结果中区分变音符号标记或重音。

如果选中"区分半/全角（东亚语言）"，在搜索结果中区分半角和全角字符。

6. 全部选择

选中单行文本框中的所有文字。

7. 改变大小写

改变选中文字的大小写。可以选择"大写"和"小写"。

7.3.3　绘制特殊字符

用单行文字命令也可以书写度（°）、正负号（±）、直径（φ）等这些特殊符号，或给文字添加下画线、上画线等修饰。这些特殊符号不能从键盘直接输入。在 AutoCAD 中提供了三种方法输入特殊字符：控制代码、Unicode 字符串、〈Alt + 数字键〉。

1. 控制代码

控制代码由两个％号加上一个字符组成，如表 7-1 所示：

表 7-1　控制代码和特殊符号

控制代码	特殊符号	控制代码	特殊符号
％％d	度符号（°）	％％p	正负符号（±）
％％c	直径符号：φ	％％％	绘制单个百分号（％）
％％u	文字下画线开/关	％％nnn	绘制 ASC 码为 nnn 的特殊字符
％％o	文字上画线开/关		

说明：

1）％％u 文字下画线开/关总是成对出现，第一次出现时表示下画线开始，第二次出现时表示下画线结束;％％o 是同样用法。

2）用户在输入这些特殊符号时，开始显示的是"％％"，直到键入字母，才显示特殊符号。如输入％％d 时，先显示"％％"，待键入"d"后，特殊符号"°"出现。

3）如果要输入单独的字符"％"，例如要书写50％，应键入"50％％％"。

例如，需输入如图 7-35 所示的文字，在输入 TEXT 命令并回答了文字对正方式和文字高度后，应按以下方式键入文字：

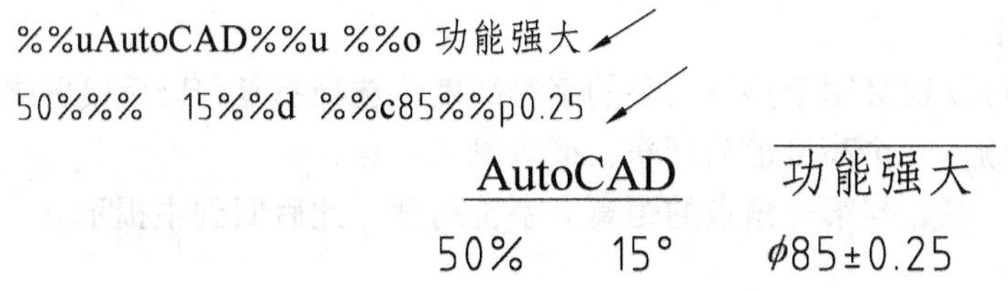

%%uAutoCAD%%u %%o 功能强大

50%%%　　15%%d %%c85%%p0.25

AutoCAD　　功能强大

50%　　　15°　　φ85±0.25

图 7-35　绘制特殊字符实例

2. Unicode 字符串

Unicode 字符集是 Unicode Consortium 开发的一种字符编码标准。该标准采用多个字节代表每一字符，实现了使用单个字符集代表世界上几乎所有的书面语言。在 AutoCAD 中可以由"\U"加上一个四位的 16 进制数来输入一个 Unicode 字符串，具体请参见 AutoCAD 帮助。

3.〈Alt + 数字键〉

按住〈Alt〉键并在数字键盘上输入一个字符的 ASCII 码值可输入部分可打印的 ASCII 字符。例如，如果键盘没有欧元符号"€"，可按住〈Alt〉键并在数字键盘上输入"0128"。

7.4　多行文字命令

除了单行文字命令外，还有多行文字命令 MTEXT，该命令以段落的方式处理所输入的文字，不管包含多少行都作为一个单独的对象，这与 TEXT 命令创建的每行文字是一个对象不同。另外多行文字命令可以输入各种字体，而这些字体不必先建立文字样式。MTEXT 命令输入方法：

命令：MTEXT↙或 MT↙或 T↙　【绘图或文字Ａ】【下拉菜单：绘图/文字/多行文字】【草图与注释："常用"选项卡/"注释"面板（或"注释"选项卡/"文字"面板）/Ａ（或多行文字下拉按钮Ａ多行文字】

命令输入后，AutoCAD 提示：

当前文字样式："××××"。文字高度：× 注释性：×

指定第一角点：(指定一个点)

接下来是**主提示**：

指定对角点或 [高度(H)/对正(J)/行距(L)/旋转(R)/样式(S)/宽度(W)/栏(C)]：

(指定对角点，或者单击选项或键入选项关键字回车)

7.4.1　多行文字提示选项

1. 指定对角点

该选项是首选项。用户指定第一个角点后，移动鼠标或选择一个选项后再移动鼠标，在屏幕上显示一个反映段落文字起始位位置和宽度的矩形边界框，在边界框内显示一个向下的箭头，它表示文字的流动方向。边界框高度不影响文字的高度和文字段落的高度，边界框的宽度确定段落文字的宽度。移动鼠标到合适的位置后单击，对角点确定，随即弹出"文字编辑器"，关于文字编辑器，在第 7.4.2 节详细讨论。

2. 高度（H）

使用该选项可以定义用于多行文字的字符高度，选择高度(H)后接着提示：

指定高度：(输入一个高度值后回车，或者输入一点)

若输入一点，该点与第一角点的距离为字符高度。此后回到主提示。

3. 对正（J）

使用该选项用于定义多行文字字符在段落边界框里的对正排列方式。AutoCAD 基于边界框上的九个对正点排列文字，如图 7-36 所示，默认的对正方式是左上角(TL)对正。根据边界方框的左右边界确定文字的左、中、右对正，根据边界方框的上下边界确定文字的上、中、下对正，共有九种多行文字对正方式。图 7-37 所示是按"右中"对正方式输入的两行文字。

图 7-36　多行文字对正方式　　　　　　　　图 7-37　"右中"对正方式

对主提示选择对正(J)后接着提示：

输入对正方式[左上(TL)/中上(TC)/右上(TR)/左中(ML)/正中(MC)/右中(MR)/左下(BL)/中下(BC)/右下(BR)] 〈左上(TL)〉:(单击选项或键入选项关键字回车)

而后回到主提示。

4. 行距（L）

该选项用于设定多行文字对象的行与行之间的间距。行距是一行文字的底部（或基线）与下一行文字底部之间的垂直距离。选择主提示的行距(L)，接着提示：

输入行距类型［至少(A)/精确(E)］〈(当前类型)〉:(单击选项或键入选项关键字回车，或者直接回车)

输入行距比例或行距〈(当前值)〉:(输入 4.166 7（0.25x）和 66.666 7（4x）之间的数后回车)

至少(A)：是根据行中最大字符的高度自动调整文字行。在选定"至少"时，包含更高字符的文字行会在行之间加大间距。

精确(E)：是强制使文字对象中所有文字行之间的间距相等。行间距由对象的文字高度或文字样式决定。建议在用多行文字创建表格时使用精确间距。

AutoCAD 根据输入文字中的最大字符的高度来确定行间距。行距值为 4.166 7（0.25x）和 66.666 7（4x）之间的数。若输入的行距值后不加 x，则是输入行距，若输入的行距值后加 x，则是输入行距比例，例如，输入 10 与输入 0.6x 效果一样。输入一个带"x"的数字表示是按行距倍数决定行距，单倍行距是该行字符高度的 1.66 倍。例如，若字符高度为 10，1x 表示单倍行距，则行距为 16.66；2x 表示两倍行距，则行距为 33.32。

输入了文字的行距后，回到主提示。

5. 旋转（R）

该选项用于决定文字边界框的旋转角度，即文字行的旋转角度（图 7-38）。对主提示选择旋转(R)后接着提示：

指定旋转角度：(输入一个角度值回车，或者指定一个点)

若指定一个点，该点与第一角点的连线与 0 度线的夹角为旋转角度。接下来回到主提示。

6. 样式（S）

该选项用于确定使用的文字样式。对主提示选择样式(S)后接着提示：

输入样式名或[?]⟨(当前文字样式)⟩：(键入已定义的文字样式名，或者单击?或键入? 回车，或者直接回车)

若选择?，则是显示已创建的文字样式。确定文字样式后，回到主提示。

图 7-38 多行文字旋转（25°）

7. 宽度（W）

用于定义文字行的宽度。对主提示选择宽度(W)后接着提示：

指定宽度：(指定一个点，或者输入一个宽度值)

如果用户指定一个点，则文字宽度为指定的第一个角点到该点的距离。确定了文字宽度后，则弹出如图 7-39 所示的"文字编辑器"。

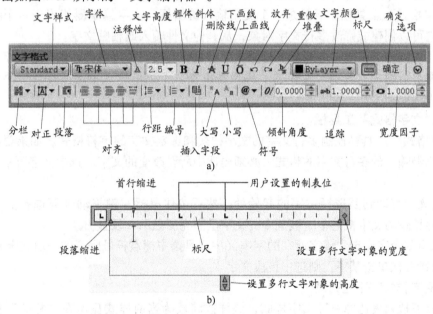

图 7-39 文字编辑器

a)"文字格式"工具栏 b) 文字输入编辑框

8. 栏（C）

用于设定多行文字的分栏，可以在 AutoCAD 中创建 2 栏以上的分栏多行文字。对主提示选择栏(C)后接着提示：

输入栏类型 [动态(D)/静态(S)/不分栏(N)] ⟨动态(D)⟩：(单击一个选项或键入选项关键字回车，或者直接回车按动态分栏)

1）**动态（D）**：此栏类型是由用户指定每栏栏宽、栏间距宽度和栏高，之后根据用户输入文字的增减而增加或减少栏数。选择动态(D)后继续提示：

指定栏宽：〈75〉：(键入单个栏宽后回车)

指定栏间距宽度：〈12.5〉：(键入栏间距后回车)

指定栏高：〈25〉：(键入栏高后回车)

2）**静态（S）**：此栏类型是由用户指定总栏宽、栏数、栏间距宽度和栏高，之后用户输入的文字被固定按指定栏数分栏。选择静态(S)后继续提示：

指定总宽度：〈200〉：(键入总栏宽后回车)

指定栏数：〈2〉：(键入栏数后回车)

指定栏间距宽度：〈12.5〉：(键入栏间距宽度后回车)

指定栏高：〈25〉：(键入栏高后回车)

3）**不分栏（N）**：此选项用于取消上一步输入的栏(C)选项，不再对多行文字分栏。

设定分栏后，弹出"文字格式"工具栏和文字输入编辑框。

7.4.2　文字编辑器

当用户定义好文字边界框的位置和大小后，弹出如图 7-39 所示的"文字编辑器"，其上部是"文字格式"工具栏，下部是一个文字输入编辑框。文字编辑器相当于一个字处理软件，通过它可以创建或修改多行文字对象，从其他文件输入或粘贴文字。

文本框可以是透明或不透明的。将文本框背景设为透明可以看到新输入的文字是否与其他对象重叠。可通过"选项"菜单的"编辑器设置"子菜单的"不透明背景"菜单项来设置背景是否透明。

7.4.2.1　"文字格式"工具栏

"文字格式"工具栏控制多行文字的文字样式和选定文字的字符格式。如果要改变文字编辑器中已经输入的多行文字的格式，必须先选中所要改变的文字。选中文字可采用以下方法：

1）将光标移动到要选择文字的起始处，然后按住鼠标左键拖动到要选择文字的端点处，则光标掠过的文字被选中，被选中的文字呈高亮度显示（反显）。

2）双击某个字则选中该字所在的字串（中文是选中标点符号隔开的一段文字）。

3）连续三次单击某字，则选中该段文字。

1. "文字样式"下拉列表

单击该下拉列表选择一种文字样式，该样式将成为当前样式显示在"样式"框中，输入的多行文字将应用该样式。

1）在文字的输入过程中，如果已经输入了一些文字，而又想应用另一种新样式输入其余文字，单击"样式"下拉列表选择一种文字样式，但随即弹出"多行文字—文字样式更改"框，提示已经输入的文字也会变为新的文字样式，单击"是"按钮，全部应用新文字样式，单击"否"按钮，仍使用原样式。

如果采用新的文字样式，已经输入文字的堆叠、下画线和颜色属性将保留，而字体、高度和粗体或斜体等属性将被替换为新样式的属性。如果新样式定义了反向或颠倒效果，这些效果不被应用。如果新样式采用的是 SHX 字体，且定义了垂直效果，垂直效果可应用。

2) 对于已经输入的多行文字，将其选中，再选择一种文字样式，选中文字的文字样式随即改变。

注意：对于已经输入的多行文字，要更改为其他格式，与"样式"下拉列表的应用类似，即先将其选中，再从其他下拉列表选择或单击其他按钮。

2. "字体"下拉列表

由"字体"下拉列表为即将输入的文字指定字体，或改变已输入且选中文字的字体。单击该下拉列表选择一种字体，该字体将显示在下拉列表的"字体"框中，输入的多行文字或选定的文字将应用该字体，而不管该字体是否建立了文字样式。

3. "注释性"按钮

单击此按钮，可打开或关闭当前多行文字对象的注释性。

4. "文字高度"下拉列表

多行文字对象可以包含不同高度的字符。该下拉列表按图形单位设置新文字的字符高度或更改选中文字的高度。当前文字样式的高度显示在"文字高度"框中。可以从键盘键入文字高度，也可以单击该下拉列表，从已有的高度中选择一种文字高度。

5. "粗体"（"斜体"）按钮

单击该按钮，为新输入文字或选中的文字打开或关闭粗体（斜体）格式。这两个按钮仅适用于真字体（TrueType）字符。

6. "删除（上画、下画）线"按钮

单击该按钮，为新输入文字或选定文字打开或关闭删除（上画、下画）线格式。

7. "放弃"、"重做"按钮

单击"放弃"按钮，撤销前面的操作，包括对文字内容或文字格式的更改。也可以使用〈CTRL + Z〉组合键。单击"重做"按钮，恢复放弃的操作，包括对文字内容或文字格式的更改。也可以使用〈CTRL + Y〉组合键。

8. "堆叠"按钮

如果选中的文字中包含堆叠字符（插入符"^"、正向斜杠"/"和磅符号"#"），单击该按钮，则创建堆叠文字。如果选中堆叠文字，单击该按钮，则取消堆叠。

图 7-40a 所示是将含有"^"字符的前后文字选中，单击堆叠按钮后，转换为左对正的上下排列的公差值堆叠形式（若仅选中"^"字符及其后面的文字，则堆叠后，后面的文字变为下标；若仅选中"^"字符及其前面的文字，则堆叠后，前面的文字变为上标）。图 7-40b 所示是将含有"/"字符的前后文字选中，单击堆叠按钮后，转换为分子分母的表示形式，斜杠被转换为一条同较长的字符串长度相同的水平线。图 7-40c 所示是将含有"#"字符的前后文字选中，单击堆叠按钮后，转换为被斜线分开的分数形式，斜线上方的文字向右下对齐，斜线下方的文字向左上对齐。

9. "文字颜色"下拉列表

为新输入文字指定颜色或修改选定文字的颜色。单击该下拉列表选择一种颜色，该颜色将显示在下拉列表的"文字颜色"框中，输入的多行文字或选中的文字将应用该颜色。

可以为文字指定与所在图层关联的颜色（BYLAYER）或与所在块关联的颜色（BY-BLOCK）。也可以从颜色列表中选择一种颜色，或单击"选择颜色…"，打开"选择颜色"对话框，从中可以选择 AutoCAD 索引颜色、真彩色或配色系统的颜色。

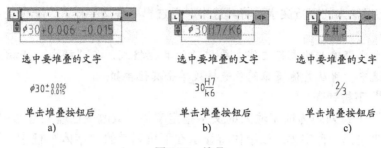

图 7-40　堆叠
a）公差值堆叠形式　b）分子分母堆叠形式　c）分数堆叠形式

10．"标尺" 按钮

单击该按钮，控制是否在文本框的顶部显示标尺。当标尺显示时，将光标放在标尺末尾的箭头上，光标变为双向箭头后拖动，可更改多行文字对象的宽度。将光标放在文本框下方的箭头上，光标变为上下双向箭头后拖动，可更改多行文字对象的高度。

11．"确定" 按钮

单击该按钮，关闭文字编辑器并保存所做的任何修改。也可以在编辑器外的图形中单击以保存修改并退出编辑器。

要关闭文字编辑器而不保存修改，按〈Esc〉键即可。

12．"选项" 按钮

该按钮用于显示"选项"菜单，选项菜单详见后文。

*13．"分栏" 按钮

单击该按钮，显示"分栏"菜单，如图 7-41 所示。各菜单项功能如下：

1）"不分栏"：取消当前文字对象的分栏。

2）"动态栏"：设定动态分栏，栏数由输入的文字内容自动增删，它包含"自动高度"、"手动高度"两个子菜单。选择"自动高度"，所有栏高都相等；选择"手动高度"，用户可分别设定每一栏的高度。

图 7-41　"分栏"菜单

3）"静态栏"：设定静态栏，栏数由用户指定，包含"2"、"3"、"4"、"5"、"6"、"其他"六个子菜单。2~6 栏可由相应的菜单项设定。如果想设定更多的分栏，可单击"其他"菜单项，弹出"分栏设置"对话框，从中设置。

4）"插入分栏符 Alt + Enter"：插入手动分栏符。如果选择"不分栏"，将禁用该选项。

5）"分栏设置"：显示"分栏设置"对话框，在对话框中设定分栏类型、栏数、高度、栏宽、栏间距、总宽，还可设定分栏为自动高度或手动高度的动态栏，也可以设定为不分栏。

*14．"对正" 按钮

单击该按钮，显示设置多行文字对象的对正和对齐方式菜单。"左上"选项是默认设置，可以选择其中的一项作为新的对正方式。各菜单项的意义请参见图 7-36。用户可以打开文字编辑器，单击这些选项，在文本框中查看效果。

*15. "段落"按钮

单击该按钮，弹出"段落"对话框（图7-42），可以在此对话框中进行制表位、缩进、段落对齐、段落间距、段落行距的设定。各部分介绍如下：

1）"制表位"栏：该栏第一行依次是四个单选按钮：左对齐、居中、右对齐或小数点对齐制表符。先单击一个单选按钮，由第二行的文本框输入数字，再单击"添加"按钮，即为段落添加左对齐（或居中、右对齐、小数点对齐）制表符。设定了制表符后，第三行的制表符列表框中就会出现相应的制表符标记和位置数值。如果想删除某一个制表符，只需在制表符列表框中单击相应的行，再单击"删除"按钮即可。当选择"小数点对齐"制表符时，还可通过"指定小数样式"下拉列表从"句号"、"逗号"、"空格"中选择一种小数样式。

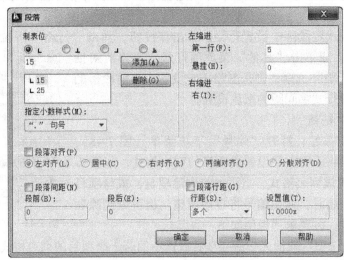

图7-42　"段落"对话框

也可以在标尺上设置制表位，方法是：单击标尺左侧的制表符标记以确定制表符类型，在标尺上单击添加制表符；拖动标尺上的制表符改变制表符位置；拖动标尺上的制表符到标尺外删除制表符。

2）"左缩进"栏：可通过文本框设置选定段落或当前段落第一行及悬挂的缩进值。

3）"右缩进"栏：可通过文本框设置选定段落或当前段落的右缩进值。

4）"段落对齐"栏：选中"段落对齐"复选框后，可设置选定段落或当前段落的对齐方式为左对齐、居中、右对齐、两端对齐或分散对齐。

5）"段落间距"栏：选中"段落间距"复选框后，可设置选定段落或当前段落的段前或段后间距。

6）"段落行距"栏：选中"段落行距"复选框后，可设置选定段落或当前段落的行间距。行间距是多行段落中文字的上一行底部和下一行顶部之间的距离。单击"行距"下拉列表，选择行间距值为"精确"、"至少"或"多个"，在"设置值"文本框内输入行间距值。

"精确"：行间距固定，而不论每行的文字有多高。更改文字高度不会影响行间距。

"至少"：根据用户在"设置值"文本框内指定的值和文字高度确定行间距。如果文字高度小于设置值，则行间距由用户指定的值确定；如果文字高度值较大，则行间距等于文字高度值。

"多个"：选择"多个"，"设置值"文本框内的数值后有一个字母"x"，表示按一行文字高度的倍数设置行间距，默认为一倍行间距。如果一行中的文字高度不一致，则行距将由该行中的最大文字高度值确定。

16. 对齐

对齐包含五个按钮，"左对齐"、"居中"、"右对齐"、"两端对齐"和"分散对齐"。单击按钮，可设置输入文本在文本框中对左右边界的对正和对齐方式。行尾输入的空格会影响行的对齐。用户可以打开文字编辑器，单击这些按钮，在文本框中查看效果。

*17. "行距"按钮

在当前段落或选定段落中设置行距。单击该按钮，弹出"行距"下拉菜单。可从中选择 1～2.5 倍行距，或单击"其他"菜单项打开"段落"对话框。选择"清除行距"选项，则是删除选定段落或当前段落的行距设置，改为多行文字间距的默认设置。

*18. "编号"按钮

单击"编号"按钮，打开"编号"下拉菜单（图 7-43），利用该菜单，可以将多行文字设置成项目的列表格式，如图 7-44 所示。一旦设置成列表格式，当添加或删除项目，或将项目向上或向下移动一层时，列表编号将自动调整。也可以删除和重新应用列表格式。各菜单项说明如下：

图 7-43　"编号"下拉菜单

（1）"关闭"选项　取消光标所在项目或选中的若干个项目的列表格式。

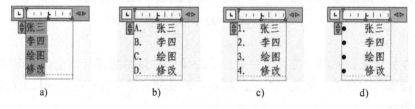

图 7-44　创建项目列表

a）选择文字　b）大写字母列表　c）数字列表　d）项目符号列表

（2）"以字母标记"、"以数字标记"和"以项目符号标记"选项　将选定的文字设置成相应标记的项目列表。

1）"以字母标记"：使用字母创建带有句点的项目列表，如果项目列表含有的项目多于26 个，将使用双字母继续序列（Z 后是 AA，AB，…，AZ，BA，BB，…）。可通过它的子菜单选择大写或小写字母。

2）"以数字标记"：使用数字创建带有句点的项目列表。

3）"以项目符号标记"：使用项目符号创建项目列表。

"以字母标记"、"以数字标记"和"以项目符号标记"创建项目列表的过程如下：

先选定要设置项目列表的文字，如图 7-44a 所示，再单击"编号"按钮，从"编号"

下拉菜单（图7-43）的"以字母标记"、"以数字标记"、"以项目符号标记"三个选项中选择一项，选定的文字列表，列表样式如图7-44所示。

应用列表格式时，默认的项目字母或数字后面是一个句点，基于文本框标尺上的制表位缩进项目。

当列表含有下级列表时，可以将下级列表后移一层，形成嵌套列表。后移一层的方法是：将光标放在列表项目的最前端并按〈Tab〉键；前移一层的方法是：将光标放在列表项目的最前端并按〈Shift + Tab〉键。嵌套列表使用数字、字母或双项目符号，如图7-45所示。

图7-45 嵌套列表

a）嵌套列表（数字） b）嵌套列表（字母） c）嵌套列表（项目符号）

（3）"允许自动列表"选项 在输入文字时，用户可以键入的方式用字母、数字或符号创建项目列表。启用"允许自动列表"是默认选择。

例如，键入"1."，再按〈Tab〉键，然后输入一些文字，按回车键后，下一行将以"2."和一个〈Tab〉空格开头，如图7-46a所示；键入"A."，再按〈Tab〉键，然后输入一些文字，

 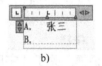

图7-46 自动列表

a）数字自动列表 b）字母自动列表 c）符号自动列表

按回车键后，下一行将以"B."和一个〈Tab〉空格开头，如图7-46b所示；键入一个"#"号，再按〈Tab〉键，然后输入一些文字，按回车键后，下一行将以"#"和一个〈Tab〉空格开头，如图7-46c所示。

键入列表时，句点"."、冒号"："、右括号"）"、右尖括号"〉"、右方括号"]"、右花括号"｝"可用作数字或字母后的标点，但不能用作项目符号。除这些字符外的其他符号都可以用作项目符号，如"#"、"@"等。

默认情况下，列表格式应用于外观类似于列表的所有文字。符合以下条件的文字行被AutoCAD视为列表：以一个或多个字母、数字或符号开头；字母或数字后跟标点；通过按〈Tab〉键产生的空格；通过按回车键结束。

当"自动列表"未启用时，按上述方法键入列表元素，然后关闭，再重新打开文字编辑器，文字将自动转换为列表。

（4）"重新启动"选项 将项目列表中的某一项编排新的字母或数字序列。选中某一项目，单击该菜单项，项目开始初始编号。如果选定的项目位于列表中间，则选定项目下面的未选中的项目也将按新编号接续。如图7-47所示，只选中第三行后单击"重新启动"，第三

行成为初始编号，后面未选中的项目则接续新初始编号，如图 7-48 所示。

　　　　图 7-47　"重新启动"选项　　　　　　　　　图 7-48　"继续"选项

　　（5）"继续"　　将选定的段落添加到上面最后一个项目列表后面接续编号。如果选择了列表项目而不是段落，选定项目下面未选中的项目也将接续编号。如图 7-48 所示，只选择第三行，单击"继续"菜单项后，结果将恢复至图 7-47 所示编号。

　　（6）"仅使用制表符分隔"　　限制"允许自动列表"和"允许项目符号和列表"选项。如果选中此选项，则仅当字母、数字或项目符号字符后的空格通过按〈Tab〉键而不是空格键创建时，项目列表格式才会应用于文字。默认情况下此选项是选中的。取消该限制，按空格键也可创建项目列表，但个别情况会产生意外结果。

　　（7）"允许项目符号和列表"　　如果选中该选项，列表格式将被应用于外观类似项目列表的多行文字对象中的所有纯文本。

　　如果取消该选项，将出现"多行文字—项目符号和列表"提示框，如果单击其"是"按钮，多行文字对象中的所有列表格式都将被删除，各项被转换为纯文本。"编号"按钮将不再能使用。

*19. "插入字段"按钮

　　显示"字段"对话框。关于"字段"请参看 AutoCAD 帮助。

20. "大写（小写）"按钮

　　将选中的文字更改为大写（小写）。

21. "符号"按钮

　　在光标位置插入符号或不间断空格（也可以手动插入符号，参见第 7.3.3 节"绘制特殊字符"）。单击"符号"按钮，出现菜单，该菜单中列出了常用符号及其控制代码或 Unicode 字符串。在菜单上单击一种符号，光标位置插入该符号。

　　如果单击菜单项"其他"，将显示"字符映射表"对话框（图 7-49），其中包含了当前字体的整个字符集，可从中选择更多的字符。从"字符映射表"对话框输入符号的步骤如下：

　　1）单击"字体"下拉列表，从列表中选择一种字体，这时字符表中显示该字体的字符。

　　2）从字符表选择字符，选中的字符会放大显示，单击"选择"按钮将其放入"复制字符"框中。

　　3）选完所有要使用的字符后，单击"复制"按钮，选择的字符进入剪贴板。

　　4）关闭对话框。

　　5）在文字编辑器中，右击，从弹出的快捷菜单，单击"粘贴"，字符加到多行文本框中。

图 7-49　字符映射表

选中"字符映射表"对话框的"高级查看"复选框，则在其下面增加"字符集"、"分组"下拉列表（用于确定字符范围）和"搜索"文本框（用于查找字符）等内容。

22. "倾斜角度"控制框

控制新输入的文字或选中的文字是向左倾斜还是向右倾斜。倾斜角度是相对于 90°方向的偏移角度。单击该框，可以从键盘键入一个 −85 到 85 之间的数值使文字倾斜；也可单击右侧的向上或向下箭头改变倾斜角度值。角度为正时文字向右倾斜，角度为负时文字向左倾斜。

23. "追踪"控制框

增大或减小新输入的文字或选中文字的字符之间的间距。1.0 是常规间距，设置为大于1.0 时可增大间距，设置为小于 1.0 时可减小间距。单击该框，可以从键盘键入一个数值，也可以单击右侧的向上或向下箭头改变间距值。

24. "宽度比例"控制框

扩展或收缩新输入的文字或选中文字的字符。1.0 代表此字体中字母的常规宽度。大于 1.0 时可增大宽度；小于 1.0 时可减小该宽度。单击该框，可以从键盘键入一个数值；也可以单击右侧的向上或向下箭头改变宽度值。

7.4.2.2　文字编辑器的选项菜单与右键快捷菜单

单击"文字格式"工具栏的"选项"按钮 ⊙，将显示"选项"菜单，如图 7-50 所示；在文字编辑器打开时右击打开一个右键快捷菜单，其上部如图 7-51 所示，其下部除多一项"取消"外，与"选项"菜单完全一样。"选项"菜单和右键快捷菜单提

图 7-50　选项菜单

供多行文字特有的选项；但它们的许多选项与"文字格式"工具栏中相应的按钮功能一样。这些选项是：**插入字段、符号、段落对齐、段落、项目符号和列表**（与"编号"按钮对应）、**段落对齐**（与左对齐、居中、右对齐、对正、分散对齐五个按钮对应）、**分栏、改变大小写**。因此下面仅介绍"文字格式"工具栏中没有的菜单项。

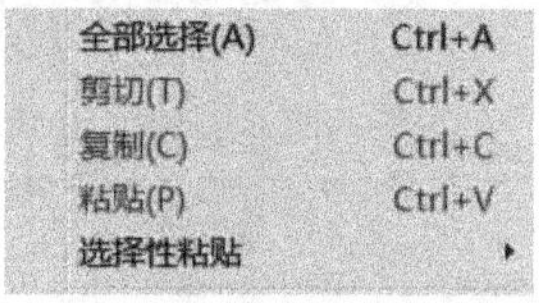

全部选择(A)	Ctrl+A
剪切(T)	Ctrl+X
复制(C)	Ctrl+C
粘贴(P)	Ctrl+V
选择性粘贴	▶

图 7-51　文字编辑器的
右键快捷菜单的上部

1. 全部选择

选择文字编辑器文本框中的所有文字。

2. 剪切、复制、粘贴

将选中的内容剪切或复制到剪贴板；将剪贴板的内容粘贴到当前光标位置。

3. 选择性粘贴

可以选择"无字符格式粘贴"、"无段落格式粘贴"及"无任何格式的粘贴"，将剪贴板里的内容清除掉字符格式、段落格式或所有附加格式粘贴到当前光标位置。

4. 输入文字

单击该菜单项，打开"选择文件"对话框，从中选择任意 ASCII 或 RTF 格式的文件后，单击"打开"按钮，文件中的文字即输入到多行文字编辑器中。对于已经存在于计算机中的".rtf"和".txt"类型的文字文件，可以采用这种方法把文字输入到 AutoCAD 中。

输入的文字保留原始字符格式和样式特性，但可以在编辑器中编辑输入的文字并设置其格式。选择要输入的文本文件后，可以替换选定的文字或全部文字，或在文字边界内将插入的文字附加到选定的文字中。输入文字的文件必须小于 32KB。

编辑器自动将文字颜色设置为随层。当插入黑色字符且背景色是黑色时，编辑器自动将其修改为白色或当前颜色。

5. 查找和替换

单击"查找和替换"，显示"查找和替换"对话框，如图 7-34 所示。

6. 自动大写

选中该项，新输入的文字自动大写。自动大写不影响已有的文字。要改变已有文字的大小写，使用"改变大小写"菜单项。

7. 字符集

显示代码页菜单。选择一个代码页并将其应用到选定的文字。

8. 合并段落

将选中的多段文字合并为一段文字，并用空格替换每段的回车。

9. 删除格式

可以删除选中文字的字符格式、段落格式或所有格式。

*10. 背景遮罩

显示"背景遮罩"对话框（表格单元不能使用此选项），通过此对话框设定是否在文字后放置不透明背景，指定文字周围不透明背景的大小，指定背景的颜色等。

11. 堆叠/非堆叠

仅当输入的文字包含堆叠字符（"^"、"/"和"#"），并且已经把要堆叠文字选中时，选项菜单和右键快捷菜单才有"堆叠"菜单项；仅当输入的文字已经堆叠，并且已经把堆叠文字选中，选项菜单和右键快捷菜单才有"非堆叠"选项。选定的文字中包含堆叠字符可堆叠文字，而选择的是堆叠文字则可取消堆叠。

12. 堆叠特性

仅当输入的文字已经堆叠，并且已经将堆叠文字选中，选项菜单和右键快捷菜单才有"堆叠特性"选项。单击"堆叠特性"选项，显示"堆叠特性"对话框，如图 7-52 所示。"堆叠"对话框的功能是编辑堆叠文字、堆叠类型、对齐方式和大小。"堆叠特性"对话框的功能如下：

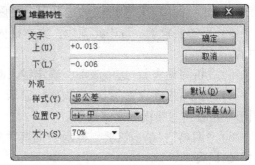

图 7-52　"堆叠特性"对话框

"文字"栏："上"编辑堆叠文字上面的文字；"下"编辑堆叠文字下面的文字。

"外观"栏："样式"下拉列表指定堆叠文字的形式。"公差"选项，将选定文字的第一串文字堆叠到第二串文字的上面，文字之间没有直线；"分数（水平）"选项，将选定文字的第一串文字堆叠到第二串文字的上面，文字之间用水平线隔开；"分数（斜）"选项，将选定文字的第一串文字堆叠到第二串文字的上面，文字之间用斜线隔开；"小数"选项：用于对齐选定堆叠文字的上面文字和下面文字的小数点，如图 7-53 所示。

```
856.025ˆ0.02          856.025              856.025
                      0.02                 0.02

堆叠之前              堆叠后          堆叠后应用"小数"选项
```

图 7-53　堆叠特性"小数"选项的应用

"位置"下拉列表指定堆叠文字的对齐方式。默认为置中对齐。同一个对象中的所有堆叠文字使用同一种对齐方式。"上"指堆叠文字的顶部与文字行的顶部对齐；"中间"指堆叠文字行的中央对准分数的中央；"下"指堆叠文字的底部与文字的基线对齐。

"大小"下拉列表控制堆叠文字的大小占当前文字样式大小的百分比（从 50% 到 100%）。默认文字大小是 70%。

"默认"按钮将弹出一个菜单，有两个选项，可将新设置保存为默认值或把当前堆叠文字的设置恢复为以前的默认值。

"自动堆叠"按钮显示"自动堆叠特性"对话框，其功能是启用自动堆叠（自动堆叠仅堆叠紧邻"^"、"/"或"#"前后的数字字符。要堆叠非数字字符或包含空格的文字，请选择要堆叠的文字，然后选择"堆叠"按钮）、删除堆叠文字前面的空格、指定将包含斜线的文字转换成斜分数还是水平分数以及禁止"自动堆叠特性"对话框的显示。

*13. 编辑器设置

可通过其子菜单设置文字编辑器的外观。

1）"始终显示为 WYSIWYG"（所见即所得）：控制文字的显示方式。选中该项，文字将按当前设置显示，有时可能因为文字很小、很大或被旋转不便阅读；取消选中，将以适当的大小在水平方向显示以便用户可以轻松地阅读和编辑文字。

2）显示工具栏：取消此项的选择后，将隐藏文字编辑器的工具栏，此时下面的"显示选项"菜单项将不可用。默认情况下此项是选中的。

　　3）显示选项：取消此项的选择后，将隐藏工具栏的第二行。默认情况下此项是选中的。

　　4）显示标尺：取消此项的选择后，将隐藏标尺栏。默认情况下此项是选中的。

　　5）不透明背景：选中此项后，文本框内背景变为灰色不透明。默认情况下文本框是透明的。

　　6）"拼写检查"：选中该项，确定键入时拼写检查为打开，否则拼写检查关闭。

　　7）"拼写检查设置"：单击该项，显示"拼写检查设置"对话框，从中可以指定用于在图形中检查拼写错误的文字选项。

　　8）"词典"：单击该项，显示"词典"对话框，从中可以更改用于检查任何拼写错误的词语的词典。

　　9）文字亮显颜色：单击此菜单项后，弹出"选择颜色"对话框。可从中选择一种颜色作为文字被选中后亮显时的背景颜色。

　　14. 帮助

　　打开"帮助"对话框。

　　15. 取消

　　取消对当前多行文字所做修改，并关闭文字编辑器。

7.4.3　多行文字的上下文选项卡

　　如果是在"草图与注释"工作空间，在输入多行文字命令定义好文字边界框的位置和大小后，功能区出现多行文字的上下文选项卡"文字编辑器"，如图7-54所示。

图7-54　"文字编辑器"功能区上下文选项卡

　　多行文字的上下文选项卡"文字编辑器"是将"文字格式"工具栏的按钮或下拉列表及文字编辑器的选项菜单与右键快捷菜单的菜单项分置于几个面板上，没有更多的内容，相关的按钮、下拉列表请参看第7.4.2节。

7.5　文字修改

　　图形中的文字也可以像其他对象一样，进行诸如移动、旋转、删除、复制、镜像等修改。如果想修改文字的内容等简单特性，可使用DDEDIT命令。命令的输入方式：

　　命令：DDEDIT∠　【文字 】　【下拉菜单：修改/对象/文字/编辑】　【快捷菜单：在没有命令激活状态下，先选择要修改的文字对象，然后右击鼠标，从快捷菜单中选择"编辑…"选项（如果选择多行文字对象，则是选择"编辑多行文字…"选项）】

快捷菜单是在"选项"对话框的"用户系统配置"选项卡中选中"绘图区域中使用快捷菜单"时才能使用，后文的快捷菜单均是如此。

命令输入后提示如下：

选择注释对象或[放弃(U)]:(选择文字)

如果用户选择的是使用 TEXT 命令创建的单行文字对象，则激活单行文字的输入边框，并高亮显示选中文字对象的内容。用户可通过该文本框修改文字内容，然后按回车键确认或按〈Esc〉键放弃本行单行文字的修改，命令行继续提示"选择注释对象或[放弃(U)]:"。

如果用户选择的是使用 MTEXT 命令创建的文字对象，如果是在"AutoCAD 经典"工作空间，打开"文字编辑器"，如图 7-39 所示；如果是在"草图与注释"工作空间，功能区出现多行文字的上下文选项卡"文字编辑器"，如图 7-54 所示。无论哪一种工作空间，均可在其文字输入编辑框中对已经输入的文字内容及使用的字体、文字高度、使用的样式、宽度等项目进行修改。

依次对要修改的文字对象进行修改，命令行会连续出现提示"选择注释对象或[放弃(U)]:"。选择"放弃"选项将撤销最后进行的编辑，直接回车则结束命令提示。

技巧：在编辑文字内容时，最简单的方法是把光标放在文字上双击，如果文字是单行文字对象，则激活单行文字输入框；如果文字是多行文字对象，则打开"文字编辑器"。

7.6 使用外部文字

7.6.1 在 AutoCAD 中粘贴文字

首先，使用 Windows 的剪贴板将其他应用程序中的文字复制或剪切到剪贴板，然后再粘贴到的图形当中。可以使用"粘贴"命令也可以使用"选择性粘贴"命令。

1. 使用"粘贴"命令输入文字

命令输入方式：

命令：PASTECLIP✓ 【标准 】【下拉菜单：编辑/粘贴】【快捷键：〈Ctrl + V〉】【快捷菜单：在没有命令执行时，在绘图区域中右击，打开快捷菜单，然后选择"粘贴"】

命令输入后，命令行提示：

指定插入点:(指定插入点)

如果剪贴板中是 ASCII 文字，该文字将使用 MTEXT 的默认设置，以多行文字对象的形式插入。电子表格以表的形式插入。

除 AutoCAD 对象之外，所有其他对象都以嵌入或链接（OLE）对象的形式插入。指定插入点后，弹出"OLE 文字大小"对话框，如图 7-55

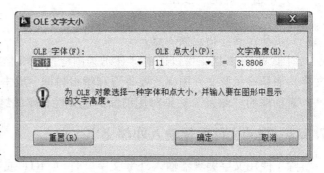

图 7-55 "OLE 文字大小"对话框

所示，应用方法如下：

1）从"OLE 字体"、"OLE 点大小"两个下拉列表框里分别选择可用的字体和点大小。

2）在"文字高度"输入框里输入对象的高度。

3）单击"确定"按钮。如果上面的选择和输入不合适，可单击"重置"按钮，把各选项恢复到以前状态，重新选择和输入。

实际中多数用户使用的文字处理软件是 Microsoft Office Word。将 Word 窗口和 AutoCAD 窗口拖动到适当大小，对于打开的 Word 文件，选中其中的一段，然后拖动到 AutoCAD 的绘图区域，松开鼠标左键，即打开"OLE 文字大小"对话框，然后按前面的说明粘贴。

2. 使用"选择性粘贴"命令输入文字

命令输入方式：

命令：PASTESPEC ↙　【下拉菜单：编辑/选择性粘贴】

命令输入后显示"选择性粘贴"对话框（图 7-56）。"来源："处显示已复制到剪贴板的源文件路径和文档名称。对话框应用方法如下：

1）首先确定是"粘贴"（单击"粘贴"单选按钮）还是"粘贴链接"（单击"粘贴链接"单选按钮）。粘贴是将剪贴板内容粘贴到当前图形中作为当前图形自身的内嵌对象；粘贴链接是将剪贴板内容粘贴到当前图形中，如果源应用程序支持 OLE 链接，AutoCAD 将创建与源文件的链接。

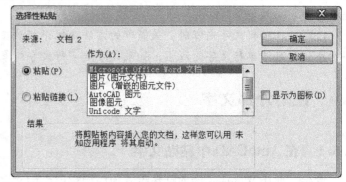

图 7-56　"选择性粘贴"对话框

2）"作为"列表框中列出了在"粘贴"或"粘贴链接"选项下将剪贴板内容粘贴到 AutoCAD 图形中的有效格式，单击选择其中的一项。

选择"AutoCAD 图元"，是把剪贴板中的内容转换为 AutoCAD 图元。如果没有转换图元文件格式的图形，图元文件将显示为 OLE 对象。如果选择了"文字"，是把剪贴板中的文字转换为 AutoCAD 多行文字。

3）单击"确定"按钮。

4）接下来提示：

指定插入点:(指定插入点)

对于 Word 文档，可以选中"显示为图标"，此时在 AutoCAD 图形中粘贴后显示的不是文字，而是显示源文件图标。要查看和编辑数据，双击该图标。

对话框的"结果"栏是对用前面的选择性粘贴的结果作出一个简单说明。

7.6.2　拖动文件图标输入外部文字

除了使用文字编辑器输入外部文字文件（.RTF 或 .TXT 文件）和使用 Windows 剪贴板将其他应用程序中的文字复制到剪贴板，然后再粘贴到 AutoCAD 的图形当中外，用户还可直接将文件图标拖动到图形中来，其过程如下：

从"我的电脑"或 Windows 资源管理器（注意不要最大化显示），找到要插入的文件图标，将文件图标拖动到 AutoCAD 的绘图区域，松开鼠标键即完成操作。

如果文件是 TXT 文本文件，则将文件的内容作为 MTEXT 文字显示出来；如果是图像文件，则将文件内容以光栅图像插入到当前文件中；如果是其他文件，则以 OLE 方式插入图形当中。以后用户可以双击该对象，使用该文件类型所关联的应用程序来打开文件浏览文件内容。

7.7　"特性"选项板

"特性"选项板是一个修改功能非常全面的工具。在"特性"选项板中，可以查看任何选定对象（包括图线、文字、尺寸、图案、表格、块、约束等）的所有特性；可以修改任何可以更改的特性，包括用户自己定义的特性。打开"特性"选项板的方式有：

命令：PROPERTIES ✓或 **DDMODIFY** ✓或 **PR** ✓　【标准（标准注释）▦】【下拉菜单：修改/特性　或　工具/选项板/特性】【快捷键：〈Ctrl +1〉】【草图与注释："常用"选项卡/"特性"面板▭ 特性 ▾ /对话框启动器▾】【草图与注释："视图"选项卡/"选项板"面板▦特性】【快捷菜单：选中要查看或修改其特性的对象，在绘图区域单击右键，打开快捷菜单，然后选择"特性"】

图 7-57 所示是固定形式的"特性"选项板，图 7-58 所示是浮动形式的"特性"选项板。

7.7.1　"特性"选项板的结构

可先选择对象，然后打开"特性"选项板，也可先打开"特性"选项板，再选择对象。

"特性"选项板上面是**对象类型下拉列表**，如果没有选择对象，文本框显示"无选择"（图 7-57）；若只选择一个对象，文本框显示该对象属于哪一类图形对象。如果选择了多个同类对象（如多条直线、多个圆、多条多段线等），则文本框显示"类别名（×）"，其中"×"是该类对象个数。如果同时选择了多个不同类对象，则文本框显示"全部（×）"，其中"×"是对象个数。如果单击下拉列表，每一类显示为一行"类别名（×）"。

"特性"选项板的中间是一个表格形式的**特性列表框**。如果没有选择对象，特性列表框仅显示当前图层的基本特性、附着在图层上的三维效果、打印样式表名称、视图特性和其他的相关信息。如果只选中了一个对象，列表框中列出所选对象的所有特性。如果选中了多个对象，特性列表框则显示所有选中对象的公共特性。若要修改其中的一类对象，单击"特性"选项板上面的对象类型下拉列表框，选择一类对象，则特性列表框只显示该类对象的特性。

单击特性列表框中各列表标题上的"▲"标记，只显示标题。单击"▼"，展开列表。拖动靠近标题条的竖向滑块，可上、下滚动各特性列表。

"特性"选项板的右上角是"快速选择"按钮、"选择对象"按钮及"切换 PICKADD 系统变量的值"按钮。

图 7-57　固定形式的"特性"选项板（选择圆）

图 7-58　浮动形式的"特性"
选项板（选择多行文字）

单击"快速选择"按钮，打开"快速选择"对话框，可用快速选择方式建立选择集。

单击"选择对象"按钮，要求用户在屏幕上选择对象，这时命令行显示：

命令：_. PSELECT

选择对象：(用选择对象的方式在屏幕上选择对象，该提示重复出现，直接回车则结束选择)

对象选择完成后在"特性"选项板中显示其特性，对象上也出现夹点。然后可以在特性列表框中修改选定对象的特性，或输入修改命令对选定对象做其他修改。

单击"切换 PICKADD 系统变量的值"按钮（或1），控制最新选定对象是替换还是添加到当前选择集。按钮显示为1时，PICKADD = 0，最新选定的对象将替换原来选定的对象成为当前选择集，选择对象时要按住〈Shift〉键才可将对象添加到选择集；按钮显示为时，PICKADD = 1，每个选定的对象（单独选择或通过窗口选择）都将添加到当前选择集。要从选择集中删除对象，在选择对象（不要选在夹点上）时按住〈Shift〉键。

7.7.2　用"特性"选项板修改选中的对象

用"特性"选项板修改选中对象的步骤是：

第一步：打开"特性"选项板，在没有命令执行时选择对象；或在没有命令执行时先选择对象，再打开"特性"选项板。按〈Esc〉键放弃选择。

第二步：在"特性"选项板中选中要被修改对象的某个特性，然后可根据以下几种方法修改特性值：

1）直接输入一个新值。

2）单击展开右侧有箭头 ▼ 的下拉列表，从中选择一个值。

3）单击某个特性右侧的 ⋯，从打开的对话框中更改特性值。

4）单击某个特性右侧的 ▦，从打开的"快速计算器"选项板中获得特性值。

5）单击某个特性右侧的拾取按钮 ↖，使用拾取方式改变点的坐标值。

一些特性修改后立即生效，一些特性修改后要按回车键才生效。

举例：利用"特性"选项板修改图 7-59 中的圆和文字。

如果选中圆，其特性选项板如前面图 7-57 所示，在选项板上面的对象类型下拉列表框中显示的是"圆"。在"常规"栏中用户可修改圆的颜色、图层、线型、线型比例、线宽等特性

多行文字：
工程图样

图 7-59　举例

（用户可选中圆中的点画线，在特性选项板中改变其线型比例，观察点画线变化效果）；在"几何图形"栏中用户可以修改圆的圆心、半径、周长等。

如果用户选择的是使用 MTEXT 命令创建的文字"多行文字：工程图样"，则显示的"特性"选项板如前面图 7-58 所示。选项板上面的对象类型下拉列表框中显示的是"多行文字"。用户可在选项板特性列表中编辑文字对象的各种特性（例如改变文字的高度、文字样式等）。如果要改变文字的内容，单击"文字"栏的"内容"，其右侧出现按钮 ⋯，单击该按钮，从打开的多行文字编辑器中修改。用户用 TEXT 命令创建一些单行文字，可用特性选项板修改它，比较与选中多行文字的特性选项板的区别。

7.8　绘制工程图练习

以本章图 7-1 为例，绘制该图，过程如下：

第一步：设置绘图环境。设置图形界限：左下角点（0，0），右上角点（297，210）；如有必要，在"草图设置"对话框内，设置在图形界限内显示栅格。创建图层，至少四个图层：粗实线图层、细实线图层、点画线图层、尺寸标注图层（细实线），图层名称和颜色自选。

第二步：画图框和标题栏。

第三步：绘图步骤如图 7-60 所示。

第四步：新建文字样式。打开"文字样式"对话框，在"字体名"下拉列表中选择"isocp. shx"，新建一文字样式，用于注写数字、字母及标注尺寸。如果要用单行文字命令 TEXT 输入汉字，还应新建汉字文字样式，这要在"字体名"下拉列表中选择"仿宋"或"仿宋 GB2312"。如果要用多行文字命令 MTEXT 输入汉字，可直接在"文字编辑器"中选择仿宋体。

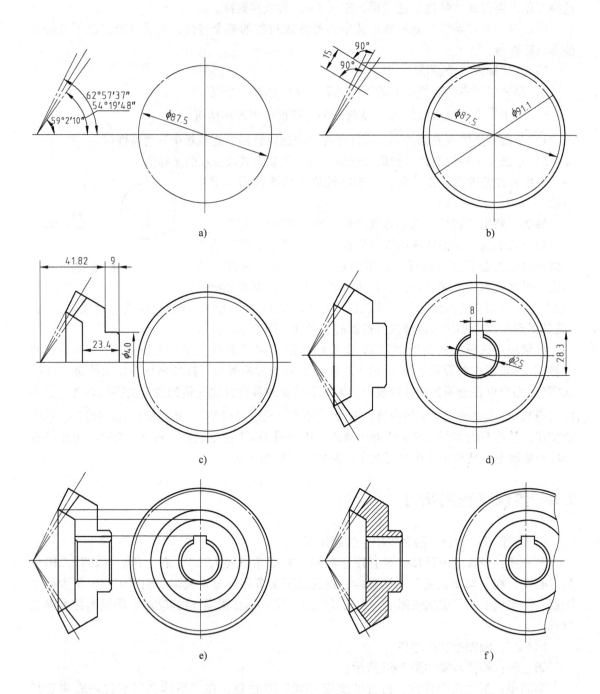

图 7-60　图 7-1 的绘图步骤

a）画锥齿轮的分度圆及各个锥角　b）根据投影关系和尺寸确定齿　c）根据尺寸画其他部分　d）镜像得

主视图轮廓、画轮孔　e）根据投影关系完成齿轮的所有轮廓　f）填充剖面线、波浪线剪切右视图第五步：标注尺寸。关于尺寸的标注方法参见第 8 章。

第六步：标注零件的表面结构要求。应首先创建表面结构的"块"，关于"块"的创建和应用参见第 10 章。

第七步：注写汉字，画表格，填写表格。

习　题

1. "图案填充"选项卡中的"角度"和"比例"各是什么意义？

2. 关联图案和不关联图案有区别吗？几个相互独立的区域需填充图案时，如何使各图案独立？

3. 如果填充边界不闭合，不用修改图形使边界闭合，怎样才能填充图案？

4. 文字样式与文字的关系是怎样的，有什么不同？

5. 如果在"文字样式"对话框中，给文字高度一个非零值，用单行文字命令 TEXT 输入文字时，AutoCAD 提示有什么变化？

6. 如果输入的文字不是所希望的样式，不要重新输入，怎样操作才能使文字样式正确？

7. 单行文字输入和多行文字输入有哪些主要区别？各适用于什么场合？

8. 特殊字符"ϕ"、"°"、"±"如何输入？

9. 用多行文字命令输入 $\phi 90 \dfrac{H7}{g6}$、$\phi 100^{+0.05}_{-0.095}$ 和 3/8。

10. 怎样打开"字符映射表"对话框选择不常用字符？

11. 一段 Word 文字，用什么办法将其输入到 AutoCAD 中？

12. 试用"特性"选项板修改一些图线、文字、图案填充的特性或内容等。

13. 画出图 7-61 所示轴的零件图。

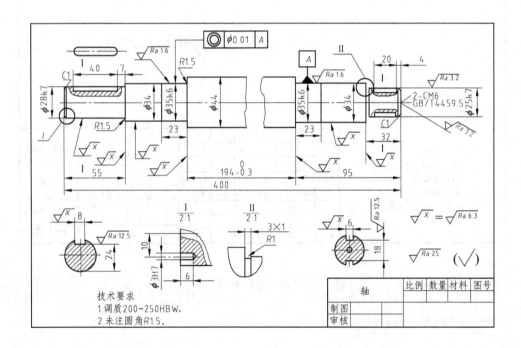

图 7-61　习题 13 图

14. 画出图 7-62 所示端盖的零件图。

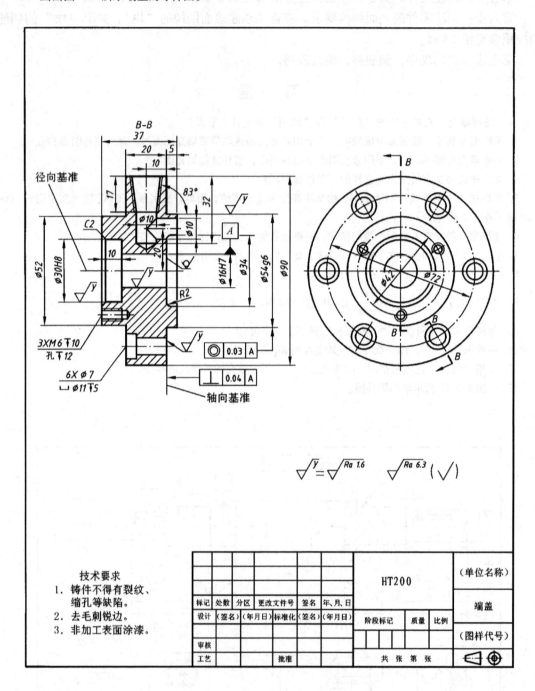

图 7-62　习题 14 图

15. 画出图 7-63 所示外墙身剖面图。

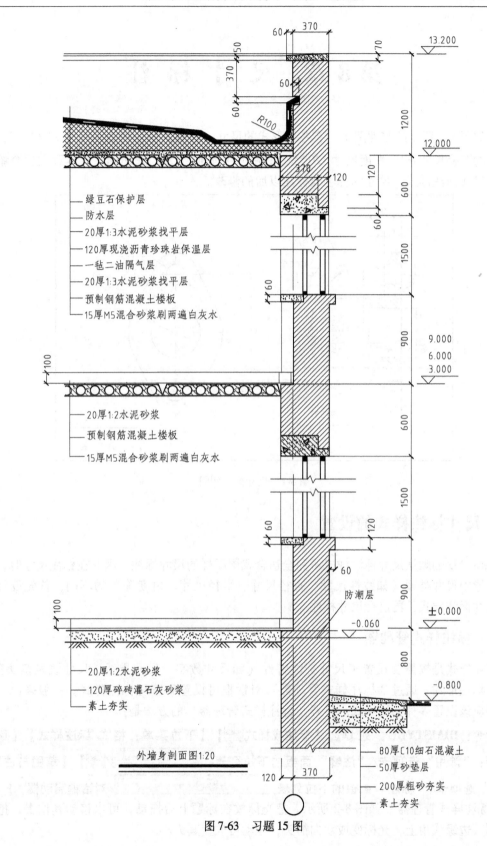

绿豆石保护层
防水层
20厚1:3水泥砂浆找平层
120厚现浇沥青珍珠岩保温层
一毡二油隔气层
20厚1:3水泥砂浆找平层
预制钢筋混凝土楼板
15厚M5混合砂浆刷两遍白灰水

20厚1:2水泥砂浆
预制钢筋混凝土楼板
15厚M5混合砂浆刷两遍白灰水

防潮层

20厚1:2水泥砂浆
120厚碎砖灌石灰砂浆
素土夯实

外墙身剖面图1:20

80厚C10细石混凝土
50厚砂垫层
200厚粗砂夯实
素土夯实

图 7-63　习题 15 图

第8章 尺寸标注

在如图 8-1 所示的零件图中，有各种形式的尺寸，如垂直标注的直径尺寸 $\phi 23^{+0.025}_{0}$，水平标注的直径尺寸 $\phi 9$，角度尺寸 120°等。这些尺寸如何设置，怎样标注？本章主要介绍如何设置尺寸标注样式，尺寸的标注及标注以后的修改。

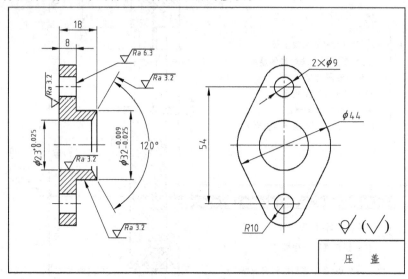

图 8-1　尺寸标注例图

8.1　尺寸标注样式的设置

AutoCAD 的默认尺寸标注样式不完全适合我国图样的尺寸标注。因此在标注尺寸时，应根据图形中尺寸类型（如线性尺寸、直径尺寸、半径尺寸、角度等）的不同，首先设置合适的尺寸标注样式，再进行尺寸标注。

8.1.1　标注样式管理器

标注样式是按需要设置了尺寸标注特性（如尺寸数字、尺寸界线、尺寸线及箭头等）的尺寸标注形式。通过"标注样式管理器"对话框可设置和管理标注样式。一般来说，一张图样应该设置多种标注样式。打开"标注样式管理器"的方法是：

命令：DIMSTYLE ↙**或 D** ↙【标注或样式 ⬚】【下拉菜单：格式/标注样式】【草图与注释："常用"选项卡/"注释"面板的下拉列表 ⬚注释 ▼⬚ / ⬚】【草图与注释："注释"选项卡/"标注"面板的下拉列表 ⬚标注 ▼⬚ /对话框启动器 ⬚】

"标注样式管理器"如图 8-2 所示。把光标放在标题上后拖动，可以移动其位置；把光标移到其边缘或角上，光标变成双向箭头，拖动可改变其大小。

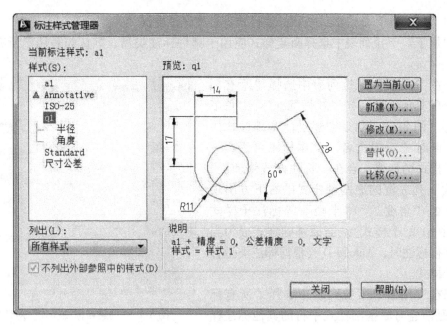

图 8-2 标注样式管理器

"标注样式管理器"的预览窗口可以实时地反映对标注样式作出的更改。可以在"标注样式管理器"创建新标注样式，修改已存在的标注样式等。下面具体介绍"标注样式管理器"。

1. "当前标注样式"

指明当前正在使用的标注样式。

2. "样式"列表框

在"样式"列表框中显示所有的样式名称，醒目显示的是当前标注样式。若要改变当前样式，可单击另外一种样式，再单击"置为当前"按钮。

把光标移动到一个样式名上，右击，弹出快捷菜单，单击选择其中的一项，可以实现标注样式的"置为当前"、"重命名"或"删除"操作。

3. "列出"下拉列表

该下拉列表中确定在"样式"列表框显示的样式种类，默认是显示"所有样式"，还有一种显示方式是"正在使用的样式"。

4. "不列出外部参照中的样式"复选框

该复选框控制是否在"样式"列表框中显示外部参照图形中的标注样式。

5. "置为当前"按钮

单击该按钮将选中的样式作为当前使用的标注样式。

6. "新建"按钮

单击该按钮新建一种标注样式，弹出"创建新标注样式"对话框，如图 8-3 所示。

在"新样式名"文本框内输入新样式的名称，默认的样式名是在当前标注样式的基础上创建副本。为便于应用，新建的标注样式优先使用有一定意义的名字。

在"基础样式"下拉列表中选择以哪个样式为基础创建新样式。

选中"注释性"复选框，使该标注样式具有注释性特性。

在"用于"下拉列表中选择新建样式应用于哪种标注类型，默认的是用于所有尺寸标注。

如果在"用于"下拉列表中选择"所有标注"以外的其他选项，如"线性标注"、"角度标注"等（图8-3），则是创建当前基础样式的子样式，此时"新样式名"文本框不可用。一旦完成子样式的创建，会在"标注样式管理器"的"样式"列表框的原基础样式的右下方出现子样式，如"角度"、"半径"等标注子样式（图8-2中q1的子样式）。当原基础样式成为当前样式进行标注时，AutoCAD会根据标注类型自动应用子样式。

图8-3 "创建新标注样式"对话框

如果在"用于"下拉列表中选择"所有标注"，则是新建与原基础样式平行的其他标注样式，如图8-2所示的样式"a1"、"尺寸公差"。

完成以上操作后，单击"继续"按钮，弹出"创建新标注样式"对话框（图8-3），进入样式的各种特性设置。

7. "修改"按钮

单击该按钮将显示"修改标注样式"对话框，对选中的标注样式进行修改。"修改标注样式"对话框与"新建标注样式"对话框完全一样，不再重述。

8. "替代"按钮

单击该按钮弹出"替代当前样式"对话框，创建临时的标注样式，用来临时替代当前尺寸标注样式。"替代当前样式"对话框也与"新建标注样式"对话框完全一样。在"替代当前样式"对话框中所做的相应设置，不会影响所被临时替代的当前尺寸标注样式的设置。

一旦在"替代当前样式"对话框中做了修改，"〈样式替代〉"字样将出现在"样式"列表中被临时替代的当前尺寸标注样式的右下方。在"标注样式管理器"中，如果不再使用该临时样式，选中被临时替代的当前尺寸标注样式或其他已定义的样式，单击"置为当前"按钮，打开"AutoCAD警告"框，单击"确定"按钮，被临时替代的当前尺寸标注样式或其他已定义的样式重新置为当前，"样式"列表中的"〈样式替代〉"字样也将消失。如果在"〈样式替代〉"字样上右击，选择"保存到当前样式"，则在"替代当前样式"对话框中所做的修改，将会保存到被临时替代的当前尺寸标注样式的设置中。

当某一种尺寸形式在图形中出现较少时，可以不要再建新的标注样式，而在现有的样式基础上，在"替代当前样式"对话框中做出修改后进行标注。

9. "比较"按钮

单击该按钮，显示"比较标注样式"对话框，可以比较两个已存在的标注样式的特性参数的不同，或查看一个样式的特性。

10. "说明"栏

说明在"样式"列表框中选中样式的各种尺寸特性设置。

8.1.2 新建、修改和替代标注样式

"新建标注样式"对话框、"修改标注样式"对话框、"替代标注样式"对话框分别由单击"标注样式管理器"中的"新建"按钮、"修改"按钮、"替代"按钮得到。虽然是三个对话框，但它们除了标题不同外，其余完全一样，因此，下面以"新建标注样式"对话框为例说明对话框的操作。

"新建标注样式"对话框（图8-4）包含有七个选项卡：线、符号和箭头、文字、调整、主单位、换算单位和公差。用户可以通过这七个选项卡来设置标注样式的特性。

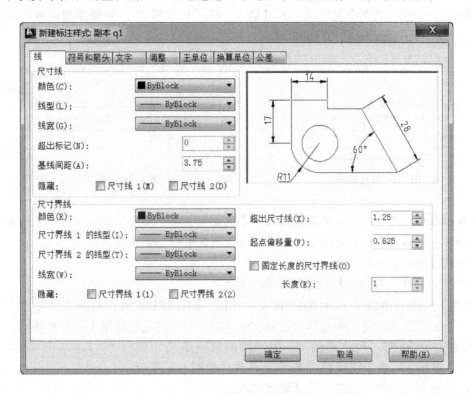

图8-4 "新建标注样式"对话框的"线"选项卡

1. "线"选项卡

在"新建标注样式"对话框中选择"线"选项卡，如图8-4所示。在"线"选项卡设置尺寸线、尺寸界线的格式和特性等。

1)"尺寸线"栏：该栏用于设置尺寸线的特性。

"颜色"：用户可从"颜色"下拉列表中选择尺寸线的颜色，系统默认的颜色为"随块"。因尺寸标注常单独位于一层，所以，以下涉及尺寸元素的颜色、线宽均可选择"随层"。

"线型"：设置尺寸线的线型。默认是"随块"，用户可从下拉列表中选择一种线型。如果下拉列表中没有所需线型，可单击"其他"选项，打开"选择线型"对话框，再单击该对话框的"加载"按钮，打开"加载或重载线型"对话框，从中选择所需线型，加载后再

选择。

"线宽"：设置尺寸线的线宽，默认是"随块"，用户可从下拉列表中选择一种线宽。

"超出标记"：当没有设置尺寸
箭头或使用斜线等其他符号作箭头标
志时，该选项用于设置尺寸线超过尺
寸界线的长度值，如图 8-5 所示。当
设置了箭头标志时，该项不可用。

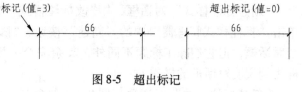

图 8-5　超出标记

"基线间距"：当使用基线标注尺寸时，设置两个尺寸线之间的距离，如图 8-6 所示。

"隐藏"：该项包含两个复选框"尺寸线 1"和"尺寸线 2"，分别控制是否显示尺寸线 1 和尺寸线 2，选中表示隐藏相应的尺寸线，如图 8-7 所示。

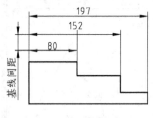

图 8-6　基线间距

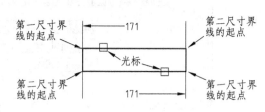

图 8-7　隐藏第二尺寸线

注意：在标注尺寸时，如果是输入尺寸界线起点，第一尺寸界线一侧的尺寸线是第一尺寸线；如果是选择对象，与光标较近的对象的端点是第一尺寸界线的起点，端点在第一尺寸界线上的尺寸线是第一尺寸线。

2）"尺寸界线"栏：该栏设置尺寸界线的特性。

"颜色"、"尺寸界线 1（2）的线型"、"线宽"的选择和设置同前面"尺寸界线"栏中"颜色"、"线型"、"线宽"的选择和设置方法一样，只不过这里是用于尺寸界线。

"隐藏"：复选框"尺寸界线 1"用于隐藏第一条尺寸界线；"尺寸界线 2"用于隐藏第二条尺寸界线，如图 8-8 所示（图中 1、2 分别代表第一和第二尺寸界线起点）。

"超出尺寸线"：设置尺寸界线超出尺寸线的长度系数。可在该编辑框中输入自己所需的距离值或选择右边的增减按钮来改变超出量，如图 8-9 所示。

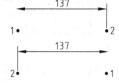

图 8-8　隐藏第一尺寸界线图

"起点偏移量"：设置尺寸界线相对于尺寸界线起点的偏移距离系数，如图 8-9 所示。可在该编辑框中输入自己所需的偏移量或选择右边的增减按钮来改变偏移量。

"固定长度的尺寸界线"：设置尺寸界线从尺寸线开始到标注起点的总长度，如图 8-10 所示。选中该复选框，从"长度"编辑框中输入或选择。注意，即使设置了固定长度的尺寸界线，对于相同的尺寸界线的起点偏移量，尺寸界线应该从起点偏移量的端点画起（图 8-10 中的 A、B 两点），只是如果尺寸线的位置远离图形超出了尺寸界线的固定长度（图 8-10 中上面的尺寸 42），尺寸界线的起点与起点偏移量的端点之间有间隙；如果尺寸线的位置与图形没有超出尺寸界线的固定长度，尺寸界线的起点还是从起点偏移量的端点画起（图 8-10 中下面的尺寸 42）。

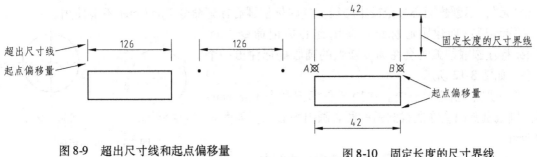

图8-9 超出尺寸线和起点偏移量　　　　图8-10 固定长度的尺寸界线

2. "符号和箭头"选项卡

在"新建标注样式"对话框中选择"符号和箭头"选项卡，如图8-11所示。在"符号和箭头"选项卡设置箭头、圆心标记、弧长、折断和折弯标注等。

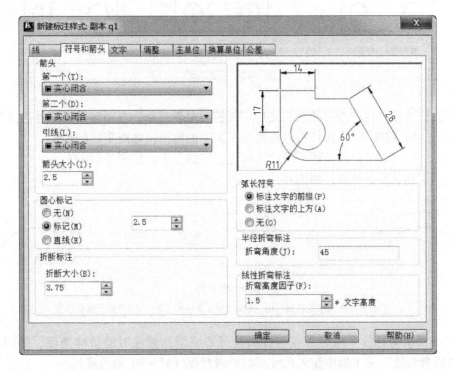

图8-11 "新建标注样式"对话框"符号和箭头"选项卡

1）"箭头"栏：控制箭头的显示外观，用户可以将两尺寸线箭头设置为不同的箭头。

"第一（二）个"：设置第一（二）条尺寸线的箭头标志，默认的是实心闭合箭头。单击下拉列表可从中选择其他箭头标志，如斜线等，也可选择"用户箭头"使用自定义的符号。默认"第二个"和"第一个"一样，但也可设置第二条尺寸线的箭头为其他不同的符号。

"引线"：设置指引线的箭头标志。

"箭头大小"：设置箭头的大小系数。

2）"圆心标记"栏：设置标注圆或圆弧的中心标记的类型和标记大小。

"无"：不创建圆心标记或中心线。这时标注圆心标记命令 Dimcenter 不能使用。

"标记"：创建圆心标记。在用圆心标记命令 Dim-center 标注圆或圆弧时会在圆或圆弧的圆心处标注出一个十字，如图 8-12 所示。

"直线"：创建中心线。在用圆心标记命令 Dimcenter 标注圆或圆弧时会在圆或圆弧的圆心画出中心线，如图 8-12 所示。

十字圆心标记　　　　中心线标记

图 8-12　圆心标记

"大小"：显示和设置圆心标记或中心线的大小。

3）折断标注栏：控制折断标注时尺寸界线的断开间距，如图 8-13 所示。

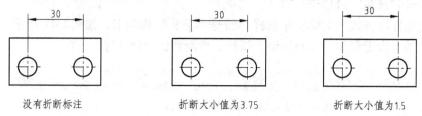

没有折断标注　　　　折断大小值为3.75　　　　折断大小值为1.5

图 8-13　折断标注

4）"弧长符号"栏：控制弧长标注中圆弧符号是否显示，显示时圆弧符号的位置。

"标注文字的前缀"：将弧长符号放在标注文字的前面，如图 8-14a 所示。

"标注文字的上方"：将弧长符号放在标注文字的上方，如图 8-14b 所示。

"无"：不显示弧长符号，如图 8-14c 所示。

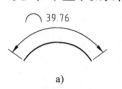
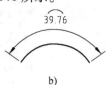
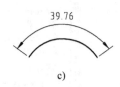

a)　　　　　　　　b)　　　　　　　　c)

图 8-14　弧长标注

a）弧长符号在文字的前面　b）弧长符号在文字的上方　c）不显示弧长符号

5）"半径折弯标注"栏：控制半径折弯（Z 字型）标注时的折弯角度，如图 8-15 所示。在"折弯角度"文本框中键入尺寸线的折弯角度（5°~90°的角度）。

6）"线性折弯标注"栏：控制线性标注折弯时，折弯的高度因子（折弯角的两个顶点之间的距离为折弯高度），如图 8-16 所示。当线性标注不能精确表示实际尺寸时，通常将折弯线添加到线性标注中。

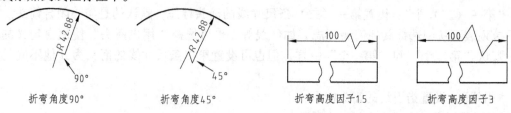

折弯角度90°　　　折弯角度45°　　　折弯高度因子1.5　　　折弯高度因子3

图 8-15　折弯角度　　　　　　　图 8-16　线性折弯标注

3. "文字"选项卡

"文字"选项卡如图8-17所示。在"文字"选项卡中设置尺寸标注的文字外观、文字位置以及文字对齐方式等特性。

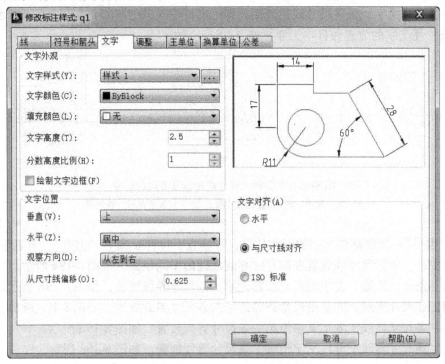

图8-17 "新建标注样式"对话框"文字"选项卡

(1)"文字外观"栏 该栏控制尺寸文字的外观效果。

"文字样式":该下拉列表用于显示和设置尺寸标注所使用的文字样式,默认的是Standard。单击下拉列表列出已创建的所有文字样式名称。还可单击右边的文字样式按钮[...],打开"文字样式"对话框来新建或修改文字字体。

"文字颜色":设置文字的颜色,可从下拉列表中选择文字的颜色。默认颜色是"随块"。

"填充颜色":设置尺寸标注中尺寸数字的背景颜色。可从下拉列表中选择,默认是"无"。

"文字高度":用来设置尺寸标注数字的高度系数。

注意: 当用户选择的文字样式在"文字样式"对话框的"大小"栏的"高度"文本框中设置了一个固定高度,则这项设置的值不起作用。要在这里设置高度,应在"文字样式"对话框的"高度"文本框中设置一个零高度。

"分数高度比例":设置相对于标注文字的分数比例。只有在"主单位"选项卡的"单位格式"下拉列表中选择"分数"选项时该项才有效,默认值为1。

"绘制文字边框":选中该复选框,则在标注文字周围绘制一个方框。

(2)"文字位置"栏 该栏控制标注文字的放置方式和位置。

1)"垂直":该下拉列表控制文字相对尺寸线在垂直方向的位置,有四种位置:

①置中：文字放置在尺寸线两部分之间的位置，如图8-18a所示。

②上方：文字放置在尺寸线的上面，这时尺寸线到文字底线的距离为当前的文字间隙，如图8-18b所示。

③外部：将文字放置在尺寸线的外面，即远离标注对象的一边，如图8-18c所示。

④JIS：使文字的放置和日本工业标准（JIS）一致。

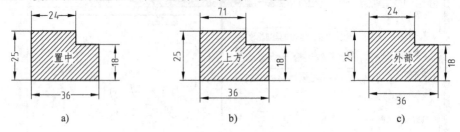

图8-18　文字相对尺寸线在垂直方向的位置

a）文字置中　b）文字在尺寸线上方　c）文字在尺寸线外部

2）"水平"：控制标注文字的五种位置。在垂直下拉列表选中"上方"，有五种情况：

①居中：文字沿尺寸线放置在两尺寸界线之间的中间位置，如图8-19a所示。

②第一条尺寸界线：文字沿尺寸线靠近第一条尺寸界线放置，如图8-19b所示。

③第二条尺寸界线：文字沿尺寸线靠近第二条尺寸界线放置，如图8-19c所示。

④第一条尺寸界线上方：文字沿第一条尺寸界线放置，如图8-19d所示。

⑤第二条尺寸界线上方：文字沿第二条尺寸界线放置，如图8-19e所示。

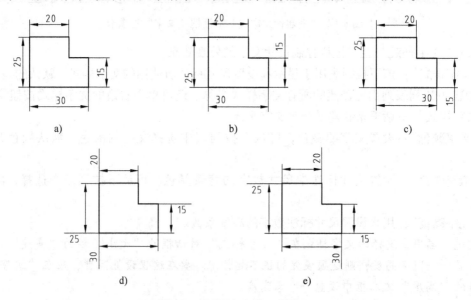

图8-19　标注文字的五种位置

a）居中　b）第一条尺寸界线　c）第二条尺寸界线　d）第一条尺寸界线上方　e）第二条尺寸界线上方

3）"观察方向"：该下拉列表控制标注文字的观察方向。包括以下选项：

①从左到右：按从左到右阅读的方式放置文字。

②从右到左：按从右到左阅读的方式放置文字。

4）"从尺寸线偏移"：设置尺寸标注文字与尺寸线的间隙，如图8-20所示。

（3）"文字对齐"栏 控制标注文字是沿尺寸线还是水平放置方向。

"水平"：选中该项，无论是水平标注还是垂直标注都将文字放置在水平位置，如图8-21a所示。

"与尺寸线对齐"：设置文字放置和尺寸线对齐，即与尺寸线平行，如图8-21b所示。

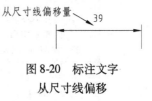

图8-20 标注文字从尺寸线偏移

"ISO标准"：使标注文字放置符合国际标准（ISO），即在尺寸界线内部文字和尺寸线对齐，在尺寸界线外部的文字水平放置，如图8-21c所示。

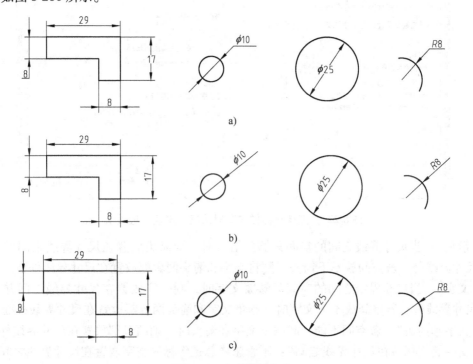

图8-21 文字放置方向

a）水平 b）与尺寸线对齐 c）ISO标准

4. "调整"选项卡

可以通过"调整"选项卡来控制尺寸标注文字、箭头以及尺寸线的放置。在对话框中选择"调整"选项卡，如图8-22所示。

1）"调整选项"栏：如果尺寸界线之间的空间够用，将把文字和箭头放置在尺寸界线的里面。如果尺寸界线之间的空间不够用，AutoCAD根据尺寸界线之间的有效空间控制文字或箭头放置在尺寸界线的里面还是外面，有以下选项：

"文字或箭头（最佳效果）"：当有足够的空间放置文字和箭头时，将两者都放置在尺寸界线之间，否则根据最佳效果，将其中之一放置在外面。当空间只够放文字时，则文字放置在尺寸界线之间并将箭头放在尺寸界线外；当空间只够放置箭头时，则箭头放置在尺寸界线之间，将文字放在尺寸界线外；若空间既放不下文字也放不下箭头时，则将两者都放置在尺寸界线外面。

图 8-22 "新建标注样式"对话框"调整"选项卡

"箭头"：当尺寸界线之间的空间只够放箭头时，则箭头放置在尺寸界线之间并将文字放在尺寸界线外；若空间放不下箭头，则将文字和箭头两者都放置在尺寸界线外面。

"文字"：当尺寸界线之间的空间只够放文字时，则文字放置在尺寸界线之间并将箭头放在尺寸界线外；若空间放不下文字时，则将文字和箭头两者都放置在尺寸界线外面。

"文字和箭头"：若空间不能同时放下文字和箭头时，则两者都放置在尺寸界线外面。

"文字始终保持在尺寸界线之间"：不管怎样总是将标注文字放置在尺寸界线之间。

"若箭头不能放在尺寸界线内，则将其消除"：当空间不够时，选中该复选框则不显示箭头。

2）"文字位置"栏：设置标注文字从默认位置移动后的放置方式，它包含以下选项：

"尺寸线旁边"：总将文字放置在尺寸线旁边，如图 8-23a 所示。

"尺寸线上方，带引线"：如果移动文字远离尺寸线，则创建一引线将文字和尺寸线连接，如图 8-23b 所示。

"尺寸线上方，不带引线"：移动文字时保持尺寸线在原来位置，文字移动到别的位置，不用引线连接到尺寸线，如图 8-23c 所示。

3）"标注特征比例"栏：设置全局标注比例值或图纸空间比例。

"注释性"：选中该复选框，尺寸标注具有注释性。

"将标注缩放到布局"：根据当前模型空间视口和图纸空间之间的比例确定比例因子。

"使用全局比例"：给尺寸标注样式设置一个全局比例值。全局比例影响当前正在创建或修改的标注样式的所有设置，如文字高度、箭头大小、起点偏移量、超出尺寸线量、从尺寸线偏移量等。全局比例不影响标注的测量值。

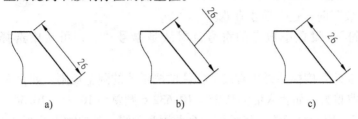

图 8-23 标注文字从默认位置移动后的放置方式
a）尺寸线旁边 b）尺寸线上方，带引线 c）尺寸线上方，不带引线

4）"优化"栏：设置附加的最佳效果选项。

"手动放置文字"：标注尺寸时移动光标将文字放置在用户指定的位置。用此选项可以减少尺寸标注后的编辑操作。比如在标注直径尺寸时，文字的位置可以灵活放置。

"在尺寸界线之间绘制尺寸线"：即使箭头在尺寸界线的外面，也在尺寸界线之间绘制尺寸线。

5. "主单位"选项卡

通过"主单位"选项卡设置尺寸标注主单位的精度和格式，给标注文字设置前缀和后缀等。"主单位"选项卡如图 8-24 所示。

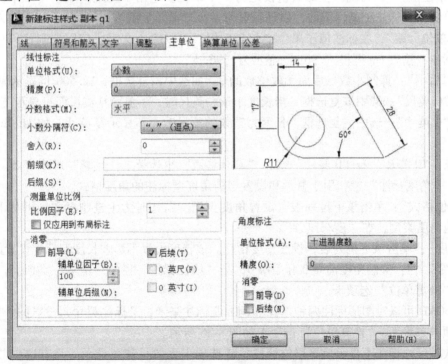

图 8-24 "新建标注样式"对话框"主单位"选项卡

（1）"线性标注"栏：设置线性标注的主单位格式和精度。

"单位格式"：单击该下拉列表设置尺寸标注的单位类型，如十进制、科学等。

"精度"：单击该下拉列表，选择单位的精度。

"分数格式"：设置分数表示形式，有水平、对角、非堆叠三种形式。只有在"单位格式"中选中"分数"时，这一项才有效。

"小数分隔符"：设置小数点的符号，默认是逗号"，"，可从中选择常用的小数点"．"。

"舍入"：设置除角度标注外所有尺寸标注的测量值的圆整规则。如舍入值为1.0，则所有标注长度近似取整数。如舍入值为0.25，10.6326圆整为10.75，10.5622圆整为10.5。

"前缀/后缀"：用于给标注文字添加一个前缀和后缀。如要加上前缀"ϕ"，在前缀框键入"%%c"；若要加后缀"cm"，在后缀框键入"cm"，标注如图8-25所示。

"测量单位比例"栏：定义线性比例选项。

① "比例因子"：设置尺寸标注时，绘制长度与标注长度的比例系数，默认值为1，表示按绘图的实际长度进行标注。当设置为100时，若绘制了10个单位，则标注结果为1000（**注意：比例因子的设置对建筑制图的标注非常重要**）。

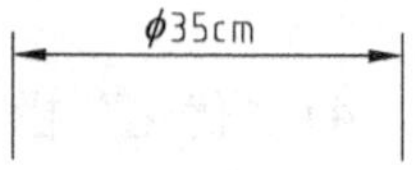

图8-25　前缀和后缀

② "仅应用到布局标注"选中：该复选框表示只对布局尺寸标注有效。

"消零"栏：控制线性标注文字是否显示无效的数字0。

① "前导"：抑制小数点前的0的显示。如选中该复选框，0.50将显示为.50。

"辅单位因子"：将辅单位的数量设定为一个单位。它用于在距离小于一个单位时以辅单位为单位计算标注距离。例如，如果后缀为m而辅单位后缀为以cm显示，则输入100。

"辅单位后缀"：在标注值子单位中包含后缀。可以输入文字或使用控制代码显示特殊符号。例如，输入cm可将".96m"显示为"96cm"。

② "后续"：抑制小数点后面无效位数的0。如选中该复选框，12.500将显示为12.5。

③ "0英尺"：选中该复选框，当长度小于一英尺时，不显示0英尺而只显示英寸值。

④ "0英寸"：选中该复选框，长度为整数的英尺数，不显示零英寸。如1ft-0in显示为1ft。

注意："0英尺"和"0英寸"只在"单位格式"中选择了"建筑"时才有效。

（2）"角度标注"栏：用于显示和设置当前角度型标注的角度格式。

"单位格式"：单击该下拉列表，设置角度类型。默认时为十进制度数，可从下拉列表选择其他角度类型，如"度/分/秒"。

"精度"：单击该下拉列表，设置角度精度。该精度设置不影响长度型标注设置的精度。

"消零"栏：抑制角度前导0和后缀0，与"线性标注"栏的"消零"类似。

6. "换算单位"选项卡

AutoCAD可以对图形标注两种单位（例如既标注毫米，又标注英寸），这通过"换算单位"选项卡来设置。"换算单位"选项卡如图8-26所示。

默认时尺寸标注不显示换算单位标注，该选项卡无效呈灰色显示。只有选中"显示换算单位"复选框才有效。

1）"换算单位"栏：指定标注尺寸时，除角度外的自动测量值的换算单位的格式和精度。

"单位格式"：单击该下拉列表，选择采用什么类型的换算单位。

"精度"：单击该下拉列表，设置替代单位的精度。

"换算单位倍数"：定义主单位和替代单位之间换算的倍数因子。如主单位标注的尺寸为100.60，倍数因子为0.5，也为十进制表示，则替代单位标注为50.30。默认的换算因子是0.039 370 078 740 16，这是毫米与英寸之间的换算因子。

"舍入精度"：设置换算单位的近似圆整规则，同主单位的设置。

"前缀/后缀"：设置换算单位标注文字的前缀和后缀。

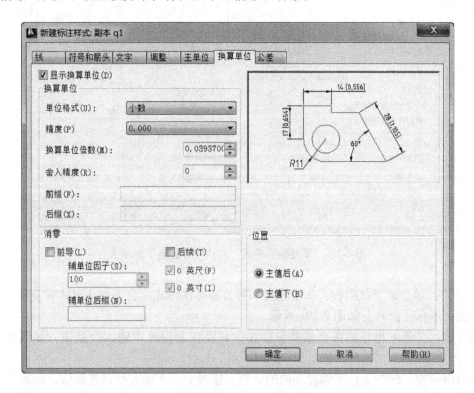

图8-26 "新建标注样式"对话框"换算单位"选项卡

2）"消零"栏：与"主单位"选项卡的消零意义相同。

3）"位置"栏：控制换算单位的放置位置。

"主值后"（"主值下"）：将换算单位标注放置在主单位的后（下）面，如图8-27所示。

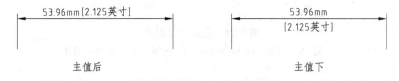

图8-27 换算单位的放置位置

7."公差"选项卡

通过"公差"选项卡来控制尺寸标注文字公差的格式。"公差"选项卡如图8-28所示。

1）"公差格式"栏：控制公差的格式，包含以下各项：

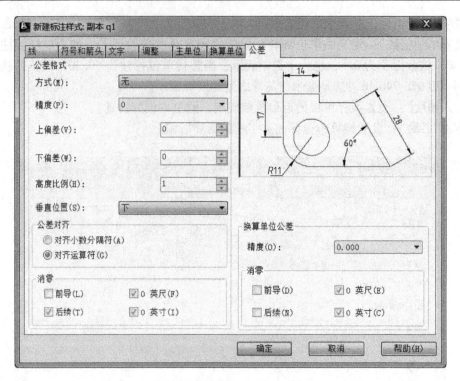

图 8-28 "新建标注样式"对话框"公差"选项卡

"方式"：单击该下拉列表，从中选择一种公差标注形式。公差标注形式有五种：

①无：不标注公差，如图 8-29a 所示。

②对称：公差以相等的正负偏差值标注，只要在上偏差中输入公差值，如图 8-29b 所示。

③极限偏差：标注上、下偏差不同的公差。这时上、下偏差栏都被激活，如果用户输入相同的值则和对称的标注公差一致，如图 8-29c 所示。

④极限尺寸：标注最大和最小的极限尺寸，两极限尺寸上下放置，如图 8-28d 所示。

⑤基本尺寸：只标注基本尺寸，并在其四周绘制一个方框，如图 8-28e 所示。

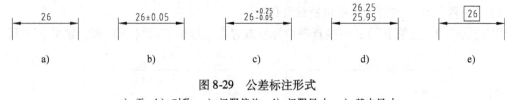

图 8-29 公差标注形式

a）无　b）对称　c）极限偏差　d）极限尺寸　e）基本尺寸

"精度"：单击该下拉列表，设置当前公差精度（小数位数）。

"上偏差"（"下偏差"）：设置当前上（下）偏差。

"高度比例"：设置当前公差文字的高度。AutoCAD 根据主标注文字高度和该比例计算公差文字的高度，默认值为 1，一般可取为 0.7。

"垂直位置"：用于控制公差与尺寸文字的位置关系。有三个选项，"上"表示公差文字与尺寸文字的顶线对齐;"中"表示公差文字与尺寸文字的中部对齐;"下"表示公差文字与尺寸文字的底线对齐,如图 8-30 所示。

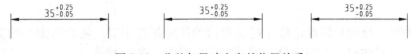

图 8-30 公差与尺寸文字的位置关系

"公差对齐"栏:堆叠时,控制上偏差值和下偏差值的对齐。

① "对齐小数分隔符":通过值的小数分割符堆叠值,如图 8-31a 所示。

② "对齐运算符":通过值的运算符堆叠值,如图 8-31b 所示。

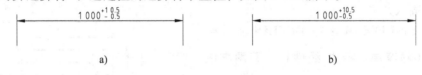

图 8-31 公差对齐

a) 对齐小数分割符 b) 对齐运算符

"消零"栏:控制公差文字中前导和后续 0 的显示,与前面"主单位"选项卡中的消零相同。

2)"换算单位公差"栏:该栏用于设置换算单位公差的精度和消零规则,与前面"主单位"选项卡中的精度和消零意义相同。

8.1.3 "标注样式控制"下拉列表

在"样式"工具栏还有"标注样式控制"下拉列表(第 7 章图 7-23)。"标注样式控制"的功能是使一种标注样式成为当前样式,查看选定尺寸标注的样式和改变尺寸标注的样式。

如果未选择尺寸标注,在"标注样式控制"中显示当前尺寸标注样式。在标注新的尺寸时,当前标注样式被应用。

如果已经创建了几个标注样式,单击"标注样式控制"下拉列表,列出所有标注样式。若要使一种标注样式成为当前标注样式,不选择任何对象,单击"标注样式控制"展开下拉列表,从中选择一种标注样式单击,该标注样式即为当前样式。

若要查看尺寸标注的样式,先选中尺寸,如果选中的都是一种尺寸标注样式,"标注样式控制"中显示为该样式;如果选择了多种尺寸标注样式,则"标注样式控制"为空。

若要改变已标注尺寸的样式,先选中尺寸,单击"标注样式控制"展开下拉列表,从中选择一种样式单击,选中尺寸的样式变为该样式。

如果是在"草图与注释"工作空间,上述"样式"工具栏的"标注样式控制"下拉列表在"常用"选项卡或"注释"选项卡都有。在"常用"选项卡,单击"注释"面板**注释 ▼** 按钮,打开样式列表(图 7-24),第二行即为"标注样式"按钮和"标注样式控制"下拉列表。在"注释"选项卡,"标注"面板的上部即"标注样式控制"下拉列表。

8.2　图形的尺寸标注

为便于阅读、显示和修改，最好建立专门的尺寸标注图层，使之与图形的其他信息分开。在实际尺寸标注时，还应充分利用对象捕捉功能（如"捕捉到交点"、"捕捉到端点"等）精确定位。

8.2.1　线性标注

线性标注指标注水平尺寸、垂直尺寸和以指定角度旋转的线性尺寸，如图 8-32 所示。

命令的输入方法：

命令：DIMLINEAR ✓ 或 DIMLIN ✓【标注】【下拉菜单：标注/线性】【草图与注释："常用"选项卡/"注释"面板的】【草图与注释："注释"选项卡/"标注"面板的】

命令输入后提示：

指定第一条尺寸界线原点或＜选择对象＞：
（指定第一条尺寸界线的起点，或者直接回车）

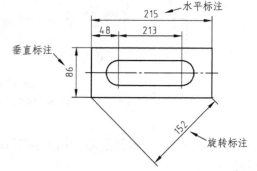

图 8-32　线性尺寸标注

在此提示下有两种标注线性尺寸的方式：指定尺寸界线起点和直接选择对象。两种方式各有其优点以及其适合的情况。下面对这两种方式做具体叙述。

1. 指定第一条尺寸界线原点

此方法是指定两条尺寸界线的起点。指定一个点后，AutoCAD 以此点作为第一条尺寸界线的起点。接下来提示：

指定第二条尺寸界线原点：（输入第二条尺寸界线的起点）

指定尺寸线位置或［多行文字(M)/文字(T)/角度(A)/水平(H)/垂直(V)/旋转(R)］：
（指定尺寸线的位置命令结束，或者单击一个选项或键入选项关键字回车进行其他选项的操作）

这是**主提示**。当主提示出现后，光标的一条线与尺寸线重合，移动光标，可动态地带动尺寸线、尺寸数字移动，尺寸界线伸长或缩短。

如果用户指定了同一水平线上的两个点，向该水平线的上方或下方移动光标，到合适的位置按鼠标左键输入一点，则是标注水平尺寸。

如果用户指定了同一垂直线上的两个点，向该垂直线的左边或右边移动光标，到合适的位置按鼠标左键输入一点，则是标注垂直尺寸。

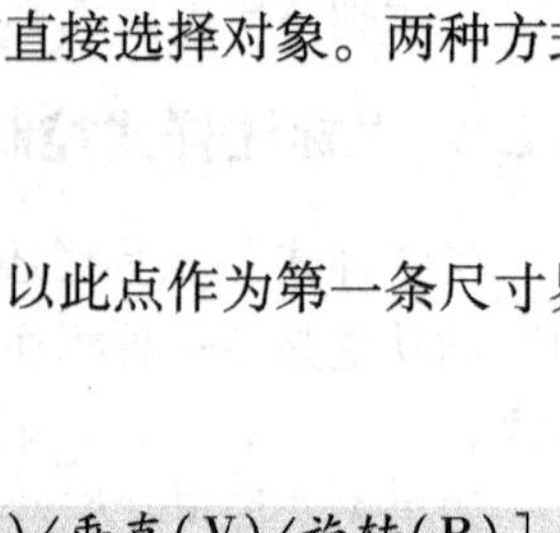

当所指定的两个点既不在同一条水平线上也不在同一条竖直线上时，是标注水平尺寸还是标注垂直尺寸由光标移动的方向确定。如图 8-33 所示，A、B 两点分别是第一条尺寸界线的起点、第二条尺寸界线的起点，上下移动光标，到合适的位置单击输入一点，则是标注水平尺寸；左右移动光标，到合适的位置单击输

图 8-33　光标移动方向决定尺寸标注方向

入一点，则是标注垂直尺寸。

下面介绍主提示的各选项：

1）指定尺寸线位置：这是默认选项，要求确定尺寸线的位置，鼠标移动到合适的位置单击指定一点，尺寸线通过该点且 AutoCAD 按自动测量出的长度标出相应的尺寸文字。

如果尺寸界线间有足够的空间，尺寸文字、尺寸线和箭头是在两条尺寸界线之间还是外部，视标注样式而定；如果尺寸文字在两条尺寸界线之外，则放置其靠近第二条尺寸界线处。

2）多行文字（M）：使用该选项是忽略 AutoCAD 自动测量出的长度数字，打开"文字编辑器"来输入文字、设置和改变字体、高度等。默认情况下，编辑器的文本框里显示自动测量尺寸。用户可以在自动测量尺寸前后键入文字给标注添加前缀和后缀；也可以删除自动测量尺寸而输入新的文字，这就是不使用自动测量的数字，而改用用户输入的数字。

一旦删除自动测量尺寸而改用用户输入的数字，标注的关联性将丢失，在用比例缩放命令 SCALE 缩放图形的时候，AutoCAD 不再重新计算长度来自动更新尺寸文字。

当在"文字编辑器"中的修改完成之后，单击"确定"按钮，主提示重新出现，指定尺寸线的位置或选择另外的选项。

3）文字（T）：该选项跟"多行文字"选项类似，用于输入用户所需的尺寸文字，只是尺寸文字是在命令行提示和输入，且以单行文字来替代 AutoCAD 自动测量的数字。

注意：如果需要输入与 AutoCAD 自动测量的数字不同的尺寸文字；或者作图不准确，自动测量的数字不是正确的数字，这时就要选用"多行文字（M）"选项或"文字（T）"选项。

如果仅需要标注尺寸线和尺寸界线而不标注尺寸数字，若采用"多行文字（M）"选项，删除编辑器的文本框里的自动测量尺寸，按一次空格键，然后确定；若采用"文字（T）"选项，对在命令行的提示"输入标注文字〈自动测量值〉："，按一次空格键，然后回车即可。这两项做法对于其他有"多行文字（M）"选项和"文字（T）"选项的尺寸标注命令都适用。

4）角度（A）：用于设置尺寸文字的旋转角度值，输入一个正值后尺寸文字顺时针方向旋转一个角度，输入一个负值后尺寸文字逆时针方向旋转一个角度，如图 8-34 所示。

5）水平（H）（垂直（V））：该选项限定只进行水平（垂直）尺寸标注，而不管尺寸线定位于什么位置。

6）旋转（R）：使用该选项，可以标注一个旋转了特定角度的尺寸，如图 8-32 所示。

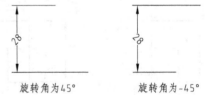

旋转角为45°　　　旋转角为-45°

图8-34　尺寸文字的旋转角度

2. 选择标注对象

若在提示"指定第一条尺寸界线起点或〈选择对象〉："时直接回车，则是以选择对象的方式来进行尺寸标注，此时光标变为拾取框。接下来提示：

选择标注对象：(用光标拾取直线、圆弧或圆)

如果选定的标注对象是一条直线，则 AutoCAD 会自动地把靠近选择点的直线端点作为第一尺寸界线的起点，直线的另一端点作为第二尺寸界线的起点，然后提示选定尺寸线的位置。上下（或左右）移动光标指定尺寸线位置，进行水平（或垂直）尺寸标注。

　　如果所选的标注对象是一个圆，AutoCAD 自动把该圆的直径作为长度，上下移动光标指定尺寸线位置，进行水平尺寸标注，两尺寸界线的起点为圆上 0°和 180°象限点；左右移动光标指定尺寸线位置，进行垂直尺寸标注，两尺寸界线的起点为圆上 90°和 270°象限点。

　　如果选定的标注对象是一个圆弧，AutoCAD 自动地把该圆弧靠近选择点的端点作为第一尺寸界线的起点，圆弧的另一端点作为第二尺寸界线的起点，然后提示指定尺寸线的位置。上下（或左右）移动光标指定尺寸线位置，进行水平（或垂直）尺寸标注。

　　图 8-35 所示是用选择对象的方式对直线、圆或圆弧进行水平或垂直标注，为明显起见，这里隐藏了第一条尺寸线。

□ 为选择对象时的拾取点

图 8-35　用选择对象的方式对直线、圆或圆弧进行水平或垂直标注

　　在选定了要标注的对象后，命令行同样出现主提示，对其回答方式见前面所述。

　　技巧：在实际标注尺寸时，如果对象中间没有断开，采用"选择标注对象"方式较好，当然采用"指定尺寸线的原点"方式也可，但要用户去找尺寸界线的起点；若仅标注对象的一部分，或对象中间断开，则只能采用"指定尺寸界线的原点"方式。如图 8-36 所示，右图是由左图镜像得到，标注水平尺寸只能采用"指定尺寸界线的起点"方式，而标注垂直尺寸可采用"选择标注对象"方式。

8.2.2　对齐标注

　　若要标注一个有一定倾斜角度、不平行于 X 轴或 Y 轴的对象时，应该使用对齐标注方式，如图 8-37 所示。对齐标注是标注的两个尺寸界线起点之间的真实距离，因而两条尺寸界线总是等长。

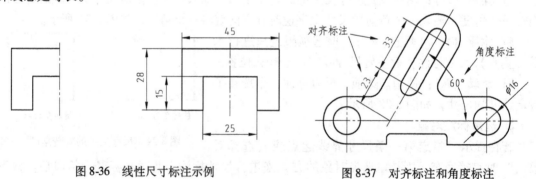

图 8-36　线性尺寸标注示例　　　　　　　　图 8-37　对齐标注和角度标注

　　对齐标注的操作跟线性标注相似，所以可参考线性标注操作。命令的输入方式：

　　命令：DIMALIGNED ✓【标注 ◥】【下拉菜单：标注/对齐】【草图与注释："常用"选项卡/"注释"面板的 ⊢ ▾/◥ 对齐】【草图与注释："注释"选项卡/"标注"面板的 标注 /

】

对齐标注也可使用两种方法"指定尺寸界线原点"或"选择标注对象"标注尺寸。

1. 指定尺寸界线原点

命令输入后指定两条尺寸界线的起点的操作过程是：

指定第一条尺寸界线原点或 <选择对象>：(指定第一条尺寸界线的起点)

指定第二条尺寸界线原点：(输入第二条尺寸界线的起点)

指定尺寸线位置或 [多行文字（M）／文字（T）／角度（A）]：(指定尺寸线的位置结束命令，或者单击一个选项或键入选项关键字回车进行其他选项的操作)

选项多行文字（M）、文字（T）、角度（A)的解释与线性标注一样，这里不再叙述。

2. 选择标注对象

命令输入后选择标注对象的操作过程是：

指定第一条尺寸界线起点或 <选择对象>：(直接回车)

选择标注对象：(用光标拾取直线、圆弧或圆)

指定尺寸线位置或 [多行文字（M）／文字（T）／角度（A）]：(指定尺寸线的位置命令结束，或者单击一个选项或键入选项关键字回车进行其他选项的操作)

如果选定的标注对象是一条直线，AutoCAD 自动用该直线的靠近选择点的端点作为第一尺寸界线的起点，直线的另一端点作为第二尺寸界线的起点，尺寸线与直线平行。

如果所选的标注对象是一个圆，选择点是第一尺寸界线的起点。

如果选定的标注对象是一个圆弧，则该圆弧靠近选择点的端点是第一尺寸界线的起点。

图 8-38 所示为用选择对象的方式对直线、圆或圆弧进行对齐标注，为明显起见，这里隐藏了第一条尺寸线的箭头。

□：为选择对象时的拾取点

图 8-38 用选择对象的方式对直线、圆或圆弧进行对齐标注

8.2.3 角度标注

角度标注用于标注两条非平行直线的夹角（图 8-37）、圆弧（可以是圆上的一段弧）的角度值以及三点（一个角顶点和其他两个点）确定的角度。命令的输入方式：

命令：DIMANGULAR ↙ 【标注 】 】 【下拉菜单：标注／角度】 【草图与注释："常用"

选项卡／"注释"面板的 】 】 【草图与注释："注释"选项卡／"标注"面板的

/ 】

命令输入后，主提示为：

选择圆弧、圆、直线或〈指定顶点〉:(用光标拾取圆弧、圆、直线，或者直接回车)

根据选择的对象不同及直接回车，有四种角度标注方法，每一种方法的继续提示中都有选项多行文字（M）、文字（T）、角度（A），它们的解释与线性标注时一样，不再重复。下面分别对四种角度标注方法进行介绍。

1. 圆弧的角度标注

在主提示下选择一段圆弧，这是标注一段圆弧的角度。接下来提示:

指定标注弧线位置或［多行文字（M）/文字（T）/角度（A）/象限点（Q）］:（指定尺寸线位置命令结束，或者单击一个选项或键入选项关键字回车进行其他选项的操作）

1）指定标注弧线位置: 这是用鼠标指定尺寸线位置，AutoCAD 以圆弧的圆心作为角的顶点，两个弧端点为标注尺寸界线的起点（第一、第二尺寸界线的起点以逆时针方向确定），在两尺寸界线之间绘制呈圆弧的尺寸线，如图 8-39 所示。

2）象限点（Q）: 这是指定标注应锁定到的象限，即确认标注两条尺寸界线所在那一侧的角度。如图 8-40 所示，标注弧 *AB* 的角度为 108°。如果没有使用象限点（Q），选择圆弧后，光标在两条尺寸界线

图 8-39　标注圆弧的角度

的右侧时标注 108°（图 8-40a），而光标移动到两条尺寸界线的左侧时标注 252°（图 8-40b）；如果使用象限点（Q），这时命令行提示:

指定象限点:(在两条尺寸界线的右侧单击指定一点)

此时，即使光标移动到两条尺寸界线的左侧，也不会标注 252°，还是标注 108°，但文字放置在要标注的角度外，且尺寸线会延伸超过尺寸界线（图 8-40c）。

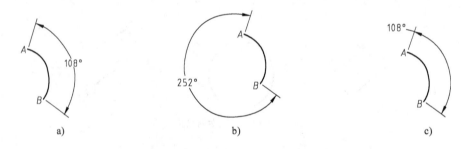

图 8-40　"象限（Q）"选项的意义

a）光标在尺寸界线右侧的标注结果　b）光标在尺寸界线左侧的标注结果

c）应用"象限（Q）"选项后光标在尺寸界线左侧的标注结果

下面各种标注角度提示中的象限点（Q）意义都与上述类似，不再重复。

2. 圆的角度标注

在主提示下选择圆，是标注圆上一段弧的角度。这时光标橡皮筋连接圆心，接下来提示:

指定角的第二个端点:(指定弧的第二个端点)

指定标注弧线位置或［多行文字（M）/文字（T）/角度（A）/象限点（Q）］:（指定尺寸线位置命令结束，或者单击一个选项或键入选项关键字回车进行其他选项的操作）

AutoCAD 以所选圆的圆心作为角的顶点，所选择的圆上第一个点作为第一条尺寸界线的起始点，指定的第二个点（未必位于圆上）作为第二条尺寸界线的起始点，如图 8-41 所示。

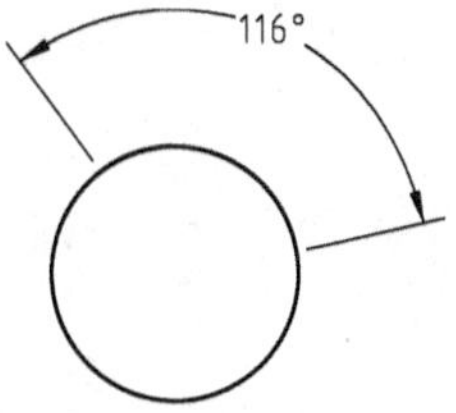

3. 两条非平行直线之间的角度标注

在主提示下选择一条直线，是标注两条非平行直线之间的夹角。接下来提示：

选择第二条直线：（用光标拾取另一直线）

图 8-41　标注圆上弧段角度

指定标注弧线位置或 ［多行文字（M）/文字（T）/角度（A）/象限点（Q）］:（指定尺寸线位置命令结束，或者单击一个选项或键入选项关键字回车进行其他选项的操作）

两条直线即为角度的两条边，直线的交点为角度的顶点，尺寸界线和标注弧（即尺寸线）位置随指定的标注弧线位置不同形成四种不同的标注，标注的角度小于 180°，如图 8-42 所示，如果需确定标注哪一个角度，应使用**象限点（Q）**。

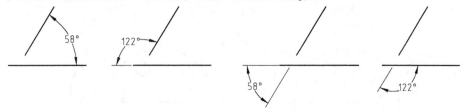

图 8-42　标注两条非平行直线之间的夹角

4. 定义三点的角度型标注

对主提示直接回车，是通过指定三个点来创建一个角度标注。接下来提示：

指定角的顶点：（指定角的顶点）

指定角的第一个端点：（指定角的第一端点）

指定角的第二个端点：（指定角的第二端点）

指定标注弧线位置或［多行文字(M)/文字(T)/角度(A) /象限点(Q)］:（指定尺寸线位置，或者单击一个选项或键入选项关键字回车）

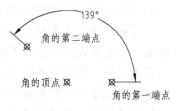

AutoCAD 将第一个指定点作为角的顶点，第二和第三点为角度的两个端点（图 8-43）。

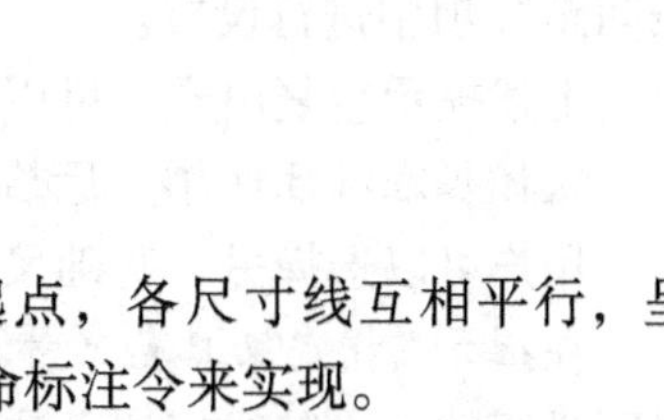

图 8-43　指定三点角度标注

8.2.4　基线标注

在标注图样时，如果几个尺寸有相同的第一尺寸界线起点，各尺寸线互相平行，呈"并联标注"形式时（图 8-44、图 8-45）。这时可以使用基线命标注令来实现。

命令的输入方式：

命令：DIMBASELINE ✓ **或 DIMBASE** ✓ 【标注 ⊞】【下拉菜单：标注/基线】【草图与注释："注释"选项卡/"注释"面板的 ⊞▾/⊟基线】

实际进行基线标注，前面应该已经进行过线性、对齐、坐标或角度尺寸标注。基线标注就是以一个线性、对齐、坐标或角度尺寸为基础尺寸，标注其他尺寸。

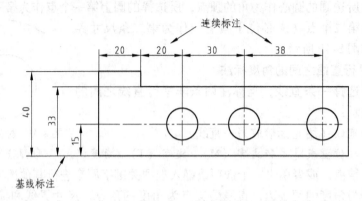

图 8-44　线性尺寸的基线标注和连续标注

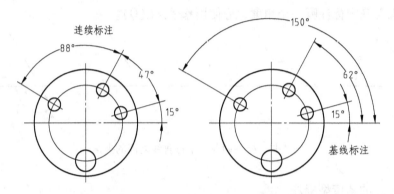

图 8-45　角度尺寸的连续标注和基线标注

如果 AutoCAD 能够明确基础尺寸，接下来的提示为：

指定第二条尺寸界线起点或[放弃(U)/选择(S)]〈选择〉:（指定第二条尺寸界线的起点或单击一个选项或键入选项关键字回车，或者直接回车）

若指定第二条尺寸界线的起点，AutoCAD 将基础尺寸的第一条尺寸界线作为这次标注的起点，并在基础尺寸的上面按一定的偏移距离标注第二个尺寸。该偏移间距指的是两尺寸线的平行距离，在"新建标注样式"（或"修改标注样式"）对话框的"线"选项卡中的"基线间距"项中进行设置。

上述提示重复出现，可以进行多次基线标注。回车后提示改为：

选择基准标注:（用光标拾取另一基础尺寸，或者回车）

用户可以选择另一基础尺寸继续进行其他基线标注，或者回车结束命令。

在提示"指定第二条尺寸界线起点或[放弃(U)/选择(S)]〈选择〉":中，放弃 (U) 是取消刚进行的一次基线标注；选择 (S) 是重新选择基础尺寸进行其他基线标注。

如果 AutoCAD 不能够明确基础尺寸，输入基线标注命令后的提示为"选择基准标注":，选择了基础尺寸后即可进行基线标注。

8.2.5　连续标注

连续标注和基线标注类似，不同的是基线标注是基于相同的标注起点，而连续标注是把前一尺寸的第二条尺寸界线作为下一个连续标注的第一条尺寸界线，并且所有尺寸线在同一直线上，呈"串联标注"形式（图8-44、图8-45）。命令的输入方式：

命令：DIMCONTINUE ✓ **或 DIMCONT** ✓ **【标注 ⊞】【下拉菜单：标注/连续】【草图与注释："注释"选项卡/"注释"面板的 ⊞⋅/⊞ 连续】**

实际进行连续标注时，前面应该已经进行过线性、对齐、坐标或角度尺寸标注。连续标注也是以一个线性、对齐、坐标或角度尺寸为基础尺寸，标注其他尺寸。

如果 AutoCAD 能够明确基础尺寸，接下来的提示为：

指定第二条尺寸界线起点或 ［放弃（U）/选择（S）］〈选择〉:（指定第二条尺寸界线的起点或单击一个选项或键入选项关键字回车，或者直接回车）

若指定第二条尺寸界线的起点，AutoCAD 将基础尺寸的第二条尺寸界线作为这次标注的第一条尺寸界线的起点。

上述提示重复出现，可以进行多次连续标注。回车，提示改为：

选择连续标注:（用光标拾取另一基础尺寸，或者直接回车）

用户可以选择另一基础尺寸继续进行其他连续标注，或者直接回车结束命令。

放弃（U）、选择（S）的意义同基线标注的相同选项一样。

如果 AutoCAD 不能够明确基础尺寸，输入连续标注命令后的提示为"选择连续标注";,选择了基础尺寸后即可进行连续标注。

注意：使用基线标注或连续标注时，不允许改变标注文字内容。因此，如果图形尺寸不是 AutoCAD 自动测量尺寸，对于"并联"或"串联"尺寸，不宜使用基线标注和连续标注。

8.2.6 半径尺寸标注

半径尺寸标注用来标注圆或圆弧的半径值，如图8-46所示。半径尺寸标注是由带一个箭头指向圆或圆弧的半径尺寸线和一前面带有字母 R 的尺寸文字组成，R 表示半径标注。

命令的输入方式：

命令：DIMRADIUS ✓ **【标注 ◯】【下拉菜单：标注/半径】【草图与注释："常用"选项卡/"注释"面板的 ⊢⋅/◯ 半径】【草图与注释："注释"选项卡/"标注"面板的 ⊓ 标注/◯ 半径】**

命令输入后提示：

选择圆弧或圆:（用光标拾取一个圆弧或圆）

标注文字 = 〈自动测量值〉

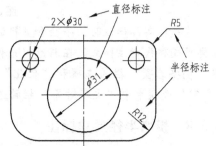

图8-46　直径标注和半径标注

指定尺寸线位置或 ［多行文字（M）/文字（T）/角度（A）］:（指定半径尺寸线的位置命令结束，或者单击一个选项或键入选项关键字回车进行其他选项的操作）

尺寸线随光标的移动而移动，到合适的位置单击确定，完成一次半径尺寸标注。

其余选项"多行文字（M）"、"文字（T）"、"角度（A）"的解释与线性标注时一样。图8-47所示是半径标注示例。

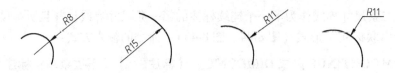

图 8-47　半径的标注形式

8.2.7　直径尺寸标注

直径尺寸标注用来标注圆或圆弧的直径值，如图 8-46 所示。直径标注与半径标注相似，只是直径尺寸文字在数字的前面的有直径符号"φ"。命令输入方式：

命令：DIMDIAMETER ↙　【标注 ⊘】【下拉菜单：直径】【草图与注释："常用"选项卡/"注释"面板的 ⊟·/⊘ 直径】【草图与注释："注释"选项卡/"标注"面板的 标注·/⊘ 直径】

命令输入后提示：

选择圆弧或圆：(用光标拾取一个圆弧或圆)

标注文字 = 〈自动测量值〉

指定尺寸线位置或［多行文字（M）/文字（T）/角度（A）］:(指定直径尺寸线的位置结束命令，或者单击一个选项或键入选项关键字回车进行其他选项的操作)

尺寸线随光标的移动而移动，到合适的位置单击确定，完成一次直径尺寸标注。

其余选项多行文字（M）、文字（T）、角度（A)的解释与线性标注时一样。图 8-48 所示是直径标注示例。

图 8-48　直径的标注形式

注意：实际标注时，半径和直径的标注可以有各种形式，用户应根据需要设置不同的标注样式或替代标注样式。在新建（或修改）标注样式对话框中，通过修改"调整"选项卡中"调整选项"栏的选项和"优化"栏的选项、"符号和箭头"选项卡中"圆心标记"、"文字"选项卡中"文字对齐"栏的选项，可得如图 8-47 和图 8-48 所示的各种标注形式。

8.2.8　折弯半径尺寸标注

当圆弧的圆心位于图纸外而无法显示其实际位置时，可以采用折弯半径标注，即指定替代圆心位置，尺寸线折弯标注半径。

命令输入方式：

命令：DIMJOGGED ↙【标注 ⤵】【下拉菜单：标注/折弯】【草图与注释："常用"选项卡/"注释"面板的 ⊟·/⤵ 折弯】【草图与注释："注释"选项卡/"标注"面板的 标注·/⤵ 折弯】

命令输入后提示：选择圆弧或圆：(用光标拾取一个圆弧或圆)

指定中心位置替代：(输入一点作为替代圆心)

标注文字＝〈自动测量值〉

指定尺寸线位置或[多行文字(M)/文字(T)/角度(A)]：(指定尺寸线的位置结束命令，或者单击一个选项或键入选项关键字回车进行其他选项的操作)

指定折弯位置：(输入一点作为折弯位置)

其余选项多行文字（M）、文字（T）、角度（A）的解释与线性标注时一样。图 8-49 所示是折弯半径标注示例。

图 8-49　折弯半径标注

8.2.9　弧长标注

弧长标注用于标注圆弧段的长度。为显示弧长标注与线性标注及角度标注的区别，默认情况下，弧长标注将显示一个圆弧符号。圆弧符号可以显示在标注文字的上方或前方，通过"新建（或修改）标注样式"对话框的"符号和箭头"选项卡的"弧长符号"栏设置。命令输入方式：

命令：DIMARC ✓　　【标注 】【下拉菜单：标注/弧长】【草图与注释："常用"选项卡/"注释"面板的 / 弧长】【草图与注释："注释"选项卡/"标注"面板的 / 弧长】

命令输入后提示：

选择弧线段或多段线弧线段：(用光标拾取一个圆弧或圆)

指定弧长标注位置或[多行文字(M)/文字(T)/角度(A)/部分(P)/引线(L)]：(指定尺寸线的位置命令结束，或者单击一个选项或键入选项关键字回车进行其他选项的操作)

标注文字＝〈自动测量值〉

在实际标注弧长时，当圆弧的包含角度大于90°时，两条尺寸界线径向引出；当圆弧的包含角度小于90°，两条尺寸界线平行引出，如图 8-50 所示。

选项多行文字（M）、文字（T）、角度（A）的解释与线性标注时一样，仅就部分（P）和引线（L)说明。

1）部分（P）：该选项是不标注整段弧，仅标注弧的一部分的长度，如图 8-51 所示。选择该选项后接下来提示：

指定圆弧长度标注的第一个点：(输入圆弧上弧长标注的起点)

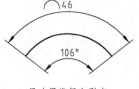

尺寸界线径向引出

尺寸界线平行引出

图 8-50　尺寸界线引出

图 8-51　部分弧长标注

指定圆弧长度标注的第二个点：（输入圆弧上弧长标注的终点）

指定弧长标注位置或[多行文字(M)/文字(T)/角度(A)/部分(P)/引线(L)]：（指定尺寸线的位置命令结束，或者单击一个选项或键入选项关键字回车进行其他选项的操作）

标注文字 = 〈自动测量值〉

标注的第一个点和第二点都可以不在圆弧上。

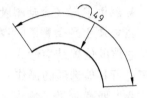

2）引线（L）：添加一条由尺寸数字指向圆弧的引线，如图 8-52 所示。引线径向绘制，指向所标注圆弧的圆心。注意，仅当圆弧大于 90°时才会显示此选项。选择该选项后接下来提示：

图 8-52　添加引线弧长标注

指定弧长标注位置或[多行文字(M)/文字(T)/角度(A)/部分(P)/无引线(N)]：（指定尺寸线的位置后命令结束，或者单击一个选项或键入选项关键字回车进行其他选项的操作）

若是以无引线（N)响应，则是取消创建引线。

8.2.10　尺寸公差标注

在机械设计中，尺寸公差的标注形式主要有：极限偏差、极限尺寸、对称偏差和基本尺寸等。尺寸公差的标注是随着尺寸的标注一起标注的（图 8-29、图 8-30、图 8-31）。

是否标注尺寸公差及公差的形式和公差值可通过"标注样式管理器"来设置（参见 8.1 节的尺寸标注样式设置）。如果图中有相同公差要求的尺寸较多，应该单独设置一种公差标注样式，以便标注快捷。如果图中的某些尺寸的公差只出现一两次，可用"标注样式管理器"的"替代"按钮建立临时的标注样式。

也可以不设置公差标注样式，而是在标注尺寸时直接利用标注命令的多行文字（M)，打开"文字编辑器"，输入尺寸及公差：对于对称形式的公差利用"符号"下拉列表中的"％％p"正负号；对于极限偏差和极限尺寸，在上下偏差（或最大、最小极限尺寸）之间键入一个"^"，先选中它们，再单击"堆叠"按钮，也能标注极限偏差和极限尺寸。

8.2.11　几何公差标注

如零件有几何公差要求，也必须注出。一个几何公差一般包含图 8-53 所示的几部分：

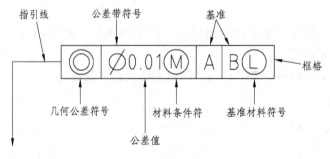

图 8-53　一般几何公差的内容

如果几何公差的标注不包括指引线，命令的输入方式如下：

命令：**TOLERANCE** ✓　【标注 ⊕1】【下拉菜单：标注/公差】【草图与注释："注释"选项卡/"标注"面板 ▏ 标注 ▼ ▏/⊕1】

命令输入后，显示图 8-54 所示的"形位公差"对话框（在我国最新国家标准中，形位公差已改为几何公差）。

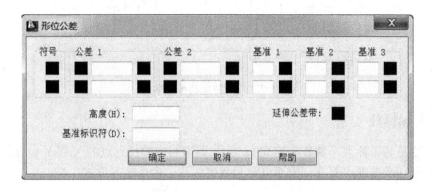

图 8-54 "形位公差"对话框

该对话框实际上是一个放大了的几何公差框，其使用方法如下：

在"符号"部分选择几何公差符号，单击黑框，打开"符号"对话框，如图 8-55 所示，在其中单击选择一个符号或单击空白框可关闭此对话框。

在"公差 1"部分输入公差值。单击左边黑框，可加入直径公差带符号"φ"；如果需要，单击右边黑框给公差添加材料条件符，弹出"附加符号"对话框，如图 8-56 所示。单击选择一个符号或单击空白框可关闭此对话框。对"公差 2"的内容进行同样的操作。

图 8-55 "符号"对话框

图 8-56 "附加符号"对话框

在"基准 1"、"基准 2"、"基准 3"框中，键入形位公差基准字母。需要时单击右边黑框加上附加符号。

"高度"、"延伸公差带"、"基准标识符"在我国公差标准中不用。

在"形位公差"对话框中设置完成后，单击"确定"按钮，几何公差框格将出现在十字光标中心，移动光标到合适位置后单击，没有指引线的几何公差即绘在图形上。

几何公差的指引线可用下文将介绍的"多重引线"画出。

图 8-57 所示的是几何公差的标注举例。

注意：实际标注几何公差也可用"快速引线"命令 QLEADER，在其"引线设置"对话框的"注释"选项卡中选中"公差"。

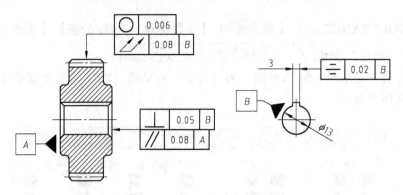

图 8-57　几何公差的标注举例

8.2.12　坐标标注

坐标标注是基于原点（称作基准点），标注图形当中的任意点的 X 或 Y 坐标值。所有标注都是相对于一个基准点而言，因而也称为数值标注。命令输入方式：

命令：DIMORDINATE✓**或 DIMORD**✓【标注 ⌖】【下拉菜单：标注/坐标】【草图与注释："常用"选项卡/"注释"面板的 ⊢·/⌖坐标】【草图与注释："注释"选项卡/"标注"面板的 标注/⌖坐标】

命令输入后提示：

指定点坐标:(指定一个点)

指定引线端点或[X基准(X)/Y基准(Y)/多行文字(M)/文字(T)/角度(A)]:（指定另一点作为引出线的端点，或者单击一个选项或键入选项关键字回车进行其他选项的操作）

该主提示中的各选项说明如下。

1. 指定引线端点

这是默认选项，用于确定引线的端点位置。指定端点后，在该点标注出指定点的坐标。

如图 8-58 所示，AutoCAD 通常使用当前的用户坐标系（UCS）原点来计算点的坐标，用户也可定义另外的原点或基准点。某点的 X 坐标是该点沿 X 轴方向到基准点的长度值；同样，Y 坐标是该点沿 Y 轴方向到基准点的长度值。引出线由三段组成，其中两段平行，中间由一条斜线连接，如图 8-58 的圆心坐标所示。

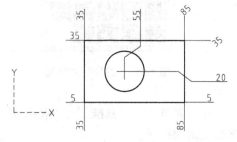

图 8-58　坐标标注

2. X 基准（X）、Y 基准（Y）

该选项用于标注 X（Y）坐标。这时不受引出线位置的影响而只能标注 X（Y）坐标值。选项多行文字（M）、文字（T）、角度（A）的解释与线性标注时一样。

8.2.13　圆心标记和中心线

圆心标记命令用来给圆或圆弧绘制圆心标记和中心线，在标注样式对话框的"符号和箭头"选项卡中的"圆心标记"栏设置。命令的输入方式：

命令：**DIMCENTER** ↙　【标注（标注）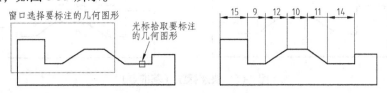】【下拉菜单：标注/圆心标记】【草图与注释："注释"选项卡/"标注"面板的滑出面板 ⌖ 】

命令输入后，提示"选择圆弧或圆："，一旦选择一个圆或圆弧，圆心标记即被绘出。

*8.2.14　快速标注

所谓快速尺寸标注，是指只要进行连续简单的选择对象，就可给多个对象一次性进行连续、基线等尺寸标注，还可编辑已存在的尺寸的布置。命令输入方式：

命令：**QDIM** ↙　【标注】【下拉菜单：标注/快速标注】【草图与注释："注释"选项卡/"标注"面板的】

命令输入后提示：

选择要标注的几何图形：(用选择对象的各种方法选择要标注的对象，提示重复显示，回车结束重复提示)

指定尺寸线位置或[连续(C)/并列(S)/基线(B)/坐标(O)/半径(R)/直径(D)/基准点(P)/编辑(E)/设置(T)]〈连续〉：(指定尺寸线位置，或者单击一个选项或键入选项关键字回车)

对该主提示各个选项的说明如下。

1. 连续（C）

上述主提示的默认选项是连续（C），选择要标注的对象，然后指定标注线位置，即生成一连续型标注，如图 8-59 所示。

图 8-59　快速标注（连续）

2. 并列（S）

该选项进行小尺寸在内，大尺寸在外的平行尺寸标注，如图 8-60 所示。

3. 基线（B）

该选项是进行基线型标注，如图 8-61 所示。

4. 坐标（O）

该选项是进行坐标型标注，如图 8-62 所示。

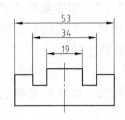

图 8-60　快速标注（并列）

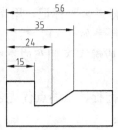

图 8-61　快速标注（基线）

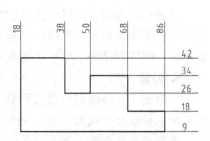

图 8-62　快速标注（坐标）

5. 半径（R）/直径（D）

该选项是对多个圆或圆弧进行半径或直径标注，如图 8-63 和图 8-64 所示。图 8-63 和图 8-64 是在提示"选择要标注的几何图形"：时把图形全部选中。

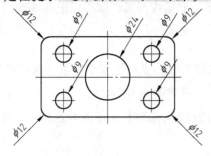
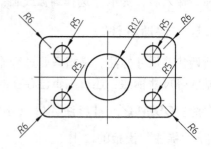

图 8-63　快速直径标注　　　　　　　　　图 8-64　快速半径标注

6. 基准点（P）

在不改变用户坐标系（UCS）的条件下，改变坐标型标注或基线型标注的尺寸基准点的位置。选择基准点（P）后继续提示：

选择新的基准点：（指定一点，而后回到主提示）

图 8-65 所示是以点 A 为基准点，左边进行的是坐标标注，右边是基线标注。

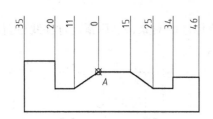
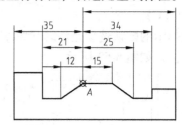

图 8-65　快速标注（基准点）

7. 编辑（E）

用于从已存在的标注或即将进行的快速标注中添加或移去尺寸界线的起点，也就是添加或减少尺寸标注（注意，对已存在的标注，在提示"选择要标注的几何图形："时，只选择尺寸）。对主提示选择编辑（E）后继续提示：

指定要删除的标注点或[添加（A）/退出（X）]〈退出〉：（指定有"×"标记的点，单击添加（A）或键入 A 回车，或者单击退出（X）或键入 X 回车或直接回车）

该提示出现后，在尺寸界线的起点有"×"标记，用光标单击"×"，则删除尺寸界线的起点；若要增加尺寸界线的起点，选择添加（A），然后在需要增加尺寸界线的起点的位置单击。回答完该提示后单击退出（X）或键入 X 回车或直接回车，回到主提示。

8. 设置（T）

为指定尺寸界线起点设置默认对象捕捉，是端点优先还是交点优先，默认的是端点优先。对主提示选择设置（T），继续提示：

关联标注优先级[端点（E）/交点（I）]〈端点〉：（单击一个选项或键入选项关键字回车，或者直接回车）

接下来返回主提示。

8.3 多重引线

图形中可能有一些说明或解释，并用指引线将其同被说明部位连接起来。使用多重引线可实现这一目的。多重引线也要先设置所需的样式，然后才能使用。

8.3.1 多重引线样式

一般多重引线由箭头、引线、基线、文字（或块）组成，如图8-66所示。

像标注尺寸要先设置尺寸样式，使用多重引线也应该先设置多重引线样式。

1. 多重引线样式管理器

通过"多重引线样式管理器"对话框设定多重引线样式，打开该对话框的方法是：

命令：MLEADERSTYLE ✓ 　【多重引线 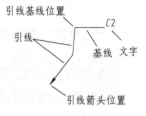】【下拉菜单：格式/多重引线样式】【草图与注释："常用"选项卡/"注释"面板的滑出式面板 **注释 ▼** / 】【草图与注释："注释"选项卡/"引线"面板 **引线** /对话框启动器 】

命令输入后，打开"多重引线样式管理器"对话框（图8-67）

图8-66　多重引线标注

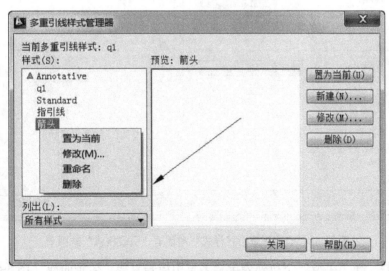

图8-67　多重引线样式管理器

1）"样式"列表：列出图形中已经存在的多重引线样式。

2）"列出"下拉列表：单击展开该下拉列表，设置"样式"列表中是显示"所有样式"，还是显示"正在使用的样式"。

3）"预览"框：显示"样式"列表中选中的多重引线样式的预览。

4）"新建"（"修改"）按钮：单击"修改"按钮，打开"修改多重引线样式"对话框（图 8-68）；单击"新建"按钮，在弹出的"创建新多重引线样式"对话框中设定好"新样式名"及新样式的"基础样式"后单击"继续"按钮，打开"修改多重引线样式"对话框。

5）"删除"按钮：在"样式"列表内选中一个样式（当前图形中未使用过的多重引线样式），单击"删除"按钮可将其删除。

6）"置为当前"按钮：单击该按钮将"样式"列表中选中的多重引线样式置为当前样式。

也可以在"样式"列表中选中一个样式，右击，打开菜单，从中可以选择"置为当前"、"修改"等，如图 8-67 所示。

2. "修改多重引线样式"对话框

"修改多重引线样式"对话框包含"引线格式"、"引线结构"、"内容"三个选项卡。一些内容与前面已经介绍的"新建标注样式"对话框类似或相同，因此，读者可参考相关内容。

（1）"引线格式"选项卡　如图 8-68 所示。

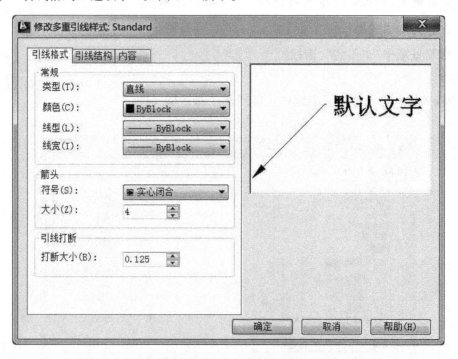

图 8-68　"修改多重引线样式"对话框"引线格式"选项卡

"常规"栏：在"类型"下拉列表设置多重引线是直线、样条曲线（图 8-69），还是没有引线。在"颜色"、"线型"、"线宽"下拉列表设置多重引线的基本外观。

"箭头"栏：设定多重引线箭头的符号和大小。

"引线打断"栏：控制对多重引线使用打断标注 DIM-BREAK 命令时，引线的断开间距。

（2）"引线结构"选项卡　如图 8-70 所示。

"约束"栏：选中"最大引线点数"，可设定多重引

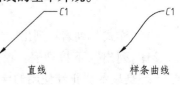

图 8-69　多重引线的线类型

线最多由几点组成。选中"第一段角度"、"第二段角度",可设置多重引线的初段(即有箭头的引线段)、第二段(与初段相连)的角度。多重引线的初段、第二段只能按设置的角度值的整倍数画出。多重引线只能约束引线的前两段。

"基线设置"栏:选中"自动包含基线",将水平基线附着到多重引线内容。选中"设置基线距离",可在其下面的文本框设置基线长度。

"比例"栏:选中"注释性",多重引线是注释性对象。选中"将多重引线缩放到布局",根据模型空间视口和图纸空间视口中的缩放比例确定多重引线的比例因子。选中"指定比例",可在其右侧的文本框设置多重引线的缩放比例。

(3)"内容"选项卡　如图 8-71 所示,在"多重引线类型"下拉列表中选择多重引线内容是"多行文字",或者是"块",或者是"无"(即没有内容,如仅设置箭头)。

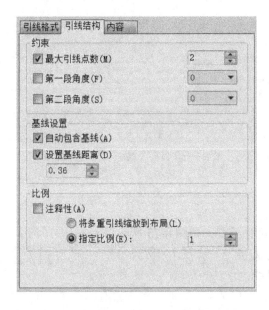

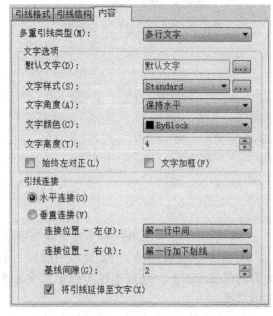

图 8-70　"修改多重引线样式"对话框
"引线结构"选项卡
图 8-71　"修改多重引线样式"
对话框"内容"选项卡

1)选中"多行文字",下面显示"文字选项"栏和"引线连接"栏。

①"文字选项"栏,控制多重引线文字的外观。

如果希望正在设置的样式在使用时有默认文字,单击"默认文字"框右侧的"…"按钮,可打开"文字编辑器",输入默认文字。一旦"默认文字"框中有了文字,在使用多重引线命令 MLEADER 时,命令行会增加提示"覆盖默认文字[是(Y)/否(N)]〈否〉:",确定是否使用默认文字。

在"文字样式"下拉列表选择多重引线样式使用的文字样式。在"文字角度"下拉列表中选择多重引线文字的旋转角度。在"文字颜色"下拉列表选择文字的颜色。在"文字高度"下拉列表选择或输入文字高度。选中"始终左对齐",指定多重引线文字始终左对齐。选中"文字边框"复选框,对多重引线文字内容加边框。

②"引线连接"栏,控制多重引线的引线连接设置。

　　a. 选中"水平连接"，设置水平方向引线位于文字内容的左侧或右侧时的连接方式。水平连接包括文字和引线之间的基线。

　　"连接位置—左（右）"：控制文字位于引线右（左）侧时基线连接到多重引线文字的方式，共有9种，如图8-72所示。图8-73所示以三行文字为例，说明了图8-72所示的多行文字的几个位置。图8-74所示为"连接位置—左（右）"举例。

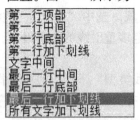

图8-72　"连接位置"下拉列表

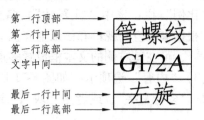

图8-73　多行文字的几个位置

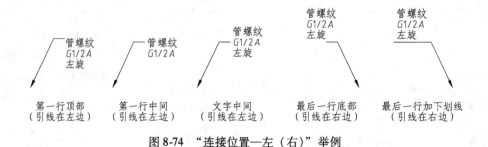

图8-74　"连接位置—左（右）"举例

　　"基线间隙"：设置基线和多重引线文字之间的距离，如图8-75所示。

　　b. 选中"垂直连接"，设置将引线插入到文字内容的顶部或底部。垂直连接不包括文字和引线之间的基线。

图8-75　"基线间距"举例

　　"连接位置—上"：将引线连接到文字内容的中上部。单击下拉菜单，从中选择"居中"或"上画线并居中"。

　　"连接位置—下"：将引线连接到文字内容的底部。单击下拉菜单，从中选择"居中"或"下画线并居中"。

　　"基线间隙"：设置引线和文字之间的距离。

　　图8-76a所示是在"连接位置—上"中选择"居中"，在"连接位置—下"中选择"居中"，"基线间隙"设置为2。图8-76b所示是在"连接位置—上"中选择"居中"，在"连接位置—下"中选择"下画线并居中"，"基线间隙"设置为6。

　　2）如果在"多重引线类型"下拉列表中选择"块"，则"内容"选项卡的左侧变为图8-77所示内容，"块选项"栏用于控制多重引线中块内容的特性。

　　"源块"：单击展开该下拉列表，从中选择用于多重引线内容的块，如果选择"用户块…"，可以使用用户自己定义的块。

　　"附着"：在该下拉列表选择块附着到多重引线的方式为"插入点"或"中心范围"。

"颜色"：单击展开该下拉列表选择多重引线块内容的颜色。

"比例"：指定插入时块的比例。

图 8-76 "连接位置—上（下）"举例
a) 例1 b) 例2

图 8-77 选择多重引线内容为"块"
时的"内容"选项卡

8.3.2 多重引线命令

命令输入方式：

命令：MLEADER ↙ **【多重引线 🔗】【下拉菜单：标注/多重引线】【草图与注释：**

"常用"选项卡/"注释"面板 🔗引线 】【草图与注释："注释"选项卡/"引线"面板

 】

命令输入后的**主提示**为：

指定引线箭头的位置或［引线基线优先（L）/内容优先（C）/选项（O）]〈选项〉：
（指定引线箭头的位置，或者单击一个选项或键入选项关键字回车，或者直接回车进行选项
设置）

对该主提示的几个选项解释如下。

1. 指定引线箭头的位置

这是指定引线的第一点（即箭头起点），是首选项。根据多重引线样式输入若干个点
后，接下来提示：

指定引线基线的位置：（输入引线基线位置）

接下来打开"文字编辑器"，输入文字并确定后即完成多重引线的创建。如果不输入任
何文字确定，或按〈Esc〉键退出，则是只画多重引线，不注与多重引线相关联的文字。

2. 引线基线优先（L）

对主提示选择引线基线优先（L),是先指定引线基线的位置（左右移动光标确定箭头连
接引线基线的哪一端），再指定引线箭头，最后输入文字。根据多重引线样式输入若干个点
后，接下来提示：

指定引线基线的位置或[引线箭头优先(H)/内容优先(C)/选项(O)]〈引线箭头优先〉：
（指定引线基线位置）＊（注意：此提示中以引线箭头优先（H）代替引线基线优先（L））

指定引线箭头的位置：（指定引线箭头位置，或者按〈Esc〉键退出）

接下来打开"文字编辑器"，输入文字并确定后即完成多重引线的创建。如果不输入任
何文字确定，或按〈Esc〉键退出，则是只画多重引线，不注与多重引线相关联的文字。

3. 引线内容优先（C）

该选项是先输入文字，同时也确定了基线位置（左右移动光标确定引线基线在文字的哪一侧），最后指定箭头位置。接下来根据多重引线样式输入若干个点后提示：

指定文字的第一个角点或［引线箭头优先(H)/引线基线优先(L)/选项(O)］〈选项〉：(指定注释多行文字的第一个角点)

指定对角点：(指定注释多行文字的对角点)

接下来打开"文字编辑器"，输入文字并确定后（也可以不输入任何文字确定，则是只画多重引线，不注与多重引线相关联的文字），接着提示：

指定引线箭头的位置：(输入引线箭头的位置)

4. 选项（O）

对主提示直接回车或选择选项（O），是对这次命令进行一次临时选项设置，提示如下：

输入选项［引线类型(L)/引线基线(A)/内容类型(C)/最大节点数(M)/第一个角度(F)/第二个角度(S)/退出选项(X)］〈退出选项〉：(单击一个选项或键入选项关键字回车，或者直接回车退出选项设置)

1）引线类型（L）：对临时选项设置提示选择引线类型（L），是设置引线为直线、样条曲线或设为无（即只有文字内容，而没有引线和箭头）。接下来提示如下：

选择引线类型［直线（S）/样条曲线（P）/无（N）］〈当前设置〉：(单击直线（S）或键入 S 回车引线为直线；单击样条曲线（P）或键入 P 回车引线为样条曲线；单击无（N）或键入 N 回车没有引线和箭头；直接回车默认当前设置)

接下来回到临时选项设置提示，继续改变其他选项，或者对其选择退出选项（X）返回主提示。

注意：以下各个选项设置完成后，都会回到临时选项设置提示，可继续改变其他选项，或对其选择退出选项（X）返回主提示。

2）引线基线（A）：对临时选项设置提示选择引线基线（A），是确定是否使用基线，提示如下：

使用基线［是（Y）/否（N）］〈是〉：(单击是(Y)或直接回车使用基线，单击否（N）或键入 N 回车不使用基线)

如果选择是(Y)或直接回车，接下来提示：

指定固定基线距离〈当前值〉：(键入基线距离，或者用鼠标指定两点，两点距离为基线距离)

如果对"指定固定基线距离〈当前值〉："的提示键入 0（零）回车，返回主提示并回答后，在接下来的提示中会有"指定基线距离〈0.000 0〉："的提示，可键入距离，或由鼠标指定点确定距离。

3）内容类型（C）：该选项确定多重引线关联的内容是多行文字还是块，提示如下：

选择内容类型［块（B）/多行文字（M）/无（N）］〈当前内容〉：(单击块（B）或键入 B 回车，引线关联块；单击多行文字（M）或键入 M 回车，引线关联文字；单击无（N）或键入 N 回车，不关联内容；直接回车默认当前内容)

选择块（B），接下来提示"输入块名称"，以一个已经定义的块名回答。

4）最大节点数（M）：这是确定引线由几个点确定，接下来提示：

输入引线的最大节点数〈2〉:(输入一个大于等于2的数字作为引线最大的节点数)

5)**第一个角度（F）**：这是确定多重引线的初段的角度，接下来提示：

输入第一个角度约束〈当前值〉:(键入角度值)

6)**第二个角度（S）**：这是确定多重引线的第二段的角度，接下来提示：

输入第二个角度约束〈当前值〉:(键入角度值)

7)**退出选项（X）**：这是退出临时选项设置提示，返回主提示。

8.3.3 添加、删除多重引线

有些情况多重引线可能需要多条引线，或删除引线，在标注多重引线后，可通过"添加引线"或"删除引线"完成。添加引线的例子如图8-78所示。

1."添加引线"的命令输入方式

命令：**AIMLEADEREDITADD** ✓ 【多重引线

图8-78 添加引线

🖉】【下拉菜单：修改/对象/多重引线/添加引线】

【草图与注释："常用"选项卡/"注释"面板

🖉引线 ▾ 🖉添加引线】【草图与注释："注释"选项

卡/"引线"面板🖉】

命令输入后的提示为：

选择多重引线:(选择一个引线)

指定引线箭头的位置:(指定要添加的箭头的位置，提示重复出现，回车结束提示)

2."删除引线"的命令输入方式

命令：**AIMLEADEREDITREMOVE** ✓ 【多重引线🖉】【下拉菜单：修改/对象/多

重引线/删除引线】【草图与注释："常用"选项卡/"注释"面板 🖉引线 ▾ / 🖉删除引线】

【草图与注释："注释"选项卡/"引线"面板🖉】

命令输入后的提示为：

选择多重引线:(选择一个引线)

指定要删除的引线:(拾取所选多重引线中的一条引线，提示重复出现，回车结束提示)

8.3.4 对齐多重引线

多个多重引线有时需要按一定的方式分布，可通过多重引线对齐命令完成，图8-79b所示是按"使用当前间距"对齐后的多重引线。命令的输入方式：

命令：**MLEADERALIGN** ✓ 【多重引线🖉】【下拉菜单：修改/对象/多重引线/对

齐】【草图与注释："常用"选项卡/"注释"面板 🖉引线 ▾ / 🖉对齐】【草图与注释：

"注释"选项卡/"引线"面板🖉】

命令输入后的提示为（注意：下面选择多重引线后提示随选项的不同，提示有所不同，读者可自行尝试）：

选择多重引线:(用选择对象的任何方式选择多重引线，提示重复出现，回车结束提

示）

选择要对齐到的多重引线或［选项（O）］：（拾取要对齐到的多重引线，或者单击
选项（O）或键入O回车）

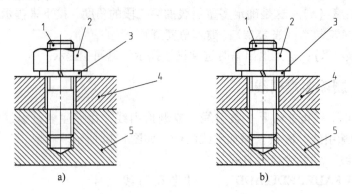

图 8-79　多重引线对齐（"使用当前间距"）
a）对齐前　b）对齐后（分水平、垂直两次对齐）

如果拾取要对齐到的多重引线，接下来提示：

指定方向：（键入角度回车，或者移动光标用橡皮筋指定方向，到合适位置拾取一点）

如果选择选项（O），接下来是选项提示：

输入选项［分布（D）/使引线线段平行（P）/指定间距（S）/使用当前间距（U）］：

1）分布（D）：指定两点，在两点间等距离隔开所选多重引线的内容。

2）使引线线段平行（P）：使选定多重引线中的每条初段引线均平行。

3）指定间距（S）：指定选定的每两条多重引线内容之间的间距相等。

4）使用当前间距（U）：使用多重引线内容之间的当前间距。

前三个选项如图 8-80 所示。

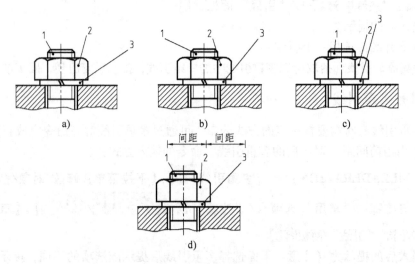

图 8-80　多重引线对齐
a）对齐前　b）"分布"　c）"使引线线段平行"　d）"指定间距"

8.3.5 多重引线合并

多重引线合并命令可将内容为块的多个引线对象附着到一个基线，如图 8-81 所示。命令输入方式如下：

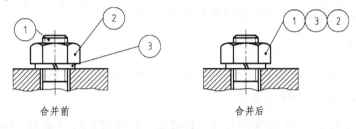

合并前　　　　　　　　　　　　合并后

图 8-81　多重引线合并（水平）

命令：MLEADERCOLLECT ↙　【多重引线 ⁄8】【下拉菜单：修改/对象/多重引线/合并】【草图与注释："常用"选项卡/"注释"面板 ⟋引线⁝ / ⁄8合并】【草图与注释："注释"选项卡/"引线"面板⁄8】

命令输入后提示：

选择多重引线：(按一定顺序选择内容为块的多重引线，提示重复出现，回车结束提示)

指定收集的多重引线位置或〔垂直（V）/水平（H）/缠绕（W）〕〈当前选项〉：(输入一个点指定合并后的多重引线位置，或者单击一个选项或键入选项关键字回车，或者直接回车默认当前选项)

1）指定位置：为合并后的多重引线的块内容指定放置位置。

2）垂直（水平）：垂直（水平）放置合并后的多重引线的块内容。

3）缠绕：将合并后的多重引线的块内容按行列排列起来。接下来提示"缠绕宽度"或"数量"，"缠绕宽度"指排列后的块内容每行的宽度，由宽度确定每行的块内容数量；"数量"指排列后每行中块内容的最大数量，图 8-82 所示是"数量"为 2 时的合并结果。

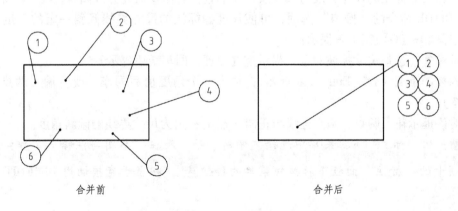

合并前　　　　　　　　　　　　合并后

图 8-82　多重引线合并（缠绕"数量"为2）

8.4　尺寸的编辑和修改

已经标注的尺寸其尺寸文字位置、内容、标注样式、尺寸公差等都可以编辑和修改。可以使用标注编辑命令或使用尺寸标注的夹点来编辑修改尺寸。

8.4.1　编辑标注

编辑标注命令用于修改尺寸文字，恢复尺寸文字的定义位置，改变尺寸文字的旋转角度及使尺寸界线倾斜。命令的输入方式：

命令：DIMEDIT ✓ 　【标注◢】【下拉菜单：标注/倾斜】【草图与注释："注释"选项卡/"标注"面板 [　　标注 ▼　　]/H】

命令输入后，命令行的主提示为：

输入标注编辑类型［默认（H）/新建（N）/旋转（R）/倾斜（O）］〈默认〉:(单击一个选项或键入选项关键字回车，或者直接回车)

1. 默认（H）

这是首选项。如果已经改变了文字的位置，使用该选项将尺寸文字移回到标注样式定义的默认位置。按提示选择尺寸标注对象后即结束命令。

2. 新建（N）

该项是用新的尺寸文字替代已标注的尺寸文字。对主提示选择新建（N），显示"文字编辑器"，输入新的文字后确定，再对"选择对象:"的提示选择一尺寸标注即可。

3. 旋转（R）

这是旋转已标注的尺寸文字。在主提示下选择旋转（R），接下来提示：

指定标注文字的角度:(输入文字旋转角度，此角度为尺寸数字基线与水平方向的夹角)

接下来是"选择对象:"的提示。

4. 倾斜（O）

通常，尺寸标注的尺寸界线与尺寸线相互垂直，若需要尺寸界线倾斜，在标注完成后再用 DIMEDITDE 命令的"倾斜"选项，可使长度型标注的尺寸界线倾斜一定的角度（图 8-83）。选择倾斜（O），接下来提示：

选择对象:(选择尺寸标注对象，提示重复出现，回车结束提示)

输入倾斜角度（按〈Enter〉表示无）:(输入一个角度值后回车，或者输入两点，或者直接回车)

若对该提示输入两点，两点连线与正向 X 轴的夹角为尺寸界线的倾斜角度。

注意：从"标注"下拉菜单中选择"倾斜"项，及在"草图与注释"工作空间"注释"选项卡的"标注"面板下拉按钮菜单的按钮 H，相当于直接调用 DIMEDIT 命令的倾斜（O）选项。

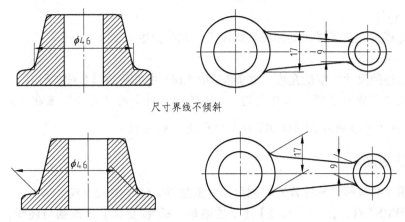

图 8-83　DIMEDIT 命令的"倾斜（O）"选项

8.4.2　编辑标注文字

编辑标注文字命令主要是用来改变尺寸文字沿尺寸线的位置和角度。命令输入方式：

命令：DIMTEDIT ↙【标注 Ａ 】【下拉菜单：标注/对齐文字子菜单的各菜单项】【草图与注释："注释"选项卡/"标注"面板的 ↖ 或 ⊢⊣ 或 ⊢⊣ 或 ⊢⊣ 】

命令输入后提示：

选择标注：(选择要编辑的尺寸)

为标注文字指定新位置或[左对齐(L)/右对齐(R)/居中(C)/默认(H)/角度(A)]：(给尺寸文字指定新的位置，或者单击一个选项或键入选项关键字回车)

1. 为标注文字指定新位置

该选项是首选项，可以给尺寸线及尺寸文字指定一个新的放置位置，在该提示出现后，移动光标，可动态地拖动尺寸线及尺寸文字到一个新的位置，如图 8-84 所示。

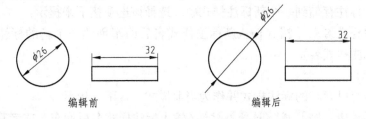

编辑前　　　　　　　　　　　　编辑后

图 8-84　指定标注文字的新位置

2. 左对齐（L）、右对齐（R）、居中（C）

将已标注的尺寸文字沿尺寸线靠近左（右）边一条尺寸界线放置（图 8-84），或将尺寸文字沿尺寸线居中放置。

注意：在"草图与注释"工作空间，"注释"选项卡的"标注"面板下拉按钮菜单的按钮 ⊢⊣ 、 ⊢⊣ 或 ⊢⊣ ，相当于直接调用 DIMTEDIT 命令的 左对齐（L）、右对齐（R）或居中（C）。

3. 默认（H）

该选项是将尺寸文字移回到标注样式定义的默认位置。

4. 角度（A）

指定已标注的尺寸文字的角度，功能与 DIMEDIT 中的旋转（R）选项相同。

注意：在"草图与注释"工作空间，"注释"选项卡的"标注"面板下拉按钮菜单的按钮，相当于直接调用 DIMTEDIT 命令的角度（A）选项。

8.4.3 标注更新

该命令用于修改某种标注样式，列出尺寸变量等。命令输入方式：

命令：DIMSTYLE ✓ **【标注】【下拉菜单：标注/更新】【草图与注释："注释"选项卡/"标注"面板的 】**

命令输入后的主提示为：

当前标注样式：〈当前样式名〉 注释性：否

输入标注样式选项

[注释性(AN)/保存(S)/恢复(R)/状态(ST)/变量(V)/应用(A)/?]〈恢复〉:(单击一个选项或键入选项关键字回车，或者直接回车)

1. 注释性（AN）

这是创建注释性标注样式。接下来提示：

创建注释性标注样式 [是（Y）/否（N)]〈是〉:(单击是（Y）或键入 Y 回车或直接回车创建注释性标注样式，或者单击否（N）或键入 N 回车不创建注释性标注样式)

输入新标注样式名或 [?]:(输入新标注样式名后回车创建一个新的标注样式，或者单击? 或键入? 回车列出所有标注样式名)

注意：下面的各个选项中的? 都是列出所有的已有标注样式，所以不再重述。

2. 保存（S）

把当前尺寸标注存储到一个新标注样式中。选择该选项接下来提示：

输入新标注样式名或 [?]:(输入新标注样式名后回车创建一个新的标注样式，或者选择? 列出所有标注样式名)

3. 恢复（R）

该选项是恢复已存在的标注样式并作为当前样式。接下来提示：

输入标注样式名、[?] 或 〈选择标注〉:(输入标注样式名后回车，或者直接回车)

输入一个标注样式名，该样式即作为当前样式；若直接回车，就是通过选择图形当中已标注的尺寸，将该尺寸所使用的标注样式作为当前的标注样式。

4. 状态（ST）

该选项是列出所有尺寸变量的当前值。

5. 变量（V）

在主提示下选择变量（V),接下来提示：

输入标注样式名、[?] 或 〈选择标注〉:(输入一个标注样式名后回车，或者直接回车)

输入一个标注样式名，则列出该标注样式的尺寸变量的当前值；若直接回车，则提示：

选择标注:(选择一个尺寸，列出该尺寸所使用的标注样式名)

6. 应用（A）

该选项是将已使用其他标注样式标注的尺寸，更新为当前尺寸标注样式。接下来提示：

选择对象:(选择已标注的尺寸)

注意: 从工具栏选择"标注更新"按钮 ⟐，相当于直接使用应用（A）选项。

8.4.4 调整标注间距

已标注的平行的线性标注和角度标注之间的间距可调整，命令输入方式：

命令:DIMSPACE ↙ 【标注 ⟐】【下拉菜单:标注/标注间距】【草图与注释:"注释"选项卡/"标注"面板的 ⟐】

命令输入后提示：

选择基准标注:(选择要调整标注间距的尺寸中作为基准的尺寸标注)

选择要产生间距的标注:(选择要产生间距的平行的线性标注或角度标注，提示重复出现，回车结束重复提示)

输入值或［自动（A）］〈自动〉:(键入间距值回车，或者直接回车)

1. 直接回车

如果直接回车，是应用"自动"选项，是基于选定的基准标注的标注样式中的文字高度自动计算间距，间距值是文字高度的两倍。图 8-85 所示是以尺寸15 为基准标注调整线性标注间距。图 8-86 所示是以尺寸 45°为基准标注调整角度标注间距。

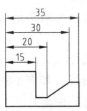
调整标注间距前

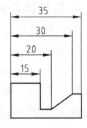
调整标注间距后

图 8-85 调整线性标注间距

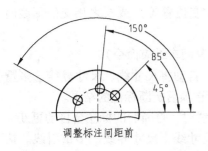
调整标注间距前

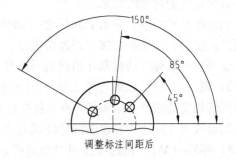
调整标注间距后

图 8-86 调整角度标注间距

2. 键入间距值

如果键入间距值回车，从基准标注按间距值均匀地隔开选定标注。例如，如果键入间距值 0（零），可对齐选定的线性标注和对齐标注的末端，如图 8-87 所示（以尺寸 15 为基准标注）。

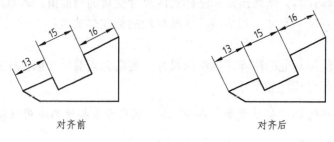

对齐前　　　　　　　　　　　　　对齐后

图 8-87　对齐线性标注的末端

8.4.5　折断标注

折断标注可以打断尺寸线、尺寸界线、多重引线。如图 8-88 所示，命令的输入方式：

命令：DIMBREAK　↙**【标注 ⊞ 】【下拉菜单：标注/标注打断】【草图与注释："注释"选项卡/"标注"面板的 ⊞ 】**

命令输入后主提示为：

<u>选择要添加/删除折断的标注或 ［多个（M）］：</u>（拾取已标注的尺寸或多重引线，或者标注的已经打断的尺寸或多重引线，或者单击多个（M）或键入 M 回车）

1. 选择要添加/删除折断的标注

这是选择已标注的准备打断的尺寸或多重引线，或者选择准备去掉打断的尺寸或多重引线，接下来提示：

<u>选择要折断标注的对象或 ［自动（A）/手动（M）/删除（R）］〈自动〉：</u>（选择与尺寸线、尺寸界线、多重引线相交的图线（如图 8-88 所示的圆弧或直线 AB），或者单击一个选项或键入选项关键字回车，或者直接回车）

1）选择要折断标注的对象：这是要求选择图线，尺寸线、尺寸界线、多重引线在与该图线相交处断开。图 8-88b 是选择圆弧作为折断标注的对象的结果，图 8-88c 是选择直线 AB 作为折断标注的对象的结果。

当修改尺寸标注、多重引线标注（如使用夹点改变位置等）或与之相交的图线时，打断后的标注会自动更新。接下来连续提示：

<u>选择要折断标注的对象：</u>（继续选择图线，或者对其回车结束命令）

2）自动（A）：如果选择自动（A）或直接回车，自动将尺寸线、尺寸界线、多重引线在与图线相交处断开。图 8-87d 所示是应用自动（A）选项后折断标注的结果。

当修改尺寸标注、多重引线标注或与之相交的图线时，打断后的标注会自动更新。

3）手动（M）：该选项是用户指定两点来打断尺寸线、尺寸界线、多重引线。接下来提示：

<u>指定第一个打断点：</u>（在尺寸线、尺寸界线、多重引线上（或附近）指定一点）

<u>指定第二个打断点：</u>（在相同的尺寸线、尺寸界线、多重引线（或附近）指定另一点）

当修改尺寸标注、多重引线标注或与之相交的图线时，打断后的标注不会自动更新。

4）删除（R）：在已经选择了已打断的尺寸线、尺寸界线、多重引线后，选择该选项是恢复已打断的标注。

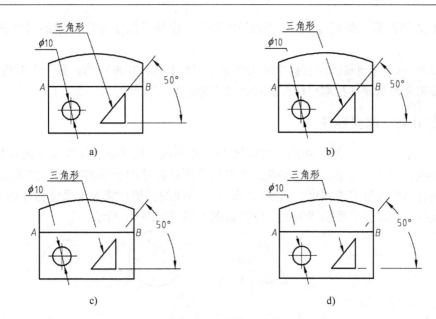

图 8-88 折断标注举例

a）折断前 b）选择圆弧作为折断标注对象 c）选择直线 AB 作为折断标注对象

d）自动选择折断标注对象

2. 多个（M）

对主提示选择多个（M），可以一次选择多个尺寸标注或多重引线标注，接下来提示：

选择标注：（用任何选择对象的方法选择标注的尺寸或多重引线，提示重复出现，回车结束重复提示）

选择要折断标注的对象或 ［自动（A）/删除（R）］〈自动〉：（选择与尺寸线、尺寸界线、多重引线相交的图线，或者单击一个选项或键入选项关键字回车，或者直接回车）

该提示的各个选项与前面已介绍的相应选项意义一样。

注意：除以上"手动"情况，尺寸标注的打断间距通过"标注样式"对话框中"符号和箭头"选项卡的"折断标注"栏设置；多重引线的打断间距在"修改多重引线样式"对话框中"引线格式"选项卡的"引线打断"栏设置。

8.4.6 折弯线添加到线性标注

可以将折弯线添加到线性标注或对齐标注，如图 8-16 所示。命令的输入方式：

命令：DIMJOGLINE ↙ 【标注 〔图标〕】【下拉菜单：标注/折弯线性】【草图与注释："注释"选项卡/"标注"面板的〔图标〕】

命令输入后提示：

选择要添加折弯的标注或 ［删除（R）］：（拾取线性标注，或者单击删除（R）或键入 R 回车）

拾取了要向其添加折弯的线性标注或对齐标注后，接下来提示用户指定折弯的位置：

指定折弯位置（或按〈Enter〉键）：（指定一点作为折弯位置，或按〈Enter〉键以将折

弯放在标注文字和第一条尺寸界线之间的中点处，或基于标注文字位置的尺寸线的中点处）

选项删除（R)是删除已经有折弯的线性标注或对齐标注中的折弯。接下来的提示为：

选择要删除的折弯：(拾取已经有折弯的线性标注）

8.4.7　使用夹点改变标注

使用"夹点"的"拉伸"功能，可以改变尺寸界线、尺寸线、尺寸文字的位置，也可改变多重引线的箭头、文字、基线位置。其方法是用鼠标选中相应的夹点，使其成为热点，移动鼠标到合适的位置单击即可。当然，"夹点"编辑的其他功能对于尺寸标注也适用。各种尺寸标注的夹点以及多重引线的夹点位置如图 8-89 和图 8-91 所示。

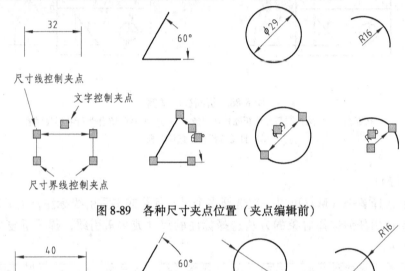

图 8-89　各种尺寸夹点位置（夹点编辑前）

图 8-90　使用夹点编辑尺寸后

1. 由夹点改变尺寸标注

1) 选中文字控制夹点，可将文字沿尺寸线移动到任意位置放置。

2) 选中尺寸线位置控制夹点，可改变尺寸线的位置。

3) 选择尺寸界线的起始点控制夹点，可改变尺寸界线的位置，尺寸文字随之自动变化。

图 8-90 所示是对图 8-89 进行夹点编辑以后的可能效果。

2. 由夹点改变多重引线

多重引线的夹点如图 8-91 所示。

1) 选中文字夹点和方块基线夹点，可将文字、基线移到任意位置，但箭头端点不变。

2) 选中三角形基线夹点，可将基线加长或

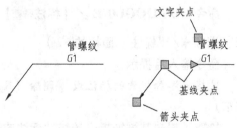

图 8-91　多重引线的夹点

缩短。

3）选中箭头夹点，可改变箭头端点到任意位置。

8.5 尺寸标注的关联性

1. 关联标注的概念

尺寸标注可以与标注的图形是关联的、非关联的或分解的。

关联标注：尺寸标注在图形对象上，即使仅图形对象被修改时，尺寸标注也会随图形对象自动调整其位置、方向和测量值。如图8-92所示，当拖动矩形（用命令 RECTANG 绘制）右侧边线的中间夹点时，尺寸会随图形改变。在默认情况下，图形标注的尺寸都是关联的。

图8-92 关联尺寸标注

a）拖动矩形右侧边线中间夹点 b）尺寸随图形改变

如果模型空间中的对象在布局中标注尺寸，当在模型空间中更改对象时，其布局中的关联标注将自动更新（关于布局参见第11章）。

非关联标注：尺寸标注在图形对象上，如果仅修改图形对象，尺寸标注不发生任何变化。如图8-93所示，当拖动矩形右侧边线的中间夹点时，尺寸没有任何变化。

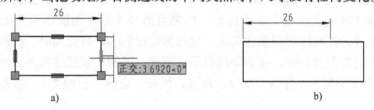

图8-93 非关联尺寸标注

a）拖动矩形右侧边线中间夹点 b）尺寸不随图形改变

对于非关联的尺寸标注，只有将其与标注的图形对象一起选定修改时，其位置、方向和测量值才会同时发生更改。

已分解的标注：其尺寸界线、尺寸线、箭头、文字等均为单独的对象，而不是一个标注组合整体（就像对一个普通标注使用了分解命令 EXPLODE 一样）。

系统变量 DIMASSOC 控制新标注尺寸的关联性。其值为2、1、0分别对应新标注的尺寸是关联的、非关联的、已分解的。DIMASSOC 设定的值随图形文件保存，而不是随 AutoCAD 系统保存。新建图形文件的 DIMASSOC 系统变量默认值为2。

在"选项"对话框的"用户系统配置"选项卡的"关联标注"栏，选中或取消"使新标注可关联"复选框，可使对应新标注是关联标注或非关联标注，但不能设定新标注为已分解的标注。

可将关联标注改为非关联标注，也可将非关联标注改为关联标注。不能将已分解的标注改为关联标注或非关联标注。

2. 注释监视器按钮

尺寸标注和图形对象之间的关联性可能会丢失（关于原因参看 AutoCAD 帮助）。使用状态栏上的注释监视器按钮 可区分尺寸标注的关联性。单击按钮 ，切换注释监视器的打开或关闭。 亮显时，图形中的非关联尺寸显示标志 。如图 8-94 所示，尺寸 $R10$、8、16 是非关联尺寸，其余是关联尺寸。

*3. 将非关联标注更改为关联标注

命令的输入方式：

命令：DIMREASSOCIATE ✓ 或 DRE ✓【下拉菜单：标注/重新关联标注】【草图与注释："注释"选项卡／"标注"面板的滑出式面板 标注 ▼ **】**

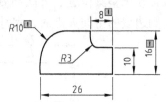

图 8-94　非关联尺寸的标志

命令输入后提示：

选择要重新关联的标注…

选择对象或［解除关联（D)]:（用任何选择对象的方式选择要重新关联的标注）

……

选择对象或［解除关联（D)]:✓

下面仅解释选择对象，不涉及解除关联（D）。

可以一次选择相同类型的对象，也可一次选择多个不同类型（如线性标注、直径标注、角度标注等）。选择对象时可以将图形包括在内，但之后只有尺寸标注会依次亮显。亮显的尺寸标注会在标注的定义点逐个显示标记：如果当前尺寸标注与图形对象无关联，标记为×；如果当前尺寸标注与图形对象相关联，标记为带框的区。与此同时，出现与选定标注相适应的提示。不同类型的标注，接下来的提示也不同，下面仅就线性标注和对齐标注进行举例说明，针对其余各类型（直径、半径、角度、弧长、坐标、引线等），读者可参照该例按提示操作。

对于线性标注和对齐标注，选择对象结束后的提示是：

指定第一个尺寸界线原点或［选择对象（S)]〈下一个〉:（在当前标注的第一个尺寸界线的起点位置单击，或者单击选择对象（S）或键入 S 回车，或者直接回车转到下面的第二个提示）

在当前标注的尺寸界线的起点单击时，要结合对象捕捉的一种模式。可在当前有×的点处单击，也可在另外的图形对象上的点处单击。如果单击选择对象（S）或键入 S 回车，则是通过选择对象使尺寸标注与图形关联，在此不再介绍。

指定第二个尺寸界线原点〈下一个〉:（在当前标注的第二个尺寸界线的起点位置单击，或者直接回车）

如果在当前标注的第二个尺寸界线的起点是有效关联点。单击后，标注变为关联标注。

如果对提示"指定第二个尺寸界线原点〈下一个〉:"直接回车，当一次选中了多个标注，则转到下一个亮显的标注，其标注的定义点显示标记×，同时出现提示。如果一次仅选中一个标注，则结束命令。

*4. 解除关联标注的关联性

命令：**DIMDISASSOCIATE** ✓ 或 **DDA** ✓

命令输入后提示：

选择要解除关联的标注…

选择对象:（用任何一种选择对象的方法选择尺寸标注）

选择对象:提示重复出现，选择结束后直接回车，即可解除选中尺寸标注的关联性，并提示"×已解除关联"。

命令 DIMDISASSOCIATE 解除的是不在锁定图层上的关联标注，以及仅在当前空间中的关联标注（例如，如果模型空间处于活动状态，将排除图纸空间中的关联标注）。

8.6 尺寸标注举例

为图 8-1 所示图样标注尺寸。

第一步：设置标注样式。

1）创建一个尺寸标注的基础样式。打开"标注样式管理器"，单击"新建"按钮，打开"创建新标注样式"对话框，在"新样式名"文本框中输入标注样式名称，比如"基本"（或"jiben"、"q1"等），在"基础样式"下拉列表中选择"ISO-25"作为基础样式。在"用于"下拉列表中选择"用于所有标注"，然后单击"继续"按钮，打开"新建标注样式"对话框。在"文字"选项卡的"文字外观"栏，单击"文字样式"下拉列表右侧的按钮...，打开"文字样式"对话框，新建文字样式，名称为"样式1"（或其他合适的样式名），注意字体选择"isocp. shx"。然后在"文字样式"下拉列表选择"样式1"作为当前文字样式。在"调整"选项卡的"调整选项"栏，选中"文字和箭头"。在"标注特征比例"栏的"使用全局比例"文本框中输入合适的比例值。在"主单位"选项卡的"线性标注"栏的"精度"下拉列表中选择精度0（即没有小数）。单击"确定"按钮，完成标注样式"基本"的设置。

2）创建尺寸标注基础样式的子样式。在"标注样式管理器"，单击"新建"按钮，打开"创建新标注样式"对话框，在"基础样式"下拉列表中选择"基本"作为基础样式。在"用于"下拉列表中选择"角度标注"，此时"新样式名"文本框不可用。然后单击"继续"按钮，打开"新建标注样式"对话框。在"文字"选项卡的"文字对齐"栏，选中"水平"，单击"确定"按钮，完成标注样式"基本"的子样式"角度"的设置。

参照"基本"的子样式"角度"的设置方法，只需在"创建新标注样式"对话框的"用于"下拉列表中分别选择"半径标注"和"直径标注"，创建标注样式"基本"的子样式"半径"和"直径"。

3）创建与基础样式平行的标注样式。在"标注样式管理器"中，单击"新建"按钮，打开"创建新标注样式"对话框，在"新样式名"文本框输入标注样式名称，比如"公差1"（或"gongcha"、"a1"等），在"基础样式"下拉列表中选择"基本"作为基础样式。在"用于"下拉列表中选择"用于所有标注"，然后单击"继续"按钮，打开"新建标注样式"对话框。在"公差"选项卡的"公差格式"栏，从"方式"下拉列表选择"极限偏差"；在"精度"下拉列表中选择四位小数，即"0.000 0"；在"上偏差"文本框输入 0.025，在"下偏差"文字框输入 0；在"高度比例"文字框输入 0.7；选中"公差对齐"栏的"对齐小数分隔符"，在单击"确定"按钮，即完成与标注样式"基本"平行的样式"公差 1"的设置。

第二步：标注尺寸。

将"基本"置为当前标注样式，用线性标注命令标注图 8-1 中的尺寸 8、18、54，用角度标注命令标注 120°、用直径标注命令标注 $\phi9$、$\phi44$，用半径标注命令标注 $R10$。

将"公差 1"置为当前标注样式，用线性标注命令标注图 8-1 中的尺寸 $\phi23^{+0.025}_{0}$。

至于尺寸 $\phi32^{-0.009}_{-0.025}$，可用三种方式标注：①再设置一个与"公差 1"平行的标注样式，不过该样式的"上偏差"是 -0.009，"下偏差"是 -0.025。②在"标注样式管理器"，单击"替代"按钮，打开"替代当前样式"对话框，同样设置"上偏差"是 -0.009，"下偏差"是 -0.025，单击"确定"按钮，返回"标注样式管理器"，在"样式"栏会有"样式替代"，将其置为当前，再用线性标注命令标注。③先用"公差 1"样式标注，然后用文字编辑命令 DDEDIT，编辑尺寸数字和极限偏差（参见 7.4.2.1"文字格式"工具栏的"8. 堆叠"）。

习　题

1. 在"新建标注样式"（或"修改标注样式"）对话框中：

1）若标注如图 8-95a 所示的尺寸，标注样式在"文字"选项卡中该如何设置？

2）若标注如图 8-95b 所示的尺寸，标注样式在"主单位"选项卡中该如何设置？

3）如图 8-95c 所示，左图尺寸线只有半条，若标注成中图的形式，标注样式在"调整"选项卡中如何设置？若把中图标注成右图的形式（文字不在中间），在"调整"选项卡中该如何设置？

4）如图 8-95d 所示，右图的尺寸要素整体上都比左图大，标注样式在"调整"选项卡中该如何设置？

5）如图 8-95e 所示，左、右两图大小一样，但尺寸值相差 100 倍，所应用的标注样式在"主单位"选项卡中该如何设置？

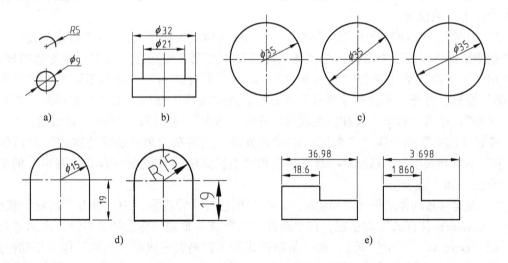

图 8-95　习题 1 图

2. 尺寸标注后,用本章中的修改命令怎样修改标注文字内容? 文字编辑命令 DDEDIT 能否修改标注文字内容?

3. 尺寸标注后,若需要使尺寸界线与尺寸线倾斜,该如何修改?

4. 尺寸标注后,本章中改变尺寸线和尺寸文字位置的方法有几种? 修改命令 STRETCH 能否改变尺寸线和尺寸文字的位置?

5. 标注第 7 章习题的第 13、14、15 题的尺寸。

6. 画出图 8-96 所示座体的零件图。

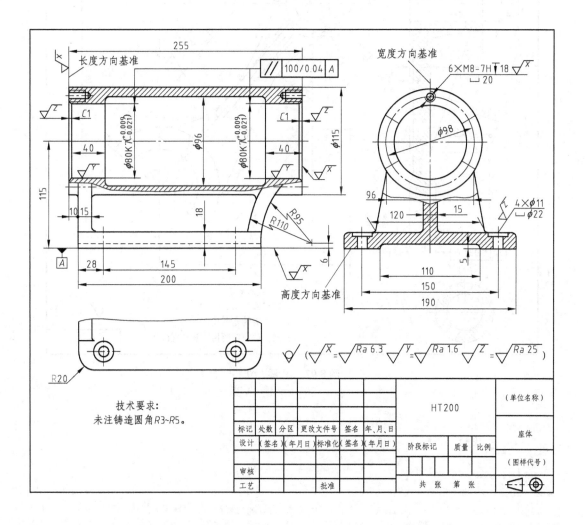

图 8-96　习题 6 图

7. 画出图 8-97 所示叉架的零件图。

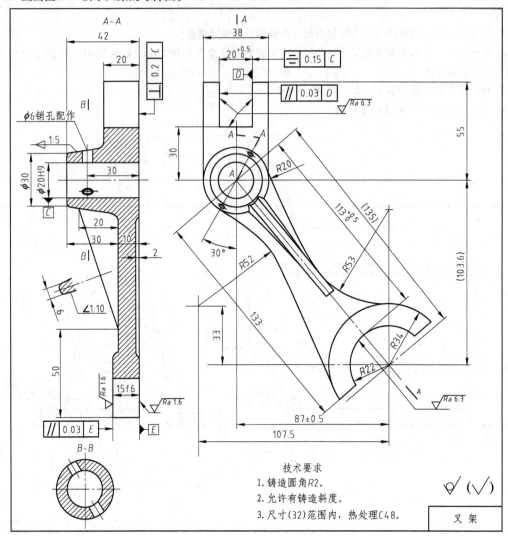

图 8-97　习题 7 图

*第9章　图形参数化

图形参数化的概念由参数化设计而来。参数化设计是用一组参数控制图形大小和形状的设计方法。通过对几何图形添加几何约束（即几何形状限制条件）和标注约束（尺寸限制、驱动参数），实现图形的参数化。改变几何约束关系或尺寸限制、驱动参数，图形即发生相应变化。图形的参数化可使设计更准确、合理。

在 AutoCAD 中，二维图形的参数化包含几何约束和标注约束。

几何约束：约束图形上对象之间、对象上特征点之间的几何关系。

标注约束：约束图形对象的距离、长度、角度、半径、直径等。

根据图形中应用约束的情况，图形会处于以下三种状态之一：

未约束：几何图形未使用任何约束。

欠约束：几何图形使用了部分约束，但不能通过这些约束唯一确定图形。

完全约束：几何图形使用了足够的几何约束和标注约束，通过这些约束可唯一确定图形。

9.1　几何约束

9.1.1　几何约束概述

1. 几何约束的作用

在设计过程中，设计者可能要求图形中的一些对象满足一定的几何关系。如在图 9-1 所示，希望图形中水平直线共线，竖直线与水平线垂直，圆与圆弧有相同的圆心等。为此，需要在图 9-1 中添加如下几何约束：

水平线之间应用了共线约束及平行约束，竖直线与水平线之间应用了垂直约束，圆弧与圆应用了同心约束，圆弧与切线之间应用了相切约束，两直线的端点相交处应用了重合约束。

对图 9-1 进行上述约束后，保证了图形的准确，但修改时将受到一些限制。比如，不能使两个视图的下底线错开；不能使主视图的垂直点画线与下底线倾斜；即使改变圆弧的半径，也能保证圆弧与圆同圆心等。由此可见，约束后的图形将能保证对象之间的几何关系，满足设计者的要求，又可避免误修改。

图 9-1 仅是举例，实际绘图时，应用哪些几何约束，由设计

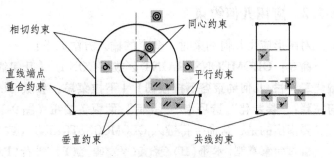

图9-1　几何约束举例

意图确定。

　　通过以上例子可以看出，图形应用几何约束，相当于设置一些条件，只允许在这些条件下对该图形进行更改，因而可规范设计，保证图形正确。一旦要对图形进行修改，也不能突破这些先决条件，只能在此基础上寻求新方案。

　　对于欠约束图形，其部分结构仍可修改，如可用拉伸命令 STRETCH 拉伸图 9-1 的上部或下部，如图 9-2 所示。

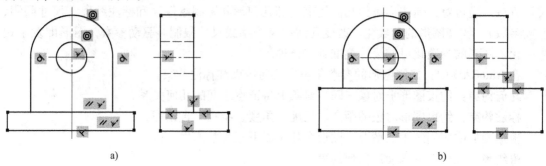

图 9-2　欠约束图形的修改
a）拉伸图形上部　b）拉伸图形下部

2. 几何约束的应用过程

　　在应用几何约束时，一旦输入约束命令，光标旁会出现相应的约束标记。如果约束图形对象，光标移到对象上直接单击拾取即可；如果是约束对象上的特征点，一旦光标移到对象之上，特征点上会出现标记⊗，类似于对象捕捉，此时单击，就可约束该点。对象上的约束点位置限制为端点、中点、中心点以及插入点。

　　一旦应用约束，灰色约束图标会显示在受约束的对象旁边（图 9-1）。在不执行任何操作时，当将光标移到已受约束的对象上时，相应的约束图标亮显，同时光标旁显示一个蓝色小标记⌐。

3. 应用几何约束的效果

　　实际对图形应用约束时，有些对象可能不满足约束要求，添加约束后，对象将自动调整为符合约束。在对两个对象应用约束时，选择两个对象的顺序十分重要。通常，所选的第二个对象会根据第一个对象进行调整。例如，应用垂直约束时，选择的第二个对象将调整为垂直于第一个对象。

9.1.2　应用几何约束

　　对图形应用几何约束时，命令的输入方法如下：

　　命令：GEOMCONSTRAINT ✓或 GCON ✓【几何约束工具栏各按钮（图 9-3a）**】【参数化工具栏/几何约束各下拉按钮】【下拉菜单：参数/几何约束子菜单**（图 9-3b）**】【草图与注释："参数化"选项卡/"几何"面板各按钮**（图 9-3c）**】**

　　要指出的是，从命令行键入 GEOMCONSTRAINT（或 GCON）回车后提示：

输入约束类型 [水平(H)/竖直(V)/垂直(P)/平行(PA)/相切(T)/平滑(SM)/重合(C)/同心(CON)/共线(COL)/对称(S)/相等(E)/固定(F)] ⟨重合⟩:（单击一个选项或键入选项

关键字回车选用一种约束，或者直接回车应用默认约束）

就是说，GEOMCONSTRAINT（或 GCON）是一个总命令，其每一个选项对应一种约束类型，单击一个选项或键入选项关键字回车，即选用了一种约束。

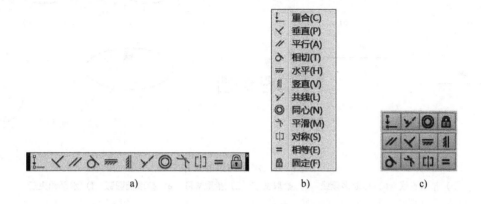

a)　　　　　　　　　　b)　　　　　　　c)

图 9-3　几何约束子菜单及按钮

a）几何约束工具栏　b）参数/几何约束子菜单　c）参数化/几何面板部分按钮

实际上，每种约束有单独的对应命令，从下拉菜单中选择菜单项或单击图标按钮，是输入一种约束的单独命令。单独的约束命令当然也可以从命令行键入执行。下面以单独约束命令介绍每种约束。

1. 水平约束

对应命令 GCHORIZONTAL，约束一条直线或两点，使其与当前用户坐标系的 X 轴平行。水平约束的主提示为：

选择对象或 ［两点（2P）］〈两点〉:（拾取对象，或者单击 两点（2P）或键入 2P 回车，或者直接回车）

1）选择对象：这是选择一个对象，使其与 X 轴平行。对主提示拾取对象后，该对象即刻约束为与当前坐标系的 X 轴平行。

可以水平约束的对象有直线段、多段线的直线段、单行文字、多行文字、椭圆或椭圆弧的长轴或短轴。水平约束后，对象的基点不动，对象绕基点旋转后水平。如果拾取直线、多段线，靠近拾取点的端点是水平约束的基点，如图 9-4a、b 所示；如果拾取的是文字，文字的起点是水平约束的基点，如图 9-4c 所示；如果拾取椭圆或椭圆弧，其中心点是水平约束的基点，如图 9-4d、e 所示。图 9-4f 所示是水平约束以后的结果。

注意：在本章后面的叙述中，**"多段线的直线段"** 是指用命令 PLINE 绘制的直线段，也包括矩形命令 RECTANG、多边形命令 POLYGON 绘制的矩形或多边形的边。

2）两点（2P）：这是使两个点处于水平线上，接下来提示：

选择第一个点:（拾取对象上的一个点）

选择第二个点:（拾取另一个点，允许与第一点不在同一对象上）

在拾取第二个点后，第二点即与第一个拾取点水平。图 9-5 所示是约束圆弧的两个端点同处于水平（同一对象上两点）。图 9-6 所示是约束直线的右上端点与圆弧的右端点同处于水平（不同对象上两点）。

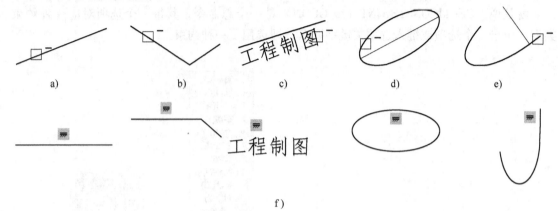

图 9-4 水平约束的对象
a) 拾取直线 b) 拾取多段线 c) 拾取文字 d) 拾取椭圆 e) 拾取椭圆弧 f) 水平约束后

图 9-5 同一对象上两个点的水平约束   图 9-6 不同对象上两个点的水平约束
a) 水平约束前 b) 水平约束后   a) 水平约束前 b) 水平约束后

如果水平约束应用于对象，图标为 ⚌；如果应用于对象上的点，图标为 ⚌。当水平约束不是针对当前用户坐标系（UCS）所设置时，会在约束图标上显示小坐标系。

2. 竖直约束 ▮

对应命令 GCVERTICAL。约束一条直线或两点，使其与当前用户坐标系的 Y 轴平行。竖直约束的提示与操作及有效约束对象与水平约束类似，只是在拾取对象或拾取两个点后，对象或两点与当前坐标系的 Y 轴平行，因此不再详述，读者可参考水平约束操作。

如果竖直约束应用于对象，图标为 ▮；如果应用于对象上的点，图标为 ▮。当竖直约束不是针对当前用户坐标系（UCS）所设置时，会在约束图标上显示小坐标系。

3. 垂直约束 ╲

对应命令 GCPERPENDICULAR，约束两对象，使其夹角始终保持 90°。可以约束的对象有直线段、多段线的直线段、单行文字、多行文字、椭圆或椭圆弧的长轴或短轴。垂直约束的提示为：

选择第一个对象：(拾取第一个对象)
选择第二个对象：(拾取第二个对象)

选定的第二个对象垂直于选定的第一个对象。实际操作时，对象无需相交。图 9-7 所示是约束多段线的左段与直线垂直。图 9-8 所示是约束文字与直线垂直。图 9-9 所示是约束椭圆长轴与多段线的左段垂直。

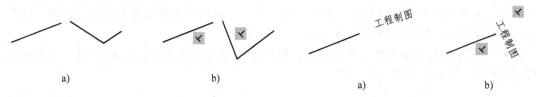

图9-7 约束多段线的左段与直线垂直
a）垂直约束前 b）垂直约束后

图9-8 约束文字与直线垂直
a）垂直约束前 b）垂直约束后

4. 平行约束

对应命令 GCPARALLEL，约束两个对象，使其具有相同的角度。可以约束的对象有直线段、多段线的直线段、文字、多行文字、椭圆或椭圆弧的长轴或短轴。

平行约束的提示与操作及有效约束对象与垂直约束几乎一样，只是结果使选定的第二条直线平行于选定的第一条直线，因此不再详述，读者可参考垂直约束操作。

图9-9 约束椭圆长轴与多段线的左段垂直
a）垂直约束前 b）垂直约束后

注意，拾取点的位置不同，约束的结果也不同。图 9-10 和图 9-11 所示是约束多段线的线段与直线平行时，拾取多段线的位置不同，约束的结果不同。

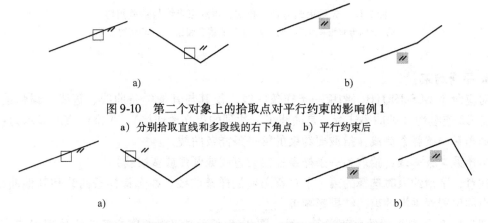

a) b)

图9-10 第二个对象上的拾取点对平行约束的影响例1
a）分别拾取直线和多段线的右下角点 b）平行约束后

a) b)

图9-11 第二个对象上的拾取点对平行约束的影响例2
a）分别拾取直线和多段线的左上角点 b）平行约束后

5. 相切约束

对应命令 GCTANGENT，约束两对象或其延长线保持彼此相切。可以彼此约束的对象有直线段或多段线的直线段与圆、圆弧、椭圆、椭圆弧，圆、圆弧、椭圆、椭圆弧之间。相切约束的提示为：

选择第一个对象:（拾取第一个对象）
选择第二个对象:（拾取第二个对象）

拾取的第一个对象不动，第二个对象改变位置与其相切。相切约束时，两对象可以不相交。相切约束后两对象也可以没有公共点，需延伸一个或两个对象后才有公共点。相切约束只是使两对象相切，但不会自动延伸对象。

图 9-12 所示是先约束大圆与圆弧相切，再约束小圆与大圆相切。图 9-13 所示是先约束直线与圆相切，再约束圆弧与直线相切。

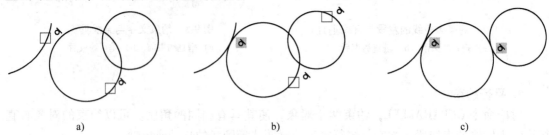

图 9-12　先约束大圆与圆弧相切，再约束小圆与大圆相切
a）分别拾取圆弧和大圆　b）分别拾取大圆弧和小圆　c）相切约束后

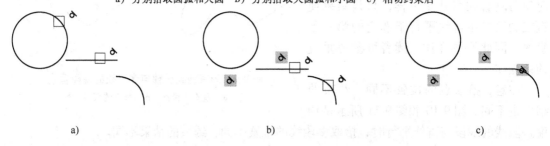

图 9-13　先约束圆与直线相切，再约束直线与圆弧相切
a）分别拾取圆和直线　b）分别拾取直线和圆弧　c）相切约束后

6. 平滑约束

对应命令 GCSMOOTH，约束一条样条曲线，使其与其他样条曲线、直线、圆弧或多段线保持 G2 连续性（即曲率连续，是曲线可以达到的最光滑连接）。平滑约束的提示为：

选择第一条样条曲线：(拾取要约束的第一条样条曲线)

选择第二条曲线：(拾取另一条样条曲线或直线或圆弧或多段线)

注意，平滑约束时选择的第一个对象必须是样条曲线。在选择样条曲线和其他曲线时，选择点的位置对平滑约束的结果影响很大。

图 9-14 所示是平滑约束两样条曲线。图 9-15 所示是平滑约束样条曲线的端点和直线的中点。图 9-16 所示是平滑约束样条曲线的端点和圆弧的端点。

图 9-14　平滑约束两样条曲线
a）分别拾取左右两条样条曲线的右、左端点　b）平滑约束后

图 9-15　平滑约束样条曲线和直线

a）分别拾取样条曲线的右端点、直线的中点　b）平滑约束后

图 9-16　平滑约束样条曲线和圆弧

a）分别拾取样条曲线的右端点、圆弧的左端点　b）平滑约束后

7. 重合约束

对应命令 GCCOINCIDENT，约束若干点使其重合，或者约束若干点使其位于曲线上或曲线的延长线上。重合约束的对象可以是直线、多段线（包括多段线圆弧）、圆、圆弧、椭圆、椭圆弧、样条曲线及点（POINT 命令绘制的点）。重合约束的主提示为：

选择第一个点或［对象（O）/自动约束（A）］〈对象〉:（选择第一个对象上的点，或者单击一个选项或键入选项关键字回车，或者直接回车）

注意，选择的第一个点是不动基点，后面选择的点或对象重合于该点。

1）选择第一个点：这是首选项，在对象上进行重合的点附近拾取，接下来提示：

选择第二个点或［对象（O）］〈对象〉:（拾取另一对象的一个点，或者单击对象（O）或键入 O 回车，或者直接回车）

如果拾取另一对象的一个点，两个点即重合。如果单击对象（O）或键入 O 回车或直接回车，继续提示"选择对象"，选择一个对象后，该对象即平移至前一对象上的第一点。

图 9-17 所示是拾取另一对象上的一个点的重合约束结果；图 9-18 所示是应用选项对象（O）的重合约束结果。

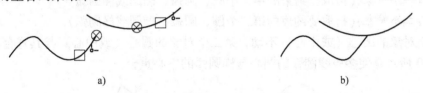

图 9-17　选择第一个点和第二个点

a）分别选择样条曲上的点和圆弧的中点　b）约束后两点重合

图 9-18　选择第一个点和选择对象

a）先选择样条曲上的点再选择圆弧　b）约束后圆弧平移至样条曲线的端点

2）对象（O）：对重合约束的主提示输入"O"回车，继续提示：

选择对象：(拾取一个对象)

选择点或 [多个(M)]：(拾取另一对象的一个点，或者单击多个(M)或键入 M 回车)

如果拾取另一个对象的一个点，则该对象平移至第一个对象，所选点落在第一个对象或其延长线上。如果单击多个（M）或键入 M 回车，则连续提示"选择点："。可选择多个对象上的点，直到回车结束，所选的多个对象将平移至第一个对象（或其延长线上）或延长至第一个对象。图 9-19 所示是应用多个（M)选项的结果。

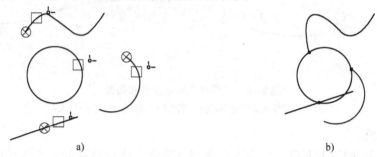

图 9-19　应用多个（M)选项选择多个点

a）先选择圆，再依次选择样条曲线的左端点、圆弧的上端点、直线的中点　b）重合约束后

3）自动约束（A）：这是选择的多个对象重合于一点，接下来重复提示：

选择对象：(用任何选择对象的方法选择对象)

选择对象：↙

已应用 × 个重合约束

注意，自动约束时，所有对象需要重合约束的点必须重合在一起，否则不能进行自动重合约束。

8. 同心约束 ◎

对应命令 GCCONCENTRIC，约束圆、圆弧（包括多段线圆弧）、椭圆、椭圆弧，使其有相同的圆心（或中心点）。命令输入后提示如下：

选择第一个对象：(拾取要约束的第一个圆、圆弧、椭圆或椭圆弧)

选择第二个对象：(拾取要约束的第二个圆、圆弧、椭圆或椭圆弧)

第一个对象的圆心（或中心）不动，第二个对象的圆心（或中心）与其重合。

图 9-20 所示是使多段线圆弧的圆心与椭圆弧的中心重合。

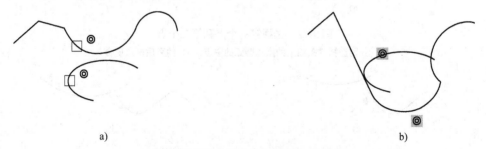

图 9-20　选择第一个点和选择对象

a）先选择椭圆弧，再选择多段线圆弧　b）同心约束后

9. 共线约束

对应命令 GCCOLLINEAR，约束两条或多条直线段在同一直线方向。可以约束的对象有直线段、多段线的直线段、单行文字、多行文字、椭圆或椭圆弧的长轴或短轴。共线约束的主提示为：

选择第一个对象或[多个(M)]:(拾取一个对象，或者单击多个（M)或键入 M 回车)

1）选择第一个对象：这是将两个对象共线，接下来提示：

选择第二个对象:(拾取一个对象)

第一个对象不动，第二个对象与其共线。

2）多个（M）：这是先确定一个对象，再选择多个对象与其共线。接下来提示：

选择第一个对象:(拾取一个对象)

选择对象以使其与第一个对象共线:(拾取一个对象)

......

选择对象以使其与第一个对象共线:✓

命令结束后，后选择的对象与第一个对象共线。图 9-21 所示是选择椭圆长轴为第一个对象，再选择直线、多段线、文字与其共线。

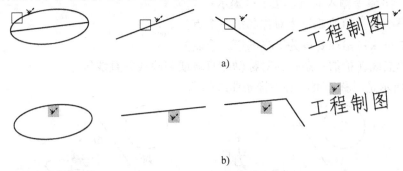

图 9-21 选择椭圆长轴为第一个对象，再选择直线、多段线、文字与其共线
a）先选择椭圆长轴，再选择直线、多段线、文字 b）共线约束后

10. 对称约束

对应命令 GCSYMMETRIC，约束两条曲线或两个点，使其以选定直线为对称轴而对称。对称约束的主提示为：

选择第一个对象或 [两点（2P)] 〈两点〉:(选择要对称约束的第一个对象，或者单击两点（2P)或键入2P 回车，或者直接回车对称约束一对点)

1）选择第一个对象：这是对称约束两条曲线，接下来提示：

选择第二个对象:(拾取要约束的第二个对象)

选择对称直线:(拾取一条作为对称轴的直线或多段线的直线段)

选择的第一个对象不动，第二对象移动且改变形状与第一个对象对称。可以对称约束的对象是：两条直线，两条多段线的直线段，一条直线和一条多段线的直线段，两个圆，两个圆弧，两条多段线的圆弧，一条圆弧和一条多段线的圆弧，两个椭圆，两条椭圆弧，一个椭圆和一条椭圆弧。对于直线段，是将直线段的角度设为对称（而非使其端点对称）。对于圆弧和圆，是将其圆心和半径设为对称（而非使圆弧的端点对称）。对于椭圆和椭圆弧，是将其中心和长轴（短轴）设为对称（而非使椭圆弧的端点对称）。

图 9-22 所示是对称约束一条直线和一段多段线的直线段。图 9-23 所示是对称约束两个圆。

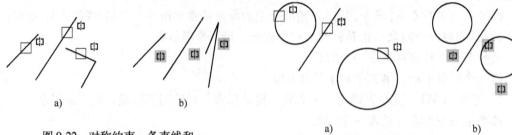

图 9-22　对称约束一条直线和
一段多段线的直线段
a）先选择直线再选择多段线　b）对称约束后

图 9-23　对称约束两个圆
a）先选择小圆再选择大圆　b）对称约束后

2）两点（2P）： 这是对称约束一对点。可以是相同类型对象或不同类型对象上的点，也可以是 POINT 命令输入的点。接下来提示：

选择第一个点：（拾取要设为对称的第一个点）

选择第二个点：（拾取要设为对称的第二个点）

选择对称直线：（拾取一条作为对称轴的直线或多段线的直线段）

图 9-24 所示是对称约束圆心和样条曲线的端点。

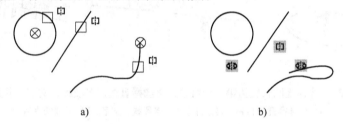

图 9-24　对称约束圆心和样条曲线的上端点
a）先选择圆心，再选择样条曲线　b）对称约束后

约束对称点，图标为 ；约束对称对象，图标为 ；对称轴直线的图标为 。

11. 相等约束

对应命令 GCEQUAL，约束直线或多段线的直线段使其具有相同长度，或约束圆弧、圆使其具有相同半径值。相等约束的主提示：

选择第一个对象或［多个(M)］：（拾取一个对象，或者单击多个 (M)或键入 M 回车）

1）选择第一个对象： 这是相等约束两条曲线，接下来提示：

选择第二个对象：（选择要约束为与第一个对象相等的对象）

第一个对象不变，第二个对象调整为与第一个对象长度相等或半径相等。

图 9-25 所示是相等约束一条直线和多段线的一段直线。图 9-26 所示是相等约束一个圆和一段圆弧。

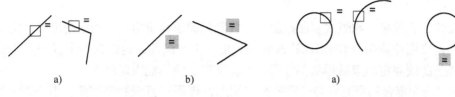

图 9-25 相等约束一条直线和多段线的一段直线
a) 先选择直线再选择多段线 b) 相等约束后

图 9-26 相等约束一个圆和一段圆弧
a) 先选择圆再选择圆弧 b) 相等约束后

2）**多个（M）**：这是选择多个对象使其与第一个对象长度（或半径）相等。接下来提示：

选择第一个对象:（拾取第一个对象）

选择对象以使其与第一个对象相等:（依次拾取要设定为与第一个对象相等的对象）

……

选择对象以使其与第一个对象相等:↙

设为相等的对象长度（或设为相等的对象半径）

可以相等约束的对象是：若干条直线或多段线的直线段，若干圆、圆弧，多段线的圆弧。

图 9-27 所示是相等约束一个圆和一段圆弧和两段多段线圆弧。

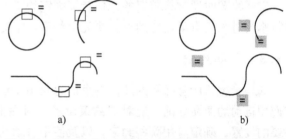

12. 固定约束

对应命令 GCFIX，约束一个点或一条曲线，使其固定在相对于世界坐标系的特定位置和方向上。固定约束的**主提示**为：

图 9-27 相等约束一个圆和一段圆弧和两段多段线圆弧
a) 先选择圆，再选择圆弧 b) 相等约束后

选择点或[对象(O)]〈对象〉:（选择需固定的对象上的点，或者单击对象（O)或键入 O 回车，或者直接回车）

1）**选择点**：这是固定对象上的一个点。选择对象后命令即结束。

可以固定的点包括直线或多段线的直线段的端点或中点，圆弧或多段线的圆弧、椭圆弧的端点，圆心、椭圆中心，样条曲线的端点，命令 POINT 输入的点，文字的起点，块上的点。固定对象上的点后，对象还可改变大小、方向等。

图 9-28a 所示是先约束直线与圆相切，再固定圆的圆心；图 9-28b 所示是由夹点移动直线的右端点的结果，可见圆心不动，但圆的大小改变。

2）**对象（O）**：这是固定对象，接下来提示：

选择对象:（选择需固定的对象后，

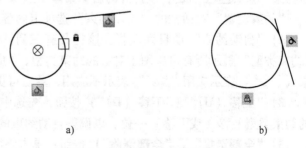

图 9-28 固定圆心，但圆的大小可变
a) 固定圆心 b) 移动直线的右端点后

命令结束）

直线或多段线的直线段、圆弧或多段线圆弧、椭圆弧固定约束后，不能移动位置，但可以通过拉伸其夹点或用拉伸命令 STRETCH 改变其长度。圆、椭圆固定约束后位置和大小都不能再改变。样条曲线固定约束后形状不能再改变。文字、块不能固定对象。

图 9-29a 所示是先重合约束直线与椭圆弧圆的端点，再固定直线和椭圆弧；图 9-29b 所示是通过夹点拉伸直线的右端点及椭圆弧的下端点的结果。

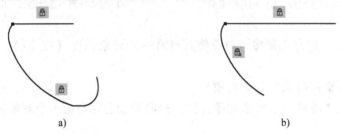

a) b)

图 9-29 固定对象，但直线和椭圆弧长短可变

a）固定直线和圆弧 b）移动直线的右端点和椭圆弧的下端点

如果是固定对象，图标为 🔒；如果是固定对象上的点，图标为 🔒。

实际绘图时通常将重要的几何特征固定约束，从而锁定点或对象的位置，使得在对设计进行修改时无需重新定位图形。要完全约束一组对象，至少要包括一个固定约束。

9.1.3 自动约束

如果希望将所有必要的几何约束快速应用于设计，可以对图形中的对象使用自动约束。在使用自动约束命令前，应对"约束设置"对话框（图 9-30）的"自动约束"选项卡进行必要的设置，确定应用哪些约束，以及使用自动约束时各约束的应用顺序。

1. "约束设置"对话框

打开"约束设置"对话框的方法是：

命令：CONSTRAINTSETTINGS ✓ 或 CSETTINGS ✓【参数化 📊】【下拉菜单：参数 /约束设置】【草图与注释："参数化"选项卡/"标注"面板 标注 ▼ 】【草图与注释："参数化"选项卡/"几何"面板 几何 】【在状态栏"推断约束"按钮 ⊹ 上右击，从打开的右键菜单中选择"设置（S）"】

"约束设置"对话框的"自动约束"选项卡内容如下：

1）"自动约束"项目列表栏：该栏共有三列："优先级"控制约束的应用优先顺序；"约束类型"显示所有可应用于对象的约束类型；"应用"控制是否将此约束应用于所选对象（"✔"表示应用，"✔"表示不应用，单击可更改状态）。

2）"上移（U)"（"下移（D)"）按钮：先选中列表栏中一种约束，单击该按钮，所选的约束类型上移（或下移）一位，以调整自动约束的应用优先顺序。

3）"全部选择"（"全部清除"）按钮：单击该按钮，选中（或清除）所有约束类型。

4）"重置"按钮：单击该按钮，将自动约束设置重置为默认值。

图 9-30 "约束设置"对话框（自动约束选项卡）

5）"**相切对象必须共用同一交点**"复选框：选中该复选框，两对象上的切点必须足够接近（在距离公差范围内），才会自动应用相切约束。

6）"**垂直对象必须共用同一交点**"复选框：选中该复选框，能够垂直的两对象必须相交，或者一对象的端点与另一对象足够接近（在距离公差范围内），才会自动应用垂直约束。

7）"**公差**"栏："距离"文本框设定可应用自动约束的距离公差值。距离公差应用于重合、同心、相切和共线约束。距离的有效公差值是 0 到 1，直接在文本框中修改其值。"角度"文本框设定可应用自动约束的角度公差值。角度公差应用于水平、竖直、平行、垂直、相切和共线约束。角度的有效公差值是 0 到 5，直接在文本框中修改其值。

2. 自动约束命令

通过命令 AUTOCONSTRAIN 应用**自动约束**的方法是，命令的输入方式：

命令：AUTOCONSTRAIN ↙【参数化 ⬚】【下拉菜单：参数/自动约束】【草图与注释："参数化"选项卡/"几何"面板/⬚ 自动约束】

命令输入后重复提示：

选择对象或 [设置（S）]:（用任何一种选择对象的方法选择要应用自动约束的对象，或者单击设置（S）或键入 S 回车打开"约束设置"对话框"自动约束"选项卡进行设置）

……

选择对象或 [设置（S）]:↙

已将×个约束应用于×个对象

一旦结束命令，图形即被所有能使用的约束而约束。对图 9-30 的"约束设置"对话框进行设置，对图 9-31a 进行自动约束，结果如图 9-31b 所示。

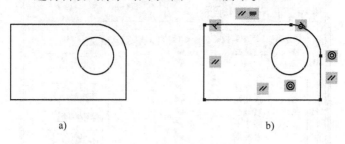

a)　　　　　　　　　　　　　　　　　　　b)

图 9-31　自动约束举例

a）自动约束前　b）自动约束后

自动约束对象后的图形可能跟设计要求不符，可继续手动添加或删除部分几何约束以满足设计要求。

注意：使用 AUTOCONSTRAIN 命令不能应用固定约束，必须单独应用该约束。

9.1.4　删除几何约束

对象上已经设定的几何约束无法修改，但可以将其删除再应用其他约束。在图形中删除约束的方法有两种：

1）右键菜单删除一个约束：在图形中的约束图标上右击，从弹出的快捷菜单（图 9-35）中选择"删除"，可单独删除一个约束。

2）使用删除约束命令：使用删除约束命令可将一个（或多个）对象上的所有几何约束删除。删除约束命令还可删除第 9.2 节所述的标注约束。命令输入方式如下：

命令：DELCONSTRAINT ✓【参数化 ⛶】【下拉菜单：参数/删除约束】【草图与注

释："参数化"选项卡/"管理"面板/⛶】

命令输入后提示

将删除选定对象的所有约束…

选择对象（用任意选择对象的方式选择应用了约束的对象）

……

选择对象：✓

已删除 × 个约束

命令一旦结束，所选对象上的所有约束全被删除。

9.1.5　显示和验证几何约束

可以从视觉上确定与任意几何约束关联的对象，也可以确定与任意对象关联的约束。

在默认情况下，一旦给图形对象添加了几何约束，约束图标即出现在对象旁边，这些图标称为**对象约束栏**，如图 9-32 所示 AB 的约束栏 ∥ ＝ ✓ ＝ 🔒、EF 的约束栏 ✓、CD 的约束栏 ∥ ＝ 及直线与 BG 弧相切的约束栏 ○，即对象的约束栏显示一个或多个图标。

当光标移动到约束栏上时，约束栏显示边框并有"隐藏约束栏"符号"×"，如图9-32所

示的各约束栏成为  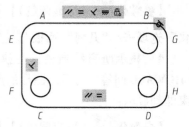 、  、  、  。将光标放在约束栏上，按住左

键移动，可拖动约束栏改变其位置。

1. 验证对象上的几何约束

可通过两种亮显方式确认几何约束与对象的关联。当

图形中应用了多个约束时，亮显可以容易区分约束被用于

哪些对象，对象上使用了哪些约束。

1）将光标悬停在约束栏上的约束图标上，几何图标亮

显，且与该几何约束关联的对象也亮显，如图9-33所示。

2）将鼠标悬停在已应用了几何约束的对象上时，会亮

显与该对象关联的所有约束栏，如图9-34所示。

图9-32 约束栏举例

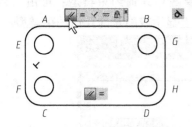

图9-33 光标悬停在约束栏图标上

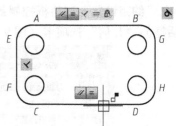

图9-34 光标悬停在应用了几何约束的对象上

2. 控制几何约束的显示

可单独控制某一约束栏显示还是隐藏，也可以控制所有约束栏显示还是隐藏。

1）约束栏右键菜单控制约束栏：在约束栏上右击，打开右键菜单，如图9-35所示。

"删除"：删除光标所在的约束。"隐藏"：隐藏该约束栏。"隐藏

所有约束"：隐藏图形的所有约束栏。"约束栏设置"：打开"约束设

置"对话框。

2）图形对象的约束栏显示（隐藏）命令：命令 CONSTRAINT-

BAR 可控制图形对象的约束栏显示还是隐藏。命令的输入方式：

图9-35 约束栏
右键菜单

命令：CONSTRAINTBAR ✓ **【参数化**  **】【下拉菜单：参数/**

约束栏/选择对象】【草图与注释："参数化"选项卡/"几何"面板/ 显示/隐藏 】

命令输入后，提示：

选择对象:(用任意选择对象的方式选择应用了几何约束的对象)

⋯⋯

选择对象:✓

输入选项［显示（S）/隐藏（H）/重置（R）］〈显示〉:(直接回车，或者单击一个选

项或键入选项关键字回车，或者直接回车显示约束)

显示（S）：显示所选对象上的几何约束（如果有）。

隐藏（H）：隐藏所选对象上的几何约束。

重置（R）：使所选对象的几何约束显示并重置为默认位置。

3）隐藏所有约束栏：在执行命令 CONSTRAINTBAR 时，对其"选择对象："的提示以 HIDEALL 回答，可隐藏图形的所有几何约束。此外，单击如下的按钮或菜单，所有几何约束将显示：

【**参数化**　（灯泡蓝色）】【**下拉菜单：参数/约束栏/全部隐藏**】【**草图与注释："参数化"选项卡/"几何"面板/　全部隐藏**】

4）显示所有约束栏：在执行命令 CONSTRAINTBAR 时，对其"选择对象："的提示以 SHOWALL 回答，可显示图形的所有几何约束。此外，单击如下的按钮或菜单，所有几何约束即刻显示：

【**参数化**　（灯泡黄色）】【**下拉菜单：参数/约束栏/全部显示**】【**草图与注释："参数化"选项卡/"几何"面板/　全部显示**】

5）由"约束设置"对话框控制约束栏上显示（隐藏）几何约束类型：可由"约束设置"对话框的"几何"选项卡（图 9-36）控制约束栏上显示或隐藏的几何约束类型。

图 9-36 "约束设置"对话框"几何"选项卡

①**"推断几何约束"复选框：**选中该复选框，在绘图或修改图形时启用推断几何约束（见 9.1.7 节）。

②**"约束栏显示设置"栏：**各约束图标与文字间的复选框控制在图形中是否为对象显示约束栏或约束点标记。勾选的约束类型（有√）会显示，没有勾选的约束类型则不显示。

例如，在图 9-32 中，直线 AB 上有 5 个约束，如果想保持这 5 个约束，但又不显示"平行"和"相等"两个约束，在"约束设置"对话框的"几何"选项卡中取消"平行"和"相等"复选框中的√，约束栏将不再显示相应的图标。注意，这两个约束还在，只是不显示。如果想再次显示这两个约束，只要再次选中这两个复选框即可。

对于重合约束，为减少混乱，重合约束应默认显示为蓝色小正方形。如果需要，可以在"约束设置"对话框中将"重合"选项关闭。

"全部选择"按钮：勾选所有约束类型复选框。

"全部清除"按钮：取消所有约束类型的复选。

"仅为处于当前平面中的对象显示约束栏"复选框：选中该复选框，仅为当前平面上受几何约束的对象显示约束栏。

③**"约束栏透明度"**文本框及滑块：在文本框中键入数值或拖动右侧的滑块，可改变图形中约束栏的透明度。

④**"将约束应用于选定对象后显示约束栏"**复选框：选中该复选框，在手动应用约束或使用 AUTOCONSTRAIN 命令后显示相关约束栏。

⑤**"选定对象时临时显示约束栏"**复选框：选中该复选框，在选定对象时临时显示选定对象的约束栏。

9.1.6　修改已应用了几何约束的对象

根据定义，应用于对象上的几何约束会限制在这些对象上执行的修改操作。可以通过夹点、修改命令修改已应用了几何约束的对象。

1. 使用夹点修改受约束对象

可以使用夹点修改受几何约束的图形，修改后图形会保留已应用的所有几何约束。

如图 9-37a 所示，图形应用了几何约束：AB、CD 与圆弧相切，AB 与 CD 平行，AB 与 AC 垂直，圆与圆弧同心，AB 与 AC 的端点 A 重合，AC 与 CD 的端点 C 重合。拉伸直线 AB 的右夹点，图 9-37a 成为图 9-37b；拉伸圆弧右侧中间的夹点，图 9-37a 成为图 9-37c。从该图的夹点编辑过程可以看出，所有的约束仍然保留，如直线可以旋转、更改其长度及端点，但该直线（或其延长线）始终保持与圆弧相切；直线的交点也始终重合；AB、CD 始终平行。

对于欠约束对象，修改的结果取决于对象类型及已应用的约束。如图 9-37 所示，直线没有应用水平、固定约束，因而可通过拉伸夹点，改变其位置、倾角、长度；圆只应用了同心约束，因而可通过夹点改变其半径、圆心位置。

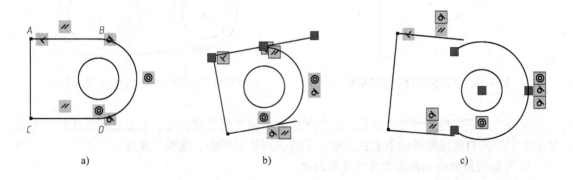

图 9-37　夹点编辑应用了几何约束的图形

a）应用了几何约束的图形　b）拉伸直线 AB 的右夹点后的结果　c）拉伸圆弧右侧中间夹点后的结果

2. 使用修改命令修改受约束的对象

可以使用修改命令，如移动（MOVE）、复制（COPY）、旋转（ROTATE）、缩放（SCALE）及拉伸（STRETCH）命令修改受约束的图形，结果不会改变应用于对象的约束。

在一些情况下，修剪（TRIM）、延伸（EXTEND）、打断（BREAK）及合并（JOIN）命令可能删除约束。

默认情况下，如果复制了受约束的对象，也会复制应用于原始对象的约束。

在修改受约束的对象时，如果是通过夹点修改对象，当夹点成为热点（红色）时，按一下〈Shift〉键再放开；如果使用修改命令，在对象改变前一步，按一下〈Shift〉键再放开，可临时释放约束以便于修改。修改完成后，原约束可能保留，若不能保留则约束被删除。

9.1.7 推断几何约束

推断几何约束是在创建或修改图形对象时，自动应用一些几何约束，而无需再使用约束命令添加这些几何约束。与自动约束（AUTOCONSTRAIN）命令相似，约束也只在对象符合约束条件时才会应用。

1. 打开和关闭推断约束

在创建和修改图形时启动推断约束的方法有两种：

1）在"约束设置"对话框"几何"选项卡（图 9-36）选中"推断几何约束"复选框。

2）单击状态栏"推断约束"按钮 ，即可启动推断约束。

启动推断约束后，只要符合条件，重合、水平、竖直及垂直约束会自动应用到图形上；如果在创建或修改图形对象时使用"捕捉到切点"、"捕捉到平行线"及"捕捉到垂足"等对象捕捉模式，相切、平行或垂直等约束也会自动应用。

如图 9-38 所示，是在启用推断约束下用直线命令 LINE 绘制的三角形，可见端点自动应用了重合约束，AB 自动应用了水平约束，AB 与 BC 自动应用了垂直约束。如图 9-39 所示，启用推断约束后，画同心圆时，圆心自动应用重合约束；在画两条直线时使用相切对象捕捉，画出后会自动添加相切约束。

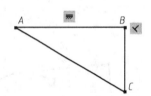

图 9-38　启用推断约束画三角形

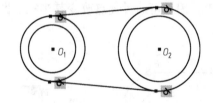

图 9-39　启用推断约束画同心圆和切线

推断约束不支持的对象捕捉有：捕捉到交点、捕捉到外观交点、捕捉到延长线和捕捉到象限点。不能自动推断的约束有：固定、平滑、对称、同心、相等、共线。

2. 某些绘图命令和修改命令的推断约束

某些绘图命令和修改命令可以推断约束，且与当前对象捕捉设置无关。启用推断约束后：

1）用直线命令（LINE）画连续直线时，自动推断两段连接点重合约束，包括直线命令的"闭合"选项在第一条直线的起点和最后一条直线的端点之间，如图9-38所示。

2）用多段线命令（PLINE）画圆弧时，自动推断相切的直线与圆弧或圆弧与圆弧之间相切约束。

3）用矩形命令（RECTANG）画矩形（包括有圆角或倒角的矩形）时，自动推断对边平行约束和一对邻边垂直约束。图9-40所示是用矩形命令绘制的有圆角的矩形。

4）用圆角命令（FILLET）对两直线进行圆角修改时，新创建的圆弧与直线之间自动推断相切约束和端点重合约束。图9-41所示的 C 角是对图9-38所示的 C 角应用圆角命令的结果。

图9-40 矩形命令的推断约束

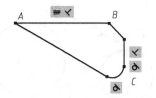
图9-41 圆角命令的推断约束

5）用倒角命令（CHAMFER）在两直线间进行倒角修改时，在新创建的直线端点与原直线端点间自动推断重合约束。图9-41所示的 B 角是对图9-38所示的 B 角应用倒角命令的结果。

不受"推断约束"设置影响的命令：缩放（SCALE）、镜像（MIRROR）、偏移（OFF-SET）、打断（BREAK）、修剪（TRIM）、延伸（EXTEND）、阵列（ARRAY）。

3. 夹点拉伸的推断约束

在打开推断约束的情况下，通过夹点拉伸对象的有效约束点到另一对象的对象捕捉点，可以在两对象之间应用重合、垂直或相切约束。

例如，如果直线被拉伸并被捕捉到一圆弧的端点，将在直线的端点与圆弧的端点之间应用重合约束。

如图9-42所示，采用"捕捉到垂足"的对象捕捉模式，拉伸直线 CD 的端点 C 到 AB 的垂足位置，在两直线间自动推断应用垂直约束。

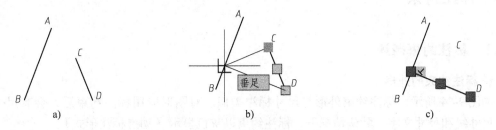
图9-42 自动推断应用垂直约束
a）拉伸前   b）采用"捕捉到垂足"拉伸 C 点   c）拉伸完成

如图9-43所示，采用"捕捉到切点"的对象捕捉模式，拉伸直线 AB 的端点与两圆相切，自动推断应用相切约束。

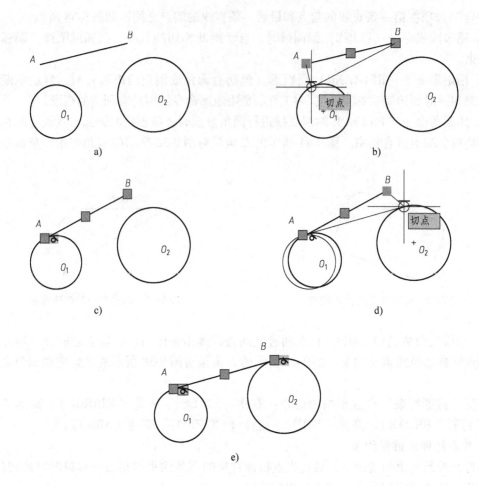

图 9-43　自动推断应用相切约束

a）拉伸前　b）采用"捕捉到切点"拉伸 A 点与圆 O_1 相切　c）拉伸 A 点后　d）采用
"捕捉到切点"拉伸 B 点与圆 O_2 相切　e）拉伸 B 点后

9.2　标注约束

9.2.1　标注约束概述

1. 标注约束的外形

如图 9-44 所示，标注约束外形与尺寸标注类似。对图形应用标注约束后，会有尺寸界线，尺寸线和尺寸文字，默认情况下，标注约束以灰色显示（动态标注形式）。

标注约束可以约束距离、角度、圆弧和圆的半径及直径。图 9-44 所示包括线性约束、对齐约束、角度约束、半径约束和直径约束。

2. 标注约束的作用

标注约束控制图形的大小和比例。一方面，标注约束可限制图形对象；另一方面，标注约束可驱动图形的尺寸。

图 9-45a 所示是添加了几何约束和标注约束的长方形。如果选中图形，左右拉伸图形上的夹点（图 9-45b），图形不会改变，这是由于标注约束限制了图形。如果选中标注约束，左右拉伸标注约束的三角形夹点（图 9-45c），图形长度变化，这是标注约束驱动图形。

标注约束中显示的小数位数由系统变量 LUPREC 和 AUPREC 控制：

LUPREC 设定线性标注约束的显示精度，初始值为 4，即显示四位小数。

AUPREC 设定角度标注约束的显示精度，初始值为 0，即不显示小数。

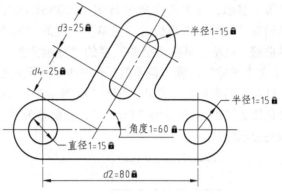

图 9-44　标注约束

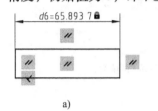

a)

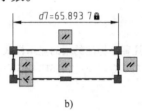

b)

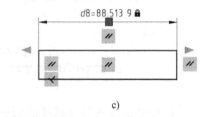

c)

图 9-45　标注约束的作用

a) 应用了标注约束的图形　b) 拉伸图形夹点　c) 拉伸标注约束的三角形夹点

3. 标注约束的形式

标注约束有动态约束或注释性约束两种形式，这两种形式有不同的用途。

1) 动态约束：默认情况下，标注约束是动态约束。动态约束具有以下特征：

标注约束使用固定的预定义标注样式，应用于图形对象后，自动放置文字信息，以暗显的尺寸形式在图形中显示，如图 9-44 和图 9-45 所示；视图缩放时大小不变；当选中标注约束时，也会出现夹点，拉伸三角形夹点可更改标注约束的值；在图形中可单独打开或关闭某一动态约束，或打开或关闭所有动态约束；打印图形时不显示。

动态约束仅用于限制对象和图形的尺寸驱动，对于常规图形参数化比较合适。

2) 注释性约束：注释性约束具有以下特征：

注释性约束与尺寸标注类似：可随图层单独显示；视图缩放时大小发生变化；可以使用当前尺寸标注样式显示；选中时，其上夹点与尺寸标注上的夹点具有类似功能；打印图形时显示。

对于已经应用于图形的标注约束，可打开"特性"选项板，选中标注约束，在"约束"栏的"约束形式"中选择"注释性"，将动态约束改为注释性约束，选择"动态"将注释性约束改为动态约束。确定实际中应用动态约束还是注释性约束，可参看 9.2.2 节 "**7. 标注约束形式**"。

系统变量 CONSTRAINTNAMEFORMAT 的值控制注释性标注约束的显示方式。其值为 0 时，仅显示标注约束的名称；其值为 1 时，仅显示标注约束的值；其值为 2 时，显示标注约束的表达式。

如果要使注释性约束中使用的文字以尺寸标注中使用的样式（如添加前缀、后缀、公差等）显示，首先要在命令行键入 CONSTRAINTNAMEFORMAT，根据提示设定其值为 1。然后在"特性"选项板的"主单位"栏的"标注前缀"和"标注后缀"格输入注释性约束的前缀、后缀，再在"公差"栏的"显示公差"项选择公差形式，再在"公差下偏差"和"公差上偏差"项输入偏差值。图 9-46a 所示是在 CONSTRAINTNAMEFORMAT 的值为 2 时，线性标注约束的显示样式；图 9-46b 所示是在 CONSTRAINTNAMEFORMAT 的值为 1 时，添加前缀为"ϕ"，后缀为"（mm）"，上偏差为"+0.2"，下偏差为"-0.05"的线性标注约束的显示样式。

图 9-46　注释性标注约束的显示样式

a）CONSTRAINTNAMEFORMAT 的值为 2　　b）CONSTRAINTNAMEFORMAT 的值为 1

4. 标注约束与尺寸标注的对比

标注约束与尺寸标注在以下几个方面有所不同：

1）标注约束用于图形的设计阶段，而尺寸标注通常在文档阶段（图形完成，将输出图样时）。

2）标注约束可驱动对象的大小或角度，而尺寸标注由对象确定。

3）默认情况下（即动态约束），标注约束并不是对象，仅是以一种标注的外观显示，在视图缩放过程中保持相同大小，且不能输出到设备。但注释性约束可以达到与尺寸标注相同的显示和打印效果。

5. "约束设置"对话框"标注"选项卡

在"约束设置"对话框"标注"选项卡（图 9-47）中设置标注约束。

1）"标注约束格式"栏：设定标注名称格式和锁定图标的显示。

"标注名称格式"下拉列表：可在"名称"、"值"、"名称和表达式"三者中选择。例如在图 9-44 中，对于圆的直径约束，如果选择"名称"，将仅显示标注约束的参数名称"直径"；如果选择"值"，将仅显示标注约束的值"15"；如果选择"名称和表达式"，将显示标注约束的名称和表达式"直径 = 15"。

"为注释性约束显示锁定图标"复选框：选中该复选框，注释性约束显示锁定图标🔒。

2）"为选定对象显示隐藏的动态约束"复选框：对于隐藏了标注约束的对象，如果选中该复选框，当选中对象时，将临时显示对象的动态约束。

6. 参照参数

参照参数是一种动态约束或注释性约束的**从动标注约束**，其文字信息显示在括号中。参照参数并不是真正的标注约束，只是显示标注对象的尺寸，起参考作用，不能对图形进行尺寸驱动。在图 9-48 中，端点应用重合几何约束，直线应用竖直几何约束，则弦长由"直径"

和"长度"两个约束控制，"（弦长 = 80）"就是参照参数，只是显示弦长结果，不起约束作用。由此例可见，可将参照参数用作显示测量或计算结果。

图9-47 "约束设置"对话框"标注"选项卡

打开"特性"选项板，选中标注约束，在"约束栏"的"参照"项选择"是"，可将
动态约束或注释性约束改为参照参数。已经改为参照参数的
标注约束，在不会过约束图形的情况下，可以改回标注约
束；如果会过约束几何图形，则无法改回标注约束。

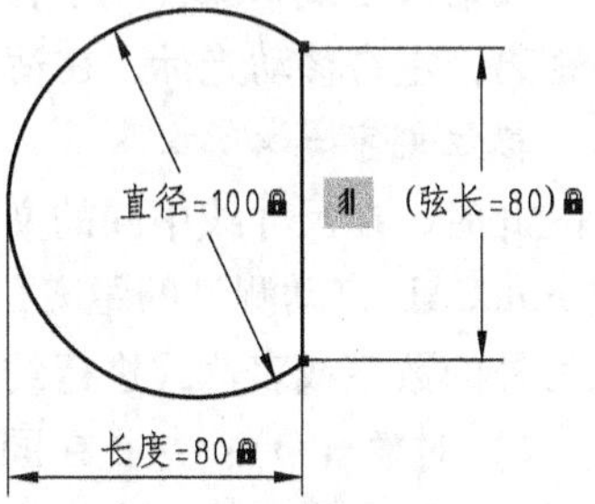

9.2.2 应用标注约束

命令 DIMCONSTRAINT 可对选定对象应用标注约束，或
将关联尺寸标注转换为标注约束。命令的输入方式如下：

命令：DIMCONSTRAINT ✓**，或 DCON** ✓ **【标注约**
束工具栏各按钮（图9-49a）**】【参数化工具栏/标注约束各下拉按钮】【下拉菜单：参数/标**
注约束子菜单（图9-49b）**】【草图与注释："参数化"选项卡/"标注"面板各按钮**（图9-
49c）**】**

图9-48 参照参数

如果从命令行键入 DIMCONSTRAINT（或 DCON），回车后提示：

当前设置：约束形式 = × ×

输入标注约束选项［线性(L)/水平(H)/竖直(V)/对齐(A)/角度(AN)/半径(R)/直径
(D)/形式(F)/转换(C)]〈对齐〉:（单击一个选项或键入选项关键字回车选用一种约束，或
者直接回车应用默认约束）

该提示的每一个选项对应一种标注约束类型，前七个选项有单独的对应命令，从下拉菜
单中选择菜单项或单击图标按钮，是输入该约束的单独对应命令。当然，标注约束的单独对

应命令也可以从命令行键入执行。下面以单独对应命令介绍每种标注约束。

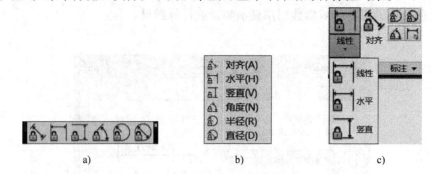

图 9-49　标注约束的按钮及菜单

a）标注约束工具栏　b）标注约束子菜单　c）"标注"面板

1. 线性

对应命令 DCLINEAR，约束同一对象上的两点，或不同对象上两个点之间的水平距离或竖直距离。其操作类似于线性尺寸标注。命令输入后线性约束的主提示为：

指定第一个约束点或 [对象（O)] 〈对象〉:(光标在对象上拾取第一个约束点，或者单击对象（O)或键入关键字 O 回车，或者直接回车)

1）指定第一个约束点：这是在同一对象上的两点，或不同对象上两个点之间创建水平标注约束或垂直标注约束。接下来提示：

指定第二个约束点:(光标在同一对象或另一对象上拾取第二个约束点)

指定尺寸线位置:(上下移动光标，在适当的位置单击指定约束的位置，约束两点的水平距离；左右移动光标，在适当的位置单击指定约束的位置，约束两点的竖直距离)

标注文字 = × × × ×

此时，在尺寸线中间的文字位置处出现一个文本框，其中数字已被全部选中。文本框中是 AutoCAD 自动测量的距离，直接回车或在文本框以外单击，即按该距离约束两点；可键入另外的数值或表达式进行约束，同时两点间的距离改变。

2）对象（O)：这是在同一对象上的两点之间应用水平约束或竖直约束。有效对象是直线、圆弧、多段线的直线段或圆弧。接下来提示：

选择对象:(拾取直线、圆弧、多段线的直线段或圆弧)

指定尺寸线位置：（注：之后的操作与上面指定约束点的操作一样，不再详述)

图 9-50 所示是在同一对象上两点应用线性标注约束，应用命令 DCLINEAR 的对象（O)选项，拾取圆弧后，上下移动光标添加水平标注约束"$d1 = 50$"，左右移动光标添加竖直标注约束"$d2 = 30$"。图 9-51 所示是指定不同对象上两点应用线性标注约束，分别拾取样条曲线的端点和直线的端点，上下移动光标添加水平标注约束"$d3 = 50$"。

线性约束也可用下面的水平或竖直约束替代。

2. 水平（竖直 ）

对应命令 DCHORIZONTAL（DCVERTICAL)，约束同一对象上的两点，或不同对象上两个点之间的水平（竖直）距离。其命令提示、回答方式、操作步骤及有效对象和有效点与线性约束完全一致，只是尺寸线位置只能在水平（竖直）位置，而不能在竖直（水平）位置，不再详述。

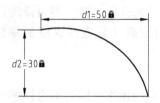

图 9-50 在同一对象上两点应用线性约束

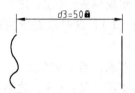

图 9-51 在不同对象上两点应用线性约束

3. 对齐

对应命令 DCALIGNED，可约束同一对象上的两点，或不同对象上两个点之间的距离，也可约束点与直线的距离，还可约束两条直线之间的距离且将其置为平行。对齐约束的**主提示**为：

指定第一个约束点或[对象（O）/点和直线（P）/两条直线（2L）]〈对象〉:（拾取第一个约束点，或者单击一个选项或键入选项关键字回车选用一种约束，或者直接回车）

1）指定第一个约束点：这是约束同一对象上的两点，或不同对象上两个点之间的距离，接下来提示：

指定第二个约束点:（光标在同一对象或另一对象上拾取第二个约束点）

指定尺寸线位置:（移动光标，在适当的位置单击指定约束的位置）

标注文字 = ××××

接下来，尺寸线中间出现文本框，其中数字是 AutoCAD 自动测量的距离，直接回车或在文本框以外单击，即按该距离约束两点；可键入另外的数值或表达式进行约束，同时两点间的距离改变。

图 9-52 所示是在样条曲线的端点和直线的中点间应用对齐标注约束。

2）对象（O）：这是对同一对象上的两点之间应用标注约束。接下来提示：

选择对象:（拾取直线、圆弧、多段线的直线段或圆弧）

指定尺寸线位置:（注：之后的操作与上面指定约束点的操作一样，不再详述）

图 9-53 所示是对圆弧的两端点应用对齐标注约束。

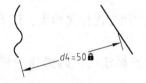

图 9-52 对不同对象上两点对齐约束

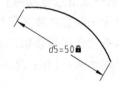

图 9-53 对同一对象上两点应用对齐约束

3）点和直线（P）：这是约束点与直线或多段线的直线段的距离。接下来提示：

指定约束点或 [直线 （L）] 〈直线〉:（光标在对象上拾取第一个约束点，或者单击直线 （L）或键入关键字 L 回车，或者直接回车）

①**指定约束点**：这是以点为基准，约束直线到点的距离（即点到直线的垂线长度）。接

下来提示：

选择直线：（拾取一条直线或多段线的直线段）

指定尺寸线位置：（注：之后的操作与上面指定约束点的操作一样，不再详述）

②**直线（L）**：这是以直线为基准，约束点到直线的距离（即点到直线的垂线长度）。接下来提示：

选择约束点：（拾取对象上一个点）

指定尺寸线位置：（注：之后的操作与上面指定约束点的操作一样，不再详述）

图 9-54 所示是对圆心和直线应用对齐标注约束。

4）两条直线（2L）：这是约束两直线或多段线的直线段之间的距离，且第一条直线不动，第二条直线被修改为与第一条直线平行。接下来提示：

选择第一条直线：（拾取一条直线或多段线的直线段）

选择第二条直线，以使其平行：（拾取另一条直线或多段线的直线段）

指定尺寸线位置：（注：之后的操作与上面指定约束点的操作一样，不再详述）

在上述拾取两直线时，拾取的位置不同，AutoCAD 自动测量的距离也会不同，实际操作时，可随意在两直线上拾取点，然后再从文本框键入用户所需的距离。图 9-55 所示是对两直线应用对齐标注约束。

图 9-54　约束点与直线的距离　　　　图 9-55　两直线对齐标注约束

4. 角度

对应命令 DCANGULAR，约束直线段或多段线的直线段之间的角度、由圆弧或多段线圆弧扫掠得到的角度或对象上三个点之间的角度。角度约束的**主提示**为：

选择第一条直线或圆弧或［三点（3P）］〈三点〉：（拾取一条直线、多段线的直线段、圆弧或多段线的圆弧，或者单击三点（3P）或键入关键字 3P 回车，或者直接回车）

1）选择第一条直线或圆弧：分两种情况：

①如果拾取一条直线或多段线的直线段，是对两直线应用角度标注约束，接下来提示：

选择第二条直线：（拾取第二条直线或多段线的直线段）

指定尺寸线位置：（注：之后的操作与前述线性或对齐标注约束的操作一样，不再详述）

约束角度的初始值始终默认为小于 180°的值。图 9-56 所示是对矩形的一条边和一直线应用角度标注约束。

②如果选择圆弧或多段线的圆弧，是约束圆弧的角度，接下来提示：

指定尺寸线位置：（注：之后的操作与前述线性或对齐标注约束的操作一样，不再详述）

圆弧角度约束的角顶点位于圆弧的中心，圆弧的角端点位于圆弧的端点处。图 9-57 所示是对圆弧应用角度标注约束。

图9-56 两直线应用角度约束

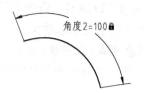

图9-57 圆弧应用角度约束

2）三点（3P）： 这是指定三个点，约束三点构成的角度。接下来提示：

指定角的顶点:（拾取对象上一个点作为要约束的角的顶点）

指定第一个角度约束点:（拾取对象上一个点作为第一个角度约束点）

指定第二个角度约束点:（拾取对象上另一个点作为第二个角度约束点）

指定尺寸线位置:（注：之后的操作与前述线性或对齐标注约束的操作一样，不再详述）

图9-58所示是对圆心和样条曲线的两个端点应用角度标注约束。

5. 半径 （直径 ）

对应命令 DCRADIUS（DCDIAMETER），约束圆或圆弧的半径
（直径）。

选择圆弧或圆:（拾取圆或圆弧）

标注文字 = ××××

指定尺寸线位置:（在适当的位置单击指定约束的位置）

图9-58 对三点
应用角度约束

接下来，尺寸线中间出现文本框，其中文字为"弧度×=××"（"直径×=××"）且已全部被选中，直接回车或在文本框以外单击，接受该半径（直径）约束；可键入另外的数值或表达式进行约束，同时半径（直径）改变。

图9-59所示是约束圆和圆弧的半径。图9-60所示是约束圆和圆弧的直径。

图9-59 约束圆和圆弧的半径

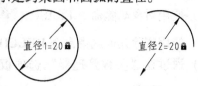

图9-60 约束圆和圆弧的直径

6. 转换

对应命令 DCCONVERT，是将关联尺寸标注转换为标注约束。接下来提示：

选择要转换的关联标注:（用任何选择对象的方式选择关联标注）

......

选择要转换的关联标注:↙

转换了×个关联标注

无法转换×个关联标注

7. 标注约束形式

1）命令 DCFORM：命令 DCFORM 相当于 DIMCONSTRAINT 中的形式（F）选项，设定要创建的标注约束是动态约束还是注释性约束。命令输入后提示：

输入约束形式 [注释性(A)/动态(D)]〈当前值〉:（单击*注释性（A）*或键入 A 回车，采用注释性约束；单击*动态（D）*或键入 D 回车，采用动态约束；直接回车默认当前约束形式）

当前设置：约束形式 =〈新值〉

接下来返回至标注约束命令 DIMCONSTRAINT 的主提示。

2）系统变量 CCONSTRAINTFORM：在命令行更改系统变量 CCONSTRAINTFORM 的值也可转换标注约束形式。更改 CCONSTRAINTFORM 值的较简单的方法是在"草图与注释"工作空间的"参数化"选项卡，单击 `标注 ▼`，打开滑出式面板，选择 `动态约束模式`，采用动态约束；选择 `注释性约束模式`，采用注释性约束。

对于已经应用于图形的标注约束，还可在"特性"选项板的"约束"栏改变约束形式。

9.2.3　标注约束的修改、删除及显示控制

1. 标注约束的修改

可用编辑多行文字或单行文字命令 TEXTEDIT，编辑单行文字、标注文字、属性定义的命令 DDEDIT 修改标注约束。也可在"特性"选项板修改标注约束的文字。最简单的方法是双击标注约束，在文本框中输入新的值并回车以修改约束。输入的内容可以是常量，或者由常量、其他标注名称、用户自定义参数、AutoCAD 内置函数及内置常量 Pi 和 e 组成的表达式。一旦更改了标注约束的值，会计算对象上的所有约束，并自动更新受影响的对象。

选中标注约束，拉伸其三角形夹点，可动态改变标注约束，并驱动所注图形对象。

2. 标注约束的删除

删除标注约束可用如下方法：

1）使用对象删除命令 ERASE（图标）。

2）使用删除几何约束命令 **DELCONSTRAINT**（图标）。

3）通过在"参数管理器"选项板中删除标注约束所对应的参数来实现。详见 9.2.4 节。

3. 动态标注约束的显示控制

命令 DCDISPLAY 控制动态标注约束的显示及隐藏。其方法与几何约束的显示及隐藏类似。

1）图形对象的动态标注约束显示（隐藏）：用命令 DCDISPLAY 可控制图形对象的动态标注约束是显示还是隐藏。命令的输入方式：

命令：DCDISPLAY ✓【参数化 图标】【下拉菜单：参数/动态标注/选择对象】【草图与注释："参数化"选项卡/"标注"面板/ `显示/隐藏` 】

命令输入后，提示：

选择对象:（用任意选择对象的方式选择应用了约束的对象）

……

选择对象：✓

输入选项［显示（S）/隐藏（H）］〈显示〉：(直接回车，或者单击选项或键入选项关键字回车)

显示（S）：显示所选对象上的动态标注约束。

隐藏（H）：隐藏所选对象上的动态标注约束。

2）隐藏所有动态标注约束：在执行命令 DCDISPLAY 时，对其"**选择对象：**"的提示以 HIDEALL 回答，可隐藏图形的所有动态标注约束。此外，单击如下的按钮或菜单，所有动态标注约束立刻隐藏：

【参数化 ? 】【下拉菜单：参数/动态标注/全部隐藏】【草图与注释："参数化"选项卡/"标注"面板/ 全部隐藏 】

3）显示所有动态标注约束：在执行命令 DCDISPLAY 时，对其"**选择对象：**"的提示以 SHOWALL 回答，可显示图形的所有动态标注约束。此外，单击如下的按钮或菜单，所有动态标注约束立刻显示：

【参数化 （灯泡黄色）】【下拉菜单：参数/动态标注/全部显示】【草图与注释："参数化"选项卡/"标注"面板/ 全部显示 】

9.2.4 "参数管理器"选项板

图形中的每一个标注约束是一个对象控制参数。"参数管理器"选项板显示图形中可以使用的所有标注约束参数；可以重命名参数的名称、修改参数的表达式、创建用户参数、对参数编组、删除参数等。"参数管理器"选项板的打开方法：

命令：PARAMETERS ✓ 【参数化 fx 】【下拉菜单：参数/参数管理器】【草图与注释："参数化"选项卡/"管理"面板/ fx 参数管理器 】

图 9-61 所示是在当前图形包含图 9-48 和图 9-62 时打开的"参数管理器"选项。

"参数管理器"选项板第一行是"创建新参数组"按钮 ，"创建新的用户参数"按钮 fx，"删除选定参数"按钮 ，以及"搜索参数"框 搜索参数 。"参数管理器"选项板的左边是"参数过滤器树状图"，右边是"参数列表"。

1. 参数列表的显示方式

参数列表显示了当前图形中所有的标注约束参数、参照参数及用户参数。默认显示三列"名称"、"表达式"和"值"。"名称"是标注约束的名，"表达式"是标注约束的实数或表达式的方程式，"值"是表达式的值。

在参数列表的列标题上右击，弹出快捷菜单，前面有√的列在列表中显示，如果选择"类型"、"说明"，还可以添加这两列。"类型"指出标注约束参数属于哪一种。"说明"是对标注约束参数的说明。选择"最大化所有列"，将调整各列显示完整。

单击列标题，按升序或降序顺序重新排列各标注参数。将光标放到列标题的左右两端，光标变为双向箭头，按住左键拖动，可改变各列的宽度。

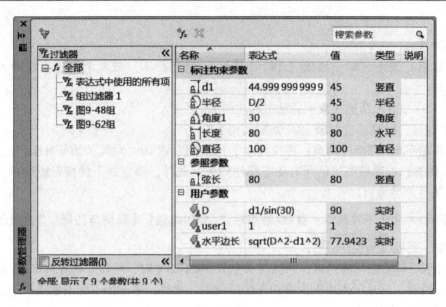

图 9-61　"参数管理器"选项板

2. 在参数列表中修改参数

在标注约束（无论是动态标注约束还是注释性标注约束）显示时，单击（选中）参数列表中的一个标注约束，图形中相应的标注约束将亮显。

在参数列表中，可修改标注约束参数的名称和表达式。要修改某一约束参数，单击该参数所在位置后按〈F2〉键，或双击该参数的"名称"或"表达式"项，使该参数成为待编辑状态，再键入新名称或新表达式。如果要在表达式中包括函数，在待编辑状态的表达式格上右击打开菜单，从其"表达式"子菜单上选择要插入的函数。关于表达式可以应用的函数，参看后面"7. 表达式内使用的运算符和函数"。无效的名称或表达式显示为红色文字。按〈TAB〉键可修改相邻列。一旦参数的名称或表达式改变，图形中相应的标注约束立刻改变。注意，用户不能直接修改参数的"值"。参照参数的名称可以改变，但表达式不能修改。

如果动态标注约束参数处于隐藏状态，参数成为待编辑状态时，图形中相应的标注约束将临时亮显。

3. 在参数列表中删除参数

在参数列表中选中参数（可按住〈Shift〉键连续选多个，也可按住〈Ctrl〉键不连续选多个），此时，"删除选定参数"按钮 ✖ 变为 ✖，单击 ✖，删除选定的参数。选中参数后，按〈Delete〉键，或在选中的参数上右击，从打开的右键菜单中选择"删除参数"，也可删除参数。一旦从"参数管理器"选项板中删除标注约束参数，图形中相应的标注约束将被删除。

4. 创建标注约束参数及用户参数

在图形中每添加一个标注约束，即在参数列表中自动增加一个新标注约束参数。默认情况下，系统指定这些新参数的名称为 d1 或 dia1，用户可在标注约束的文本框或"参数管理器"选项板（图 9-61）中对其重命名。

单击"创建新的用户参数"按钮 f_x，或在参数列表框中双击空行，可创建"用户参数"。用户参数由用户自己定义，用以约束及驱动对象关系。新创建的用户参数默认名称为"user×"，默认表达式为1，其值为1。

可像更改修改标注约束参数那样更改用户参数的名称和表达式。名称应当由汉字、字母和数字组成，且不能以数字开头、不能包含空格或超过256个字符。表达式是由常数、标注约束参数、用户参数、表达式运算符（表9-1）、表达式可用函数（表9-2）构成的公式或常数，其值应在 -1×10^{100} 到 1×10^{100} 之间。

在图9-61中创建了两个用户参数"D"和"水平边长"："D"的表达式是"$d1/\sin(30)$"；"水平边长"的表达式为"sqrt（$D\texttt{\^{}}2 - d1\texttt{\^{}}2$）"（即 $D^2 - d1^2$ 的平方根）。两用户参数的意义如图9-62所示。

当一个动态标注约束参照一个或多个参数时，系统会将"fx："前缀添加到该约束的名称中。此前缀仅显示在图形中，其作用是当标注名称格式设定为"值"或"名称"时，可帮助避免意外覆盖参数和公式，因为该前缀可以抑制参数和公式的显示。

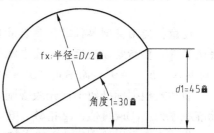

图9-62　用户参数举例

5. 参数过滤器树状图

参数过滤器树状图控制在参数列表框中如何显示标注约束参数。所谓"参数过滤器"就是某些满足一定条件的参数集合，满足条件的参数被包含在过滤器中，不满足条件的参数被滤掉（不被包含）。AutoCAD的默认参数过滤器是"全部"和"表达式中使用的所有项"。选中"全部"，在参数列表框中将显示图形中所有标注约束参数。"全部"其实是未应用任何过滤器。"表达式中使用的所有项"列出表达式中使用的或由表达式定义的所有参数。

单击"创建新参数组"按钮 ▽，可创建空的新"参数组过滤器"，默认名为"组过滤器×"。在参数列表中选中若干参数（可按住〈Shift〉键连续选多个，也可按住〈Ctrl〉键不连续选多个），可拖动这些参数到新参数组过滤器中。如果参数太多时，可在参数列表框中按类、有选择地显示参数。方法是创建若干参数组过滤器，然后按类将参数从列表框拖至不同的过滤器；选中某一过滤器，右侧的参数列表框即仅显示该过滤器中的参数。图9-61中的"图9-48组"和"图9-62组"分别包括图9-48和图9-62中的标注约束参数。

选中过滤器树状图的下部的"反转过滤器"复选框，在参数列表框中显示所有不满足当前过滤器条件的参数。

用户创建的"参数组过滤器"可以改名，方法是双击过滤器名，或在过滤器名上右击，从弹出的菜单中选择"重命名"，再键入新名称。图9-61中的"图9-48组"和"图9-62组"就是由"组过滤器×"改名得到的。

选中过滤器，按〈Delete〉，可删除过滤器。在过滤器上右击，从打开的右键菜单中选择"删除"，也可删除该过滤器。

参数过滤器树状图区域的上部和下部右侧有按钮 《，单击 《，参数过滤器树状图收缩（不显示），其上部和下部的按钮变为 》，单击 》，参数过滤器树状图展开。

6. "搜索参数"搜索框

可以使用此框按名称搜索参数。单击该框，出现一个"＊"和待输入文字的光标，在此输入需要搜索的参数字符（可以使用通配符）后，将按参数名称快速过滤参数列表，满足过滤条件的参数显示在列表中。

7. 表达式内使用的运算符和函数

在"参数管理器"选项板中，标注约束参数和用户参数的表达式可使用表9-1的运算符。

表9-1　表达式运算符

运算符	说　　明	运算符	说　　明	运算符	说　　明
+	加	*	乘	( )	圆括号或表达式分隔符
–	减或取负值	/	除	.	小数分隔符
%	浮点模数	^	求幂	—	—

注意：使用英制单位时，参数管理器将减号或破折号（－）当做单位分隔符而不是减法运算符。要指定减法运算，应在减号前面或后面至少添加一个空格。例如，计算5′减去9″时输入"5′　－9″″"而不是"5′－9″″"。

表达式根据标准数学优先级规则计算：括号中的表达式优先，最内层括号优先。运算符标准顺序为：①取负值，②指数，③乘除，④加减。优先级相同的运算符从左至右计算。

表达式中可以使用表9-2的函数。

表9-2　表达式中的可用函数

函数	语　　法	函数	语　　法
余弦	cos（表达式）	截取小数	trunc（表达式）
正弦	sin（表达式）	下舍入	floor（表达式）
正切	tan（表达式）	上舍入	ceil（表达式）
反余弦	acos（表达式）	绝对值	abs（表达式）
反正弦	asin（表达式）	阵列中的最大元素	max（表达式1;表达式2）
反正切	atan（表达式）	阵列中的最小元素	min（表达式1;表达式2）
双曲余弦	cosh（表达式）	将度转换为弧度	d2r（表达式）
双曲正弦	sinh（表达式）	将弧度转换为度	r2d（表达式）
双曲正切	tanh（表达式）	对数,基数为e	ln（表达式）
反双曲余弦	acosh（表达式）	对数,基数为10	log（表达式）
反双曲正弦	asinh（表达式）	指数函数,底数为e	exp（表达式）
反双曲正切	atanh（表达式）	指数函数,底数为10	exp10（表达式）
平方根	sqrt（表达式）	幂函数	pow（表达式1;表达式2）
符号函数（-1,0,1）	sign（表达式）	随机小数,0~1	Random
舍入到最接近的整数	round（表达式）	—	—

除上述函数外，表达式中还可以使用常量 Pi（$\pi \approx 3.141\ 592\ 6$）和 e（$e \approx 2.718\ 28$）。

9.3　图形参数化举例

在图形参数化的设计过程中，通常先应用几何约束确定形状，然后应用标注约束以确定对象的大小。下面以 9-63 所示的两视图为例，说明其**左右方向**的参数化过程。

第一步：绘图。绘制如图 9-63a 所示的图形。

第二步：应用几何约束。固定约束：固定圆的圆心；固定俯视图的对称线。同心约束：圆弧与圆同心。重合约束：所有粗实线的端点应用重合约束。相切约束：相切圆弧分别与直线 AB、CD 相切。共线约束：AB 与 EF 共线，CD 与 GK 共线。垂直约束：AB 与 BD 垂直。对称约束：虚线 MN 与 PQ 关于俯视图对称线对称。水平约束：BD、EG、FK 水平。

第三步：应用标注约束：对圆弧应用半径约束；对圆应用直径约束；分别对 EG 和 MP 应用水平标注约束。将圆弧的标注约束名称改为"半径"；将圆的标注约束名称改为"直径"；将 EG 的水平标注约束的名称改为"L1"，表达式改为"2＊半径"，将 MP 的水平标注约束的名称改为"L2"，表达式改为"直径"。可以在添加标注约束的过程中修改标注约束的名称或表达式；也可以在标注约束添加完成以后，通过双击标注约束的表达式进行修改。至此，图形左右方向的参数化完成。

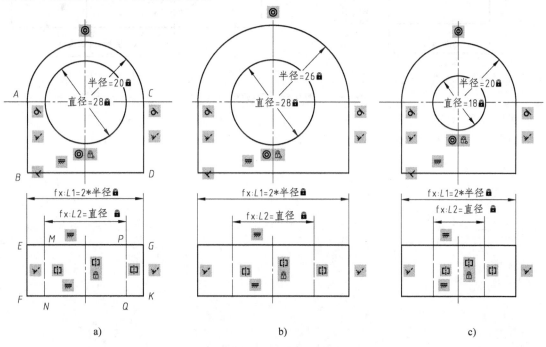

图 9-63　图形参数化举例

a）应用约束的两视图　b）半径为 26 的两视图　c）直径为 18 的两视图

第四步：修改参数"半径"和"直径"的表达式，观察效果。双击圆弧的半径标注约束，在文本框中输入新值，图形的外围轮廓在左右方向变大或变小，图 9-63b 所示是半径的表达式为 26 时的结果。双击圆的直径标注约束，在文本框中输入新值，圆变小，俯视图中两条虚线的距离变小。图 9-63c 所示是直径的表达式为 18 时的结果。

也可以单击圆弧（或圆）的半径（直径）标注约束，再单击其上三角形夹点使其成为热点，移动光标可动态改变两视图左右方向的大小。

在实际图形参数化过程时，有时对已经应用了约束的对象再添加某些约束时，会提示"过约束"，这表示要添加的约束与已有约束相冲突，需要调整约束。

习　题

根据图 9-64 给定的条件，使各图参数化：对于图 9-64a 改变半径 2；对于图 9-64b 改变长度。

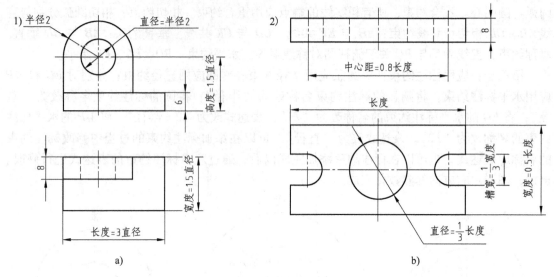

图 9-64　习题图

第 10 章　块应用和装配图的画法

在 AutoCAD 中，为了方便用户对某些特定图形对象集合进行操作，可以将这些对象定义成一个"块"，即将这些对象组合成一个整体。将若干对象定义为一个块后，AutoCAD 将把块作为一个单一的对象来处理，用户单击块上的任何一个地方，整个块被选中并呈现高亮显示。用户可以方便地对块进行删除、复制、移动及镜像等许多操作。

块的主要作用有以下几点：

1）用户可以将那些经常用到且形式固定的图形定义为块，以后绘图时就可以直接调用这些块，这样就可避免许多重复性劳动，节省时间，提高绘图效率和质量。例如，在绘图过程中，把各种标准件图形做成块，统一存放在特定的文件夹中（即建立图形库），使用时随时插入。

2）形式固定的图形定义为块后，再以块的形式将其插入到图中可以明显地节省存储空间。由于用户在绘制图形时，包括各种设置在内的所有图形对象的信息均作为图的一部分存储起来，这样势必使图形文件变得很大；而图形被定义为块后进行的多次插入操作，AutoCAD 每次存储的只是块的信息，不会将块内对象的构造信息重复存储，从而节省了空间。

3）定义了块后可以方便地对图形进行修改。对块定义进行修改后，所有插入到图中的该块都将自动进行修改，这样既可以减少错误又可以提高效率。

4）块还可以具有属性，通过对块属性的编辑可适应不同图形的需要。

实际绘图时，灵活地应用块将会给绘图过程带来更多的方便。

10.1　块的定义

在应用块之前必须先定义块。要定义块，可以用创建块命令 BLOCK，也可以用块编辑器（参看随书光盘的"选学与参考"）。用命令 BLOCK 定义块时，组成块的对象必须已经被画出且在屏幕上是可见的。创建块的命令输入方式：

命令：BLOCK ↙ 或 B ↙【绘图 ⌷】【下拉菜单：绘图/块/创建】【草图与注释："常用"选项卡/"块"面板/ ⌷ 创建】【草图与注释："插入"选项卡/"块定义"面板/ ⌷】

命令输入后，屏幕弹出如图 10-1 所示的"块定义"对话框。

块的简单定义过程如下：

在"名称"栏输入一个块名。在"基点"栏内，用鼠标左键单击"拾取点"按钮 ⌷（此时对话框暂时关闭）从屏幕上指定插入基点；或从 X、Y、Z 文本框中键入基点的坐标。从"对象"栏单击"选择对象"按钮 ⌷（此时对话框暂时关闭），在屏幕上选择将要定义成块的对象；然后单击"确定"按钮，块定义即完成。

注意：上述的"输入块名"、"指定插入基点"、"选择对象"的顺序可以任意选择。

下面对"块定义"对话框进行介绍。

1. "名称" 下拉列表

在此输入一个块名来定义新的块；单击其右侧的 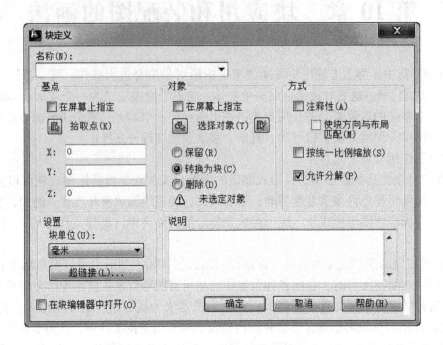，可列出当前图形中所有块名。

图 10-1 "块定义" 对话框

2. "基点" 栏

基点（或叫插入基点）是块被插入时的基准点，也是块在插入过程中旋转或缩放的基点。可以选择块上的任意一点或图形区中任一点作为基点，但实际中为了块的应用方便，应根据块的结构将块的中心、左下角或其他特征点作为基点。默认的基点是坐标原点。

用户可在 "X："、"Y："、"Z：" 文本框中输入插入点的 X、Y 和 Z 坐标值。也可在屏幕上指定插入点，单击 "拾取点" 按钮，对话框暂时关闭并提示：

指定插入基点：（指定一点）

在指定了基点后，又重新显示 "块定义" 对话框。

如果选中 "在屏幕上指定" 复选框，"拾取点" 按钮和 "X："、"Y："、"Z：" 文本框不可用，而是直接在屏幕上指定插入点。

3. "对象" 栏

1） "选择对象" 按钮：单击此按钮，对话框暂时关闭，命令提示选择构成块的对象：

选择对象：（用选择对象的方式选择要定义为块的对象，回车结束选择）

对象选择完成后回车，返回 "块定义" 对话框。

2） "快速选择" 按钮：单击此按钮，显示 "快速选择" 对话框并通过该对话框来构造一个选择集。

3） "保留" 单选按钮：选中此选项，创建块后，选中的对象仍在图形中保留但不转换为块。

4）"转换为块"单选按钮：选中此选项，创建块后，选中的对象将做成图形中的一个块，且仍保留在图形中。

5）"删除"单选按钮：选中此选项，创建块后，选中的对象从图形中删除。

在该栏的下方，若还没有选择要做成块的对象，有一个感叹号提示"未选定对象"，一旦选择了对象，会提示"已选择×个对象"。

6）如果选中"在屏幕上指定"复选框，"选择对象"按钮 将不可用，可直接在屏幕上选择对象。

4. "方式"栏

1）"注释性"复选框：选中该框，创建的块具有注释性。

2）"使块方向与布局匹配"复选框：选中该框，指定在图纸空间视口中的块参照的方向与布局的方向匹配。如果未选中"注释性"复选框，则该选项不可用。

3）"按统一比例缩放"复选框：选中该框，插入块时，块的 X、Y、Z 方向只能采用相同的比例缩放。

4）"允许分解"复选框：选中该框，插入块后，块可以被分解为单个图形对象。

5. "设置"栏

1）"块单位"下拉列表：从该下拉列表框中选择把块插入到图形中时，块的缩放单位。

2）"超链接"按钮：打开"插入超链接"对话框，可以使用该对话框将某个超链接与块定义相关联。

6. "说明"编辑区

在该编辑区中，可以键入与块定义相关的描述信息。

完成所有的设置后，单击"确定"按钮将关闭对话框，块定义的操作完成。如果选中**"在块编辑器中打开"**复选框，单击"确定"按钮后，关闭对话框后在块编辑器中打开当前的块，可以继续在块编辑器中进行块的编辑。

如果新的块名与已有的块名重名，则 AutoCAD 将显示警告对话框。

如果需要，可以重新定义块。一旦图块已经重新定义，且使用了图形重生成命令，图形中所有该块的块参照都将使用新定义。

注意：AutoCAD 中，保存在块中的名称、基点和对象集合，被称作"块定义"；而插入到图形中的块，被称作"块参照"或"块实例"。

在实际定义块时，块中可以包含其他的块，称为**"块嵌套"**，即当使用 BLOCK 命令将若干个对象组合成一个单一对象时，被选定的对象本身可以是块。块嵌套对于层数没有限制。

10.2　块的插入

10.2.1　块插入命令

定义块的目的是为了应用，使用 INSERT 命令可以将先前定义好的图块插入到当前图形中。插入块操作就是将已定义的块按照用户指定的位置、比例和旋转角度插入到图中。命令的输入方式：

命令：**INSERT** ↙【插入🔳】【下拉菜单：插入/块…】【草图与注释："常用"选项卡

/"块"面板/🔳】【草图与注释："插入"选项卡/"块定义"面板/🔳】

命令输入后显示如图 10-2 所示的"插入"对话框。

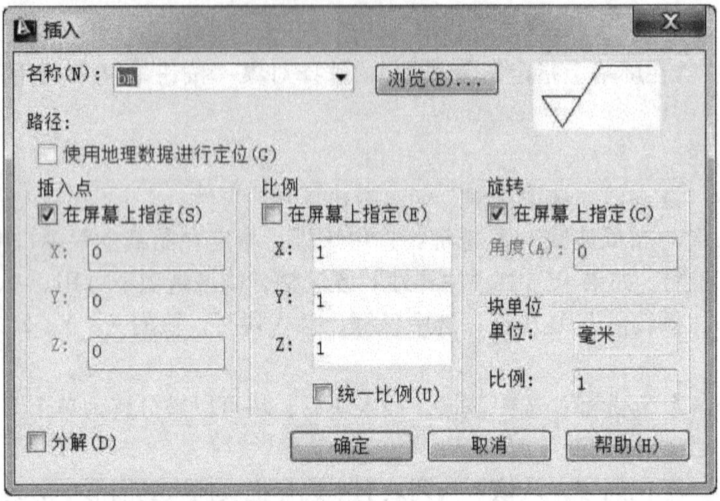

图 10-2　"插入"对话框

　　完成块的插入过程一般要经过如下步骤：确定要插入的块或图形文件；指定块插入点；确定插入块的缩放比例；确定插入块的旋转角度。

下面对"插入"对话框进行说明。

1."名称"下拉列表

单击该下拉列表，选择要插入的块的名称或要作为块插入的图形文件的名称。

2."浏览"按钮

如果要插入的不是当前图形中的块，而是图形文件，则要单击该按钮，打开"选择图形文件"对话框，从中选择文件。文件的路径显示在"名称"下拉列表下面的"路径："之后。

3."插入点"栏

该栏用于指定块插入的基点。可在"X："、"Y："和"Z："文本框中，输入插入点的 X、Y 和 Z 坐标值，从而确定插入点。选中"在屏幕上指定"复选框（此时栏内的文本框不可用），则是在命令提示后输入插入点，或用鼠标直接在图形区单击确定插入点。

4."比例"栏

该栏用于确定块插入时的缩放比例。在三个坐标轴方向可以采用不同的缩放比例，也可以采用相同的缩放比例。如果选中了"统一比例"复选框，是强制在三个方向上采用同样的比例缩放。如果在定义块时选中了"按统一比例缩放"，则"统一比例"复选框已被选中，且不可更改，即插入该块只能按统一比例。

默认的比例因子是 1。指定一个在 0 到 1 之间的比例因子，则插入的块比源块要小；指定一个大于 1 的比例因子，则放大源块。另外，还可以输入一个负值的比例因子，这样就会插入一个关于插入点的块的镜像。如果两个方向上比例因子都取为 −1，则会"双镜像"对象，等同于将插入的图块旋转 180°。图 10-3 所示为插入图块时，不同的比例因子产生的效果。

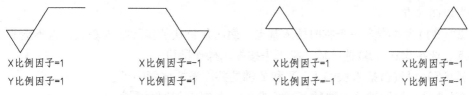

X比例因子=1　　　　　　X比例因子=−1　　　　　X比例因子=1　　　　　　X比例因子=−1
Y比例因子=1　　　　　　Y比例因子=1　　　　　　Y比例因子=−1　　　　　Y比例因子=−1

图 10-3　块插入时不同比例因子的效果

选中"在屏幕上指定"复选框，则是在命令提示后输入缩放比例，或用鼠标直接在图形区域中来指定缩放比例。应注意的是，在图形区域中指定两个点来确定缩放比例时，第二点应位于插入点右上方，否则，所确定的缩放比例将是负数而插入了原始图形的镜像图。

5. "旋转"栏

该栏用于确定块插入时的块旋转角度。可以在"角度"文本框输入一个正或负的角度值。按逆时针方向旋转的角度是正角度。0°角的方向为当前 UCS 的 X 轴方向。

选中该栏的"在屏幕上指定"复选框，则是在命令提示后输入旋转角度，或用鼠标直接在图形区拖动块旋转到合适的角度。

6. "块单位"栏

"单位"文本框（只读）：显示定义块时的"块单位"。

"比例"文本框（只读）：显示单位比例因子，该比例因子是根据定义块时的"块单位"和当前图形单位计算得出的。

7. "分解"复选框

选中"分解"复选框，块插入以后，构成块的对象分解开，而不再是一个整体。选择了该复选框后，"统一比例"复选框也自动被选中，用户只能指定统一的比例因子。

另外，也可以用 EXPLODE 命令来分解已插入的图块。EXPLODE 命令在本章的后面论述。

10.2.2　块插入过程中的提示

在"插入"对话框中的"插入点"栏、"比例"栏和"旋转"栏中均有"在屏幕上指定"复选框，选中其中的一个、两个或三个，命令提示稍有不同。下面以两种情形为例进行说明，其余请读者自行操作。

1）如果仅在"插入点"栏选中"在屏幕上指定"复选框，并且在"比例"栏不选中"统一比例"（如果选中"统一比例"，下面主提示中没有"X/Y/Z"选项），单击"插入"对话框的"确定"按钮，块的预览图显现，光标的十字交点在块的插入基点，移动光标，光标带动块的预览图移动。同时出现**主提示**：

指定插入点或 ［基点（B）/比例（S）/X/Y/Z/旋转（R）］:(输入一点作为插入点，或者单击一个选项或键入选项关键字回车)

如果输入插入点，块插入完成。如果选择主提示的一个选项，则是改变被插入块的插入基点或缩放比例或旋转角度；即使在"比例"栏和"旋转"栏不选中"在屏幕上指定"复选框，仍可改变被插入块的缩放比例和旋转角度。各选项的含义为：

"指定插入点"：用鼠标在屏幕上单击输入一点（可结合对象捕捉）或从键盘键入点的坐标作为块插入点。

基点（B）：为块指定一个临时插入基点，暂时代替块的实际插入基点，这不会影响块的实际基点。选择基点（B）选项后，接下来按提示操作即可。

比例（S）：设置被插入块的 X、Y 和 Z 轴的共同缩放比例因子。

X（Y或Z）：设置被插入块的 X（Y 或 Z）轴方向的比例因子。

旋转（R）：设置被插入块的旋转角度。

2）如果在"插入"对话框中选中"插入点"栏、"比例"栏的"在屏幕上指定"这两个复选框，且先对主提示指定插入点，接下来提示：

输入 X 比例因子，指定对角点，或［角点（C）/XYZ（XYZ）］〈1〉:（输入非零比例因子回车，或者指定对角点或选择角点（C），或者选择XYZ（XYZ），或者直接回车）

如果输入非零比例因子或直接回车，则是设置 X 比例因子或默认当前的 X 比例因子。接下来提示输入 Y 比例因子：

输入 Y 比例因子或〈使用 X 比例因子〉:（输入 Y 比例因子回车，或者直接回车使 X 比例和 Y 比例相同）

指定对角点和角点（C）是以块插入点为矩形的一个角点，再指定一个点作为矩形的另一角点，矩形的两边长确定 X 和 Y 比例因子。用这种方法来确定比例因子时，指定的第二个点如果不是位于插入点的右上方，所确定的比例因子为负数。

XYZ（XYZ）是设置 X、Y 和 Z 三个坐标方向的比例因子，接下来依次提示输入 X、Y 和 Z 三个比例因子。

10.2.3　直接拖动文件名到当前作图窗口

如果要在当前图形中插入已经保存在磁盘上的图形，除在"插入"对话框中单击"浏览"按钮，打开"选择图形文件"对话框，从中选择文件外，还可以按下述步骤进行：

在 Windows 的"我的电脑"或"资源管理器"中，找到欲插入的图形文件，然后按住鼠标左键拖动文件名到当前的作图窗口来实现。此时命令提示：

命令：INSERT 输入块名［?］〈默认块名〉:"（图形文件的路径和文件名）"

指定插入点或［基点（B）/比例（S）/X/Y/Z/旋转（R）］:（输入一个点作为插入点，或者单击一个选项或键入选项关键字回车）

接下来的提示和操作同 10.2.2 节"块插入过程中的提示"，是在命令提示后或屏幕上确定块的插入点、缩放比例和旋转角度等。

注意：如果块中包含 0 层上的对象，且这些 0 层上的对象的颜色特性和线型特性都是"Bylayer"，当块被插入到非 0 层上时，它将显示该非 0 层的颜色和线型。例如，用户在 0 层上绘制了一个圆，其颜色特性和线型特性都是"Bylayer"，它被结合到名称为 TK1 的块中。将块 TK1 插入到颜色为红色、线型为 ACAD_ISO04W100 的"图层 1"的图层上，则该圆就接受了"图层 1"图层的颜色和线型（即是一个红色的点画线圆）。

10.3　块存盘

用 BLOCK 命令定义的块不能直接被其他图形调用，如果要使在当前图形中定义的块能被其他图形调用，应该将其存盘。用 WBLOCK 命令可将对象或图块保存为一个图形文件。

用 WBLOCK 命令存储的文件，其后缀也是"．DWG"，这与 SAVE 命令存储的文件格式相同。两个命令的不同之处是：WBLOCK 只存储图形中已用到的信息，比如，一个图形建立了 6 个图层，而只用到了 3 个，没用到的 3 个将不被保存；而 SAVE 命令则存储图形中所有信息，不管其是否有用。所以，同一个图形，用 WBLOCK 存储比用 SAVE 存储其文件容量要小。

命令的输入方式：

命令：WBLOCK ✓【草图与注释："插入"选项卡/"块定义"面板/创建块下拉按钮菜单的  **】**

命令输入后，AutoCAD 将显示如图 10-4 所示的"写块"对话框。下面予以说明。

1."源"栏

在该栏中，用户可以指定要存盘的对象或图块以及插入点。其主要选项的功能如下：

1)"块"单选按钮：选中该按钮是把当前图形中已定义的块保存到磁盘文件中。可从其右边的下拉列表中选择一个图块名，这时"基点"和"对象"栏都不可用。

2)"整个图形"单选按钮：选中该按钮是把整个当前图形作为一个图块存盘。这时"块"单选按钮右边的下拉列表、"基点"和"对象"栏都不可用。

3)"对象"单选按钮：从当前图形中选择图形对象定义成块，并将其保存到磁盘文件中。这时"块"单选按钮右边的下拉列表不可用，而"基点"和"对象"栏可用，定义块的过程与 BLOCK 命令一样，不再重述。

图 10-4　"写块"对话框

2."基点"和"对象"栏的含义与 BLOCK 命令一样，不再重述。

3."目标"栏

该栏是用于指定输出的文件的名称、路径以及文件作为块插入时的单位。

1)"文件名和路径"下拉列表：指定文件保存的路径及要存盘的文件名。单击其右侧的按钮，显示"浏览文件夹"对话框，从中选择另外的文件保存路径。

2）"插入单位"下拉列表：指定块插入时的单位。

在必要项目设置完成后，单击"确定"按钮，即在磁盘上以文件形式存储了一个图形块。

以上是先输入命令，再确定块图形。也可以先选图形，再输入 WBLOCK 命令存储块：

如果选中的是一个块，输入 WBLOCK 命令后显示的"写块"对话框的"源"栏的"块"单选按钮被选中。

如果选中的是若干图形对象，或没有进行任何选择，输入 WBLOCK 命令后，"源"栏的"对象"单选按钮被选中。

10.4　块分解

1. 块分解命令

分解命令 EXPLODE 可以分解一个插入的块，即将组成块的各个对象分解为独立的对象，而不再是一个整体。事实上，EXPLODE 命令还可以分解多段线、多线、用多边形命令 POLYGON 绘制的多边形、用矩形命令 RECTANG 绘制的矩形以及填充的关联图案、多行文字、关联尺寸标注，多重引线等，被分解后的这些对象成为分离的简单直线、圆弧及箭头、单行文字、尺寸文字等。命令的输入方式：

命令：EXPLODE ✓或 X ✓【修改 🖻】【下拉菜单：修改/分解】【草图与注释："常用"选项卡/"修改"面板/ 🖻】

命令输入后，AutoCAD 提示"**选择对象：**"，用任何一种选择对象的方法选择要分解的对象，选择完成后回车，所选对象即被分解。

被选定要分解的对象必须适合于分解，否则将出现错误提示信息。

2. 使用 EXPLODE 命令可能引起的变化

1）有宽度的多段线（包括用 RECTANG 绘制的边有宽度的矩形）在分解后将被转变为零宽度的直线或圆弧，与单独的线段相关的切线信息也会丢失。此时，命令提示会有丢失宽度信息。

2）如果块中包含 0 层上的对象，且这些 0 层上的对象的颜色特性和线型特性都是"By-layer"，如果块被插入到了与 0 层颜色和线型不相同的非 0 层上，当块被分解后，0 层上的对象变回到 0 层的颜色和线型。

3）分解嵌套块：一次 EXPLODE 命令只能分解最高层次的块，嵌套的块或多段线仍将保持为块或多段线。可连续使用 EXPLODE 命令将嵌套的块或多段线分解。

用块阵列命令 MINSERT 插入的块或外部参照及其从属的块不能被分解。

10.5　块属性

块属性是可包含在块定义中的文字信息。属性可理解为附着于块上的标签或标记，用来描述块的某些特征或对块进行说明。

属性在被定义进块内之前必须先使用 ATTDEF 命令创建属性定义。而后，在使用

BLOCK 命令创建块时，将其作为块定义中的对象来选择，则块就具有了属性。

如果块中已包含属性定义，只要插入块，依据定义的方式，属性就可以自动地以预先设定的文字串显示出来，或者提示用户为属性指定文字串。以后这个块的每一个块参照都可以为属性指定不同的文字串。如果要使一个块同时具有几个属性，应分别创建每个属性定义，然后将它们包含在同一个块中。

10.5.1　属性定义命令

使用 ATTDEF 命令创建属性定义。属性定义描述了属性的特性，包括标记、提示、值的信息、文字格式、位置以及可选模式。命令输入方式：

命令：ATTDEF↙【下拉菜单：绘图/块/定义属性】【草图与注释："常用"选项卡/

"块"面板 块▼ /】【草图与注释："插入"选项卡/"块定义"面板/ 】

命令输入后弹出如图 10-5 所示的"属性定义"对话框。对话框的各项说明如下。

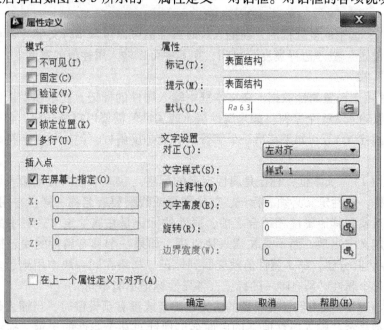

图 10-5　"属性定义"对话框

1."模式"栏

"模式"栏有以下几个复选框，可选中一个或多个：

1）"不可见"：选中该项，将使属性信息在块插入完成以后不被显示也不被打印出来。

在"草图与注释"工作空间，单击"常用"选项卡的"块"面板的 块▼ 按钮，打开的滑出式面板中有"保留属性显示"按钮 ，单击 将打开菜单如图 10-6 所示；在"插入"选项卡的"块"面板，单击 块▼ ，打开的滑出式面板是 保留属性显示▼ ，单击该下拉菜单，也打开如图 10-6 所示的菜单。单击"保留属性显示"，是按"属性定义"对话框中的设置使属性可见或者属性不可见；单击"显示（隐藏）所有属性"，不论"属性定义"对话框中设置的属性是否可见，将显示（隐藏）所有属性。

2）"固定"：在插入块时给属性赋予固定值。

3）"验证"：在插入块时，提示验证属性值，可以更改属性值为用户所需要的值。

4）"预置"：插入包含属性的块时，使用在定义属性时所指定的默认值。

"锁定位置"：设定是否锁定块参照中属性的位置。如果选中此复选框，则插入块后，插入的块只有一个夹点，属性的位置不可更改，即锁定属性在块中的位置，如图 10-7a 所示；否则，插入块后，图形和属性都具有夹点，属性可以移动位置，如图 10-7b 所示。

图 10-6 属性可见性菜单

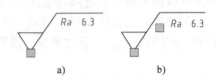

图 10-7 是否锁定属性位置
a）锁定属性位置 b）未锁定属性位置

5）"多行"：选中此复选框后，在插入块时属性值可以包含多行文字（否则只有一行），并且在"文字设置"栏"边界宽度"可用，在其中可以输入属性值的宽度。

2. "属性"栏

"属性"栏用于设置属性数据，在文本框中输入属性的标记、提示和默认值。设置属性数据，最多可以输入 256 个字符。如果属性提示或属性值需要以空格开始，必须在字符串前面加上一个反斜杠（\）；如果其第一个字符本身就是反斜杠，则必须在字符串前面再加上一个反斜杠。

1）"标记（T）"文本框：标记是属性定义的标签。在文本框内必须输入属性标记，标记不能含有空格。属性定义必须有标记，就像图层或线型要有名称一样。在用 BLOCK 命令把属性与图形对象和其他属性相结合之前，属性的标记是在属性定义过程中的一个自身标记。标记仅在定义中出现，而不是在插入块以后。如果一个具有属性的块已插入图中，用 EXPLODE 命令将其分解，那么属性值就变回到标记。如果在同一块中用到了多个属性，那么在该块中的每个属性必须有唯一的标记，各属性标记不能相同。

2）"提示（M）"文本框：在属性的值为非固定或没有预设值时，当插入带有属性的块时，在命令提示显示"输入属性值"的后面会出现针对某个属性的提示，提示用户输入适当的值，该提示就是在"提示"文本框中输入的字符串。如果"提示"文本框为空，属性标记将用作提示。如果在"模式"中选择了"固定"模式，"提示"选项将不可用。

3）"默认（L）"文本框：用户在属性定义过程中可以为属性指定一个默认值。在插入块的过程中，它将以属性"〈默认值〉"的形式出现在命令提示后面，直接按〈Enter〉键，它会自动成为属性值。在文本框输入的值就是这个"默认值"。

4）"插入字段"按钮：显示"字段"对话框。可以插入一个字段作为属性的全部或部分值。

3. "插入点"栏

插入点用于为属性指定坐标位置，其方法是既可以选中"在屏幕上指定"复选框（对话框暂时关闭）在屏幕上指定其位置，也可通过在 X、Y、Z 文本框中输入坐标值来指定点。

4. "文字选项"栏

文字选项栏设置属性文字的对正、样式、高度和旋转。

1）"对正"下拉列表：指定属性文字的对正方式（参见单行文字命令 TEXT）。

2）"文字样式"下拉列表：指定属性文字的预定样式（参见文字样式命令 STYLE）。

3）"注释性"复选框：选中该框，使属性具有注释性。

4）"文字高度"文本框和按钮：指定属性文字的高度。在文本框中输入文字高度值，或通过单击按钮▣（对话框暂时关闭），在屏幕上指定两点，两点间的距离为文字高度。如果选择了具有固定高度（任何非 0 值）的文字样式，或者在"对正"列表中选择了"对齐"，则"高度"选项不可用。

5）"旋转"文本框和按钮：指定属性文字的旋转角度。在文本框中输入角度值，或通过单击按钮▣，在屏幕上指定两点，两点连线与正向 X 轴的夹角为文字旋转角度。如果在"对正"列表中选择了"对齐"或"调整"，则"旋转"选项不可用。

6）"边界宽度"文本框和按钮：仅在"模式"栏选中"多行"时才可用。在文本框中输入属性文字行的最大宽度（值 0 表示对文字行的长度没有限制），或通过单击按钮▣，在屏幕上指定两点，两点间的距离为属性文字的宽度。

5. "在上一个属性定义下对齐"复选框

在前面已经定义的属性下面对齐放置属性标记。若前面还没有定义属性，此选项不可用。

设置好各个选项后，单击"确定"按钮，关闭"属性定义"对话框，此时属性标记就出现在图形中。重复有关过程可以定义其他属性。

10.5.2 创建具有属性块举例

如图 10-8 所示，创建具有属性的表面结构块的步骤如下：

1）用直线命令 LINE 画图形部分。

2）用属性定义命令创建属性"表面结构"。在"属性定义"对话框的"属性"栏中输入标记"表面结构"，输入提示："表面结构："，输入默认值为"*Ra* 6.3"。在"文字设置"栏，选择文字的对正方式为"左"，文字样式选择已创建的一个文字样式如"样式 1"，文字高度为"5"，单击"拾取点"按钮，在图形中指定属性的插入点。单击"确定"按钮，属性创建完成。至此，图形和属性如图 10-8 所示。

图 10-8 未定义块时的图形和属性

3）用 BLOCK 命令创建具有属性的块。在"块定义"对话框中，输入块名"bmjg"，单击"拾取点"按钮，在图形中指定块的插入点。单击"选择对象"按钮，在屏幕上把图形和属性都选中。单击"确定"按钮，名称为"bmjg"，具有属性"表面结构"的块创建完成。

10.5.3 插入带有属性的块

插入一个带有属性的块与插入一个一般块的方法是一样的。如果块中包含非固定值的属性，那么在插入块时，命令将提示为每一个属性输入一个值。例如，用 INSERT 命令插入

10.5.2 中定义的"bmjg"块时，除原有的提示外，将增加提示：

输入属性值

表面结构：〈Ra6.3〉：（可键入另
外的值，或者直接回车）

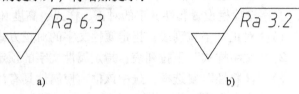

图 10-9 所示是插入块"bmjg"的
结果，图 10-9a 所示的块默认属性值
为 Ra6.3，图 10-9b 所示的块属性值
为 Ra3.2。

a)　　　　　　　　　b)

图 10-9　插入块"bmjg"的结果

a）默认属性值为 Ra6.3　b）重新输入属性值 Ra3.2

如果块中有多个非固定值的属性，则在插入块时会有多个要求输入属性值的提示。

若将系统变量 ATTDIA 的值设定为 1，则不再出现为属性输入值的提示，而是在屏幕上
出现"编辑属性"对话框，在对话框中输入属性值。

10.6　修改属性

在绘图过程中，为了让用户随时修改属性，AutoCAD 提供了属性编辑功能。

10.6.1　编辑属性命令

用 EATTEDIT 命令可以修改块属性。命令输入方式：

命令：EATTEDIT ✓【修改 II ▨】【下拉菜单：修改/对象/属性/单个】【草图与注
释："常用"选项卡/"块"面板/▨或按钮下拉菜单 ▨单个】【草图与注释："插入"选项
卡/"块"面板/▨或按钮下拉菜单 ▨单个】

命令输入后提示：

选择块：（选择带有属性的块）

如果选择的块不包含属性，或者所选的不是块，将继续提示"选择块："。在选择带有
属性的块后，将显示如图 10-10 所示的"增强属性编辑器"，其左上角显示要编辑的块名及
块属性标记。

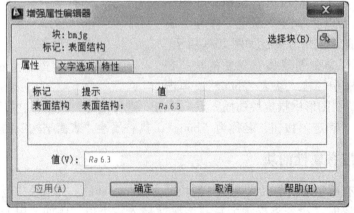

图 10-10　增强属性编辑器（"属性"选项卡）

1. "选择块" 按钮

单击"选择块"按钮，对话框将暂时关闭，命令提示从图形区域选择块。当选择了块或按〈Esc〉键，返回对话框。如果修改了块的属性，并且未保存所作的更改就单击"选择块"按钮，将出现警告框，提示在选择其他块之前是否保存更改。

2. "属性" 选项卡

如图 10-10 所示，显示每个属性的标记、提示和值。只能在"值"文本框修改属性的值。

3. "应用" 按钮

在修改了属性的值、文字选项、特性后，单击该按钮，更新属性的图形，并保持"增强属性编辑器"打开。

4. "文字选项" 选项卡

修改属性文字在图形中的显示方式。各项内容已在前面各章介绍，这里不再叙述。

5. 特性 "选项卡"

在"特性"选项卡上可修改属性文字的图层、线型、颜色、线宽。如果图形使用打印样式，还可以使用"打印样式"下拉列表为属性指定打印样式。如果当前图形使用颜色相关打印样式，则"打印样式"下拉列表不可用。

有关项目更改后，单击"确定"按钮，修改完成。

10.6.2　块属性管理器

BATTMAN 命令管理当前图形中块的属性定义。可以在块中编辑属性定义、从块中删除属性以及更改插入块时系统提示用户属性值的顺序，因而它的功能更强。命令输入方式：

命令：BATTMAN ↙**【修改 II 】【下拉菜单：修改/对象/属性/块属性管理器】【草图与注释："常用"选项卡/"块"面板　块 ▾ 　/ 】【草图与注释："插入"选项卡/ "块定义"面板/ 管理属性】**

命令输入后，如果当前图形不包含具有属性的块，命令提示"此图形不包含带属性的块"并结束命令。如果当前图形包含具有属性的块，显示如图 10-11 所示的"块属性管理器"。

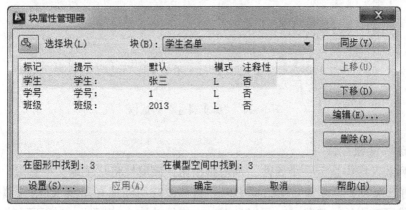

图 10-11　块属性管理器

1. "选择块"按钮

单击"选择块"按钮，对话框将暂时关闭，用光标在图形区域选择块。当选择了块或按〈Esc〉键，返回对话框。如果修改了块的属性，并且未保存所作的更改就单击"选择块"按钮，将出现警告框，提示在选择其他块之前是否保存更改。

2. "块"下拉列表

单击该下拉列表列出当前图形中具有属性的全部块，从中可选择要修改属性的块。

3. 属性列表区域

选定的块的属性显示在属性列表中。默认情况下，标记、提示、默认和模式四种属性特性显示在属性列表中。单击"设置"按钮，可以指定要在列表中显示属性的哪些特性。

4. "同步"按钮

更新具有当前定义的属性特性的选定块。此操作不会影响每个块中赋给属性的值。

在"草图与注释"工作空间，单击"常用"选项卡的"块"面板，打开的滑出式面板上有"同步属性"按钮；单击"插入"选项卡的"块定义"面板，打开的滑出式面板有"同步属性"按钮，它们都与"块属性管理器"的"同步"按钮意义一样。

5. "上移（下移）"按钮

单击该按钮时，在属性列表区域中上移（下移）选定的属性标签。选定固定属性时，"上移（下移）"按钮不可使用。

6. "编辑"按钮

单击该按钮，打开如图 10-12 所示的"编辑属性"对话框，可在其中修改属性特性。对话框中各选项卡的内容可参看属性定义 ATTDEF 命令和块属性修改 EATTEDIT 命令。

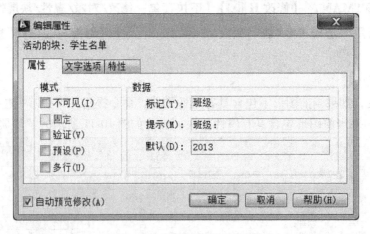

图 10-12　"编辑属性"对话框

7. "删除"按钮

从属性列表区域中选定一个属性，单击该按钮，该属性将从块定义中删除。如果在选择"删除"之前已选中了"设置"对话框中的"将修改应用到现有参照"，则该属性将从当前图形中该块的所有引用中删除。对于仅具有一个属性的块，"删除"按钮不可使用。

8. "设置"按钮

单击该按钮，打开如图 10-13 所示的"设置"对话框，在其中定义"块属性管理器"中属性列表区域中列出哪些属性信息，复选框中打钩"√"的属性将被列出。

9. "应用"按钮

单击该按钮，属性更改后按新的设定更新图形，同时保持"块属性管理器"为打开状态。

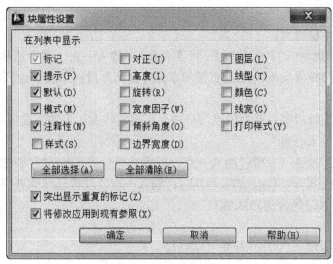

图 10-13　"设置"对话框

10.7　区域覆盖及其边框显示

10.7.1　区域覆盖命令

命令 WIPEOUT 创建多边形覆盖区域，该区域将用当前背景色屏蔽其下面的对象。图 10-14c、d 所示为用多边形覆盖区域（图 10-14a）覆盖图形（图 10-14b）的结果。

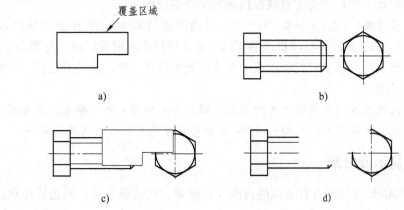

图 10-14　区域覆盖

a）覆盖区域　b）图形　c）图形覆盖后（显示边框）　d）图形覆盖后（不显示边框）

覆盖区域的多段线边框可以打开（图 10-14c）或关闭（图 10-14d），也可以在屏幕上显示边框但在打印时不被打印。命令的输入方式：

命令：WIPEOUT ✓【**下拉菜单：绘图/区域覆盖**】【**草图与注释："常用"选项卡/**"**绘图**"**滑出面板**】/【**草图与注释："注释"选项卡/"标记"**

面板/**区域覆盖**】

命令输入后的主提示为：

指定第一点或[边框(F)/多段线(P)]〈多段线〉:(输入一点，或者选择边框 (F)设置边界显示模式，或者选择多段线 (P)或直接回车选择封闭多段线形成覆盖区域)

1. 指定第一点

这是首选项，连续指定一系列的点形成一个以多段线为边界的覆盖区域。接下来提示：

指定下一点:(输入一点)

指定下一点或 [放弃 (U)]:(输入一点，或者选择放弃 (U)放弃刚输入的点)

指定下一点或 [闭合 (C) /放弃 (U)]:(输入一点，或者选择放弃 (U)放弃刚输入的点，或者选择闭合 (C)闭合覆盖区域)

……

指定下一点或 [闭合 (C) /放弃 (U)]:✓

2. 边框 (F)

这是确定是否显示所有覆盖区域对象的边界。接下来提示：

输入模式 [开 (ON) /关 (OFF) /显示但不打印 (D)]〈开〉:(选择开 (ON)或直接回车显示边界且打印边界，选择关 (OFF) 不显示边界也不打印边界，选择显示但不打印 (D)显示边界但不会打印边界)

边界显示模式设置后命令结束。

3. 多段线 (P)

这是要求选择完全由直线段构成的闭合多段线，以形成多边形覆盖区域。接下来提示：

选择闭合多段线:(选择完全由直线段构成的闭合多段线)

是否要删除多段线？[是(Y)/否(N)]〈否〉:(选择是 (Y)将以闭合多段线形成覆盖区域且保留原多段线；选择否 (N)或直接回车以闭合多段线形成覆盖区域，但删除多段线)

当保留原多段线时，原多段线与形成的覆盖区域重合在一起，要分开它们，可使用移动命令 MOVE 将它们移开。

注意：由于区域覆盖对象类似于光栅图像，因此具有相同的打印要求。需要有支持光栅的绘图仪或打印机，并安装支持光栅的 ADI4.3 驱动程序或系统打印机驱动程序。

10.7.2　边框显示或隐藏

系统变量 FRAME 控制所有有边框的对象（如图像、区域覆盖等）的边框显示。

如果是在"草图与注释"工作空间，在"插入"选项卡的"参照"面板，单击

┌──┐**边框可变选项**▾ ，可打开下拉按钮菜单。单击 **隐藏边框** ，对象的边框不可见且不

打印；单击 ![显示并打印边框]，可显示并打印边框；单击 ![显示但不打印边框]，显示但不打印边框。

如果在命令行键入 FRAME 回车，接下来提示：

输入 FRAME 的新值〈3〉:（键入一个在 0 ~ 3 之间的整数并回车）

键入 0 回车，边框不可见且不打印，但在选择集预览或对象选择期间，将暂时重新显示该边框；键入 1 回车，显示并打印边框；键入 2 回车，显示但不打印边框；键入 3 回车，对于当前图形中具有边框的所有对象保持当前的不同边框设置。

10.8　绘图次序

10.8.1　对象的前置、后置

图 10-15 所示是有宽度的对象重叠在一起，图 10-16 所示是文字与图像重叠在一起。在 AutoCAD 的应用过程中，可能有一些对象重叠在一起，DRAWORDER 可以更改重叠对象的显示顺序，实现优先显示。命令的输入方式：

命令：**DRAWORDER** ↙【绘图次序/前四个按钮 ![按钮]】【下拉菜单：工具/绘图次序】【草图与注释：“修改”选项卡/“修改”滑出面板 ![修改 ▼]/下拉按钮菜单 ![按钮] 的前四项】【选中对象，单击鼠标右键，然后从弹出的右键快捷菜单的子菜单“绘图次序”中选择】

a)　　　　　　　　　　　　　　b)

图 10-15　矩形与圆环重叠在一起
a) 矩形在圆环上面　b) 圆环在矩形上面

a)　　　　　　　　　　　　　　b)

图 10-16　文字与图片重叠在一起
a) 文字在图片上面　b) 图片在文字上面

命令输入后提示：

选择对象:（用选择对象的任何方式选择要改变显示顺序的对象）

......

选择对象：↙

接下来是主提示：

输入对象排序选项 ［对象上（A）／对象下（U）／最前（F）／最后（B）］〈最后〉：（单击一个选项或键入选项关键字回车，或者直接回车）

1. 对象上（A） ⬚，**对象下（U）** ⬚

这是将选定的对象移动到指定参照对象的上（下）面。接下来提示：

选择对象：（用选择对象的任何方式选择要改变显示顺序的对象）

······

选择对象：↙

选择参照对象：（用选择对象的任何方式选择作为参照的对象）

······

选择参照对象：↙

参照对象选择结束，选定的对象即在参照对象的上（下）面显示。

2. 最前（F） ⬚，**最后（B）** ⬚

将选定对象移动到图形中对象顺序的顶（底）部。接下来提示：

选择对象：（用选择对象的任何方式选择要移动到图形中对象顺序的顶（底）部的对象）

······

选择对象：↙

选择对象结束，选定的对象即移动到图形中对象顺序的顶（底）部。

注意：在键入命令 DRAWORDER 时，命令出现主提示。而在单击按钮改变对象的显示顺序时，命令不会出现主提示。

在改变对象的显示顺序（显示顺序和打印顺序）时，如果一次选定了多个对象，而这多个对象已有其自身的相对显示顺序，在改变显示顺序后，这组选定对象之间的相对绘图顺序保持不变。

10.8.2　注释前置、图案填充对象后置

以下仅作简单说明，操作方式简单，不再详述。

1. TEXTTOFRONT 命令

命令 TEXTTOFRONT 可将图形中的文字、标注或多重引线置于其他对象的前面。命令输入方式：

命令：TEXTTOFRONT ↙【绘图次序 ⬚ 子工具栏】　　【绘图次序，注释前置 ⬚】【下拉菜单：工具/绘图次序/"注释前置"子菜单】【草图与注释："常用"选项卡的"修改"滑出面板/下拉按钮菜单 ⬚】

按钮 ⬚、⬚、⬚ 分别是单独将图形中的所有文字、所有标注、所有多重引线置于其他对象的前面；⬚ 是一起将图形中的所有文字、标注、多重引线置于其他对象的前面。

2. HATCHTOBACK 命令

命令 HATCHTOBACK 是将所有图案填充对象置于其他对象的后面。命令输入方式：

命令：HATCHTOBACK ↙ 【绘图次序 🖼】【下拉菜单：工具/绘图次序/将图案填充项后置】 【草图与注释： "常用" 选项卡/ "修改" 滑出面板/下拉按钮菜单 🖼・/

🖼 将图案填充项后置 】

10.9 装配图的画法

画装配图有两种方法：仿零件图画法和组装法。

仿零件图画法： 即把装配图看成是零件图，按画零件图的方法绘制。对于较简单的装配图，或者某些特殊要求的装配图，这种方法较快较好。

组装法： 对于较复杂的装配图，由于装配图零件较多，尺寸较多，零件之间的装配关系复杂，绘图过程繁杂，采用仿零件图画法容易出错。如果已画出了各个零件图，可以采用组装法绘制装配图。这种方法思路清晰，操作简单，节省时间，能快速地画出装配图。所以这里主要介绍这种方法。

用 "组装法" 画装配图的注意事项：

1）画零件图时，应严格遵守零件图的尺寸。即对于绘图时绘制的线段、圆、圆弧及角度等，如果对其标注尺寸，AutoCAD 对其自动测量的尺寸就是零件图中对这些线段、圆、圆弧及角度等所要求的尺寸。这一点非常重要，否则，各零件在一起装配时将出现尺寸不符，若再修改工作量较大。

2）绘制的各零件的粗实线、细实线、点画线等图形对象的特性（如图层、颜色、线型、线宽等）要一致，以使装配图上各种图线不致混淆。如果允许，可把所有零件图画在（或组装到）同一图形中。各零件的剖面线的方向或间隔不能一致，以便在装配图上区分各个零件。

组装装配图的具体方法是：以其中的一个零件图为基础，将其余各零件装在该基础零件上。步骤如下：

第一步：画出与各个零件轮廓相同的覆盖区域，并置于零件块的下面。

第二步：各零件做成块（注意，块的插入基点要适合于零件在装配图中的准确定位，一般置于装配结合面或装配定位面）。

第三步：将各个零件块按顺序插入基础零件。

第四步：补充、修改细节，完成装配图。

例： 图 10-17 所示是简化的阀门装配图。整个装配体共有 5 个零件。各零件图如图 10-18 所示。下面以阀体零件图为基础，说明阀门装配图的组装过程。

第一步：将各零件置于同一图形中，且对需要旋转后装配的零件，旋转到合适的方向。

第二步：沿阀杆、压盖、螺钉的边沿，应用命令 WIPEOUT 创建覆盖区域；而后应用绘图次序命令将覆盖区域置于零件的下面。图 10-19 所示仅是为了说明，在各个零件旁边复制了的各覆盖区域。

第三步：将各零件连同其覆盖区域分别做成块。为了各零件在下一步准确地装配到装配图中，块的插入基点要选择合适的点。阀门的各个零件块的插入点如图 10-19 所示。

　　第四步：以阀体为基础，装配主、俯视图。应用移动命令或复制命令，在主视图中依次插入阀杆块、压盖主视图块、螺钉主视图块；在俯视图中依次插入压盖俯视图块、螺钉俯视图块，如图 10-20 所示。在装配过程中，如果有显示次序不对的情况，可随时应用绘图次序命令的"前置"、"后置"等调整各零件块的显示顺序。

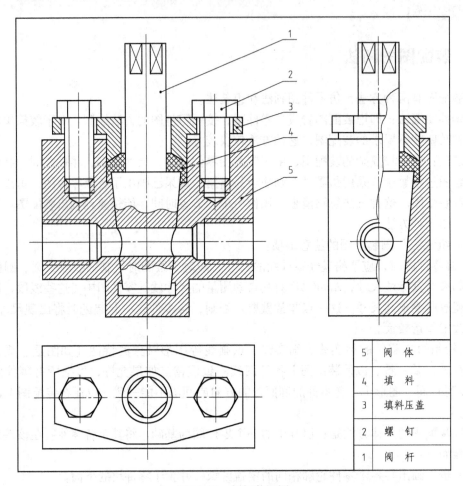

5	阀　体
4	填　料
3	填料压盖
2	螺　钉
1	阀　杆

图 10-17　阀门装配图

　　第五步：补充、修改细节。应用 WIPEOUT 命令或 FRAME 命令关闭主视图中阀杆的覆盖区域的边界，填充主视图压盖下面的密封填料，将阀杆端部断面图复制到阀门装配图的俯视图中间，去掉剖面线并按阀杆端部直径画圆，完成俯视图。

　　第六步：将阀杆块、压盖主视图块插入阀体的左视图，用块分解命令 EXPLODE 分解块，放大修改，直至得到正确的装配图的左视图。详细过程从略。

　　第七步：全面检查整个装配图有无错误、进行画面整理，加注零件序号，填写零件序号明细表、标题栏等，完成整个装配图。

　　特别注意： 由于不同装配图有不同的具体情况，对有些装配图上述方法未必适合，读者一定要根据所绘装配图的特点，仔细研究，选择合适的绘制或修改方法。

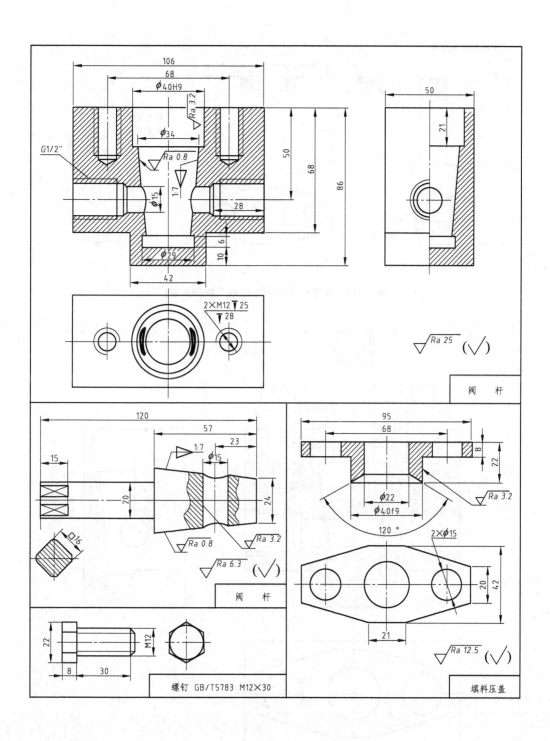

图 10-18　阀门各零件图

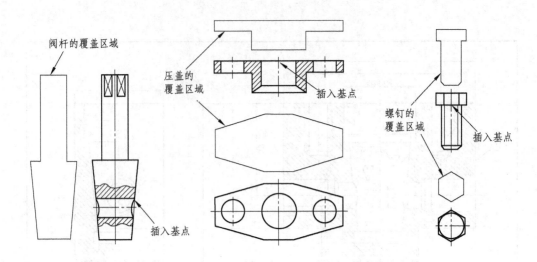

图 10-19　各零件块的覆盖区域及块插入点

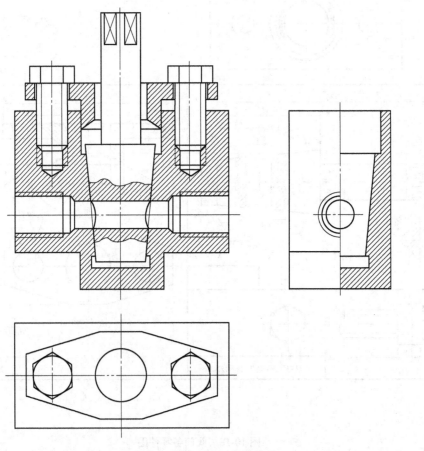

图 10-20　装配主视图和俯视图

习　题

1. 工程制图时，把重复使用的标准件定制成图块有何好处？
2. 插入图块时，其缩放比例可以是负值吗？
3. 图形文件是否可以块插入？
4. 存储块与定义块有哪些区别？
5. 如何定义块属性？"块属性"有何用途？
6. 画出图 10-21 所示各零件图。
7. 结合前几章的习题，画图 10-22 所示装配图。

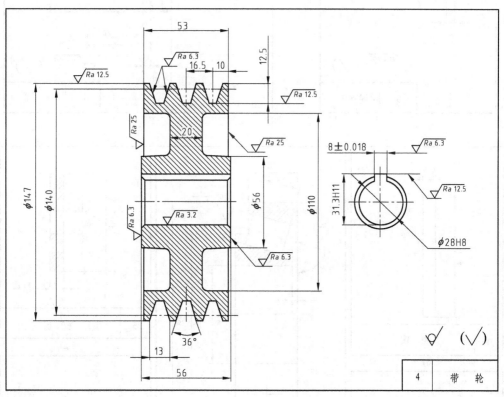

a)

图 10-21　习题 6 图

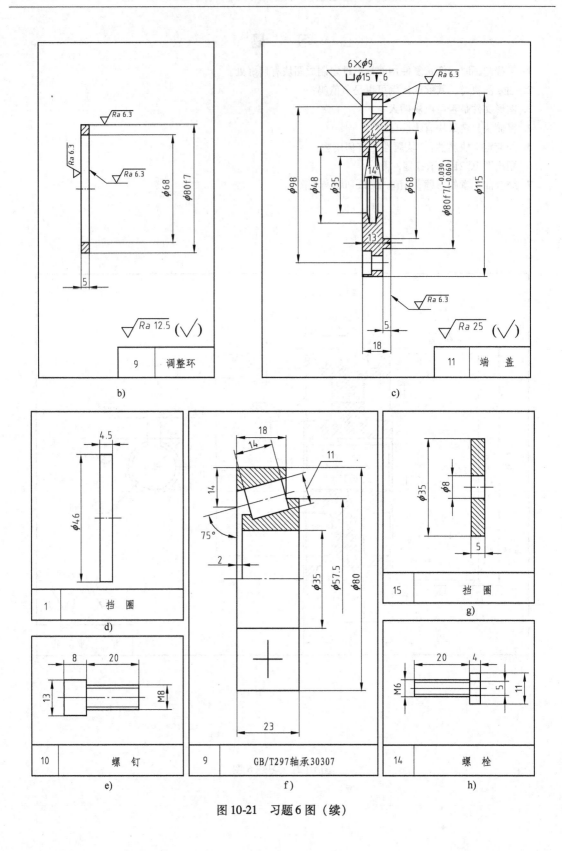

图 10-21　习题 6 图（续）

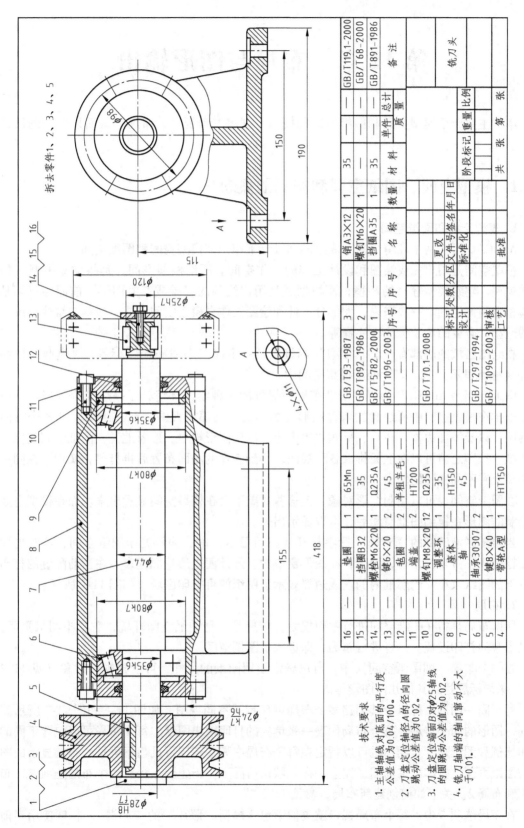

图10-22　习题7图

技术要求

1. 主轴轴线对底面的平行度公差值为0.04/100。
2. 刀盘定位轴径A的径向圆跳动公差值为0.02。
3. 刀盘定位端面B对φ25轴线的圆跳动公差值为0.02。
4. 铣刀轴端的轴向窜动不大于0.01。

序号	名　称	数量	材　料	备　注
16	垫圈B32	1	—	—
15	挡圈M6×20	1	35	GB/T93-1987
14	螺栓M6×20	1	Q235A	GB/T1892-1986
13	键6×20	2	45	GB/T5782-2000
12	端盖	2	HT200	GB/T1096-2003
11	毡圈	2	半粗羊毛	—
10	螺钉M8×20	12	Q235A	GB/T70.1-2008
9	调整环	1	35	—
8	座体	—	HT150	—
7	轴承30307	2	—	GB/T297-1994
6	键8×4.0	—	45	GB/T1096-2003
5	带轮A型	1	HT150	—
4	挡圈A35	1	35	GB/T891-1986
3	螺钉M6×20	1	—	GB/T68-2000
2	销A3×12	1	35	GB/T119.1-2000
序号	名　称	数量	材　料	备　注

拆去零件1、2、3、4、5

第 11 章　布局与图形输出

本章主要介绍模型空间和图纸空间的概念，创建浮动视口、布局、页面设置和图形输出。

11.1　模型空间、图纸空间和布局的概念

1. 模型空间和图纸空间

AutoCAD 可在两个环境中来完成绘图和设计工作，即模型空间和图纸空间。

模型空间是用户完成绘图和设计工作的工作空间。所谓模型空间，是指建立模型（如机械模型、建筑模型等）的环境，而模型就是用户绘制的二维或三维图形。前面各章都是在模型空间讨论的。一般来说，大部分设计和绘图工作在模型空间完成，包括二维或三维物体的造型，必要的尺寸标注、注释等。

在绘图区域的底部有一个"模型"标签以及一个或多个"布局"标签，"模型"标签打开（醒目显示）时，表示处于模型空间中。

图纸空间是 AutoCAD 为规划图纸布局而提供的一种绘图环境，是一个二维环境，主要用于安排在模型空间中所绘制的各种图形（如剖面、局部放大图）和三维对象的各个方向的视图，以及添加边框、注释、标题块等内容，以便图形输出。形象地说，图纸空间就像一张图纸，打印之前可以在上面排放各种视图，得到满意的图面布置后再打印，实现了在同一绘图页上有不同视图的输出。

在图纸空间也可以绘制图形对象，但这些对象不会在模型空间显示出来。而在模型空间中绘制的图形在换到图纸空间后，可以显示出来。

当绘图区域底部的"布局"标签打开（醒目显示）时，表示处于图纸空间，这时坐标系图标变成了直角三角形，同时，在图形窗口中，最外面矩形轮廓框表示在当前配置的打印设备下的图纸大小，轮廓框内的虚线边界表示了图纸的可打印区域，如图 11-1 所示。

2. 布局

所谓布局是指在图纸空间进行图面规划。布局是一种图纸空间环境，它模拟图纸页面，提供直观的打印设置。一旦进行布局，即进入了图纸空间。

在一个布局（即图纸空间）中，可以确定使用图纸的尺寸，可创建视口对象（见 11.2 节），添加标题栏或其他几何图形等。

对于同一图形，可以为其创建多个布局以显示其不同视图，如图 11-1 和图 11-7 所示就是同一图形的两个布局。每个布局代表一张单独的打印输出图纸。每个布局可以包含不同的打印比例和图纸尺寸。用户也可以指定在每个布局中哪些图层可见与不可见。布局显示的图形与图纸页面上打印出来的图形完全一样。默认情况下，新建图形含有两个布局选项卡，布局 1 和布局 2。关于如何创建新布局，参见 11.3 节。

在布局选项卡中，每个布局视口就类似于包含模型"照片"的"相框"，相框使用当前

图层的颜色。布局整理完毕后，关闭相框图层（最好相框在一个单独的图层），视图仍然可见，此时可以打印该布局，而不显示相框。

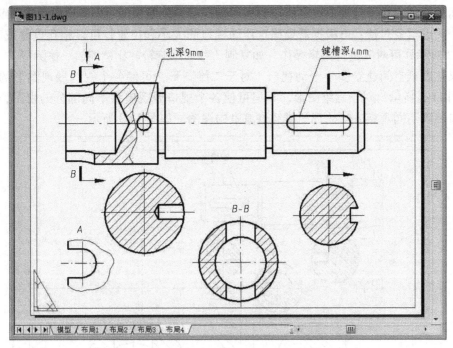

图 11-1　图纸空间

3. 模型空间、图纸空间（布局）之间的切换

通常一个图形有几个布局选项卡，亮显的是"当前布局"。只要单击任何一个布局选项卡，该布局即设置为当前布局。

在模型空间和图纸空间之间的切换方式如下：

1）在"命令："提示下键入系统变量 TILEMODE 改变其值，若 TILEMODE 设置为 1，将切换到模型空间；而 TILEMODE 设置为 0，将切换到图纸空间。

2）直接单击图形窗口底部的相应标签。单击任何一个"布局"标签，进入图纸空间，且该布局成为当前布局；单击"模型"标签，进入模型空间。显然这种切换方式简单。

3）在状态栏上有"快速查看布局"按钮，单击，将展开模型空间和各个布局的缩略图，可从中选择当前布局或转到模型空间。

11.2　创建浮动视口

11.2.1　多视口概念

在模型空间中，可以用多视口展示图形的不同视图。所谓多视口，是用 VPORTS（或 VIEWPORTS）命令把整个屏幕绘图区分成多个不同互不重叠的矩形绘图区域，每一个区域就是一个独立的视口。用户可以在各个视口之间任意切换，也可以随时在任何一个视口中绘制、编辑图形对象。若二维图形采用多视口，各个视口可用来显示一张图的不同部分。当然，多视口更多的是用于三维绘图。

在图纸空间中，也可以设置多视口，但图纸空间的视口与模型空间的视口有很大区别：图纸空间的视口称作浮动视口，之所以称为浮动视口，是因为每一个浮动视口在图纸空间被作为一个图形对象对待；可根据需要确定浮动视口的大小和位置，可以相互重叠或者分离，如图 11-2 所示；可对其进行编辑操作，如复制、移动、旋转、比例缩放、擦除等。

如果在图纸空间建立多个浮动视口，对于二维图形，可使各个视口展现图形的不同部分，如图 11-2 所示；对于三维图形，不但可使各个视口展现模型不同部分的视图，还可使各个视口展现不同观察方向的视图或经过渲染的视图，如图 11-3 所示。

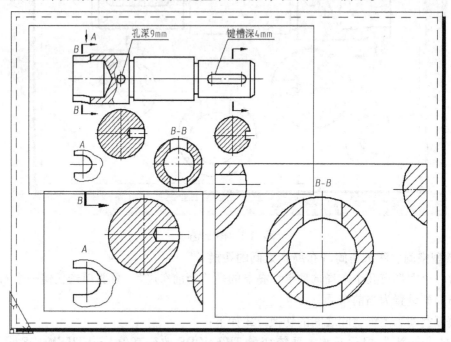

图 11-2　图纸空间的浮动视口

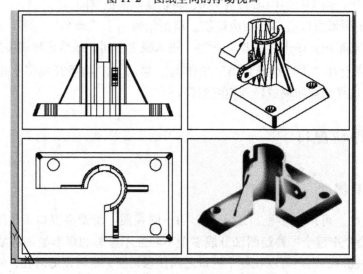

图 11-3　多个视口展现对模型的不同观察方向

此外，从浮动视口可直接进入浮动模型空间（参见 11.2.4 节），使得每个视口中的视图可以独立编辑、画成不同的比例、冻结和解冻特定的图层、给出不同的标注或注释等。

正是因为浮动视口有许多灵活的特性，所以在准备输出图形时，在每一个"布局"标签下，可以根据需要建立多个浮动视口，从而使得一张图有不同的输出结果。

当处于图纸空间（在"布局"标签下），状态行的中间会有"最大化视口"按钮，单击该按钮可把浮动视口最大化，再次单击，视口还原。当有多个视口时，浮动视口最大化后按钮成为，其两边箭头可用，单击箭头，可最大化前一个视口或最大化下一个视口。

11.2.2　在模型空间创建多视口

由于在模型空间创建的命名视口可用于图纸空间，先讨论在模型空间创建多视口。创建多视口的命令输入方式：

命令：VPORTS ✓【视口（布局）】【下拉菜单：视图/视口/新建视口（或命名视口）】【草图与注释："视图"选项卡/"模型视口"面板/ 命名】【草图与注释："布局"选项卡/"布局视口"面板/ 命名】

命令输入后将显示"视口"对话框。对话框中显示的可用选项根据用户是创建平铺视口（在"模型"标签中）还是创建浮动视口（在"布局"标签中）而定。如图 11-4 所示是在模型空间用于创建平铺视口的"视口"对话框。该对话框有两个选项卡。

1. "新建视口"选项卡

该选项卡包括以下几个部分：

1）"新名称"文本框：用于输入新创建的平铺视口的名称。键入名称后，单击"确定"按钮，即完成一个视口配置的命名并保存。再次打开"视口"对话框，在"命名视口"选项卡中将显示其名称。

2）"标准视口"区：列出了可用的标准视口配置。其中包括一个"活动模型配置"项，表示当前的视口配置。若想采用哪一种标准视口配置，只要单击选中它，再单击"确定"按钮即可。

注意：采用的视口配置要和"应用于"、"设置"、"修改视图"及"视觉样式"下拉列表框结合使用。

3）"预览"区：显示用户所选视口配置以及已赋给每个视口的默认视图的预览图像。

4）"应用于"下拉列表，有两个选项：

显示：将所选的视口配置用于"模型"标签中的整个显示区域，这是默认选项。

当前视口：将所选的视口配置仅用于当前视口。

5）"设置"下拉列表：用于指定使用二维或三维设置。如果选择"二维"，则在所有视口中使用当前视图来创建新的视口配置。如果选择"三维"，在"修改视图"下拉列表中将有 6 个标准平面视图和 4 个轴测视图可被应用到视口配置中。

6）"修改视图"下拉列表：从下拉列表中选择的视图，替换"预览"框中选定视口中的视图。可以选择已命名的视图，如果已在"设置"下拉列表中选择了"三维"，也可从 6

个标准平面视图和4个轴测视图列表中选择。在预览区域可查看选择的视口配置。

7）"视觉样式"下拉列表：从下拉列表中选择视觉样式，应用到视口。视觉样式指用户观察模型的视觉效果，用户可用一个简单的三维图逐项尝试操作。

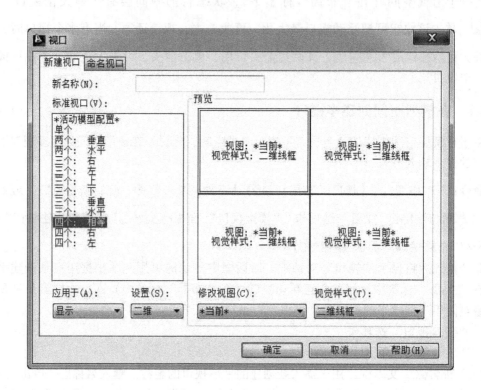

图 11-4　"视口"对话框（"新建视口"选项卡）

2. "命名视口"选项卡（图 11-5）

1）"当前名称"：显示当前视口配置的名称。

2）"命名视口"区：显示图形中任何已保存的命名视口配置的列表。选择了一个视口配置后，该视口配置的布局情况将显示在预览框中，再单击"确定"按钮，该视口配置显示在屏幕上。

若要删除或重命名已命名的视口配置，在一个视口配置名上右击，从弹出的菜单中单击"删除"或"重命名"即可。

3）"预览"区：显示用户所选命名视口配置的预览图像。

在"视口"对话框设置完成后，单击"确定"按钮，屏幕即被分成多视口。

11.2.3　在图纸空间创建浮动视口

在图纸空间（即处于"布局"标签时），创建浮动多视口的命令输入方式与在模型空间一样。但打开的"视口"对话框有一些不同："新名称"文本框变为"当前名称"，"应用于"下拉列表框变为"视口间距"，而其余相同。"当前名称"显示当前视口配置的名称。"视口间距"用于控制各浮动视口之间的间距。

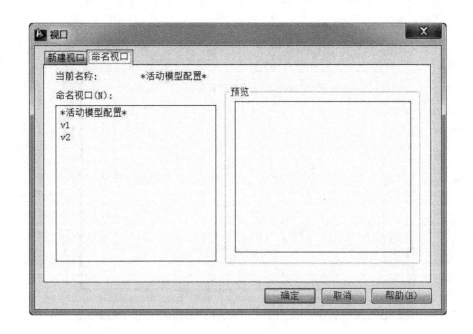

图 11-5　"视口"对话框（"命名视口"选项卡）

下面以一个长方体为例（读者也可以一个二维图形为例，这里用三维图只是为了更形象），说明在图纸空间创建四个浮动视口的步骤：

1）单击"布局×"标签，进入图纸空间。在 AutoCAD 默认情形下，会自动形成一个视口。用户可以保留该视口，进行缩放、移动等修改操作；也可将该视口擦除，重新创建多视口。这里把自动形成的视口用 ERASE 命令擦除。

2）打开"视口"对话框，选择"新建视口"对话框。在"标准视口"区，单击"四个：相等"，"预览"区会出现四个视口；在"视口间距"键入 5，在"设置"下拉列表选择"三维"；单击"预览"区的"视图：东南等轴测"，使其成为当前视口，再从"视觉样式"下拉列表选择"三维线框"。单击"确定"按钮，关闭"视口"对话框。

3）回答命令行提示：关闭"视口"对话框后命令行提示：

指定第一个角点或 ［布满（F）］〈布满〉:（输入一个点，或者直接回车）

若输入一个点，接下来继续提示"指定对角点:"，这是在图纸上确定一个矩形的两个对角点，在矩形中均匀分布四个视口。图 11-6 所示就是按这种方法创建的多视口。

若直接回车，矩形最大，其边界与图纸的边界（虚线框）重合，同时均匀分布四个视口。

以上是打开"视口"对话框，创建浮动多视口的方法。也可以从**"视图"**下拉菜单的**"视口"**子菜单中选择其他菜单项，或者从命令行键入命令"**－VPORTS**"或"**MVIEW**"，同时按命令行的提示，创建具有一定要求、其他形式的浮动多视口。读者可参考 AutoCAD 帮助尝试操作。

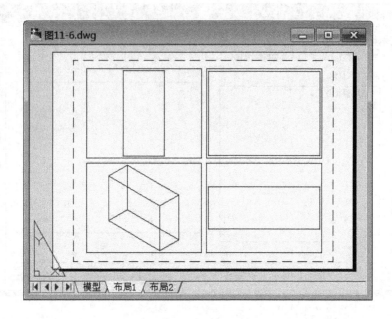

图 11-6　"布局 1"上的长方体的四个浮动视口

11.2.4　浮动视口和浮动模型空间之间的切换

显现在图纸空间的浮动视口中的模型空间中的图形对象不允许直接修改。如果要修改在模型空间中的图形对象，有两种方法：一是切换到"模型"标签下（详见 11.1 节）；二是直接从浮动视口进入浮动模型空间（为区别于"模型"标签下的模型空间，称其为浮动模型空间），在浮动模型空间下修改。在不需要做大的修改时，后一种方法更方便。

在浮动视口和浮动模型空间之间的切换方式如下：

1）对于一个浮动视口，用鼠标双击该视口，这时该视口的边界变粗，该视口成为当前视口，即进入了浮动模型空间（图 11-7）。在浮动模型空间，如同在模型空间一样，即可对模型空间的图形对象进行编辑。而由浮动模型空间要切换到图纸空间（即回到浮动视口状态），用鼠标双击浮动模型空间外的任何地方即可。

2）单击状态栏上的按钮 模型 或按钮 图纸 来切换。当通过此方法由浮动视口进入浮动模型空间时，最后活动的视口成为当前视口。

3）从命令行键入命令 MSPACE 从浮动视口切换到浮动模型空间；从命令行键入命令 PSPACE 从浮动模型空间切换到浮动视口。

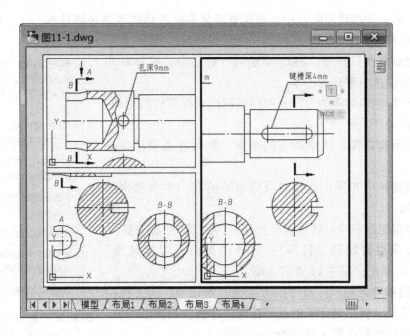

图 11-7　浮动模型空间

11.3　布局的创建与管理

在 AutoCAD 中，除了可利用绘图区域已有的两个布局标签"布局 1"和"布局 2"外，还可创建其他新的布局。

11.3.1　"模型"或"布局"标签的右键菜单

将鼠标移动到"模型"标签或任意一个"布局"标签，然后右击，打开右键菜单，如图 11-8 所示。各菜单项的作用是：

1）新建布局：单击该菜单项，立刻创建一个标签为"布局×"的新布局，其中"×"接续已有的布局数字序号。这是创建新布局最简单的方法。

也可通过以下方式创建新的布局：

命令：LAYOUT ✓ **【布局** **】【下拉菜单：插入／布局／新建布局】【草图与注释："布局"选项卡／"布局"面板／** **】**

但这些方式要回答命令行提示：

输入新布局名〈布局×〉：(键入新布局的名称，或者直接回车默认新布局名称为"布局×")

2）来自样板：单击该菜单项，将打开"从文件选择样板"对话框，从中选择样板文件或图形文件（如果系统变量 FILEDIA 设置为 0，将不显示对话框而要求从命令行输入文件名）。选定文件后，AutoCAD 显示"插入布局"对话框，显示保存在选定的文件中的布局；选择布局后，该布局和指定的样板文件或图形文件中的所有对象被插入到当前图形。

3）删除：此选项将删除选中的布局。删除前将警告。

4）**重命名**：此选项可将选中的布局重新命名。布局的名称必须是唯一的。如果用户输入了已有的布局名，AutoCAD 将提示一个错误信息。

5）**移动或复制**：打开"移动或复制"对话框，可移动布局标签，或生成选中布局的副本。

移动布局标签最简单的方法是鼠标左键拖动标签前后移动，到合适的位置松开左键。

6）**选择所有布局**：选中所有的布局，使所有布局标签亮显。

7）**激活前一个布局**：使转到当前布局的前一个布局再次成为当前布局。

8）**激活模型选项卡**：转到模型空间，"模型"标签亮显。

9）**页面设置管理器（打印）**：打开"页面设置管理器"（"打印"）对话框，将在11.4节介绍。

10）**绘图标准设置**：打开"绘图标准"对话框，为工程视图定义默认设置。仅当创建新的基础视图时才会使用指定的值，不影响布局中已经存在的工程视图。

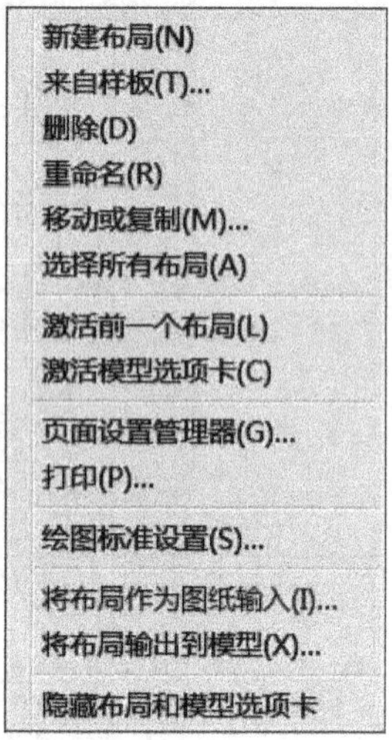

| 新建布局(N) |
| 来自样板(T)... |
| 删除(D) |
| 重命名(R) |
| 移动或复制(M)... |
| 选择所有布局(A) |
| 激活前一个布局(L) |
| 激活模型选项卡(C) |
| 页面设置管理器(G)... |
| 打印(P)... |
| 绘图标准设置(S)... |
| 将布局作为图纸输入(I)... |
| 将布局输出到模型(X)... |
| 隐藏布局和模型选项卡 |

图 11-8　"模型"或"布局"标签的右键菜单

11）**将布局作为图纸输入**：快速将布局输入图纸集，这里从略。

12）**将布局输出到模型**：打开"将布局输出到模型空间图形"对话框，将当前布局中所有可见对象（包括位于布局中"图纸"边界以外的对象）保存到模型空间的一个新图形。

13）**隐藏布局和模型选项卡**：单击该菜单项，屏幕绘图区下方的布局和模型选项卡将消失，而在状态栏上会增加"模型"按钮█和"布局×"（即当前布局）按钮█。单击█或█，可在模型空间和当前布局间切换。在两个按钮上右击，出现字条"显示布局和模型选项卡"，单击该字条，布局和模型选项卡显示在绘图区下方。

11.3.2　使用布局向导创建布局

布局向导引导用户一步一步创建新的布局。命令输入方式：

命令：LAYOUTWIZARD✓【下拉菜单：插入/布局/创建布局向导】【工具/向导/创建布局】

命令输入后，打开"创建布局"对话框，如图11-9所示。

对话框的每一步操作如下：

1）**开始**：输入新建布局的名称。

2）**打印机**：为新布局选择配置的打印机。

3）**图纸尺寸**：选择打印图纸的大小并选择所用的单位。图形单位可以是毫米、英寸或像素。例如，可以选择以毫米为单位，纸张大小为 A4（210mm×297mm）。

4）**方向**：确定图形在图纸上的方向。可以横向也可以纵向。

5）**标题栏**：选择图纸的边框和标题栏的样式。可以选择有标题栏，也可以选择无。

6）**定义视口**：指定新创建布局中浮动视口的设置、比例等。

7）**拾取位置**：在图形窗口中指定浮动视口的大小和位置。

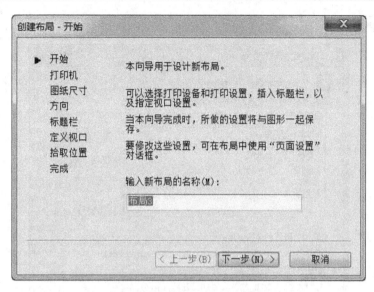

图 11-9　"创建布局"对话框

8）完成：完成新布局及默认的浮动视口的创建。

新的布局创建完成后（即已经在图纸空间），标题栏、及浮动视口的大小、位置等可能不合要求，可以对其进行比例缩放、移动等修改；也可进入浮动模型空间对图形进行修改；还可用页面设置命令 PAGESETUP 修改新布局的其他设置（见 11.4 节）。

11.4　页面设置

用户在模型空间（"模型"标签）中完成图形的设计和绘图工作后，就要准备打印图形。可以直接在模型空间打印图形，也可以在图纸空间（"布局"标签）打印图形。但较好的方式是在"模型"标签完成图形后，使用布局功能来创建图形的一个或多个视图的布局再打印图形。

打印之前应进行页面设置。页面设置是将有关打印设备、图纸设置、输出选项等进行选择或确定后，创建命名页面设置，而后应用于图形。对同一图形，可以建立多个不同的页面设置。对同一个"布局"或"模型"，可以应用不同的页面设置，因而打印出不同的效果。命名页面设置保存在图形中，还可以输入到其他图形文件中予以应用。

11.4.1　页面设置管理器

用 PAGESETUP 命令打开"页面设置管理器"对话框（图 11-10）。命令的输入方式：

命令：PAGESETUP ↙【布局 ⬚】【应用程序按钮下拉菜单

【下拉菜单：文件/页面设置管理器】【"模型"或"布局"标签的右键菜单的菜单项"页面设置管理器"】【草图与注释："输出"选项卡/"打印"面

板/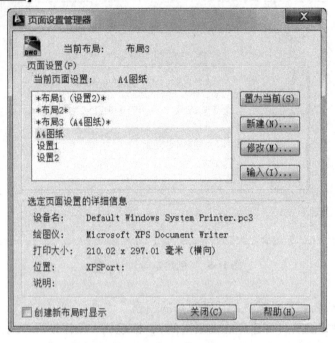

图 11-10　"页面设置管理器"对话框

"页面设置管理器"对话框为当前布局或图纸指定页面设置。也可以创建命名页面设置、修改现有页面设置，或从其他图纸中输入页面设置。各部分介绍如下。

1. 当前布局

显示当前布局的名称。图 11-10 显示当前图形有四个布局，当前布局是"布局 3"。

2. "页面设置"栏

1）"当前页面设置"：显示应用于当前布局的页面设置名。如果当前布局还没有进行页面设置，显示"无"。图 11-10 所示当前布局是"布局 3"，应用了页面设置"A4 图纸"，因而显示"A4 图纸"。

2）"新建"按钮：其作用是建立新的页面设置。单击该按钮，打开"新建页面设置"对话框，如图 11-11 所示。在"新页面设置名"文本框中输入新页面设置的名称或使用默认名称"设置×"，在"基础样式"列表中选择一个样式作为新页面设置的基础页面设置。单击"确定"按钮，打开"页面设置"对话框（图 11-12），建立新的页面设置。关于"页面设置"对话框请参见11.4.2 节。

"基础样式"列表中的前三个样式

图 11-11　"新建页面设置"对话框

的意义是：

〈无〉：指定不使用任何基础页面设置。可以修改"页面设置"对话框中显示的默认设置。

〈默认输出设备〉：将"选项"对话框的"打印和发布"选项卡中指定的默认输出设备设置为新建页面设置的打印机。

〈上一次打印〉：指定新建页面设置使用上一个打印作业中指定的设置。

3）页面设置列表：列出当前图形的布局名和可应用于当前布局的页面设置名。布局夹在两个"＊"号之间，如"＊布局 1＊"；已经应用了页面设置的布局其后有包含在括号内的页面设置名，如图 11-10 所示的"＊布局 3（A4 图纸）＊"。页面设置名前后没有"＊"号。

在页面设置列表的一个命名页面设置上右击，弹出快捷菜单，包含"置为当前"、"重命名"、"删除"三个选项，单击"置为当前"将该页面设置应用到当前的布局，单击"重命名"给页面设置改名，单击"删除"即可删除该页面设置。

4）"置为当前"按钮：其作用是将页面设置应用于布局。选中某一页面设置，单击"置为当前"按钮，该页面设置即为当前布局的页面设置。双击某一页面设置也具有相同的效果。

在图 11-10 中，为当前图形创建了三个页面设置："设置 1"、"设置 2"、"A4 图纸"。当在"布局 1"标签中打开"页面设置管理器"对话框后，选中"设置 2"，单击"置为当前"按钮，则将"设置 2"应用于布局 1，"＊布局 1＊"变为"＊布局 1（设置 2）＊"。同样，在"布局 3"标签中打开"页面设置管理器"对话框后，选中"A4 图纸"，单击"置为当前"按钮，则将"A4 图纸"应用于布局 3，"＊布局 3＊"变为"＊布局 3（A4 图纸）＊"。

也可以把其他布局中的页面设置应用于当前布局。如果当前布局是布局 3，选中"＊布局 1（设置 2）＊"，单击"置为当前"按钮，则将"设置 2"应用于"布局 3"，"＊布局 3（A4 图纸）＊"变为"＊布局 3（设置 2）＊"。

对于已经应用了页面设置的布局，也可以去掉其页面设置，方法是在已经应用了页面设置的布局标签中打开"页面设置管理器"对话框，选中没有应用页面设置的布局，单击"置为当前"按钮，则已经应用了页面设置的布局即去掉了页面设置。例如，对于如图 11-10 所示的页面设置列表中的布局和页面设置，在"布局 1"标签中打开"页面设置管理器"对话框后，选中"＊布局 2＊"，单击"置为当前"按钮，则将"＊布局 1（设置 2）＊"变为"＊布局 1＊"。

选中当前的布局设置不能应用"置为当前"按钮。

5）"修改"按钮：其作用是修改已有的页面设置。选中一个页面设置名或当前布局名，单击该按钮，打开"页面设置"对话框，如图 11-12 所示，可从中修改页面设置。

6）"输入"按钮：其作用是从其他图形输入页面设置。单击该按钮，打开"从文件选择页面设置"对话框（标准文件选择对话框），从中可以选择图形文件".DWG"、样板文件".DWT"或图形交换格式文件".DXF"。在"从文件选择页面设置"对话框的文件列表框中选择一个文件，单击"打开"，将显示"输入页面设置"对话框。从该对话框中选择一个或多个页面设置名，单击"确定"，所选页面设置被输入到当前图形中。如果输入的命名页面设置与当前图形中已有的命名页面设置重名，则会弹出一个类似"已有一个布局页面设置的名称定义为×……×，是否要重定义？"的信息框。单击"是"，则输入的命名页面设置覆盖当前的同名定义；单击"否"保留当前的命名页面设置；单击"取消"放弃输入。

3. "选定页面设置的详细信息"栏

该栏显示所选页面设置的信息，包括当前所选页面设置中指定的打印设备的名称、打印设备的类型、打印大小和方向、输出设备的物理位置、输出设备的说明文字。

4. "创建新布局时显示"复选框

如果选中该复选框，当选择新的布局选项卡或创建新的布局时，显示"页面设置"对话框。此复选框与"选项"对话框的"显示"选项卡的"布局元素"栏的"新建布局时显示页面设置管理器"复选框的功能一样。

11.4.2 "页面设置"对话框

"页面设置"对话框如图 11-12 所示，下面予以详细介绍。

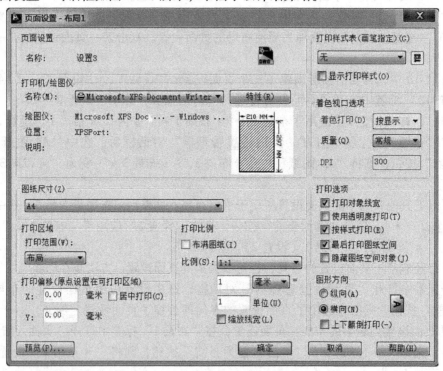

图 11-12 "页面设置"对话框

1. "页面设置"栏

"名称"：显示当前页面设置的名称。

2. "打印机/绘图仪"栏

1）"名称"下拉列表框：列出可用的 PC3 文件或系统打印机，从中进行选择，以打印或发布当前布局或图纸。设备名称前面的图标识别其为 PC3 文件还是系统打印机。

如果选定的打印机不支持选定的图纸尺寸，将显示警告并自动选择打印机的默认图纸尺寸。可以在"图纸尺寸"栏设置图纸尺寸。

2)"绘图仪"：显示当前页面设置中指定的打印设备。

3)"位置"：显示当前页面设置中指定的输出设备的物理位置。

4)"说明"：显示当前页面设置中指定的输出设备的说明文字。可以在绘图仪配置编辑器中编辑此文字。

5)"局部预览"：显示相对于图纸尺寸和可打印区域的有效打印区域。

6)"特性"按钮：单击该按钮，打开"绘图仪配置编辑器"对话框（PC3 编辑器），如图 11-13 所示，从中可以查看或修改当前绘图仪的配置、端口、设备和介质设置。该对话框包括三个选项卡：

"常规"选项卡：包含配置绘图仪（或打印机）的基本信息。

"端口"选项卡：包含打印设备与计算机之间的通信信息或网络系统之间的通信设置。

"设备和文档设置"选项卡：包含打印选项，其中的某些附加选项是否可用，需要根据用户配置的打印设备而定。例如，当配置非系统笔式绘图仪时，可以使用修改物理笔特性的选项。详细内容请参看 AutoCAD 帮助——绘图仪配置编辑器。

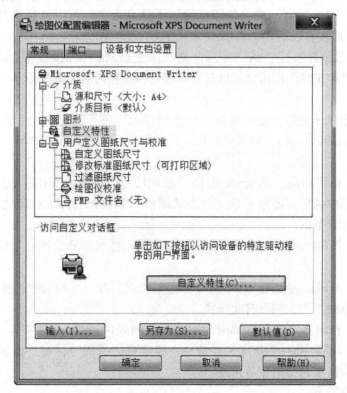

图 11-13 "绘图仪配置编辑器"对话框

如果用户在"绘图仪配置编辑器"对话框的"设备和文档设置"选项卡中显示的树型结构中选择了"自定义特性"，则将在对话框的下部显示一个"自定义特性"按钮，单击该按钮可以修改当前打印机的自定义特性。例如，如果当前打印机是 Windows 系统打印机，单击"自定义特性"按钮将显示有关打印机属性的对话框，从中设置 Windows 系统打印机的定制特性。

如果用户通过"绘图仪配置编辑器"对话框更改了 PC3 文件的原始设置，则将显示"修改打印机配置文件"对话框，提示已对现有的打印机配置文件（PC3）作了修改。

注意： 在 AutoCAD 中，非 Windows 系统设备称为绘图仪，Windows 系统设备称为打印机。

3. "图纸尺寸"栏

单击下拉列表，显示所选打印设备可用的标准图纸尺寸。如果未选择打印设备，将显示全部标准图纸尺寸的列表以供选择。

如果所选打印设备不支持布局中选定的图纸尺寸，将显示警告，用户可以选择打印设备的默认图纸尺寸或自定义图纸尺寸。

页面的实际可打印区域（取决于所选打印设备和图纸尺寸）在布局中由虚线表示。

如果打印的是光栅图像（如 BMP，或 TIFF 文件），打印区域大小的指定将以像素为单位而不是英寸或毫米。

4. "打印区域"栏

指定要打印的图形区域。在"打印范围"下拉列表中，可以选择要打印的图形区域。"打印范围"下拉列表有以下几个选项：

1）"布局（图形界限）"：从"布局"选项卡进行页面设置时，该选项显示"布局"，打印布局时，将打印指定图纸尺寸的可打印区域内的所有内容，其原点从布局中的（0，0）点计算得出。

从"模型"选项卡进行页面设置时，该选项显示"图形界限"，打印时，将打印 LIM-ITS 命令定义的图形区域。但如果当前视口不是显示平面视图，该选项与"范围"选项效果相同。

2）"范围"：在"布局"选项卡，打印"图纸尺寸"栏内的所有可见图形。在"模型"选项卡，当前图形中的所有图形对象（非隐藏图形）都将被打印。打印之前，可能会重新生成图形以重新计算范围。

3）"显示"：打印"模型"选项卡当前视口中的视图或布局选项卡上当前图纸空间视图中的视图。

4）"视图"：打印以前使用 VIEW 命令保存的视图。可以从列表中选择命名视图。如果图形中没有已保存的视图，则没有此选项。

5）"窗口"：打印指定的图形部分。当在下拉列表中选择此选项时，对话框将暂时关闭，在命令行提示指定第一个角点和对角点。指定后，返回对话框，出现"窗口"按钮，可以通过单击此按钮重新指定窗口角点。

5. "打印偏移"栏

确定打印区域是相对于可打印区域左下角还是图纸边界进行偏移。

在"选项"对话框的"打印和发布"选项卡的"指定打印偏移时相对于"栏有两个选项："可打印区域"和"图纸边缘"。选中"可打印区域"，"打印偏移"后面的括号中显示"原点设置在可打印区域"，即"打印偏移（原点设置在可打印区域）"。选中"图纸边缘"，"打印偏移"后面的括号中显示"原点设置在布局边框"，即"打印偏移（原点设置在布局边框）"。

图纸的可打印区域由所选输出设备决定，在布局中以虚线表示。修改为其他输出设备时，可能会修改可打印区域。

如果需要在图纸中上、下、左、右偏移的几何图形，在"X"和"Y"框中输入正值或负值。

"居中打印"复选框：复选此框后，自动计算 X 偏移和 Y 偏移值，在图纸上居中打印。当"打印区域"设置为"布局"时，此选项不可用。

6. "打印比例"栏

控制图形单位与打印单位之间的缩放比例。打印布局时，默认缩放比例设置为 1:1。从"模型"选项卡打印时，默认设置为"布满图纸"。

"布满图纸"：缩放打印图形以布满所选图纸尺寸，并在"比例"下拉列表下面的"毫米（英寸）——单位"框中显示缩放比例因子。

"比例"下拉列表框：显示图形单位与打印单位之间的缩放比例。单击该下拉列表，用户可选择标准缩放比例，也可选择其中的"自定义"。然后在其下面的"毫米（英寸）——单位"中输入用户自定义的比例。

"毫米（英寸）——单位"：输入用户自定义的比例。确定在打印时，1 毫米（或 1 英寸）等于多少图形单位。

"缩放线宽"复选框：确定线宽的缩放比例与打印比例成正比。通常，线宽用于指定打印对象线的宽度并按线宽尺寸打印，而与打印比例无关。

7. "打印样式表"栏

在该栏中，选择当前布局或视口的打印样式表、编辑打印样式表，或者创建新的打印样式表。

1）"打印样式"下拉列表：显示赋给当前布局的一种打印样式。单击下拉列表，所有可用的打印样式显示出来，可以从中选择一个打印样式用于当前布局。如果选择表中的"新建"，将打开"添加颜色相关打印样式表"向导对话框，按照向导对话框的提示，分几步创建新的打印样式表。向导对话框取决于当前图形是处于"颜色相关"模式还是处于"命名"模式（可通过单击"选项"对话框的"打印和发布"选项卡"打印样式表设置"按钮，从弹出"打印样式表设置"对话框中设置）。

2）"显示打印样式"复选框：控制在选定布局中是否显示和打印已指定给对象的打印样式的特性。

3）"编辑"按钮 ▣：如果要更改"打印样式"下拉列表中的一种打印样式的定义，在选中一个打印样式后，单击"编辑"按钮，将打开**"打印样式表编辑器"**（参见下文），对打印样式进行修改。如果打印样式表附着到一个布局或"模型"选项卡，而用户修改了一个打印样式，则使用该样式的所有对象都会受到影响。

8. 打印样式表编辑器

"打印样式表编辑器"如图 11-14 所示，有三个选项卡：**"常规"**、**"表视图"**和**"表格视图"**。

"常规"选项卡中列出了打印样式表的文件名、说明、版本号、文件信息等。用户可输入或修改说明，或向非 ISO 线型和填充图案应用全局比例因子。详细内容请参见 AutoCAD 帮助。

图 11-14　打印样式表编辑器

可以在"表视图"选项卡和"表格视图"选项卡中设置用户想要的打印样式，改变打印样式的颜色、淡显、线型、线宽及其他设置。通常，如果打印样式数目较少，那么使用"表视图"选项卡会方便一些。如果打印样式的数目较多，那么使用"表格视图"选项卡会更方便。下面以"表格视图"选项卡为例进行说明。

1）"特性"栏：先在"打印样式"列表框选中一种样式，然后即可设置打印样式。主要的设置在"特性"栏进行，"特性"栏各项说明如下：

"颜色"下拉列表：从中选择对象的打印颜色。打印颜色默认"使用对象颜色"。如果选择另外一种颜色作为打印颜色，则打印时该颜色会替代对象原来的颜色。如果从下拉列表中选择"选择颜色"，将打开"选择颜色"对话框，可从中选择更多的颜色。

"抖动"下拉列表：如果抖动"开"，打印机采用抖动来靠近点图案的颜色，从而使打印图形的色彩表现比 AutoCAD 颜色索引（ACI）更为丰富。如果打印机不支持抖动，则抖动设置被忽略。通常情况下，抖动功能是关闭的，以避免由于细矢量抖动所产生的假线显示。关闭抖动也会使暗淡的颜色变得更清楚。当关闭了抖动时，AutoCAD 将颜色映射到最接近的颜色，这样打印时可以使用的颜色会减少。不论使用对象颜色还是指定打印样式颜色，都可以使用抖动。

"灰度"下拉列表：如果打印机支持灰度，当灰度"开"时，则将对象颜色转换为灰度。如果不选择"转换为灰度"选项，AutoCAD 使用对象颜色的 RGB 值。

"笔号"（仅用于笔式绘图仪）：指定打印对象（使用该打印样式）时要使用的笔。可用笔的范围是从 1 到 32。如果打印样式颜色设置为"使用对象颜色",或者正在编辑的打印样式是颜色相关打印样式表中的样式,则不能修改指定的笔号,该值被设置为"自动"。AutoCAD 使用在"打印机配置编辑器"的"物理笔特性"中提供的信息确定与打印对象颜色最相近的笔。

"虚拟笔":指定范围为 1 到 255 的虚拟笔号。许多非笔式绘图仪可以使用虚拟笔来模拟笔式绘图仪。

"淡显":指定颜色浓度以确定打印用墨的量。有效范围是 0 到 100。选择 0 将使颜色变为白色,选择 100 将使颜色以最浓的方式显示。要启用淡显,则必须启用"抖动"选项。

"线型"下拉列表:显示每种线型的样例和说明列表。打印线型默认"使用对象线型"。如果指定了打印线型,在打印时该线型将替代对象线型。

"自适应"下拉列表:调整线型的比例以完成线型图案。如果不选择"自适应调整",则线条有可能在图案的中间中断。如果线型比例比较重要,则应关闭"自适应调整"。如果完成线型图案比正确的线型比例还重要,则应启用"自适应调整"。

"线宽"下拉列表:显示线宽的样例和数值。可以用毫米为单位指定线宽的数字值。打印线宽默认"使用对象线宽"。如果指定了打印线宽,则在打印时该线宽将替代对象线宽。

"端点"下拉列表:线条端点样式默认"使用对象端点样式"。可从该下拉列表选择"柄形"等端点样式。如果指定了线条端点,则在打印时该线条端点样式将替代对象端点样式。

"连接"下拉列表:线条连接样式默认"使用对象连接样式"。可从该下拉列表选择"斜接"等连接样式。如果指定了一个线条连接样式,则在打印时该线条连接样式将替代对象连接样式。

"填充"下拉列表:填充样式默认"使用对象填充样式"。可从该下拉列表选择其他填充样式。如果指定了一个填充样式,则在打印时该填充样式将替代对象填充样式。

2)"打印样式表编辑器"的几个命令按钮的作用是:

"编辑线宽"按钮:打开"编辑线宽"对话框。有 28 种线宽可以用于打印样式表中的打印样式。如果在打印样式表的线宽列表中不存在需要的线宽,则可以编辑一个已有的线宽。不能向打印样式表列表中添加线宽,也不能从中删除线宽。

"另存为"按钮:显示"另存为"对话框,将打印样式表保存到一个新文件。

"添加样式"按钮:向一个命名打印样式表添加一个新的打印样式。

"删除样式"按钮:从打印样式表中删除选定样式。

9. "着色视口选项"栏

指定着色和渲染视口的打印方式,并确定它们的分辨率大小和每英寸的点数(dpi)。

1)"着色打印"下拉列表:指定视图的打印方式。仅在"模型"选项卡上才可用。从下拉列表中可选择项目有:

传统打印选项如下:

"按显示":按对象在屏幕上的显示方式打印,即屏幕怎样显示,就怎样打印。

"传统线框":在线框中打印对象,不考虑对象在屏幕上的显示方式。

"传统隐藏":打印对象时消除隐藏线,不考虑对象在屏幕上的显示方式。

还可以不考虑对象在屏幕上的显示方式,用如下视觉样式打印:

"三维隐藏"、"三维线框"、"概念"、"隐藏"、"真实"、"着色"、"带边缘着色"、"灰度"、"勾画"、"线框"或"X 射线"。

按打印质量的选项："渲染"、"草稿"、"低"、"中"、"高"或"演示"。

注意：要将布局选项卡上的浮动视口指定为"着色打印"，先选中视口，再打开"特性"选项板（也可以先打开"特性"选项板，再选中视口），在"特性"选项板的"其他"栏改变着色打印方式。

2）"质量"下拉列表：指定渲染和着色模型空间视图的打印分辨率。从下拉列表中可选择项目有：

草图：将渲染和着色模型空间视图设置为线框打印。

预览：打印分辨率设置为当前设备分辨率的四分之一，dpi 最大值为 150。

普通：打印分辨率设置为当前设备分辨率的二分之一，dpi 最大值为 300。

演示：打印分辨率设置为当前设备的分辨率，dpi 最大值为 600。

最大值：打印分辨率设置为当前设备的分辨率。

自定义：打印分辨率设置为"dpi"框中用户指定的分辨率，最大为当前设备的分辨率。

3）"dpi"文本框：指定渲染和着色视图每英寸的点数，最大可为当前打印设备分辨率的最大值。只有在"质量"下拉列表中选择了"自定义"后，此选项才可用。

10. "打印选项"栏

指定打印对象使用的线宽、打印样式、隐藏线和次序选项。

"打印对象线宽"：指定是否打印指定给对象和图层的线宽。

"使用透明打印"：指定是否打印对象透明度。仅当打印具有透明对象的图形时，才应使用此选项。

"按样式打印"：指定是否打印应用于对象和图层的打印样式。

"最后打印图纸空间"：首先打印模型空间的图形。而通常是先打印图纸空间几何图形，然后再打印模型空间几何图形。

"隐藏图纸空间对象"：指定是否在图纸空间视口中的对象上应用"隐藏"操作。此选项仅在布局选项卡上可用。此设置的效果反映在打印预览中，而不反映在布局中。

11. "图形方向"栏

为支持纵向或横向的绘图仪指定图形在图纸上的打印方向。

"纵向"：放置并打印图形，使图纸的短边位于图形页面的顶部。

"横向"：放置并打印图形，使图纸的长边位于图形页面的顶部。

"上下颠倒打印"：上下颠倒地放置并打印图形。

图标：指示选定图纸的介质方向并用图纸上的字母表示页面上的图形方向。

12. "预览"按钮

按执行 PREVIEW 命令时在图纸上打印的方式显示图形。要退出打印预览并返回"页面设置"对话框，可单击预览窗口的"关闭预览窗口"按钮，或按〈Esc〉键，或右击并在快捷菜单上单击"退出"。

11.4.3　页面设置的步骤和内容

为了使页面设置有一个清晰的思路，将页面设置的步骤和内容简述如下（相关的对话框和选项，请参见前文的说明）。

1. 页面设置的步骤

1）按前文所述方式打开"页面设置管理器"。在"页面设置管理器"中单击"新建"按钮创建新的页面设置。或单击"输入"按钮输入其他文件中的页面设置。

2）将页面设置应用于布局。激活某一布局，在"页面设置管理器"的"页面设置列表"中选择一个页面设置，单击"置为当前"按钮。关闭"页面设置管理器"。

3）查看效果。从当前画面观察效果或单击标准工具栏（或"草图与注释"工作空间"输出"选项卡的"打印"面板）上的"打印预览"按钮 观察打印效果。如果满意，页面设置完成。如果不满意，重新打开"页面设置管理器"，选择另外的页面设置名应用到当前布局；或新建另外的页面设置应用到当前布局；或选中一个页面设置名，单击"修改"按钮，修改该页面设置，而后应用到当前布局。

2. 页面设置的内容

在"页面设置"对话框中选择、修改或确定页面设置的内容。

1）从"打印机/绘图仪"栏选择一个打印机。如果需要查看和修改打印机的配置，单击"特性"按钮显示"绘图仪配置编辑器"对话框，以查看和修改打印机的配置信息。

2）从"打印样式表"栏的下拉列表中选择一个打印样式表或新建打印样式，以应用到当前布局中。如果需要修改打印样式表，单击"编辑"按钮显示"打印样式编辑器"对话框，以查看和修改打印样式。

3）在"图纸尺寸"栏选择图纸大小。

4）在"打印区域"栏选择要打印的区域。

5）在"打印偏移"栏，输入从可打印区域左下角的偏移。

6）在"打印比例"栏选择一个标准打印比例，或选择自定义输入一个打印比例。如果需要，选中"缩放线宽"复选框，将根据指定的打印比例相应地缩放线宽。

7）在"着色视口选项"栏确定着色和渲染视口是按哪种方式打印（显示、线框、消隐、渲染），并确定打印质量的分辨率。

8）在"打印选项"栏选择打印选项。

9）在"图形方向"栏选择打印方向。

10）单击"预览"按钮 ，预览打印效果。

11.5　打印图形

当页面设置完成后，就可以用 PLOT 命令把图形打印到打印设备或文件。命令输入方式：

命令：PLOT ↙ **【标准** **】【下拉菜单：文件/打印】【快捷键：〈Ctrl + P〉】【"模型"选项卡或布局选项卡的右键菜单的"打印"菜单项】【"草图与注释"工作空间"输出"选项卡的"打印"面板/** **】**

命令输入后显示图 11-15 所示的"打印"对话框的左半部分，即从"打印样式表（画笔指定）"栏向下的各栏不显示。单击右下角的"更多选项"按钮 ，展开整个对话框。

"打印"对话框与"页面设置"对话框大部分相同，下面仅就不同部分说明，相同部分请参看"页面设置"对话框。

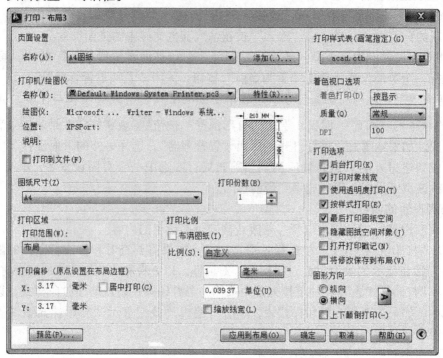

图 11-15　"打印"对话框

1. "页面设置"栏

"名称"是一个下拉列表，可以从中选择一个命名页面设置作为当前的页面设置。

单击"添加"按钮，显示"添加页面设置"对话框，在对话框的"新页面设置名"输入框中输入新页面设置名，并单击"确定"，返回"打印"对话框，这样就基于当前的页面设置创建了一个新的命名页面设置，并且可以继续修改设置。

2. "打印机/绘图仪"栏

"打印到文件"复选框：打印输出到文件而不是绘图仪或打印机。打印文件的默认位置是在"选项"对话框"打印和发布"选项卡"打印到文件操作的默认位置"中指定的。

如果"打印到文件"选项已选中，单击"打印"对话框下方的"确定"按钮将显示"浏览打印文件"对话框（标准文件浏览对话框），给文件命名后予以保存。

3. "打印份数"栏

用此栏中的数字输入框指定打印的份数。打印到文件时，此选项不可用。

4. "打印选项"栏

"后台打印"：选中此选项，在后台处理打印。使用后台打印，可以在打印或发布作业的同时，继续进行对图形的操作。系统托盘中的动画效果的图标表明后台正在处理打印或发布作业。当打印或发布作业结束时，会显示一条气泡式消息来通知用户。

"打开打印戳记"：打开打印戳记，在每个图形的指定角点处放置打印戳记并/或将戳记记录到文件中。选中此复选框，将在其右侧显示"打印戳记设置"按钮，单击该按钮，打开"打印戳记设置"对话框，可以从该对话框中指定要应用于打印戳记的信息，例如图形名称、日期和时间、打印比例等等。也可以通过单击"选项"对话框的"打印和发布"选项卡中的"打印戳记设置"按钮来打开"打印戳记"对话框。

"将修改保存到布局"：将在"打印"对话框中所做的修改保存到布局。

5. "应用到布局"按钮

将当前"打印"对话框设置保存到当前布局。

6. "确定"按钮

单击"确定"按钮将使用当前设置开始打印，并显示"打印进度"对话框。